식품화학

조득문 · 장상문 · 문숙희
강옥구 · 이지환 · 이명헌 공저

光文閣
www.kwangmoonkag.co.kr

Preface

식생활은 인간의 생활 중 가장 근본이 되는 부분으로 최근 과학의 발달과 산업 경제의 급성장으로 식생활 수준의 향상과 더불어 영양적인 면과 색, 향, 맛, 물성 등 기호적으로 좀 더 나은 식품이 되도록 가공·조리하기 위해 식품학을 연구, 이해하여야 한다.

식품의 기본 영양소와 미량 성분의 특성과 가공조리 과정 중 식품 성분들의 물리·화학적인 변화 등을 이해하기 쉽도록 서론, 수분, 탄수화물, 지질, 단백질, 비타민, 무기질, 효소, 식품의 색, 식품의 갈변, 식품의 향, 식품의 맛 성분, 식품의 물성 등으로 기술하여 식품 영양 분야에 종사하는 조리사, 영양사, 실험실의 기사, 식품 위생사, 식품 가공기사 분들과 대학에서 식품영양학, 식품학, 식품화학을 전공하는 학생들의 대학 교재나 참고서로 활용할 수 있도록 하였다.

식품화학 분야의 새로운 정보를 많이 삽입하려 했으나 저자의 천학비재의 탓으로 충분히 반영하지 못하여 불만족스러운 점이 많을 것으로 사료되나 독자분들의 조언과 동학, 선배님들의 충고를 받아들여 계속 정정 보완하여 나갈 것을 약속드리며, 우선 독자분들의 지도편달을 바라는 바이다.

이 책을 내는데 식품에 관한 많은 선배님들의 저서와 문헌을 인용하게 되었음에 양해를 구하며, 깊이 감사드리는 바이다. 또한, 이 책의 출판에 노고를 아끼지 않으신 도서출판 광문각 박정태 사장님을 비롯한 편집부 직원들에게 감사를 드립니다.

2011년 2월

저 자 씀

Contents

Contents

Contents

제1장 서론(Introduction)

1-1 • 식품학의 의의

생명체의 성장, 번식, 활동 등의 생활현상을 유지하기 위해 외부로부터 섭취하는 물질을 영양소라 하며 체내에서 합성(anabolism)과 분해(catabolism)로 열량(energy)을 방출하는 탄수화물, 지질, 단백질을 열량소(energy yielding nutrients)라 하며 체조직 증식과 교체 및 보수에 이용되는 단백질, 지질, 무기질, 탄수화물을 체구성소(constitution nutrients)라 한다. 또한, 우리 체내 기능을 조절하는 단백질, 무기질, 비타민을 조절소(regulatory nutrients)라 하는데, 이와 같이 생명체의 생명유지에 필요한 탄수화물(carbohydrate), 지질(lipid), 단백질(protein), 무기질(mineral), 비타민(vitamin)을 식품의 일반 성분 또는 5대 영양소라 부른다.

식품(food material)은 이러한 영양소(nutrients)를 함유한 물질로 생물 체내의 소모된 물질을 보충하거나 성장, 번식, 활동에 필요한 물질로 유독성분이 들어 있지 않거나 간단한 처리로 제거할 수 있어야 되는 천연물로 조리, 가공되기 전의 물질을 식품(食品)이라 한다.

음식물(food diet)은 사람이 직접 먹을 수 있도록 식품을 조제하여 가공, 조리하여 먹기에 알맞도록 된 상태를 말한다. 예를 들면 쌀, 보리, 밀은 식품이고 이것을 조리한 밥과 빵은 음식물이다.

양질의 식물, 식품을 선택하기 위해서는 다음 사항을 고려하여야 한다.

① 영양성(5대 영양소가 조화되고 소화, 흡수율이 높아야 한다.)
② 안전성(유해물질을 함유하지 않아야 한다.)
③ 기호성(식욕을 증진시키고 만족감을 부여한다.)
④ 경제성

식품화학은 자연식품이나 가공식품 또는 식품첨가물들의 화학적인 본질, 식품 또는 식품성분들의 저장 또는 가공에 있어서의 화학적인 변화 등을 배우는 학문으로 식품과학의 한 분야이며 식품가공학, 식품위생학, 영양학, 생화학, 조리학 등과 밀접한 관계를 갖고 있다.

1-2 • 식품의 분류

1. 식품의 일반적 분류

식품은 그 기원이나 성질 등에 따라서 보통 식물성, 동물성, 광물성 식품 등 3가지로 나눌 수 있다. 이 가운데 중요한 것은 식물성 식품과 동물성 식품이며 광물성 식품은 무기염류인 식염을 들 수 있다.

또한, 생산양식에 따라서 농산, 축산, 수산식품 등으로 크게 나눌 수 있으나, 일반적으로 영양적 가치를 고려하여 다음과 같이 분류하고 있다.

1) 식물성 식품

① 곡류 및 그 제품 : 쌀, 보리, 잡곡, 밀가루, 빵, 국수류 등
② 감자류 : 감자, 고구마
③ 채소류 : 녹황색 채소(당근, 시금치, 토마토 등), 담색 채소
④ 두 류 : 콩, 팥, 녹두, 땅콩 등
⑤ 과실류 : 사과, 복숭아, 배, 딸기, 포도, 감귤류 등
⑥ 버섯류 : 표고버섯, 송이버섯, 싸리버섯, 느타리버섯 등
⑦ 해조류 : 다시마, 미역, 김, 한천 등
⑧ 식용유지류 : 콩기름, 채종유, 미강유, 옥수수기름, 야자유 등
⑨ 조미료 및 기호품 : 간장, 식초, 설탕, 물엿, 향신료, 기호품(차, 커피, 코코아, 주스 등)

2) 동물성 식품

① 육류 및 그 제품 : 쇠고기, 돼지고기, 닭고기 등
② 우유류 및 그 제품 : 우유, 산양유, 분유, 탈지분유, 치즈, 발효유 등
③ 알류 : 달걀, 오리알, 메추리알 등
④ 어패류 : 어류, 패류 등

3) 기타 식품

① 알코올음료식품 : 맥주, 과실주, 포도주, 위스키, 소주, 청주, 약주, 탁주 등
② 즉석식품 : 통조림, 병조림, 냉동식품, 라면, 건조 채소, 즉석수프 등
③ 강화식품 : 강화미, 강화밀, 강화빵, 강화된장 등

제2장 수분(Moisture)

식품 중의 수분함량(%)은 105~110 ℃에서 건조할 때의 감량으로 구하는 상압 가열 건조법에 의해 측정한다. 보통 과실류나 채소류는 80~90 %, 곡류나 두류는 10~15 % 정도 들어 있다. 식품 속에서 수분은 자유수(예 : 토마토, 주스 등), 결합수, 고형분의 표면에 흡착된 엷은 층(분유 등), 화학결합수(예 : 설탕 결정) 등의 형태로 각각 존재하는데 크게 자유수와 결합수로 대별한다.

2-1 • 수분의 기능

1. 영양소와 노폐물의 운반

인간이 섭취한 음식은 가장 간단한 영양소로 분해된 후 흡수한다. 이 분해된 영양소 중에서 단당류, 아미노산, 글리세롤, 무기질, 수용성 비타민은 융모의 모세혈관을 통해 문맥을 거쳐 간으로 운반되고 고분자 지방산, 재합성된 지방, 지용성 비타민은 림프관을 통해 정맥으로 들어가 필요한 조직으로 운반된다. 이 혈액과 림프액은 대부분 수분이다. 또 체내에서 생긴 노폐물은 혈액이나 소변을 통해서 배설된다.

에너지를 발생하기 위하여 포도당이 연소하면 H_2O와 CO_2가 생기는데, 수분은 소변을 통하여 또는 땀으로 피부를 통하여 배설된다. 그러나 일부는 폐를 통하여 배설된다. 그리고 이산화탄소는 혈액을 통하여 폐로 운반되어 호흡에 의해 체외로 발산된다. 이때에도 수분이 작용하는 것이다. 그외 단백질, 지질, 무기질, 비타민 배설에도 수분의 도움을 받아야 한다.

2. 분비액의 성분

인체 내에 분비되는 분비물은 건강한 성인은 타액으로 1일 평균 1,200~1,500 ml(pH 5.5~7.6)가 분비되고, 위액은 1,200~2,500ml(pH 1.5~2.0), 담즙은 500~1,100ml(pH 6.9~8.6), 췌

장액은 700~1,000ml(pH 7.0~8.6), 장액은 700~3,000ml(pH 7.0~8.0)가 분비된다고 한다. 이 분비액의 주성분은 수분이다.

3. 대사 과정의 촉매 작용

수분은 체내 각 조직에 존재하여 여러 영양소를 용해시키고 또한 세포 내에서 여러 가지 화학작용을 촉진한다. 즉 수분이 체내에 없으면 화학반응 등 여러 작용이 정상적으로 이루어지지 않을 것이다.

4. 체온 조절 작용

체온이 어느 정도 피부를 통해 복사와 전도의 과정에 의하여 발산된다고 하지만 당질, 지질, 단백질의 대사 과정에서 과량으로 생성되는 열은 체표면을 통해 수분이 발산될 때 소모되는 기화열로 사용되므로 체온조절이 이루어진다. 인체 내에서 효소작용의 최적온도는 36.5℃이므로 체온 변화는 정상적인 대사 과정에 지장을 초래한다. 그러므로 수분은 체온조절을 효과적으로 이행하고 있다. 또한, 수분은 양도체이므로 신체 전반에 열을 적절히 전달하여 준다. 대사 과정에서 생성되는 열은 정상적인 체온 이상으로 방출되므로 이를 발산하지 않으면 세포층의 효소가 불활성화될 정도이다.

피부와 폐를 통해 하루에 1kg의 수분이 증발하는데 600kcal의 열량이 기화열로 발산되며, 정상적 기온과 습도인 환경에서 보통 350~700㎖의 수분이 무의식적으로 피부와 폐를 통해 증발한다. 피부를 통한 수분증발은 체표면적에 정비례하고, 또한 피하지방이 많은 사람은 열의 발산도가 늦어지므로 겨울에는 보온이 되나 여름에는 더위를 심하게 느끼게 된다. 환경적으로 기온의 상승과 신체적 활동의 정도에 따라 감각적 발산으로 땀이 나게 된다. 즉 주위의 온도가 높아서 체온이 발산되지 못하던가, 근육활동이 심하여 열이 발생하면 그 열을 흡수하고 땀이 체외로 나감으로써 체온을 정상적으로 저하시키는 효과를 나타낸다. 이때 발산되는 수분의 양은 매 시간당 0~2*l* 정도이다.

축구선수가 한 경기를 하는 동안에 체중이 4.5~5㎏ 정도 감소하는 이유는 땀으로 수분을 잃기 때문이다. 체온조절은 뇌의 시상하부에 의해서 발한작용을 조절하여 체온을 조절한다.

5. 보호 작용

① 수분은 탄력이 있어서 신체 어느 부분에 압력을 가하면 그 압력이 바로 그 부분에 전달되지 않는다. 그러므로 인체는 많은 수분을 함유하므로 내장기관을 외부의 충격으

로부터 보호하는 역할을 한다.

② 신체 관절에는 관절골액이 있어서 뼈가 움직일 때 마찰을 일으키는 것을 방지하여 준다.

③ 중추신경 조직도 뇌척수액에 잠겨 보호를 받고 있다. 관절골액이나 뇌척수액의 주성분도 역시 수분이다.

6. 기타 작용

세포횡단수분(transcellular fluid)은 윤활액으로서의 역할이 크다. 즉 타액은 음식물이 식도를 잘 통과하도록 하고, 소화액은 식품이 효소에 의해 가수분해되도록 돕는다. 장 내에서 변비 증세를 막고 배설물의 유동을 원활하게 하는 데도 충분한 수분이 필요하다.

수분 섭취가 부족해 심히 갈증이 나는 상태에서는 식품의 섭취량이 감퇴되었다는 보고가 있다.

2-2 • 물의 성질

물은 산소와 수소로 이루어진 화합이라고 Lavoisier가 밝힌 이래 물의 분자식은 H_2O이다. 중량비율은 2.016 : 16.000로 극성이 매우 크기 때문에 많은 전해질을 용해하거나, 직접 물에 녹지 않는 물질을 분산시켜 colloid액으로 하여 이들을 이온으로서 존재할 수 있게 한다.

물만큼 많은 물질을 녹일 수 있는 용매도 없으며, 기화열은 다른 어떤 용매보다 크고(539 cal/g, 100℃), 융해열은 다른 용매보다 매우 크며(80 cal/g, 0℃), 비열은 다른 어떠한 용매보다 크다(1.0 cal/g, 0℃). 또한, 액체의 밀도는 4℃에서 제일 크고, 표면장력은 액체 중 가장 크며(73 dyne/cm, 20℃), 융점과 비점은 0.000℃, 100.0℃이며, 증발열과 융해열은 9,710 cal/ml과 1,436 cal/ml로 비중, 비열 등과 같은 물리적 정수와 단위를 결정하는 표준물질이다.

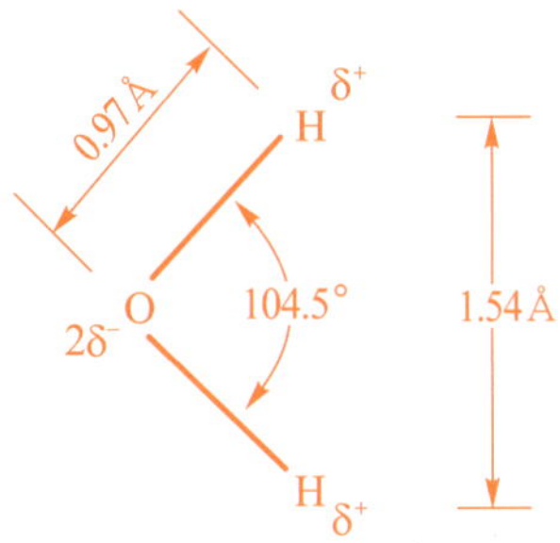

【그림 2-1】 물의 분자구조

1. 수분의 급원

인체는 체외로부터 수분을 섭취함과 동시에 체외로 수분을 배설함으로써 인체 내의 수분은 동적 평형을 유지한다. 수분 섭취는 음료수와 음식물 중의 수분으로 1일 약 2,000 ml를 섭취한다. 하루에 섭취하는 수분의 양은 연령, 염분의 섭취량, 운동량, 기후 등에 따라서 큰 차이가 있다. 즉 신생아 및 어린이의 단위체중당 수분 섭취량은 성인에 비해 훨씬 많고, 열대지방이나 여름철, 심한 운동을 할 때 수분 섭취량이 증가한다. 보편적으로 성인은 1일 음료수로 900~1,500 ml(평균 1,100 ml), 음식물로 500~1,000 ml의 수분을 섭취한다.

당질, 지질, 단백질이 체내에서 산화되면 탄산가스와 열량을 낼 뿐만 아니라 상당량의 수분을 생산한다. 이것을 대사수라 한다.

식품은 약 100 kcal의 열을 발생할 때 약 12~13 g의 물을 생성하는데, 단백질이 100 kcal를 발생할 때는 10.5 g, 당질은 15 g 그리고 지방은 11.1 g의 물을 각각 생성한다. 즉 단백질 1g에서는 0.41g, 당질 1g에서는 0.56 g, 지질 1 g에서는 1.07 g의 대사수를 각각 생성한다. 1일의 섭취 식품에서 약 300~400 g의 대사수를 생성하는 것으로 추정된다.

【표 2-1】 각종 식품의 수분함량 (%)

식 품	수분	식 품	수분	식 품	수분
오 이	95.5	딸 기	89.1	꽁 치	66.9
호 박	95.0	밀 감	87.0	쇠고기	62.5
양배추	94.3	사과(홍옥)	86.8	쇠갈비	47.2
상 추	94.1	홍시(연시)	85.9	우 유	88.5
숙 주	94.1	배	85.8	아이스크림	65.3
시금치	93.7	단 감	82.6	치 즈	35.3
가 지	93.3	포 도	81.5	분 유	2.0
피 망	91.9	바나나	75.5	감 자	81.2
토마토	90.5	조 기	81.7	쌀 밥	65.0
조선무	90.3	동 태	81.0	고구마	64.6
콩나물	90.2	도 미	77.8	식 빵	26.1
양 파	89.1	갈 치	74.0	강력분	14.5
당 근	88.7	계 란	74.0	백 미	14.1
수 박	94.0	닭고기	73.5	당 밀	13.2
참 외	89.8	민 어	70.0	라 면	2.6
백색복숭아	89.4	돼지고기	69.3		

대사수는 음식물에서 섭취하는 수분량에 비해서 극히 적기 때문에 자유롭게 수분을 섭취할 때는 문제가 되지 않으나 수분 결핍 때는 중대한 역할을 한다.

사막의 낙타는 위에 물주머니를 갖고 있으며 혹 안의 지방을 소비하여 생성되는 대사수를 이용한다. 또한, 지질 사료로 사육한 쥐는 단백질 사료로 사육한 쥐보다 갈증을 잘 견딘다.

각종 식품의 수분함량은 표 2-1과 같이 식품 종류에 따라 큰 차이가 있다.

2. 수분의 배설과 섭취량과의 관계

수분의 급원과 배설에 관한 상황은 표 2-2와 같이 수분의 급원은 액체 음료, 고형 음식, 대사 수분이며 배설 과정은 소변으로 40~50%, 피부를 통한 증발로 15~30%, 허파를 통한 증발로 10~20%, 대변으로 5~10%의 수분이 배설된다.

수분의 흡수는 대단히 빠르며 곧 혈관에 들어가 신장으로 이전되고 여기서 수분은 용매로서 노폐물을 용해하여 소변으로 배설한다. 건강한 성인은 1일 900~1,500 ml의 수분을 소변으로 배설하며 노폐물이 체내에 보류되지 않는 한도 내에서 최소 1일 300~500 ml의 수분을 소변으로 배설시키지 않으면 안 된다. 수분 섭취량은 곧 소변의 배설량에 반영된다.

【표 2-2】 성인의 수분 급원과 배설

수분의 급원	수분량(ml)	수분의 배설	수분량(ml)
액체음료	1,100~1,400	소 변	900~1,500
고형식품	500~1,000	피부증발	500~600
대 사 수	300~400	호흡증발	400~500
		대 변	100~200
합 계	1,900~2,800	합 계	1,900~2,800

피부에서 배설되는 수분은 두 가지 형태가 있다. 하나는 발한이고, 다른 하나는 사람이 의식하지 못하는 가운데 피부표면에서 발산하는 불감증설이다.

불감증설은 피부와 허파에서 일어나는 기체의 발산에 의하는 것으로, 그 90% 정도가 수증기이고 10% 정도가 CO_2 이다. 보통의 생활을 하고 있을 때 불감증설로 손실되는 수분량은 체표면적 $1m^2$ 당 1일 평균 약 0.6 l 이고, 1일 피부를 통해 증발되는 수분은 500~600 ml로 약 55%이고, 허파를 통해 증발되는 수분은 1일 400~500 ml로 약 45%이다. 이때의 체온방산은 약 300 kcal이다.

타액, 소화기 분비액, 췌장액, 담즙, 림프액 등의 분비액이 하루에 분비되는 양도 상당하나 거의 재흡수되고 대변을 통해 배설되는 수분의 양은 1일 100~200 ml에 불과하다. 기아 상태나 또는 저당질 식사를 할 때는 체액이 급격히 소실되는데 이는 소변을 통해서 알 수 있다. 이로 인해 급작스런 체중감소와 허탈감을 느끼는 경우를 흔히 체중조절을 하기 위해서 굶거나 또는 당질을 전혀 섭취하지 않는 사람들 사이에서 볼 수 있다. 그러므로 체중감소를 위한 식사요법으로 소량의 당질을 섭취하면 이러한 급작스런 체액 감량에 의한 신체장애를 방지할 수 있다.

3. 수분의 필요량

체중에 비례하는 수분의 필요량은 연령에 따라 큰 차이가 있다. 즉 어릴수록 단위 체중당 수분의 필요량이 높은데 다음 표 2-3과 같다.

[표 2-3] 체중에 대한 수분의 필요량(ml/kg)

연령별	필요량	연령별	필요량
신 생 아	110	성인(기온 22℃)	22
10세 어린이	40	성인(기온 38℃)	38

(Guthrie, H.A.,"Introductory Nutrition" , p.195)

대부분의 경우 갈증은 수분의 요구에 대한 안전지표라고 할 수 있으며, 이러한 신체의 요구가 있을 때 우리는 수분을 섭취하는 것이 올바른 태도라고 할 수 있다. 미국의 Food and Nutrition Board는 수분의 소요량은 1일 2.5 *l* 나 또는 섭취하는 식품 kcal당 1ml, 신생아는 1.5 ml의 수분섭취를 권장하고 있다. 또한, Joliffe 등은 연령과 체중의 관계가 어떻게 수분의 요구에 변화를 주는가를 조사하였던 바 어린이는 성인보다 대사율이 높으며, 수분증발의 단위표면적이 넓고 또한 조직을 구성하기 위한 여분의 수분이 필요하므로 성장기에는 성인보다 단위체중당 수분의 양을 많이 요구한다는 것을 밝혀냈다.

건강 상태가 정상이 아닐 때도 수분의 요구량이 증가한다. 즉 혼수상태, 체열이 높을 때, 다뇨증이나 설사 등의 증세가 있을 때와 고단백질 식사를 할 때, 그리고 기후가 고온일 때는 수분 섭취량이 정상보다 훨씬 많아진다.

4. 수분의 필요량에 영향을 주는 조건

수분의 필요량은 연령, 섭취 식품의 종류, 신체활동량 등에 따라 영향을 받게 된다.

① 연 령

성장기의 아동은 성인보다 단위체중당 체표면적이 넓어 대사율이 높고, 활동량이 많다. 땀으로 손실되는 수분량이 많으며, 또한 조직이 계속 생성되기 때문에 성인에 비해 단위체중당 수분 필요량이 많은 것이다.

② 섭취하는 식품의 종류

지방은 산화할 때에 수분 생성량이 많으므로 지방질이 많은 식품을 먹는 경우 수분 필요량이 감소된다. 반면에 고단백 식사를 하는 경우는 질소 성분이 요소로 되어 배설되는데 이때 요소가 체내에 과량으로 쌓이면 독성을 나타내게 되므로 많이 생성된 요소의 제거를 위해서는 많은 양의 수분이 필요하게 된다. 또한, 염분이 많은 식품을 다량 섭취하면 과잉의 염분을 제거하기 위해 수분 필요량이 증가된다. 즉 고지방 식사는 수분 필요량을 감소시키고, 고단백 식사도 소금을 많이 섭취하는 경우 수분 필요량이 증가된다.

당질이 많은 음식물을 섭취할 때도 위 내에서 당분 희석을 위해 수분 필요량이 증가하며, xanthine 유도체를 함유하고 있는 커피, 차, 코코아 등은 이뇨 작용이 있어 신장에서 수분의 배설을 증가시킨다.

③ 신체 활동량

휴식이나 수면 중 수분의 손실이 적으며 가벼운 운동을 하면 약간의 수분 손실이 생기고, 심한 운동이나 노동을 할 때는 생성된 열을 발산하기 위해서 많은 양의 수분이 필요하게 된다. Benedict와 Carpenter가 실험한 결과에 의하면 똑같이 조절된 조건에서 휴식 상태에 있는 사람은 매 시간당 수분 배출량이 23~79 g이었고, 중등 정도의 근육활동을 하는 사람은 140~276 g의 수분을 배출하였다.

Rubner의 발표에 의하면 보편적인 온도와 습도일 경우 성인이 매 시간당 폐에서 배출한 수분량은 휴식할 때 17 g, 심호흡할 때 19 g, 큰 소리로 글을 읽을 때 28 g, 노래할 때 34 g의 수분을 배출하였다고 한다. Benedict와 Carpenter에 의하면 폐를 통해서 손실되는 수분량은 전체 손실량의 약 1/3에 해당한다고 한다.

2-3 • 자유수(free water)

열역학적으로 운동이 자유로운 자유수는 용매로서 작용하며 다음과 같은 성질을 갖는다.

① 식품 속에 유리 상태로 존재하는 수분이다.

② 건조시키면 쉽게 제거되며, 100℃에서 증발하는 형태의 물이다.

③ 상압에서는 0℃ 이하에서 쉽게 동결이 된다.

④ 미생물에 이용된다.

자유수는 미생물의 생육, 번식에 이용할 수 있다. 그러므로 식품의 부패를 방지하려면 자유수를 감소시켜야 된다. 그 예로 설탕을 첨가하면 자유수의 일부가 설탕의 결합수가 되어 자유수를 감소시켜 부패를 방지할 수 있다.

⑤ 용매(solvent)로 작용한다.

전해질, 수용성 단백질, 염류, 당류 같은 가용성 물질을 잘 용해하고 전분, 단백질, 지질같은 난용성 물질을 분산시켜 교질 상태로 만든다.

⑥ 비점과 융점이 높다.

액체의 물은 물 분자끼리 수소결합을 하고 있는 상태로 그 분자운동이 억제되어 있기 때문에 물을 끓이거나 얼음을 용해시킬 때에 많은 에너지가 필요하다.

⑦ 비중과 비열이 크다.

물의 비중은 4℃에서 가장 크며, 물의 비열은 0℃에서 1.0 cal/g으로 어느 용매보다도 크다. 즉 비열이 크면 끓이거나 냉각하기 어렵고, 인체는 약 65%의 수분을 갖기 때문에 기온의 변화에 영향을 적게 받는다.

⑧ 표면장력과 점성이 크다.

표면장력은 20℃에서 73 dyne/cm으로 액체 중 가장 크다. 그러므로 모세관 현상에 의한 상승 효과가 커서 높은 곳의 식물도 수분을 흡수할 수 있고, 세포 사이에서 물질의 운반과 배설에 관여한다.

⑨ 물분자는 상호 인력이 있기 때문에 점성이 크다.

2-4 • 결합수(화합수 : bound water, 수화수 : water of hydration)

식품 중에서 당질, 단백질 분자와 결합하여 자유롭지 않은 수분을 결합수라 하며 다음과 같은 특성을 갖고 있다.

① 단백질, 전분 등과 결합하여 물 분자의 운동이 자유롭지 않다.

② 100℃ 이상 가열해도 제거되지 않는다.

식품 중의 결합수는 그 수증기압이 자유수보다 낮아서 100℃ 이상 가열을 해도 제거되지 않는다.

③ 압착해도 제거되지 않는다.
④ 당류와 같은 용질에 대하여 용매로서 작용하지 않는다.
⑤ 0℃ 이하의 낮은 온도(−20~−30℃)에서도 쉽게 동결되지 않는다.
⑥ 미생물의 번식에 이용되지 못한다.
⑦ 자유수보다 밀도가 크다.

2-5 • 수분 활성(water activity)

일정한 온도에서 그 식품이 나타내는 수증기압(P)에 대한 그 온도에서 순수한 물의 최대 수증기압(P_0)의 비를 구하여 수분활성(water activity, Aw)으로 표시한다.

또 식품의 수증기압은 그 식품 속의 수분에 녹아 있는 용질의 종류와 양에 따라 영향을 받는다. 즉 물의 mol 수를 M_w, 용질의 mol 수를 M_s라 하면 다음 식에 의하여 A_w를 계산할 수 있다.

$$A_w = \frac{P}{P_0} = \frac{M_w}{M_w + M_s}$$

1. A_w의 계산 예

54 %의 수분과 46 %의 소금을 함유하는 소금물의 A_w는 위 식에 따라 다음과 같이 계산할 수 있다(H_2O = 18, NaCl = 58.5).

$$A_w = \frac{P}{P_0} = \frac{M_w}{M_w + M_s} = \frac{\frac{54}{18}}{\frac{54}{18} + \frac{46}{58.5}} = 0.79$$

2. 식품과 미생물의 A_w

식품과 미생물의 수분활성은 다음과 같다.

① 물 : 1
② 물고기, 어육, 쇠고기, 채소, 과일, 주스 등 : 0.97
③ 치즈, 빵 : 0.96
④ 잼 : 0.82 ~ 0.94

⑤ 건조 과실 : 0.72 ~ 0.80

⑥ 벌꿀 : 0.75

⑦ 쌀, 콩 : 0.60 ~ 0.64

⑧ 세균 : 0.91, 효모 : 0.88, 곰팡이 : 0.80, 내건성 곰팡이 : 0.65, 내삼투압성 효모 : 0.60

⑨ 보통 식품에서 A_w 는 1보다 작다.

3. 건조식품과 수분활성도

식품의 수분활성도와 그 식품의 변패에 많은 영향을 주는 미생물의 성장, 유지의 산패, 비효소적 갈변 반응의 상대 반응 속도와의 관계를 보면 그림 2-2와 같다.

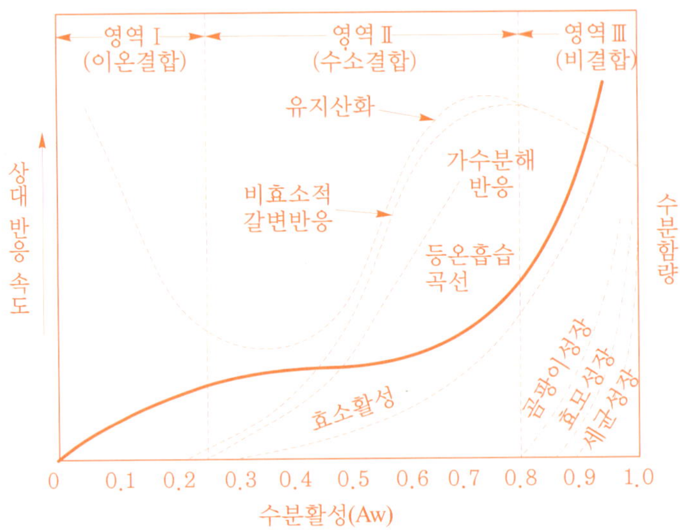

[그림 2-2] 식품의 수분활성도와 상대 반응 속도(20℃)

지질산화는 수분활성도의 증가에 따라 산화 속도가 감소하고, 단분자층의 수분량에서는 최소가 되며 다시 A_w 의 증가에 따라서 지질 산화가 증가된다. 이와 같이 수분은 유지의 산화에 보호 작용을 하며 그 mechanism은 다음과 같다.

① 식품 표면의 물 분자가 유리기의 반응에 의해 생성된 hydroperoxide, 수소결합으로 복합물을 생성하여 hydroperoxide 의 분해를 저해한다.

② 식품 내에서 물 분자는 산화촉진제로 작용하는 미량금속 물질을 수화시켜 금속 수산화물의 형태로 생성하기 때문에 금속의 촉매 작용을 저해하는 것이다.

비효소적인 갈변 반응도 수분활성도와 밀접한 관계를 갖고 있는데 A_w가 0.6~0.7일 때에 반응 속도가 최고이고 이러한 반응은 A_w가 낮은 단분자층(monomolecular layer)의 영역에서는 일어나지 않고 A_w 0.8~1.0에서는 반응 속도가 저하된다. 이와 같이 수분함량이 증가됨에 따라 그 속도가 증가하나 어떤 최대치에 도달 후에는 수분함량의 증가에도 비효소적인 갈변 반응의 속도는 증가되지 않는다.

A_w가 높을 때에 반응 속도가 감소하는 이유는 희석 효과 때문이며 A_w가 낮을 때에 반응 속도가 저하하는 이유는 용매로서의 물이 존재하지 않으므로 반응 물질의 이동이 불가능하기 때문이다.

2-6 • 등온 흡습곡선과 탈습곡선

한 식품을 대기 중에 방치하면 건조하거나 흡습하여 대기 중의 수분함량, 즉 상대습도(relative humidity)와 평형에 이르며, 그때의 이 식품의 수분함량을 평형수분함량(equilibrium moisture content)이라 부른다.

온도가 높으면 대기 중의 수증기 함량은 높고 온도가 낮으면 수증기 함량이 적기 때문에 평형을 이룬 식품에 포함된 수분함량도 온도에 따라 다르게 되므로 새로운 평형 수분함량을 각 식품은 갖게 된다.

어떤 일정 온도에 있어서 식품 주위의 상대습도와 그 식품이 함유하는 평형수분함량과의 관계를 나타낸 곡선을 등온흡습곡선(moisture sorption isotherm) 또는 등온탈습곡선(moisture desorption isotherm)이라 부른다.

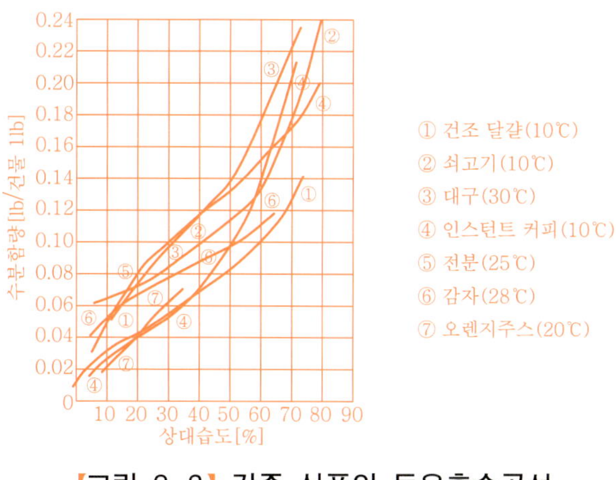

【그림 2-3】 각종 식품의 등온흡습곡선

그림 2-3은 각종 식품의 등온흡습곡선을 나타낸 것이고, 그림 2-4는 전형적인 모델을 도식화한 것이다. 즉 대부분 식품의 등온흡습곡선은 역 S자형(sigmoid curve)을 나타낸다.

이 등온흡습곡선의 경사와 굴곡점은 그 식품의 수분과의 결합력 또는 자유수와 결합수의 상대적인 양과 비율을 나타내준다.

일정한 온도와 상대습도에서 한 식품에 남게 될 수분량, 즉 평형수분함량은 일차적으로는 그 식품 자체의 성질에 크게 영향을 받으므로 각 식품의 등온흡습곡선의 형태는 각각 다르다. 등온흡습곡선은 여러 가지 방법으로 평형수분을 측정하여 그릴 수 있지만, 가장 간단한 방법은 각종의 습도를 조정한 용기(desicator) 속에 식품을 넣고 항온기 속에 넣어 평형시킨 후 함수량을 평량한다. 그리하여 상대습도를 x축으로 하고 식품의 평형수분함량을 y축으로 하여 각 수치의 교차점을 연결하면 곡선이 얻어진다. 습도 조정은 각각 농도의 황산과 염용액이 사용된다.

1. 히스테리시스(hysteresis, 이력 현상)

건조식품이 대기 중에서 수분을 흡수하고 방출할 때의 흡습과 탈습 곡선이 일반적으로 일치하지 않는 현상을 히스테리시스 효과(hysteresis effect)라 부른다.

이 두 곡선의 구분은 수분함량을 증가시키거나 수분이 많은 식품을 점차적으로 건조함으로써 가능하다. 이러한 현상은 등온흡습곡선의 굴곡점에서 가장 크다(그림 2-4). 등온흡습(탈습)곡선의 형태는 물론 온도에 의해서 영향을 받는데 온도가 높아질수록 수분함량은 커진다(그림 2-5).

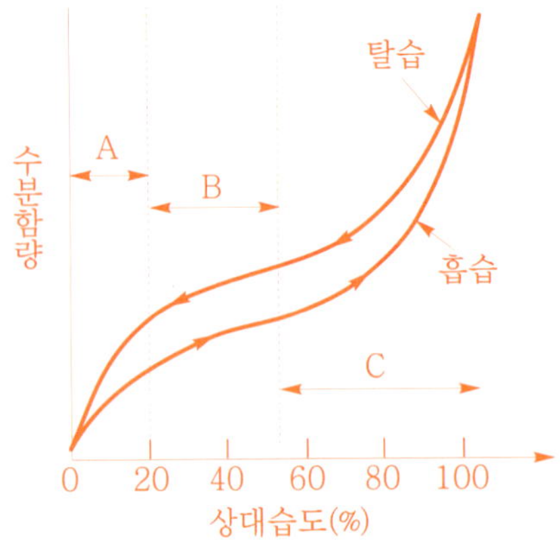

[그림 2-4]
식품의 전형적인 등온흡습곡선과 이력 현상

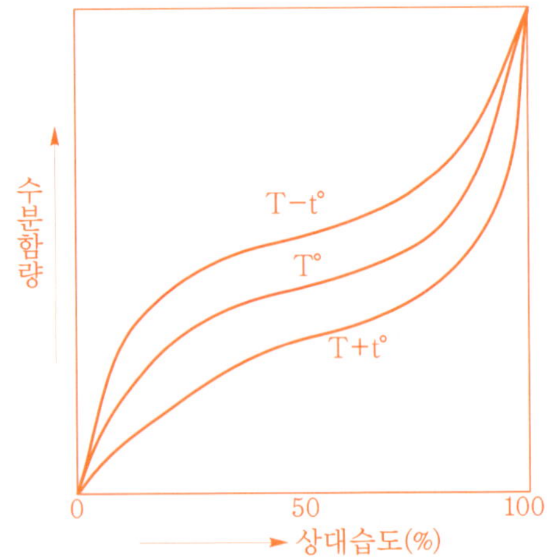

[그림 2-5]
등온흡습곡선에 미치는 온도의 영향

2. 등온흡습곡선의 구분

식품의 등온흡습곡선은 Brunauer 등에 의해 수분함량이 아주 적은(5~10%) 곡선 부분, 즉 식품 중의 물 분자가 단분자층(monomolecular layer)을 형성하는 영역과 등온곡선에서 상대습도의 증가에 따라 수분함량이 급히 증가하는 영역으로 그 식품 내의 물 분자를 다분자층(multimolecular layer)을 생성하는 영역, 그 외 식품 내의 수분이 여러 가지 식품 성분에 대하여 용매로 작용하는 모세관 응축 영역(capillary condensation region)으로 나누어진다. 대체적으로 건조식품의 수분함량은 단분자층 영역에 해당하며 일부는 다분자층 영역에 해당되는 수분량을 함유하고 있다.

3. 등온흡습곡선 각 부분의 성질

Lockland, L. B.에 의해 등온흡습곡선은 그림 2-2와 같이 세 부분으로 나누어 설명되고 있다.

제1형의 영역은 식품의 평형수분함량이 BET(Brunauer-Emmet-Teller) 단분자층 수분함량보다 적은 수분함량을 가진 영역으로 물 분자들은 주로 식품 성분 중의 carboxyl기나 amino기와 같은 이온기와 강한 이온결합을 형성하고 있다.

제2형의 영역은 식품의 평형수분함량이 바로 BET 단분자막 형성에 해당하는 수분함량을 나타내는 영역으로 건조식품의 경우 가장 안정성이 크며 최적 수분함량을 나타내는 영역이다. 이 영역에서의 물 분자들은 제1형과 같은 이온결합에 의한 것이 아니고 주로 이온화되지 않고 있는 여러 기능기들과 수소결합, 즉 비극성 결합에 의해서 결합되고 있다.

제3형은 식품의 평형수분함량이 단분자막 형성에 해당하는 수분함량보다 많은 수분함량을 가진 영역으로 물의 결합이 없는 비결합 상태이다. 이 영역에서는 식품 중의 물 분자들이 식품성분에 대해 용매로 작용하며 식품의 모세관에 수분이 자유롭게 응결되고 또 이동이 자유로운 상태를 나타낸다. 이 영역에서는 식품의 품질저하를 가져오는 여러 가지 화학반응, 효소에 의한 반응들의 촉진은 물론 미생물의 증식도 일어날 수 있는 영역이다.

4. 단분자층 수분량의 계산

Salwin(1959년)은 일부 건조식품에 있어서 가장 좋은 저장성을 나타내는 수분함량이 그 식품 속에 함유된 물 분자들이 단분자층을 형성하는 수분함량과 잘 일치함을 보여주고 있다.

대체적으로 식품 속에서의 단일 분자막을 형성하고 있는 물 분자들은 식품 내의 성분들이 대기 중의 산소에 직접 노출됨으로써 산화되는 것을 방지해 주는 것으로 생각되고 있다. 실제로 식품 속의 수분함량이 그 단일 분자막 형성 수분함량보다 적을 때는 유지의 산화, 비효소적 갈변반응의 속도가 촉진되는 것으로 알려졌다.

식품, 특히 건조식품에 있어서 그 식품의 흡습 또는 탈습곡선을 구하고 그 식품의 단분자층을 나타내는 수분함량을 결정하는 일은 건조식품의 저장 조건의 결정, 포장 조건의 선택 등을 위해 매우 중요하다. 상대습도(RH)가 5~35%인 식품의 등온흡습 또는 탈습곡선이 알려져 있을 때는 Brunauer 등이 유도해 낸 BET 방정식에 의하여 그 식품의 단분자층 형성에 상당하는 수분함량을 구할 수 있다. 이 수분량은 식품을 안정하게 저장할 수 있는 최소의 필요량인 동시에 최대의 허용량인 것이다.

Brunauer 등이 유도해 낸 BET 방정식은 다음과 같다.

$$\frac{P}{W(P_0-P)} = \frac{1}{W_1C} + \frac{C-1}{W_1C} \times \frac{P}{P_0} \quad \cdots\cdots (2-1)$$

W : 수분함량 %　　　P : 식품의 수증기압
P_0 : 같은 온도에서 순수한 물의 수증기압
C : 흡착열의 항수　　　W_1 : 단분자층에 상당하는 수분량

위의 식 (2-1)의 양변에 100을 곱하면

$$\frac{P(100)}{W(P_0-P)} = \frac{100}{W_1C} + \frac{C-1}{W_1C} \times 100 \times \frac{P}{P_0} \quad \cdots\cdots (2-2)$$

식 (2-2)에서 $100 \times P/P_0$는 바로 상대습도를 나타내므로 상대습도를 x축에, $P(100)/W(P_0-P)$를 y축에 표시한 곡선을 그리면 하나의 직선을 얻는다. 이때 얻어진 직선의 경사(slope)는 $C-1/W_1C$이며, 절편(intercept)은 $100/W_1C$가 된다.

이 두 수치에서 단분자층에 상당하는 수분량(W_1)을 구할 수가 있다.

2-7 • 수분의 결핍과 이상

1. 수분의 결핍(water malnutrition)

수분의 결핍은 설사, 구토, 실혈, 요붕증, 땀 분비의 과잉, 수분섭취 부족 등에 의하여 체액의 손실이 일어나는 것을 탈수라고 하는데 탈수현상으로는 체중감소, 산-염기평형장애에 의한 산증, 체온상승, 맥박증가, 심박출량 감소, 피부건조, 피부주름 발생, 허탈(collapse) 상태를

초래하여 생명에 위험을 받게 된다.

사람은 체중의 1% 정도의 수분이 손실되면 갈증을 느끼고 4~5% 손실되면 피로, 무력감, 식욕감퇴, 소변량이 감소되고 6~10%가 손실될 때 두통, 호흡곤란, 언어장애 등이 일어난다. 12~14%가 손실되면 음식을 삼키는 작용을 하기도 어려워지고, 20% 정도의 수분을 손실하면 죽음에 이르게 된다.

수분이 많이 부족할 때 체온이 상승하고 혈액의 점성이 커져 농도가 진해지고 혈액장애가 온다. 심한 운동이나 노동 등으로 신체 활동량이 많아 땀을 많이 흘렸을 때는 수분 보충과 아울러 염분을 공급하는 것이 바람직하다. 왜냐하면 땀에는 수분과 함께 전해질도 포함되어 있기 때문이다.

다량의 땀을 흘렸을 때 수분 공급만 하는 경우는 세포 외액의 삼투압이 낮아져 수분이 세포 내로 이동하여 혈액량이 감소하고 혈압이 강하되며 허약감, 근육경련 등을 일으킬 수 있다. 한편, 땀의 염분 농도는 세포 외액의 염분 농도보다 낮기 때문에 땀에 의한 수분 손실이 극심하지 않으면 염분의 보충은 필요하지 않다. 너무 많은 양의 염분을 보충하면 세포 외액의 삼투압이 높아져서 세포 내의 수분이 세포외액으로 이동되어 운동능력이 감소되기 때문이다.

2. 수분에 의한 이상(異常)

체내의 각 조직의 수분은 끊임없이 교류하여서 출납평형을 이루고 있으나 평형이 깨져서 흉공이나 복공에 남는 상태를 수증이라고 한다. 실질 조직에 수분이 남는 상태를 수종, 피하조직에 수분이 증가한 상태를 부종이라고 한다.

부종의 원인으로는 신장 장애로 소변을 배설하지 못하거나, 간장장애로 혈장 단백질을 합성하지 못하여 혈액 내의 교질삼투압이 낮아져 물을 배설하지 못하고 체내에 과잉의 물을 갖게 되어 부종을 일으키거나, 영양실조증 등에 의하여 부종을 일으킨다. 부종의 증상으로는 저체온, 구토, 경련, 혼수상태가 일어나며 마침내 죽음에 이르게 된다.

발한이 심하면 갈증을 느끼고 물을 마시게 되는데 일반적으로 음수량은 발한량보다 훨씬 적어 일시적인 수분 부족 상태가 되면 회복하여 원활하게 되기가 곤란하다. 그러나 일반적인 음식물에 의해서 피로가 회복되어 피로의 축적이 해소되게 한다.

땀을 많이 흘린 뒤 물을 마실 때 염분을 같이 보충하여 주지 않으면 체내에서 수분 과잉이 되어 마신 물은 오줌과 땀 등으로 배설된다. 이 때문에 침투압의 조절이 불가능하게 되며 특히 신경이 민감하게 반응하여 경련을 일으킬 수 있는데 이것을 열경련이라고 부른다. 이것을 방지하기 위하여 0.3~0.5%의 식염수를 마시게 하는 것이 좋다.

2-8 • 혈액 수분

인체의 수분대사를 알기 위해서 인체의 수분 출납 상태를 조사할 경우 체내에 있는 수분의 분포를 조사하면 좋다. 이것은 혈액의 수분량을 조사하는 것이 중요하기 때문이며 손쉬운 일이다. Booher에 의하면 정상인의 혈액과 체액의 pH는 7.35~7.43이라고 한다. 보고된 중에서 가장 극단적인 비는 pH 7.0~7.8이다. 보통 혈액 pH가 7.55에 달하면 alkalosis라 하고 pH 7.3 이하일 때에는 acidosis라고 한다.

혈액의 점도는 물을 1이라고 할 때 5.1이고 혈액량은 체중의 7~8 % 정도, 혈액 중의 수분량은 80 %이며 고형분이 약 20 %이다.

혈액의 수분량은 영양상태를 판정하는 예민한 지표이며, 이것에 대해 Gurota(黑田)가 표 2-4와 같이 영양상태에 따른 혈액 수분량을 발표하였다. 또 혈액 비중과 혈액 수분량과의 사이에 근사적으로 직선 관계가 있다는 점에서 Hirate(平出, 1947년)는 이것을 혈액 비중을 가진 영양상태의 판정지표로 하였다.

【표 2-4】 영양상태와 혈액수분량(%)

영 양 상 태	혈액수분량	혈청수분량
정상인	79.39	90.83
잠재성 영양실조증	80.41	91.59
경증 영양실조증	81.30	91.70
중증 영양실조증	84.58	93.94

Gurota(1952년)는 전전(戰前), 전중(戰中), 전후(戰後)를 통하여 혈액수분에 따라 다수의 측정을 하여 국민 영양상태의 추이를 조사하였으며, 또 학교급식에 의한 학생의 영양상태의 회복을 혈액 수분량의 측정에 의해 실증하였다.

제2장 연습문제

1. 식품의 수분활성에 대해서 설명하시오.
2. 보통 식품에서 수분활성도(A_w)는 어떻게 구하는가?
3. 결합수를 설명하시오.
4. 경수로 커피를 끓일 때 침전되는 물질은?
5. 자유수를 설명하시오.
6. 25 %의 수분과 설탕을 함유한 어느 식품의 수분활성도를 구하시오.(단, 설탕의 분자량은 342)
7. 46 %의 소금물의 A_w는 얼마인가?
8. 30 % 포도당 용액의 A_w는 얼마인가?
9. 수분함량이 72 %, 설탕함량이 20.52 %, 단백질함량이 7.48 %인 어떤 식품의 수분활성도는?
10. 식품 중의 곰팡이 생육을 저해하는 수분활성도는?
11. 탈수작용에 의해 쉽게 떨어진 물은 어느 것인가?
12. 대부분의 채소와 과실의 수분함량은 어느 정도인가?
13. 쌀, 콩과 같은 건조식품의 수분활성도는 얼마인가?
14. 다음 식품 중 수분활성도가 가장 큰 것은?(쌀, 벌꿀, 잼, 채소)
15. 보통 식품의 수분 정량 시 상압하에서의 건조온도는?
16. 수분의 기능을 설명하시오.
17. 대사수와 그 생성량을 설명하시오.
18. 식품이 100 kcal의 열을 발생할 때 생성되는 연소수의 양(ml)은?
19. 사람이 체중의 몇 %의 수분이 손실될 때에 음식을 삼키기 어려운가?

제3장 탄수화물(Carbohydrates)

3-1 • 탄수화물의 성분

탄수화물은 탄소, 수소, 산소의 3대 원소로 이루어지고 분자 내에 한 개 이상의 수산기(-OH)와 carbonyl기 중에서 aldehyde기(-CHO) 또는 ketone기(=CO)를 갖는 화합물과 이들의 축합화합물 또는 그 유도체를 말한다.

일반적으로 구조식은 $C_m(H_2O)_n$, $C_mH_{2n}O_n$ 으로 나타낸다. 그러나 초산($C_2H_4O_2$), 젖산($C_3H_6O_3$), formaldehyde(HCHO) 등은 일반식은 당질과 같으나 당질이 아니고, rhamnose($C_6H_{12}O_5$)는 일반식은 당질과 틀리나 당질이다. 탄수화물은 동물체의 에너지원으로 쓰이게 되며 식물성 식품에 광범위하게 분포되어 있어 쉽고 저렴하게 얻을 수 있다.

3-2 • 탄수화물의 성질

① 결정성 : 무색 또는 백색의 결정을 형성한다.

② 용해성 : 물에 잘 녹으나 alcohol 에는 잘 녹지 않는다.

③ 단 맛 : 일반적으로 단맛을 가지고 있으나 당의 종류에 따라 다르다.

④ 선광성 : 부제 탄소를 가지고 있으므로 선광성이 있다.

⑤ 환원성 : 설탕 등의 일부 소당류를 제외한 당은 일반적으로 자신은 산화되고 다른 화합물은 환원시키는 환원성을 가지고 있다.

⑥ 발효성 : 일부의 당(galactose)을 제외하고 대부분의 당은 효모에 의하여 발효되어 알코올과 CO_2 가 된다.

⑦ ester 형성 : 당은 -OH기를 가지고 있으므로 산과 ester를 만든다.

⑧ 배당체 형성 : 당은 C_1에 붙은 -OH기의 반응성이 커서 -OH기의 -H가 치환되어 배당체를 형성하기 쉽다.

⑨ 산의 형성 : 당의 C_1은 산화되어 -COOH기가 되며 산을 형성하는 성질이 있다.

⑩ alcohol 형성 : 당의 C_1이 환원되어 당 alcohol을 형성한다.

⑪ amino당 형성 : 6탄당의 C_2의 -OH기가 $-NH_2$기로 치환되면 amino당을 형성한다.

⑫ amino carbonyl 반응성 : 환원당의 carbonyl 화합물과 amino acid, amine, 단백질 등의 amino 화합물이 서로 복잡한 반응을 일으켜 hydroxy methyl furfural (HMF) 등의 갈색 물질을 형성한다.

⑬ caramel화 : 당류를 190~200℃로 가열하면 탈수, 중합 등의 반응이 일어나 갈색 물질인 HMF, furfural을 형성한다.

3-3 • 단당류

1. 단당류의 성질

1) 탄수화물의 조건을 갖추는 가장 간단한 화합물

glyceraldehyde(aldose)
dihydroxyacetone(ketose)

2) 부제 탄소원자(asymmetric carbon atom)

중앙의 C에 4개의 서로 다른 원자 또는 원자단이 결합되어 있는 탄소를 말한다. 부제 탄소가 존재하면 결합되어 있는 원자 또는 원자단의 입체적인 배치만이 다를 뿐 구성 원자와 결합의 종류가 동일한 입체 이성체가 생기며 이들은 광학적으로 활성을 갖는다. Van't Hoff 법칙에 의하면 부제 탄소가 n개 존재하면 2^n개의 입체이성체가 생긴다. 예를 들어 3탄당인 glyceraldehyde는 2번 탄소 한 개만 부제 탄소이므로 두 개의 입체 이성체가 생성된다.

3) epimer

D-glucose 와 D-galactose 는 부제 탄소와 결합되어 있는 원자단의 배위가 한 군데만이 다르다. 이런 경우를 서로 epimer 관계라고 한다. 즉 glucose를 기준으로 부제 탄소원자에 결합한

-H와 -OH기의 배위가 한 군데만 다른 경우를 말한다. D-glucose와 D-mannose는 2번 탄소가, D-glucose와 D-galactose는 4번 탄소가 하나만 다른 epimer이다.

4) 배당체(glycoside)

당의 환상 구조를 이루기 위해 -CHO 또는 =CO에서 생성된 -OH기는 다른 C원자에 결합되어 있는 -OH기와는 성질이 달라서 반응성이 크다. 이러한 -OH를 glycoside성 -OH, hemiacetal성 -OH, anomer성 -OH라 하는데 이것은 다른 -OH 화합물의 -OH기와 결합하여 물 분자가 떨어져 나가고 ether형으로 산소와 가교로 결합하기 때문이다. 이렇게 당류의 glycoside성 -OH와 비당질의 -OH기와 ether 모양으로 결합한 것을 배당체(glycoside)라 한다.

배당체는 tannin, saponin, anthocyanin, sinigrin 등으로 자연계에 널리 분포되어 있다. 배당체를 구성하는 당이 glucose일 경우는 glucoside, ribose일 경우는 riboside라고 하며 그중에 glucoside가 가장 많다. α형과 β형의 구별은 당의 α-glucose의 -OH에 결합한 배당체는 α-glucoside, β-glucose의 -OH에 결합한 배당체는 β-glucoside라 부르며 자연 상태에서는 β형이 많다.

5) 선광성(rotatory polarization)

부제 탄소원자를 갖는 이성체들은 편광면을 회전시키는 광학적인 성질이 있어 광학이성체라고도 하며, 한쪽이 편광면을 오른쪽으로 회전시키면 다른 쪽은 왼쪽으로 회전시키게 된다. 따라서 오른쪽으로 회전시키는 이성체를 우선성(dextrorotatory : +), 왼쪽으로 회전시키는 것을 좌선성(levorotatory : −)이라 한다.

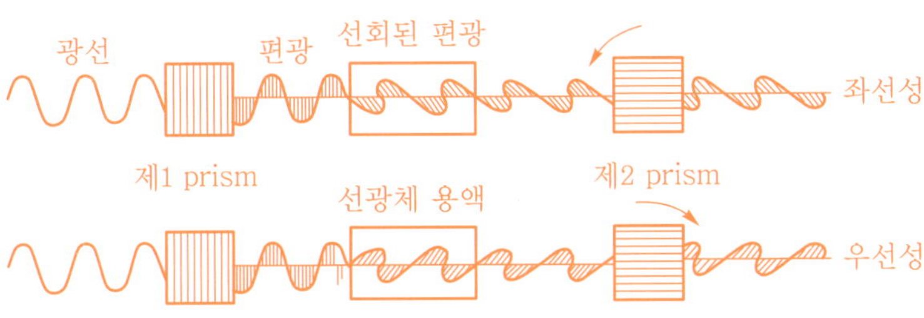

【그림 3-1】 편광계의 원리

5) 변선광(mutarotation)

α형이나 β형인 당을 물에 녹이면 선광도가 변한다. 결정 포도당은 보통 α-D-glucopyranose의 선광도는 +112인데 물에 녹이면 선광도가 서서히 내려가 α형과 β형의 평형혼합 용액으로 되어 +52에 이르러 일정하게 되는 현상을 변선광이라 한다. 20℃에서 평형혼합물 중에는 α형과 β형이 37 : 63으로 평형을 이룬다.

$$\underset{+112.2^{\circ}}{\alpha\text{-D-glucopyranose}} \xrightarrow[\substack{+52.7^{\circ} \\ \text{(equilibrium mixture)}}]{\text{reversible isomerization}} \underset{+18.7^{\circ}}{\beta\text{-D-glucopyranose}}$$

2. 중요한 단당류

케토트리오스(ketotriose)인 디히드록시아세톤(di-hydroxyacetone)만이 단당류 중 유일하게 부제 탄소가 없어 이성체가 존재하지 않지만, 이를 제외한 모든 단당류는 aldehyde기를 가지는 aldose과 ketone기를 가지는 ketose로 대별된다(그림 3-2, 3-3).

1) 3탄당(triose)

3탄당은 가장 간단한 당으로 근육 또는 효모 중에서 당이 분해할 때 인산 ester로서 존재하고 유리 상태로는 존재하지 않는다. 유리형, 인산형은 모두 매우 불안정하여 음식물 중에는 없다. 3탄당인 glyceraldehyde는 부제 탄소가 1개 있으며 부제 탄소와 결합한 -OH기가 우측에 있는 경우는 D-glyceraldehyde, 좌측에 있는 경우는 L-glyceraldehyde 라고 하며, 단당류의 입체 이성체를 구분하는 기준이 된다. 이 두 화합물을 광학적으로 활성을 나타내며 마치 거울상처럼 대칭의 관계에 있으므로 서로 겹칠 수 없다. 따라서 이와 같은 이성체를 광학대장체 또는 거울상 이성질체라고 한다.

D-glyceraldehyde (C*는 부제탄소)　　L-glyceraldehyde

또한, 당류에 있어서는 알데히드기나 케톤기로부터 가장 멀리 있는 부제 탄소 주위의 입체 구조가 D-glyceraldehyde와 일치하는 것은 D형, L-glyceraldehyde와 일치하는 것은 L형이라 한다.

2) 4탄당(tetrose)

유리 상태로는 천연에 존재하지 않는다.

3) 5탄당(pentose)

(1) arabinose

식물 gum, hemicellulose, pectin, 배당체에 결합 상태로 존재하고, arabinose의 축합체인 다당류 araban은 식물의 세포막에 pectin과 함께 존재한다. 효모에 의하여 발효되지 않는다. α-L형의 우선성으로서 단맛은 설탕을 100으로 할 때에 65 정도이다.

(2) xylose

식물체에 유리 상태로 존재하는 일은 거의 없고, 다당류 xylan의 구성 단위가 되어 식물세포벽의 구성 물질을 이룬다. xylose는 α-D형의 우선성으로서 단맛은 설탕을 100으로 할 때에 40정도로 비교적 단맛이 강하여 당뇨병환자의 감미료로 쓰인다. 또한, 효모에 의해 발효되지 않는다.

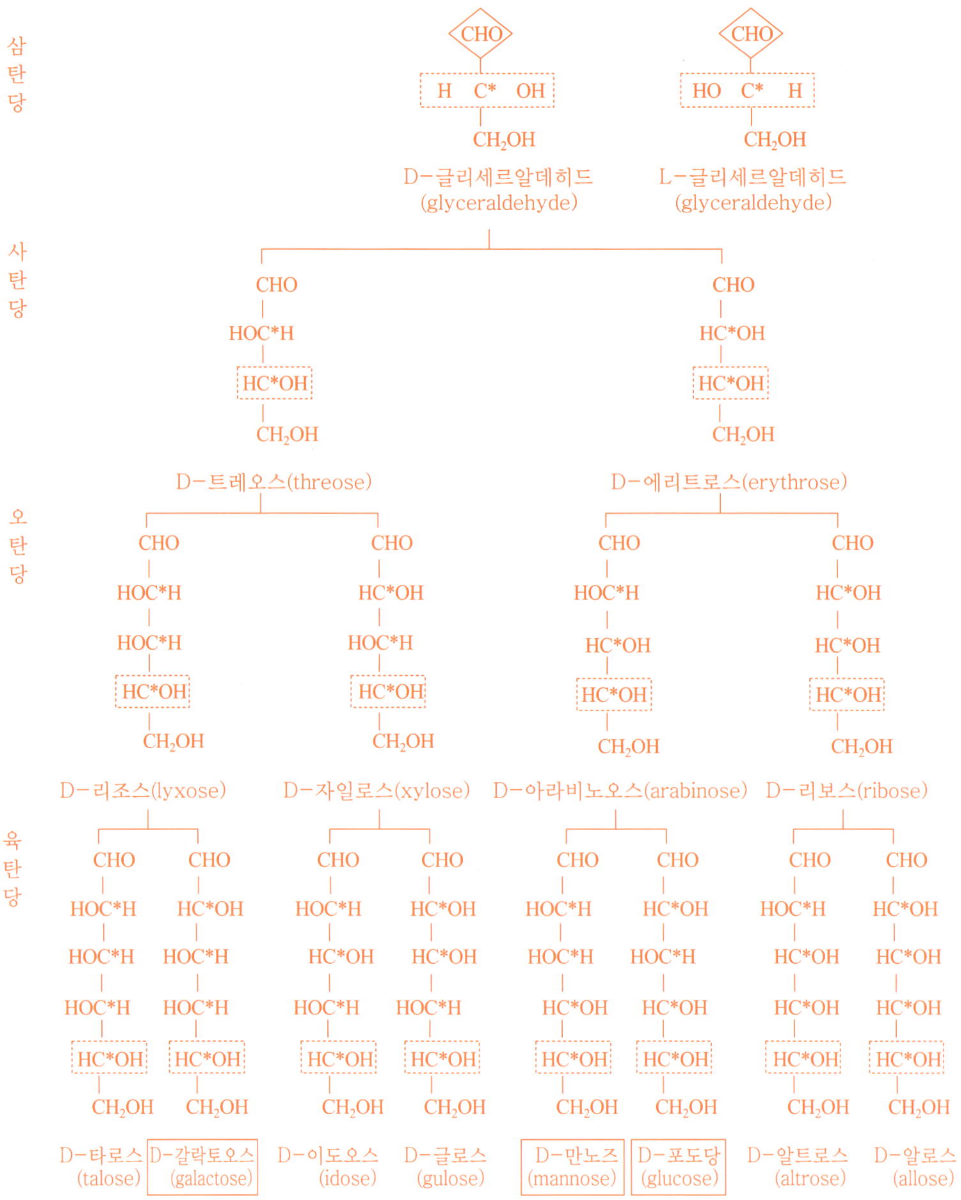

● : D-포도당과 D-만노즈 : 2-에피머 ▲ : D-포도당과 D-갈락토즈 : 4-에피머 * : 부제탄소

[그림 3-2] aldose 계열

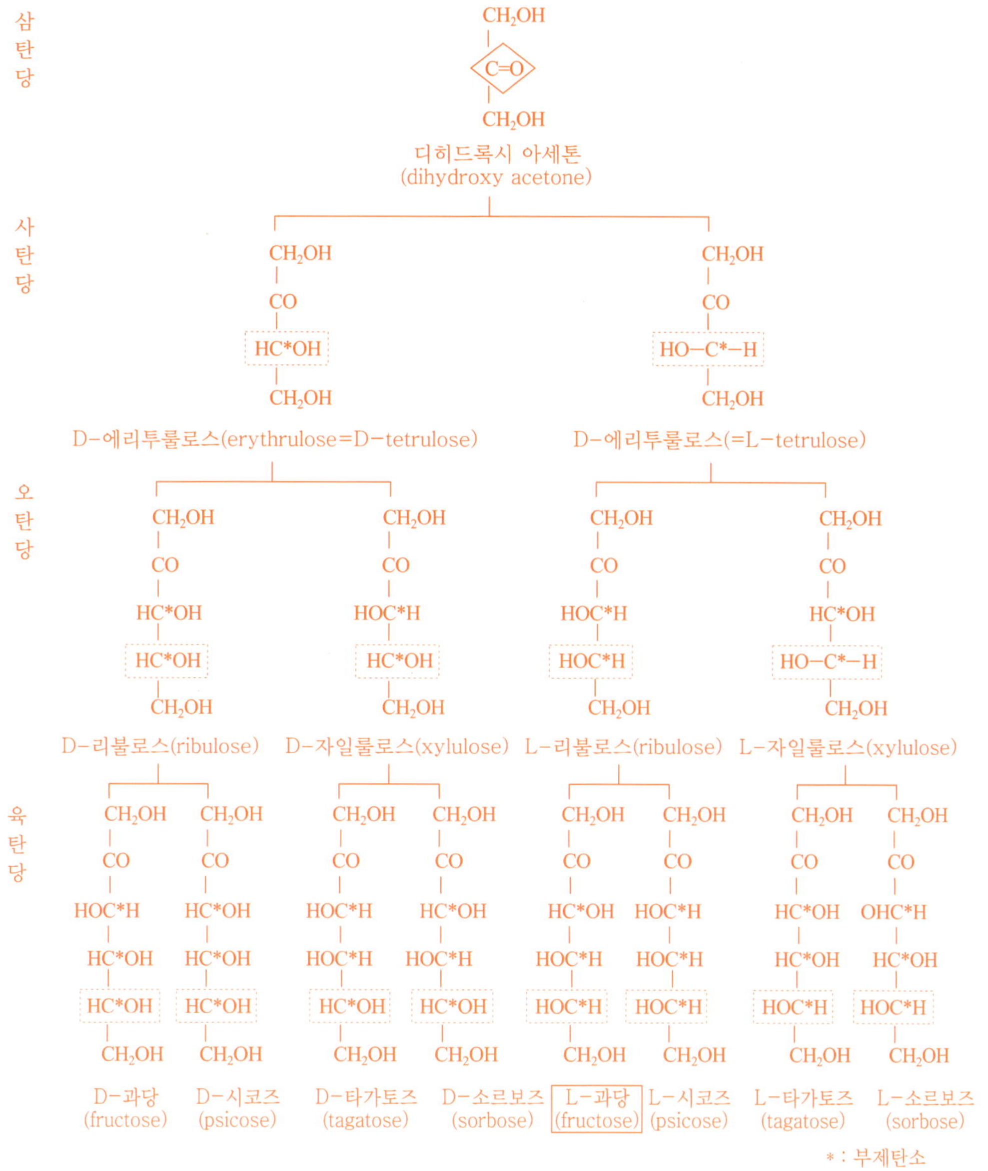

[그림 3-3] ketose 계열

(3) ribose

동물 핵산의 구성 성분을 이룬다. 천연의 ribose는 α-D형의 우선성이나 RNA, coenzyme의 구성당은 모두 β-D-ribose이다. 그리고 2-deoxy-D-ribose는 DNA의 구성 성분으로 존재한다. 또한, vitamin B_2의 구성 성분이 된다.

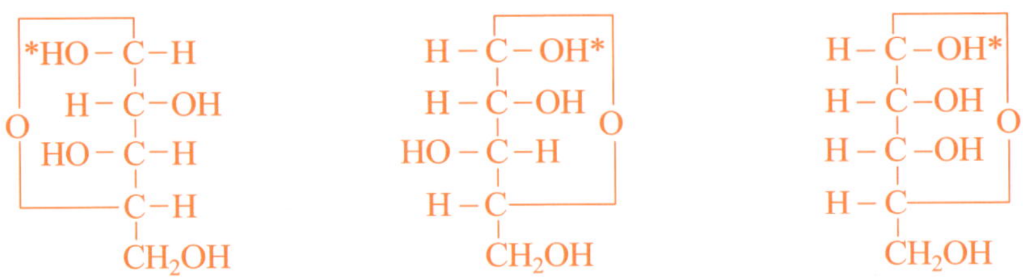

α-L-arabinose α-D-xylose α-D-ribose

(-OH* : glycoside성 -OH, hemiacetal성 -OH, anomer -OH)

4) 6탄당(hexose)

(1) 포도당(glucose, dextrose)

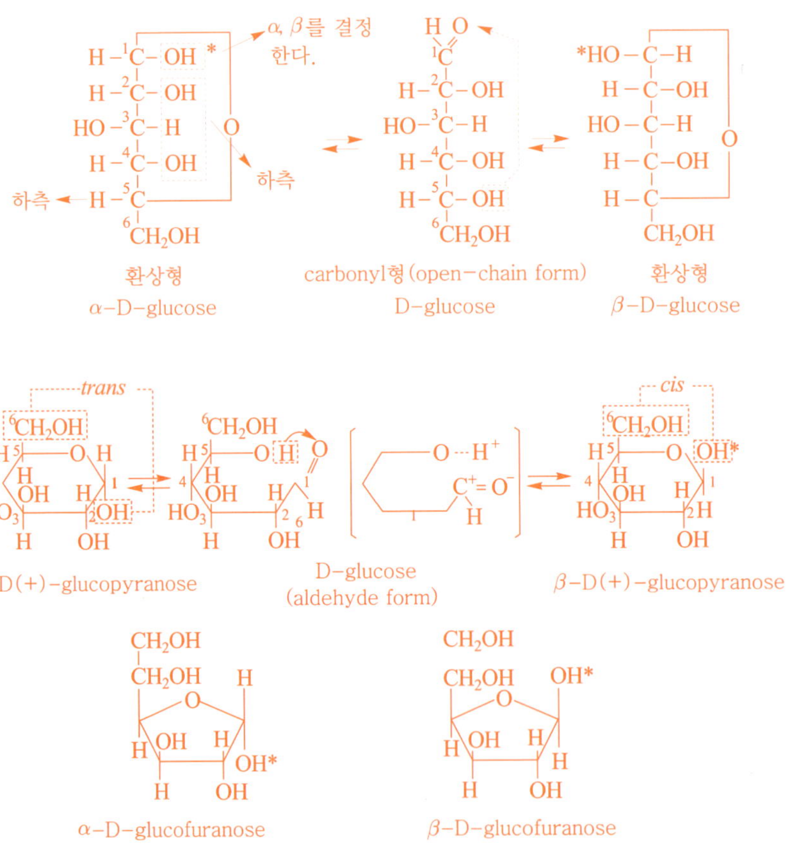

【그림 3-4】 D-glucose의 평형상태와 α-D-glucose, β-D-glucose

자연계에 매우 널리 분포하며 유리 상태로는 과일, 벌꿀, 혈액 등에 존재하며 포도에 약 5~20 % 정도로 많이 존재하므로 grape sugar 라고 한다. 결합 상태로는 맥아당 · 설탕 · 젖당에, 전분으로는 곡류 · 두류에 많고 식물섬유의 구성분으로 존재한다. 단당류로서 aldohexose에 속한다. 특히 동물의 혈액에는 보통 0.1 %로 존재하고 성인 남자의 간에 glycogen으로 약 100 g, 근육에 245 g, 혈액에 10 g 정도 함유하고 있다. glucose가 결합된 당질을 glucan이라 하며 starch, glycogen, dextrin, cellulose가 있다.

α-D형의 우선성으로서 단맛은 설탕을 100 으로 할 때에 70 정도로 과당의 반 정도의 감미를 가진다. 포도당은 무색의 결정으로 용해점은 146℃이고 더 가열하면 갈색의 caramel이 된다.

(2) 과당(fructose, levulose, fruit sugar)

ketohexose에 속하고 과즙, 벌꿀에 많이 존재한다. 설탕의 구성 성분이고 뚱딴지, 다알리아 뿌리의 inulin이 fructose의 축합체이다. 유리 상태의 fructose는 주로 안정한 pyranose형을 이루나 소당류, 다당류를 형성할 때는 불안정한 furanose형을 이룬다.

용해성이 크고 과포화되기 쉬워서 결정되기 어렵고 매우 강한 흡습조해성을 가지며 점도가 포도당이나 설탕보다 약하다. 과당은 β-D형의 좌선성으로 단맛은 천연식품 중 단당류로는 가장 달며 설탕을 100으로 할 때에 173 정도이다.

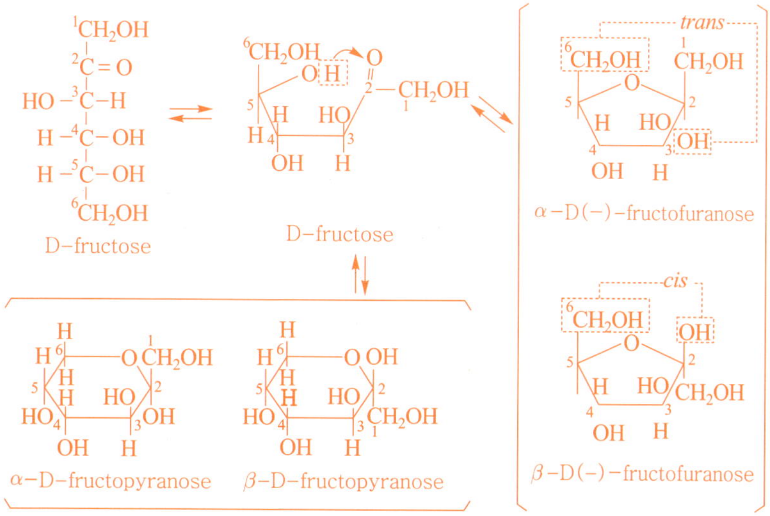

【그림 3-5】 D-fructose의 평형상태와 α-D-fructose, β-D-fructose

(3) galactose

lactose나 그 밖의 oligosaccharide의 구성 성분으로 존재하고 또 hemicellulose, 식물 gum,

한천 등의 성분으로서 널리 분포되어 있다. α-D형의 우선성으로서 단맛은 설탕을 100으로 할 때에 33~60 정도의 감미를 갖는다. 단당류 중 가장 발효가 어려운 당이다.

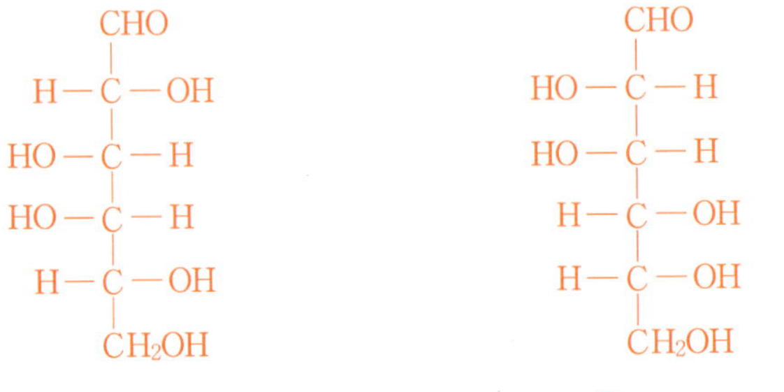

D-galactose D-mannose

(4) mannose

유리 상태로는 거의 존재하지 않으며 식물 세포벽의 hemicellulose 성분이다.

yeast, 곤약 등에 mannan 성분으로서 널리 존재한다. α-D형의 우선성으로서 단맛은 설탕을 100으로 할 때에 77 정도의 감미를 갖는다.

(5) sorbose

glucose의 환원으로 D-형의 sorbitol로 되고 발효에 의해 ketohexose로 되어 vitamin C의 합성 원료로 쓰인다. 단맛은 설탕을 100으로 할 때에 65 정도의 감미를 갖는다.

5) 단당류의 유도체

(1) deoxy sugar

단당류에서 -OH의 산소가 제거된 것으로 deoxyribose는 동식물의 세포질 중 DNA 구성분이고, fucose는 식물의 gum, 해조류의 다당류, 인유의 소당류를 구성하며 methylpentose인 L-rhamnose는 식물색소인 flavone과 anthocyanin색소의 배당체 성분에서 당 부분을 이룬다.

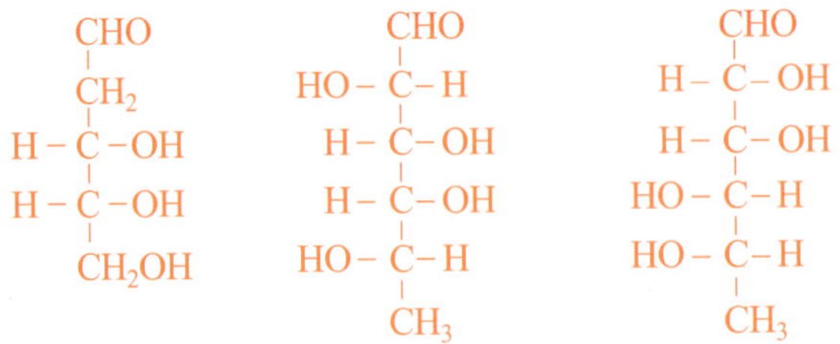

D-2-deoxyribose L-fucose L-rhamnose

(2) sugar alcohol

당의 carbonyl(-CHO)기가 환원되어 -CH_2OH로 된 화합물이다. ribitol은 ribose가 환원된 형으로 vitamin B_2의 성분이고, sorbitol은 glucose가 환원된 형으로 vitamin C의 합성원료이다. mannitol은 mannose가 환원된 형으로 균류, 해조류, 버섯, 미생물에 존재하는 당알코올로 물에 잘 녹지 않는다.

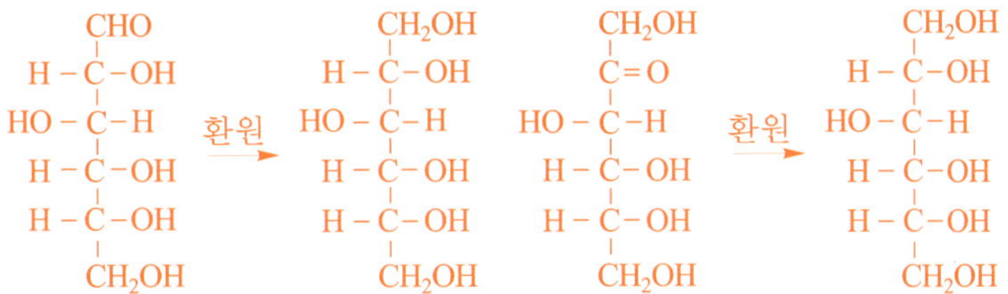

D-glucose D-sorbitol D-fructose D-sorbitol

이노시톨(inositol)은 환상 구조의 당알코올로 두류, 과일, 동물의 근육, 뇌, 내장에 존재하는 근육당이다. meso-inositol은 비타민 B복합체로 동물근육과 내장에 유리상태로 존재하는 근육당이라 한다.

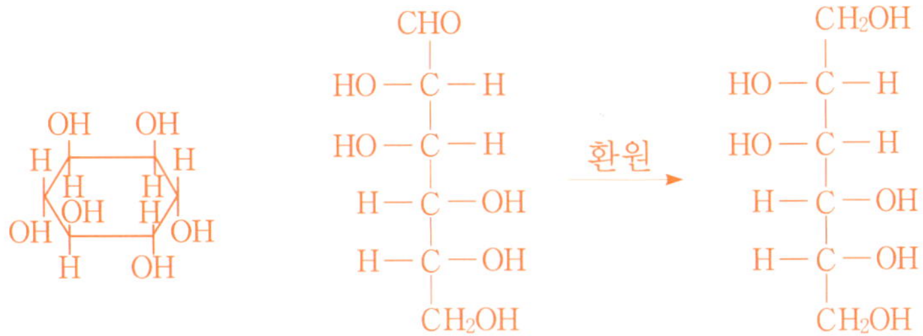

inositol D-galactosamine thioglucose

(3) amino sugar

당분자의 C_2 원자의 OH기가 NH_2기로 치환된 것으로 glucosamine인 chitosamine은 갑각류 껍질의 구성분인 chitin의 구성단위가 된다. chitin은 아미노기의 수소원자 한 개가 acetyl기로 치환된 N-acetyl glucosamine의 중합체다. 혈청 위점막 중의 당단백질인 mucoitin 황산의 구성당에 함유된다. galactosamine인 chondrosamine은 연골이나 힘줄 등에 황산염으로 굳게 한다.

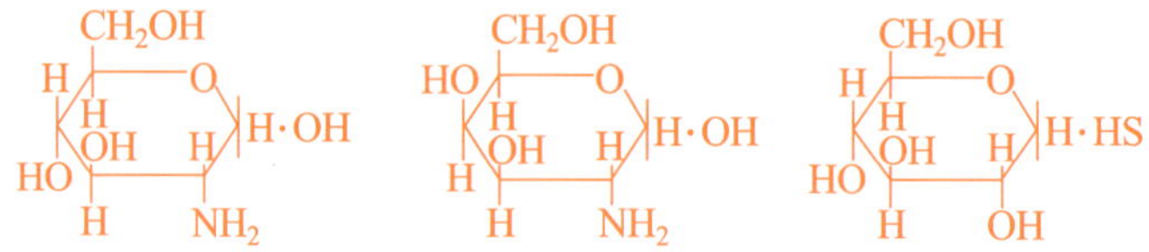

D-glucosamine D-galactosamine thioglucose

(4) thiosugar

이 당은 carbonyl기의 -OH기가 -SH기로 치환된 것에 해당하며 무의 매운맛 성분인 배당체 sinigrin의 구성분으로 thioglucose를 들 수 있다.

(5) uronic acid

단당류의 말단에 있는 $-CH_2OH$기가 산화되어 -COOH기로 변한 것으로 aldehyde기와 carboxyl기를 가진다. glucuronic acid는 동물 체내의 유해물질의 해독작용에 관여하며 식물체의 배당체 성분으로 존재하고, galacturonic acid는 methylester가 되어 과즙 중의 pectin 성분으로 존재한다.

(6) 배당체

단당류의 carbonyl기의 수산기(-OH기)가 비당류 aglycone의 수산기와 에테르 결합한 것을 배당체라 한다. 식물계에 존재하고 약리작용을 하며 배당체에는 비당류 특성에 따라 phenol 배당체, anthocyanidin, flavon, 겨자유, 청산배당체, saponin이 있다.

3-4 • 이당류

1) 맥아당(maltose)

① 맥아에 있고 starch의 기본 구성 단위이다.

② glycoside성 OH를 가지고 있으므로 환원성을 나타내며 발효성이 있다.

③ α-glucose의 C_1의 -OH기와 α 또는 β-glucose의 C_4의 -OH기가 결합한 것으로 다음과 같고 전분의 결합은 α-maltose의 결합이다.

α-glucose + α-glucose = α-1, 4-glucoside 결합 : α-maltose

α-glucose + β-glucose = α-1, 4-glucoside 결합 : β-maltose

④ 단맛은 설탕 100일 때 60 정도이다.

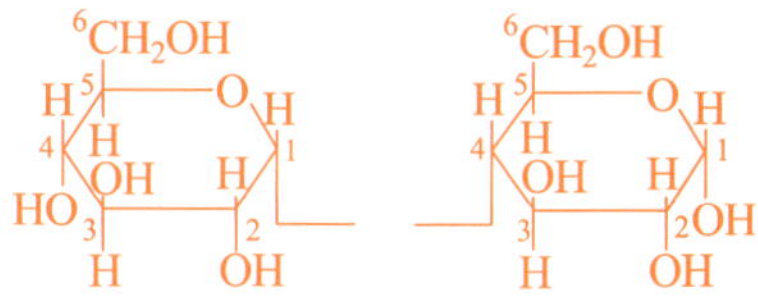

α-D-glucose α-D-glucose

α-maltos(α-D-glucopyranosyl-α-D-glucopyranose)

2) 유당 (lactose)

① 포유동물의 수유 기간 중에 유선에서 만들어져 분비되는 유즙 속에 존재한다.

② 우유에 약 4.5~5%, 인유에 약 6~8% 들어 있다.

③ β-galactose의 C_1과 glucose의 C_4가 결합한 것으로 glucose가 α형이면 α-lactose, β형이면 β-lactose이다.

④ β-lactose는 감미가 α-lactose보다 강하고 용해도도 크다.

⑤ 보통의 효모로는 발효되지 않는다.

⑥ 정장작용을 하며 칼슘의 흡수가 좋아지고, 유아의 장내에서 악성 발효나 설사를 막는다.

⑦ 유즙에는 α : β= 2 : 3의 비율로 평형을 이루고 있고, α-lactose형은 설사를 일으키는 것으로 알려져 있다.

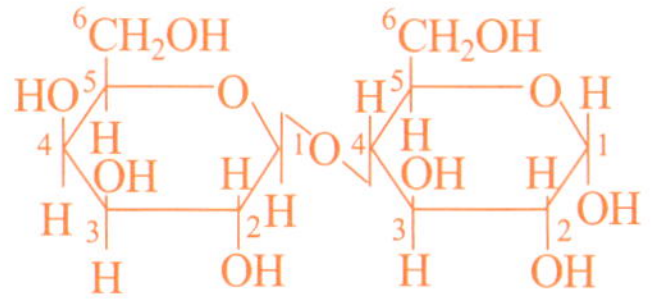

β-D-galactose α-D-glucose

α-lactose(β-D-glucopyranosy1-α-D-glucopyranose)

3) 설탕(sucrose)

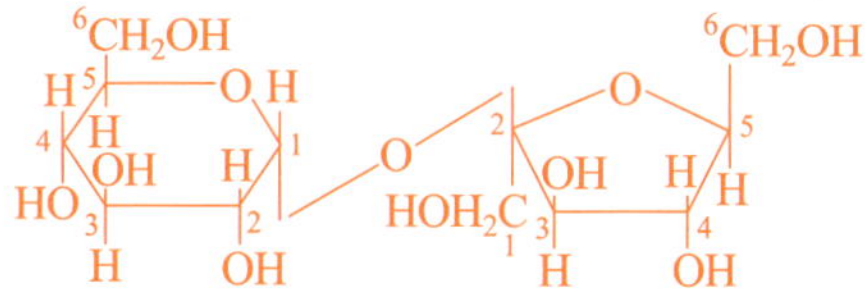

α-D-glucose β-D(-)-fructofuranose

sucrose(α-D(+)-glucopyranosyl-β-D(-)-fructofuranoside)

① α-D-glucose C_1의 glycoside성 -OH기와 β-D-fructofuranose C_2의 anomer성 -OH기

가 1, 2 결합을 하므로 비환원당이다.
② 이성체가 존재하지 않기 때문에 α-, β-형의 구별이 없다.
③ 냉온, 고온에 의한 감미의 변화가 없으므로 단맛의 기본이 된다.
④ 감미가 안정되어 있어서 감미도의 표준물질을 이룬다.
⑤ 산 또는 효소(invertase, sucrase, saccharase)에 의하여 가수분해를 받아 glucose와 fructose를 동량 생성한다.
⑥ 소화흡수가 빠르고 피로회복에 효과가 크며 과량 섭취하면 일시적 당뇨가 된다.

4) cellobiose

β-glucose와 β-glucose가 β-1, 4 결합으로 연결되어 있는 이당류이다.

5) rutinose

β-rhamnose와 β-glucose가 β-1, 6 결합한 것으로 rutin, hesperidin, naringin 등의 구성 성분을 이룬다.

6) trehalose

α-glucose와 α-glucose가 α-1, 1 결합한 비환원당이다.

7) melibiose

α-galactose와 α-glucose가 α-1, 6 결합한 당이다.

8) isomaltose

α-glucose와 β-glucose가 α-1, 6 결합한 당이다.

3-5 • 삼당류 및 사당류

1. 삼당류

1) gentianose

용담속(屬)에 속하는 식물의 뿌리에 존재하고 gentiobiose의 α-D-glucose의 C_1에

β-D-fructose가 α, β-1, 2 결합으로 형성되어 비환원성이고 단맛은 없다.

2) raffinose

콩, 면실 등의 식물종자, 사탕무 같은 뿌리와 지하경 등에 존재하는데 설탕의 포도당기 C_6에 α-D-galatose가 α-1, 6 결합을 이룬 구조를 가지며 비환원성이고 단맛은 설탕을 100이라 할 때에 23 정도이다.

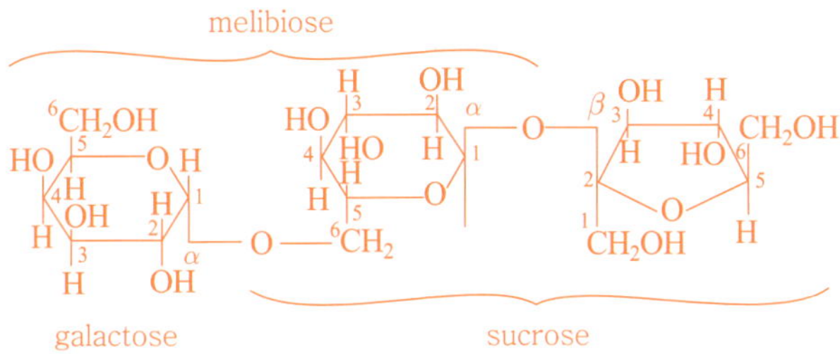

raffinose
α-galactose-1, 6-α-glucose-1, 2-β-fructose

2. 사당류

1) stachyose

면실과 대두에 비교적 많은 양이 들어 있는 stachyose는 raffinose의 galactose기 C_6에 또 하나의 α-D-galactose가 α-1, 6 결합으로 형성된 사당류이다. 효모에 의해 부분적으로 가수분해가 일어나며 비환원당이다.

3-6 • 다당류

단당류 또는 그 유도체가 glycoside 결합으로 수많이 이어진 것으로 생물계에 매우 널리 분포되어 있다. 한 종류의 단당류로 구성된 다당류를 단순다당류, 2종류 이상의 단당류로 이루어진 것을 복합다당류라 한다.

① 단순다당류 : starch, dextrin, glycogen, cellulose, inulin, chitin
② 복합다당류 : glucomannan, hemicellulose, pectin, chondroitin sulfate, agar, hyaluronic

acid, gum locust bean, gum guar, gum tamarind, gum arabic, gum targacanth, alginic acid, carrageenan.

1. 식물의 저장다당류

1) 전분(starch)

① 산으로 분해하면 glucose가 생기고, 맥아로 분해하면 maltose가 생긴다.

② amylose(15~30 %)와 amylopectin(70~85 %)으로 구성되어 있으며, 찹쌀은 amylose는 거의 없고 amylopectin으로 구성되어 있다.

③ amylose 사슬은 glucose 6분자로 1회전하는 나사 구조를 가지며 형태는 그림 3-6과 같다. amylopectin은 glucose 6~8분자마다 분지되는 형태로 말단은 17~27개의 glucose를 갖고 있으므로 요오드 반응이 적자색~자색을 나타내는데 그 형태는 그림 3-7과 같다.

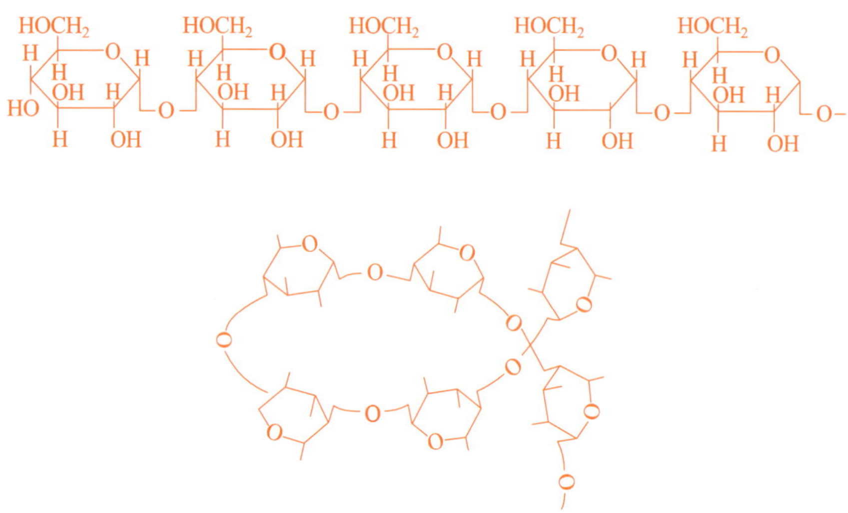

【그림 3-6】 amylose의 구조

④ amylose는 요오드 분자들과 내포화합물을 형성하여 특유의 색을 나타내는데 glucose의 중합도에 따라서 무색~청색까지 다양한 색을 갖는다. amylose 분자 중에 내포된 요오드 분자는 그림 3-8과 같고, glucose의 중합도에 따른 요오드의 정색은 표 3-1과 같다

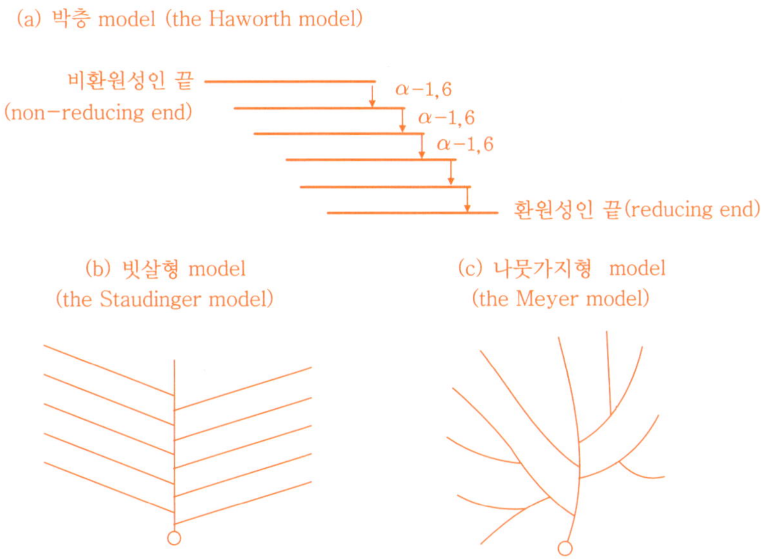

【그림 3-7】 amylopectin의 구조

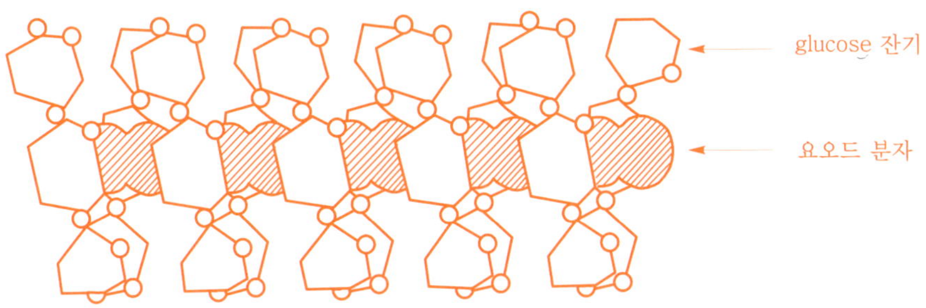

【그림 3-8】 amylose 분자 중에 내포된 요오드 분자

【표 3-1】 glucose 중합도와 요오드의 정색

중합도	3.8	7.4	12.9	20.2	29.3	34.7
정 색	무 색	연한 적색	적 색	자 색	청자색	청 색

⑤ 각종 전분 입자의 형태는 그림 3-9와 같고, amylose와 amylopectin의 성질을 비교하면 표 3-2와 같다.

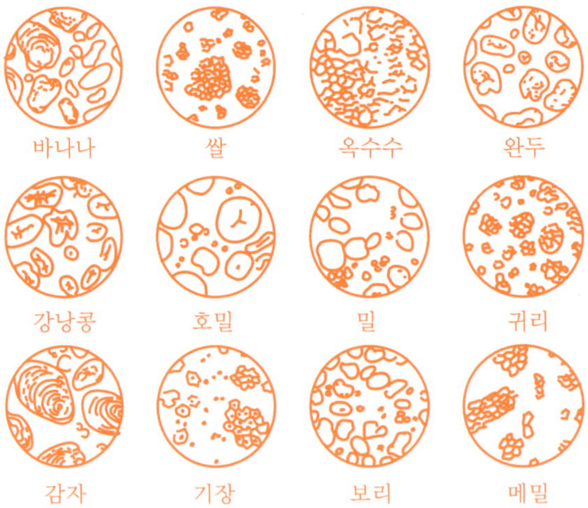

【그림 3-9】 전분 입자의 형태

【표 3-2】 amylose와 amylopectin의 성질 비교

	amylose	amylopectin
1. 모 양	직선형의 분자구조로 포도당 6개 단위로 된 나선형	amylose 6~8개마다 분지가 되고 17~27개의 말단을 갖는다
2. 결합 상태	420~980개의 glucose가 α-1, 4 결합 (maltose 결합양식)	amylose 사슬이 α-1, 6 결합 (isomaltose 결합양식)
3. 요오드 반응	청색	적자색~자색
4. 청색값	1.35	0.05
5. 분자량	40,000~340,000	4,000,000~6,000,000
6. 수용액에서 안정도	노화된다.	안정하다.
7. 용해도	녹기쉽다.	난용
8. 분자말단 환원기수	1개	수백 개
9. X선 분석	고도의 결정성	무정형
10. 호화반응	쉽다(직선구조).	어렵다(가지모양).
11. 노화반응	쉽다.	어렵다(거의 일어나지 않음).
12. 염석	$MgSO_4$에 염석	염석 안 됨
13. butanol 용액	석출	석출 안 됨
14. 내포화합물	형성함	형성 안 함
15. 함량 : 쌀 찹쌀	20 % 0 %	80 % 100 %

2) Starch의 호화

Starch의 입자는 결정질 부분(1/3)과 비결정질 부분(2/3)이 함께 가까이 있는 분자 사이에 수많은 수소결합에 의하여 결합되므로 전체적으로는 촘촘한 구조로 냉수에 녹기 어렵고, 소화효소의 작용도 받기 어렵다. 이러한 생전분을 β-starch라 한다. 그러나 starch에 물을 넣고 가열하면 전분 입자가 팽윤되어 방향 부동성과 복굴절성이 소실되고, 70~75 ℃에서 점도가 큰 콜로이드 용액이 되는데 이를 전분의 호화(gelatinization)라 한다. 이와 같이 분자 간 수소 결합에 의한 micelle 구조가 파괴된 상태의 전분을 α-starch라 하며 생전분과 호화전분 입자의 형태는 그림 3-10과 같고, 전분 분자의 호화 과정은 3-11과 같다.

[그림 3-10] 생전분 입자와 호화전분 입자의 형태

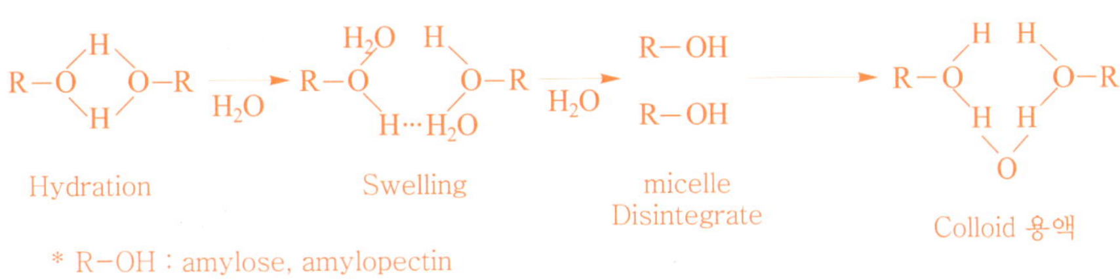

[그림 3-11] 전분 분자의 호화 과정

호화전분액을 냉각하면 선상 구조를 가지는 amylose가 3차원의 망상 구조(network)를 형성하여 gel을 형성한다.

(1) Starch 호화의 순서

① Hydration(수화) : 25℃일 때 전분 입자가 25~30 %로 팽창

② Swelling(팽윤) : 60℃일 때 전분 입자가 300 %로 팽창

③ Disintegrate(붕괴) : 70℃일 때 전분 입자가 1,000 %로 팽창

④ Colloid 용액(교질 상태) : 95℃일 때 전분 입자가 2,500 %로 팽창

(2) 호화에 미치는 영향

① 수분 : 전분의 수분함량이 많을수록 잘 일어난다. 전분 입자가 온도에 따라 수분을 흡수하는 현상은 그림 3-12와 같다.

【그림 3-12】 전분 입자가 온도에 따라 수분을 흡수하는 현상

② 전분의 종류 : 호화는 전분의 종류에 큰 영향을 받는데, 감자 전분을 찬물로 갠 후 끓는 물을 넣으면 쉽게 호화가 일어나지만 옥수수 전분은 끓는 물을 가한 후에 가열하여야 비로소 호화가 일어난다. 이러한 현상은 전분 입자의 표면 구조의 조밀(粗密)과 micelle 구조의 안정성에 기인한다.

③ 온도 : 호화에 필요한 최적온도는 전분의 종류나 수분의 양에 따라 다르나 대개 60 ℃ 전후이며, 예를 들면 쌀은 70 ℃에서 3~4시간, 100 ℃에서는 20분 만에 호화가 일어난다.

④ pH : 알칼리성에서는 swelling과 호화가 촉진된다.

⑤ 염류 : 일부 염류는 전분 알맹이의 swelling과 호화를 촉진시킨다. 일반적으로 음이온이 팽윤제로서 작용이 강하며 그 순서는 $OH^- > CNS^- > Br^- > Cl^-$ 이다.
그러나 황산염류는 호화를 억제한다.

⑥ 당류 : 고농도(20 %)보다 저농도(5 %)의 당류가 전분의 gel 형성 능력과 점도를 증가시키며 이때에 소당류보다 단당류가 점도 증가에 효과가 크다.

(3) 전분의 X선 간섭도

호화된 colloid 용액에 에탄올을 가하면 호화된 전분 분자들은 분산된 상태에서 침전되며 이렇게 침전된 전분 분자들의 X선 회절도는 동심원륜이 없어진 V도형을 나타낸다. 일반적으로 X선 간섭도는 그림 3-13과 같으며 A, B, C도형은 β-전분이라 할 수 있고, V도형은 α-전분이라 할 수 있다.

① A도형 : 쌀, 옥수수 같은 곡류 전분(high amylose의 corn starch 제외)
② B도형 : 감자, 밤
③ C도형 : 고구마, 칡, 완두, 녹두, 잠두, 타피오카, 바나나, 동부(콩)
④ V도형 : 호화전분(α-starch)

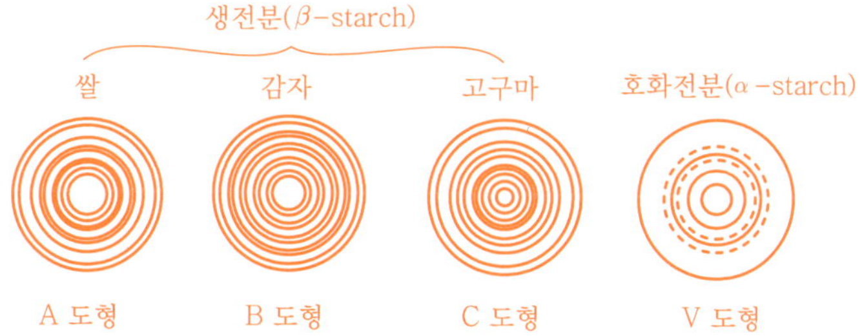

【그림 3-13】 전분의 x-선 간섭도

3) 전분의 노화

호화전분은 고온에서는 안정하나 실온 근처에서는 불안정하여 β-starch로 변화한다. 즉 α-전분을 실온에 방치할 때 차차 굳어져서 β-전분으로 되돌아가는 현상을 노화(retrogradation) 또는 β화, β-starch 라고 한다. 노화전분의 X-선 간섭도는 B도형이다. 노화의 모형도는 그림 3-14와 같다.

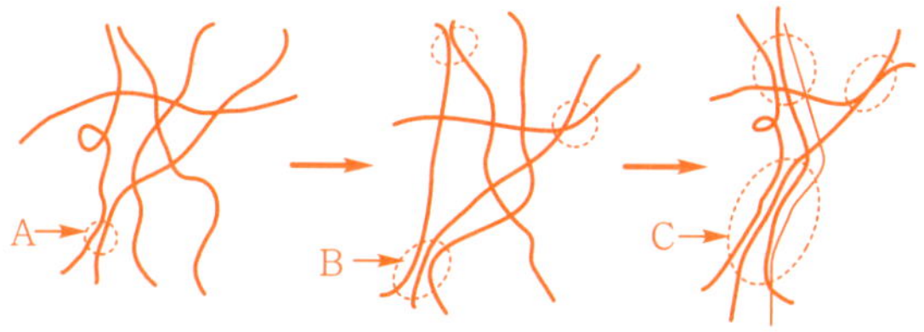

【그림 3-14】 노화의 모형도

(1) 노화에 미치는 영향

① 수분함량 : 30~60%가 노화하기 쉬운 상태이고, 10% 이하에서는 어렵다. 수분이 60% 이상 많은 경우에는 노화가 어렵다. 수분함량에 따른 쌀밥의 노화는 그림 3-15와 같다.
② 전분의 종류 : 전분의 종류에 따라서 노화의 정도가 차이가 생기는 것은 전분 입자의 구조의 차이에 기인하며 amylopectin, glycogen, 한계 dextrin의 함량이 많을 때에 노화가 서서히 일어난다.

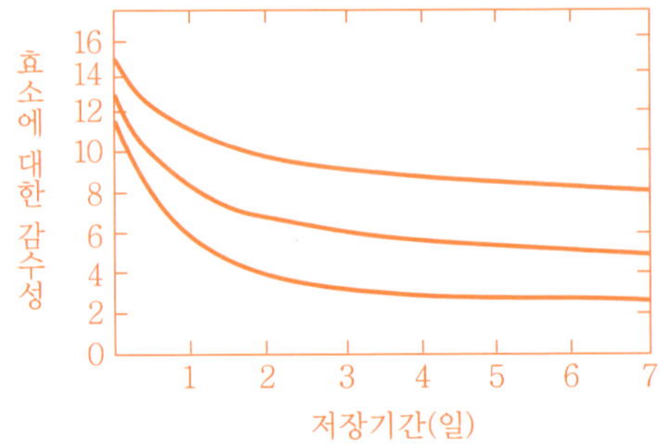

【그림 3-15】 수분함량에 따른 쌀밥의 노화

amylose는 선상분자로서 입체장애가 없으므로 노화하기 쉽고 amylopectin의 분지분자로서 입체장애 때문에 노화가 어렵다. amylose를 형성하는 포도당의 비율이 높은 starch일수록 노화가 빨리 일어난다. amylose의 중합도가 400 정도인 옥수수, 밀은 노화하기 쉽고 amylose의 중합도가 2,000 정도인 감자, 고구마, 타피오카는 노화하기 어렵고 amylopectin 으로 되어 있는 찰옥수수 전분은 노화가 가장 어렵다.

각종 전분의 노화 속도는 그림 3-16과 같고 amylose와 amylopectin 양에 따른 노화는 그림 3-17과 같다.

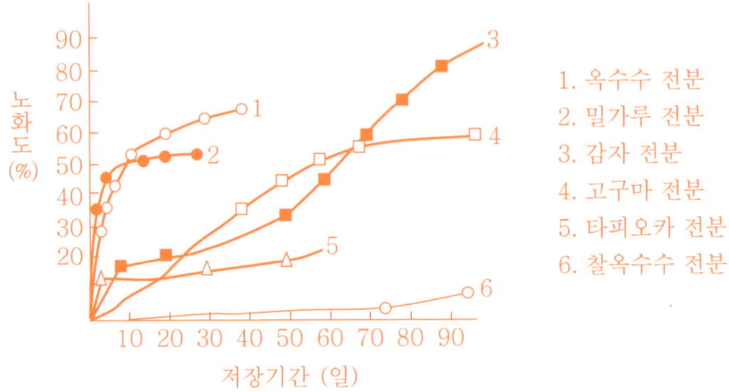

【그림 3-16】 각종 전분의 노화 속도

③ 온도 : 온도가 낮을수록 잘 일어난다. 0℃(2~5℃)에서 노화가 가장 잘 일어나며, 60℃ 이상이나 -20℃~-30℃에서는 노화 현상이 감소한다. 이것은 60℃ 이상에서는 전분 분자 간에 수소결합이 어렵고, -20℃~-30℃ 이하에서는 전분 분자 상호 간에 이동이 억제되기 때문이다.

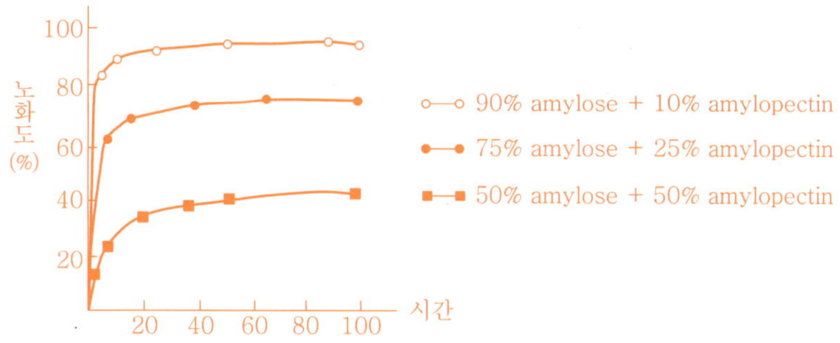

【그림 3-17】 amylose와 amylopectin 양에 따른 노화(0℃, 85 %)

④ pH : 수소결합에 의한 전분분자의 회합하는 변화가 노화로 다량의 -OH 이온은 starch의 수화를 촉진하고 반대로, 다량의 -H 이온은 노화를 촉진한다. 전분에 NaOH를 첨가하면 전분이 호화하고 묽은 HCl, H_2SO_4의 용액은 노화를 촉진하는데 pH 2에서 최대의 노화를 나타낸다.

⑤ 염류 : 수소결합에 영향을 주는 물질들은 노화에도 영향을 준다. 노화를 촉진하는 염류와 이온은 다음과 같다.
염　류 : $CaCl_2$, $ZnCl_2$
양이온 : Ba^{2+}, Sr^{2+}, Ca^{2+}, K^+, Na^+, Li^+
음이온 : CNS^-, PO_4^{3-}, CO_3^{2-}, I^-, NO_3^-, Br^-, Cl^-, COO^-, F^-, SO_4^{2-} sulfates인 $MgSO_4$ 등은 노화를 촉진시킨다.

⑥ 전분의 농도 : 전분의 농도가 진할수록 노화속도가 증가한다. 1 % corn starch 용액은 10시간 내에 90 %가 노화하나 0.2 %에서는 20시간 후에 노화가 일어난다.

⑦ 지방산의 존재는 amylose와 불용성 복합체를 생성하여 팽윤이 저해된다. 전자레인지로 밥을 하는 경우가 전기밥솥으로 밥을 하였을 때보다 노화속도가 빠르다.

(2) 노화의 억제 방법

① 수분함량의 조절 : α-전분은 80 ℃ 이상의 고온에서 급히 수분을 제거하거나, 0℃ 이하로 냉각하여 급히 탈수하여 수분을 15 % 이하로 하면 전분분자끼리 상호교착 고정되어 노화되기 어려워지며, 10 % 이하일 때는 노화가 거의 일어나지 않는다(예 : 라면, 비스킷, 건빵).

② 냉동 : 노화는 0 ℃보다 낮은 -20～-30 ℃가 되면 노화가 거의 일어나지 않는다. 빙점 이하에서 냉동건조한 냉동쌀 등이 있다.

③ 설탕의 첨가 : 설탕은 탈수제로 작용하여 α-전분을 단시간에 건조시킨 것과 같은 효과

가 있다(예 : 양갱).

④ 유화제 : 무기염류, 유기염류같은 유화제는 colloid 용액의 안정성을 증가시켜 starch 분자의 침전이나 부분적 결정 영역의 형성을 방해하여 노화를 저해한다.
(유화제 사용 : monoglyceride, diglyceride, sucrose fatty acid ester)

4) 효소에 의한 전분의 분해

(1) α-amylase

starch의 α-1, 4 glucoside 결합을 무작위(random)로 가수분해하다가 α-1, 6 glucoside 결합은 절단하지 못하고 뛰어넘어 다시 α-1, 4 glucoside 결합을 무작위로 가수분해하여 저분자의 dextrin과 소당류를 생성하여 점도가 감소하여 가용화되므로 액화효소, 호정화효소라 하는데, 최적온도는 50℃ 부근이며 70℃ 이상에서 활성이 급감하며, 최적 pH는 4.7~6.9 이며, pH는 4.0 이하에서는 활성이 저하된다.

α-amylase가 분해하지 못한 저분자의 dextrin 부분을 α-한계 덱스트린(α-limit dextrin)이라 하며 요오드 반응은 무색이다. 이 효소는 타액, 췌장, 맥아, 곰팡이(*Aspergillus oryzae*), 세균(*Bacillus subtilis*) 등에 존재하며, α-amylase에 의한 amylopectin의 가수분해와 α-한계 덱스트린은 그림 3-18과 같다.

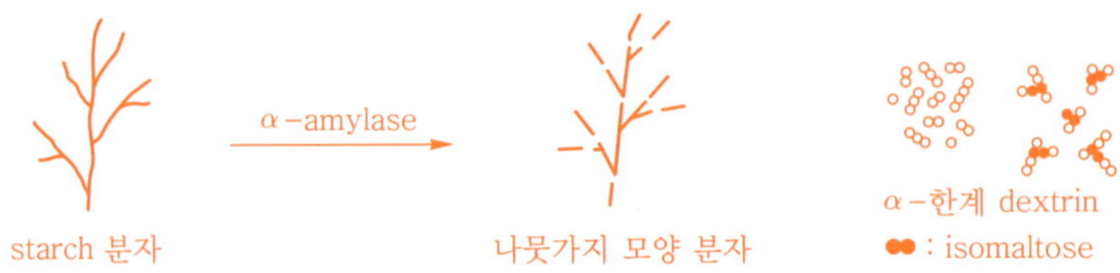

【그림 3-18】 α-amylase에 의한 amylopectin의 가수분해와 α-한계 덱스트린

(2) β-amylase

starch 분자의 비환원성 말단에서부터 α-1, 4 glucoside 결합을 maltose 단위로 가수분해하다가 α-1, 6 glucoside 결합의 분지점으로부터 2~3개의 glucose를 남긴 지점에서 그 작용이 정지되어 그 내부는 분해하지 않고 분자량이 큰 β-한계 덱스트린(β-limit dextrin)을 생성하며 요오드 반응은 적자색이다. 이 효소는 starch를 maltose 단위로 차례로 가수분해하므로 당화효소라 하며, 최적 pH는 4.0~6.0, 전분 분해율은 50~60%이다.

β-amylase에 의한 amylose의 가수분해와 β-한계 덱스트린은 그림 3-19와 같다.

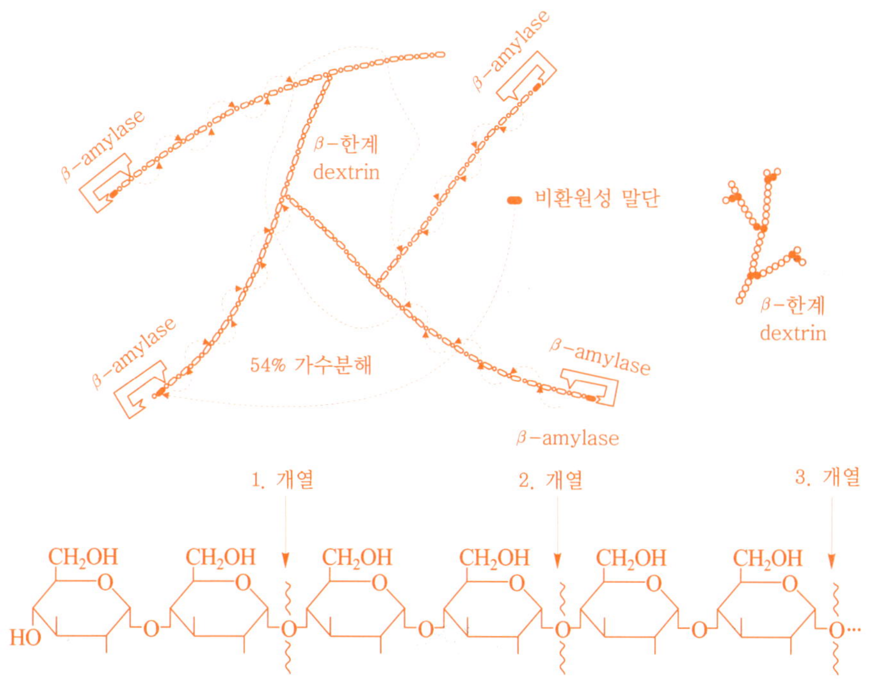

【그림 3-19】 β-amylase에 의한 amylose의 가수분해와 β-한계 덱스트린

(3) glucoamylase

starch 분자의 비환원성 말단에서부터 α-D-glucose 단위로 α-1, 4 glucoside 결합과 α-1, 6 glucoside 결합을 절단하는 효소로 starch를 완전히 glucose까지 분해한다.

이 효소는 곰팡이인 *Aspergillus niger*, *Rhizopus delemar* 등에서 생산한다.

(4) debranching enzyme

amylopectin의 α-1, 6 glucoside 결합에 작용하여 분지를 절단하는 효소

5) 호정(dextrin)과 호정화(dextrinization)

starch를 가수분해하여 맥아당에 이르기까지의 여러 가지 중합도를 가진 생성물을 호정이라 하고, starch에 물을 가하지 않고 160℃ 이상으로 가열하면 가용성 전분을 거쳐 호정으로 변화하는 현상을 전분의 호정화라 한다. 호정화는 호화와 혼동되기 쉬운데 호화는 화학변화가 따르지 않고 물리적 상태의 변화뿐이나 호정화는 화학적 분해가 조금 일어난 것으로 호화 starch보다 물에 녹기 쉽고 효소작용도 받기 쉽다.

전분의 가수분해와 요오드 반응 색은 다음과 같다.

starch(청색) → soluble starch(청색) → amylodextrin(청색, 청남색) → erythrodextrin(적갈색) → achrodextrin(담황색, 무색) → maltodextrin(무색) → maltotriose(무색) → maltose(무색) → glucose(무색)

6) 캐러멜화 반응(caramelization)

당류를 가열하면 융점 근처에서 녹는데 이것을 계속 가열하여 온도가 융점 이상이 되면 점조성을 띠는 적갈색 물질로 변하는 현상을 캐러멜화, 이때 생긴 것을 캐러멜이라 한다. 전화당액 벌꿀과 같이 fructose가 들어 있는 것은 캐러멜화가 쉽고, glucose는 비교적 어렵다.

설탕은 160~180℃, glucose는 147℃에서 분해가 시작된다. 캐러멜화 반응은 pH 2.3~3.0일 때 가장 어렵고, pH가 높아짐에 따라 착색이 잘되는데 pH 5.6~6.2에서 가장 잘 일어난다(예 : 빵, 비스킷).

7) inulin

뚱딴지, 다알리아 뿌리, 우엉 등에 함유된 다당류로서 D-fructose가 β-1, 2 결합으로 28~38개 결합한 것이다.

8) glucomannan

konjak의 근경(根莖)에 함유된 특수한 다당류로서 mannose와 glucose로 이루어지며 그 비율은 2:1~3:2이며 주사슬은 β-1, 4 결합의 연속사슬에 β-1, 4 결합의 짧은 옆 사슬로 구성되어 있다. 물을 흡수하면 팽윤하여 부피가 크게 늘어나서 점조한 액체가 되지만 여기에 석회수나 알칼리를 넣고 가열하면 응고하여 반투명의 탄력 있는 덩어리가 되는 특성이 있다.

2. 세포벽 구성 다당류

1) cellulose

식물 세포막의 구성분이고 초식동물, 미생물, 장균세균에 의해 분해된다. glucose의 β-1, 4 결합으로 직쇄상으로 연결되어 있으며 영양 가치가 없고 장의 운동을 촉진시킨다.

2) hemicellulose

식물의 세포벽에 cellulose와 함께 존재하는 다당류 가운데서 cellulose 이외의 것을 hemicellulose라 한다. 일반적으로 알칼리에 의하여 녹고, 산성에 의하여 쉽게 가수분해된다. 또 온수로 가열하기만 하여도 용출되어 나오는 비교적 중합도가 낮은 다당류이다.

3) pectin질

① pectic acid : α-D-galacturonic acid가 100~800개 정도 α-1, 4 결합으로 길게 연결된 polygalacturonic acid로 carboxyl 기에 methyl ester 형이 전혀 존재하지 않는다. 유리 carboxyl 기가 있기 때문에 칼슘 또는 그 밖의 양이온과 결합물을 만들며, 칼슘과 결합한 경우는 불용성의 calcium pectate가 되어 침전한다.

② pectinic acid : pectic acid의 유리 carboxyl 기의 10~20%에 상당하는 부분이 methyl ester의 형태를 이루는 수용성의 polygalacturonic acid이다.

③ protopectin : 물에 불용의 pectin 전구물질로서 덜 익은 과실 등의 식물체 내에서는 pectin 사슬끼리 Ca이나 Mg을 매개로 하여 cellulose, hemicellulose 등과 결합하여 3차원의 망상구조(three-dimensional network)를 이루고 있는 것으로 그 분포는 거의 세포벽에 한정되며 과실이 익어감에 따라 그 일부가 protopectinase의 작용에 의해 가용성 pectin 등으로 가수분해된다.

④ pectin의 gel 형성

ⓐ pectic acid(polygalacturonic acid)의 -COOH 기가 완전히 methylester화 하면 methoxyl기($-OCH_3$)의 중량분율은 16.32%이다. methoxyl기가 7% 이상의 것을 high methoxylpectin, 7% 이하의 것을 low methoxylpectin이라 한다. 천연의 pectin은 9~11%가 methylester화 되어 있다.

ⓑ high methoxylpectin은 산성(pH 2.0~3.46)에서 당을 50% 이상 넣으면 jelly화 한다.

ⓒ low methoxylpectin의 경우는 당이 존재하지 않아도 다가성의 금속이 존재하면 pectin 분자의 carboxyl기 사이에 금속이 bridge를 놓고 gel의 망상구조를 만든다. 이것은 설탕을 넣을 필요가 없으므로 저열량식품으로서도 이용된다.

4) lignin

lignin은 목재, 대나무, 짚 등 목질화한 식물체의 주성분의 하나로서 세포벽과 세포 중간층에 존재하여 cellulose나 hemicellulose와 단단히 결합하고 있다.

3. 동물성 다당류

1) glycogen

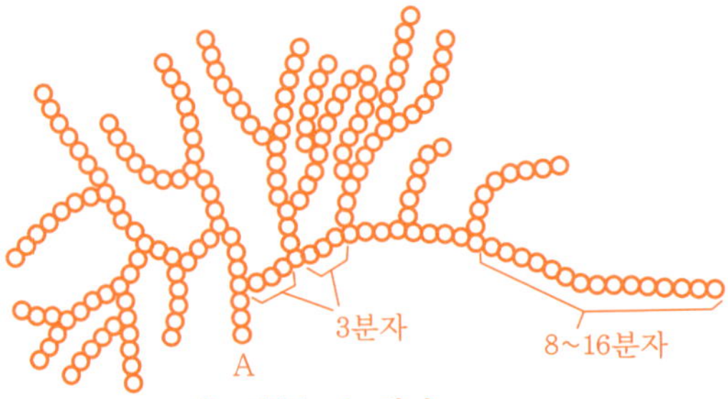

【그림 3-20】 gylcogen의 구조

동물세포 특히 간장, 근육 등에 존재하는 glycogen은 α-1,4 glucoside 결합과 α-1,6 glucoside 결합에 의한 중합체로서 전분의 amylopectin과 비슷한 구조이며, amylopectin보다 분지가 많고 사슬 길이가 짧아서 분자 전체가 구상을 이룬다(3~4개의 가지마다 찢어지고 말단은 8~16개이다). 요오드와 반응하면 적갈색을 나타낸다. gylcogen의 구조는 그림 3-20과 같다.

2) chitin

갑각류(새우, 게)의 외골격을 형성하고 있으며 α-N-acetyl-D-glucosamine이 β-1,4 결합한 직쇄상의 단순다당류이다. chitin의 β-1,4 결합을 절단하는 lysozyme은 동물조직에 존재한다.

3) muco 다당류

당질과 protein이 공유결합한 것으로 주로 동물체의 점질물이다. protein이 주체가 되는 것은 muco protein, 당질이 주체가 되는 것을 muco 다당류라 한다. 수용액의 점도가 높고, amino sugar, uronic acid 등이 중요한 구성 단위를 이룬다.

4) chondroitin sulfate

연골조직, 결합조직의 주요 성분을 이루고 특히 연골에는 20~40% 함유된다. 2-N-acetyl chondrosamine(N-acetyl galactosamine), D-glucuronic acid가 β-1,4와 β-1,3으로 번갈아 결합된 구조를 갖고 있다. 연골에서 중성염용액에 의하여 추출되고 점조성이 매우 강해 보수, 유화, 안정제로 식품공업에 이용된다.

5) hyaluronic acid

눈의 유리체나 결합조직에 함유되어 있고, 세균이나 독물의 침입을 막는다. N-acetyl-D-glucosamine 과 D-glucuronic acid가 엇갈려 β-1,4 및 β-1,3으로 결합한 것이다.

4. 식물 gum

모든 식품의 증점제, 안정제 또는 gel화제나 유화제로 쓰이고 있다.

1) gum locust bean과 gum guar

콩과식물의 점질다당류로서 mannose의 α-1,4 결합으로 이루어지는 주사슬에, galactose가 1개씩 β-1,6 결합으로 붙어서 짧은 곁사슬을 다수 갖게 된 구조이다. 냉수에서 잘 팽윤하고 친수성이 강하기 때문에 증점제, 안정제로서 salad dressing, ice cream, 과자, 빵 등에 쓰인다.

2) gum tamarind

콩과식물의 일종인 tamarind의 종자에서 얻어지는 것으로 galactose : xylose : glucose가 1 : 2 : 3의 비율로 이루어지는 점질다당류이다. pectin과 마찬가지로 당을 넣으면 jelly 상을 이루게 되는데 pectin jelly에 비하여 형태를 유지하는 성질은 적으나 탄성은 매우 크다.

3) gum arabic

아라비아고무나무 등의 아카시아 속의 수액에서 얻어지는 다당류이다. 물에 매우 잘 녹으나 점성이 낮아서 식품의 증점제로는 별로 쓰이지 않는다. 맥주의 거품 안정제, 설탕의 석출 방지 등에 알맞다.

4) gum tragacanth

관목의 수액에서 얻어지고 cheese spread, ice cream, salad dressing의 안정제로 쓰인다.

5) gum karaya

인도에서 자라는 벽오동과나무 *Sterculia urens* 의 수액 분비물로 산성 다당류이며 물에 녹아서 점조한 액이 되므로 식품의 안정제로 쓰인다.

6) 한 천

홍조류인 천초, 강리 등의 세포벽 다당류로서 주성분은 agarose와 agaropectin의 두 형태로 존재하며 agarose는 β-D-galactose와 α-L-3,6-anhydrogalactose가 β-1,4 결합으로 agarobiose가 α-1,3 결합을 통하여 연결된 직쇄상 고분자 화합물이다. agaropectin은 agarose와 같이 agarobiose를 단위로서 품고 있으나 구조는 agarose보다 복잡하여 황산 D-glucuronic acid, pyruvic acid 등도 결합한 산성의 다당류에 속하는 것 같으나 불명한 점이 많다.

7) alginic acid

미역, 다시마 등과 같은 갈조류의 세포벽에 존재하는 다당류이다. D-mannuronic acid와 L-guluronic acid의 중합체인 polyuronic acid이다.

8) algin

alginic acid의 Na, Mg, Ca 등의 염을 algin이라 한다. alginic acid와 함께 식품의 증점제, 안정제로서 ice cream, mayonaise, jam, tomato catchup, souce, syrup 등에 널리 쓰인다.

9) carrageenan

한천과 마찬가지로 홍조류의 세포벽에 있는 다당류로 돌가사리, 진두발 등에서 얻어진다. 한천과 구조가 거의 같으나 anhydrogalactose가 한천에서는 L형인데 비하여 D형이다.

10) furcellaran

덴마크 한천이라고도 하며 구조가 carrageenan과 매우 비슷하다. 한천과 비슷하여 단단하고 carrageenan보다 강력하다.

제3장 연습문제

1. 당류의 일반적 성질을 설명하시오.
2. 가수분해하여 glucose를 2분자 생성하는 당은 어느 것인가?
3. 탄수화물의 특징을 설명하시오.
4. 전분의 노화가 가장 잘 일어나는 조건을 설명하시오.
5. 다음 중 포유동물의 유즙에만 존재하는 당을 쓰시오.
6. cellulose의 성질을 설명하시오.
7. amylose와 amylopectin을 구별하여 설명하시오.
8. 갈조류의 세포막 성분이 되는 다당류를 쓰시오.
9. 맥아당이 주성분을 이루고 있는 식품을 쓰시오.
10. 조미료인 핵산계 물질 및 DNA의 구성당은?
11. 캐러멜화되기 어려운 당은?
12. 설탕의 결정을 방해하는 인자를 쓰시오.
13. 글리코겐에 대하여 설명하시오.
14. 젤리가 형성될 때 영향을 주는 요소를 쓰시오.
15. 온도가 높아지면 과당 용액의 단맛에 어떤 변화가 있는가?
16. 전분의 호화를 유지시키는 방법을 설명하시오.
17. 당질이 요오드와 포접화합물을 형성하여 일어나는 변화를 설명하시오.
18. 전분의 호화를 설명하시오.
19. 전분에 glucoamylase가 작용하면 어떤 변화가 나타나는가?
20. 당화시킬 때 필요한 온도 조건은?
21. 고구마를 절단했을 때 나오는 흰 유액의 성분은?
22. 고구마를 삶으면 단맛이 증가하는 이유에 알맞은 당은?
23. 단당류가 2~5개 결합한 것은?
24. 당류의 가수분해 생성물을 쓰시오.

25. 탄수화물의 성질을 설명하시오.
26. glyceraldehyde의 이성체는 몇 개인가?
27. glucose 와 mannose 가 epimer 인 이유를 설명하시오.
28. 5탄당 중 여러 조효소류의 구성 성분으로 동물체 내의 energy 대사에 관여하고 핵산계 조미료와 관계 있는 당은?
29. 식물 gum질의 구성 성분은?
30. 배의 석세포를 구성하고 있는 당은?
31. 과즙, 꽃, 혈액 등에 많이 함유되어 있고 융점인 146℃ 이상의 온도에서 caramel 화 현상이 생기는 당은?
32. 유리 상태로 과실, 꽃 등에 존재하며 결합 상태로는 자당, inulin에 존재하는 당은?
33. inulin을 구성하는 단당류는?
34. 단당류 중 식물조직, 해초, 유즙, 뇌신경에 함유되어 있는 당류는?
35. 비타민의 일종이며 근육당이라고도 불리는 당 알코올은?
36. 수산기의 산소가 제거된 단당류는?
37. 맥아당이 가수분해할 때 생성되는 단당류는?
38. 감주의 주성분은?
39. 포유동물의 유즙 중에 존재하고 유해균의 발육을 억제하여 정장작용을 하는 당은?
40. 설탕의 화학적 성질을 설명하시오.
41. 환원성이 없는 당을 쓰시오.
42. invert sugar의 특징을 쓰시오.
43. 젖당에 대해 설명하시오.
44. 소재에 따른 전분 입자의 형태와 크기에 대해 설명하시오.
45. 전분의 가수분해 과정을 설명하시오.
46. starch의 구성 단위는 무엇인가?
47. 찹쌀과 멥쌀의 amylose 함량과 점성의 차이를 설명하시오.
48. amylose와 amylopectin 구조와 결합 형태 및 요오드 반응을 설명하시오.
49. glucose의 중합도와 요오드 반응을 설명하시오.
50. 가용성 전분(soluble starch)에 대하여 설명하시오.
51. 각종 dextrin의 요오드 반응 색에 대하여 설명하시오.
52. 동물의 저장물질로서 간, 근육 속에 저장되는 동물 녹말은?
53. glycogen의 특성과 가수분해 최종 생성물에 대하여 설명하시오.
54. pectin의 구조와 성질을 설명하시오.

55. 전분의 X선 간섭도에 대하여 설명하시오.
56. α전분의 특성을 설명하시오.
57. α화된 전분을 상온에 방치하여 micelle 구조를 가진 β전분으로 되돌아가는 현상을 무엇이라 하는가?
58. 호정화를 설명하시오.
59. caramel화에 대해 설명하시오.
60. 당의 변선광 현상에 대해 설명하시오.
61. 우리나라 음식 중 전분을 가수분해시켜서 만든 것은?
62. 전분이 축적되어 전분립이 동심원적으로 커지는 이유는?
63. pectin을 가수분해했을 때 가장 많이 생성되는 물질은?
64. agar의 추출 원료는?
65. 새우나 게 등의 겉껍질을 구성하고 있는 chitin의 구성 성분은?

제4장

지질(Lipids)

4-1 • 지질의 성분

지질은 탄소, 수소, 산소의 3원소로 구성된 유기화합물로서 물에 녹지 않고 ether, acetone, alcohol, benzene, chloroform 등의 유기용매에 녹는 화합물들을 말하며 동식물성 식품에 광범위하게 분포되어 있고 특히 동물의 근육, 피하조직, 식물의 종자에 많이 함유되어 있는 영양상 중요한 물질이다.

유지는 일반적으로 두 종류로 구분하는데 상온에서 액체 상태로 있는 것을 기름(oil), 고체 상태로 있는 것을 굳기름 혹은 지방(fat)이라고 부르며 이것을 총칭하여 유지류라고 한다. 이는 융점의 차이에서 오는 외관상의 구별로 기후 지역에 따라 다르다. 일반적으로 식물성 유지는 상온에서 액체가 많고 동물성 유지는 대개 고체이므로 식물성유, 동물성유로 나눈다.

4-2 • 지질의 분류

지질은 단순지질, 복합지질, 유도지질로 분류된다. 단순지질은 지방산과 알코올의 ester로서 유지와 왁스가 있다. 복합지질은 지방산, 알코올 외에 다른 분자군을 함유하는 것으로 인지질, 당지질, 단백지질, 황지질 등이 이에 속한다. 유도지질은 단순지질 및 복합지질의 가수분해산물이며 지방산, glycerol 및 기타 알코올류와 유기염류가 이에 속한다.

또한, 지질은 알칼리에 의해서 가수분해되는, 즉 검화될 수 있는 지질(saponifiable lipids)과 알칼리에 의해서 가수분해되지 않는 지질, 즉 검화될 수 없는 지질(unsaponifiable lipids)로 분류된다. 검화될 수 있는 지질은 유지, 왁스류, 인지질 등이며, 검화될 수 없는 지질은 스테롤류, 카로틴류 등이다.

4-3 • 단순지질(Simple Lipids)

1. 유지의 화학구조

유지는 glycerol 1분자에 각종 지방산 3분자가 3분자의 물이 빠져 나오고 ester 결합을 한 것인데 glycerol의 3개의 -OH가 모두 ester 결합을 이루고 있는 것으로, 이것을 triglyceride 라고 한다. R_1, R_2, R_3 가 동일 지방산일 때 그 glyceride를 단일 glyceride(simple glyceride) 라 하고, 3개 가운데서 2개 또는 3개가 서로 다른 지방산일 때는 혼합 glyceride(mixed glyceride)라 한다.

식물성 지방산의 triglyceride의 1, 2, 3 위치 지방산의 배치는 2 위치에는 불포화지방산이 그리고 1, 3 위치에는 포화지방산이 ester 결합을 하고 있다. 이를 Van der Waals는 1, 3-random 2-random 분포설이라 하였다.

동물성 유지의 경우 1위치에는 포화지방산과 이중결합이 적은 저급 불포화지방산이, 2 위치에는 고도 불포화지방산이, 3 위치에는 저급 불포화지방산이 ester 결합을 하는 경우가 대부분이다.

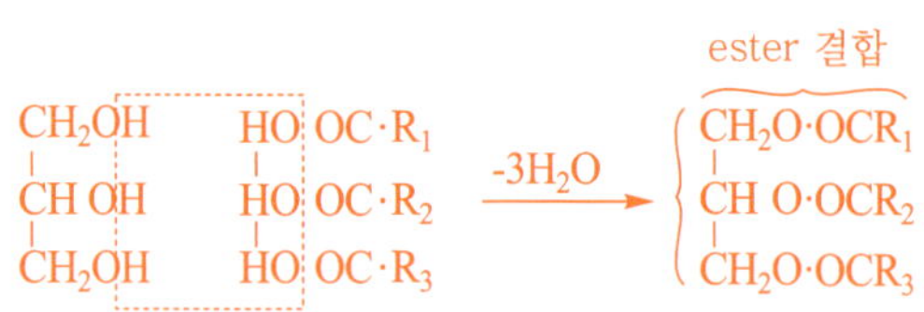

glycerol fatty acid triglyceride

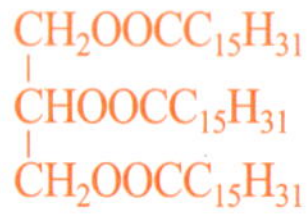

tripalmitin

α α′ -distearopalmitin
(1.3-distearopalmitin)

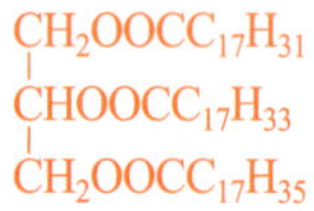

α-palmito-β-oleo-α′-stearin
(1-palmito-2-oleo-3-stearin)

2. 지방산

지방산은 지방의 중요한 구성 성분으로 천연에 존재하는 지방산은 대부분이 4~30개의 탄소원자가 직쇄상으로 결합되어 있으며 자연계에 가장 많이 존재하는 것은 탄소 18개를 가진 지방산으로 말단에 카르복실기(-COOH) 1개를 가지고 있다. C_4~C_6의 지방산을 저급지방산(short chain fatty acid)이라 하며 우유, 버터에 butyric acid로 향기 성분으로 존재하며, C_8~C_{12}의 지방산을 중급지방산(medium chain fatty acid)이라 하며 체내에서 분해되지 않고 바로 흡수되며 코코넛 기름에 존재한다. C_{14}~C_{26}의 지방산을 고급지방산(long chain fatty acid)라 한다.

glycerol에 1개, 2개 혹은 3개의 지방산이 ester 결합하여 구성된다. glycerol은 3가의 알코올이며, 여기에 지방산 1분자가 결합되어 있을 때 이것을 monoglycerides라 하고 지방산 2분자가 결합되어 있는 것은 diglycerides, 지방산 3분자가 결합되어 있는 것은 triglycerides라 한다.

1) 포화지방산(saturated fatty acid, SFA)

포화지방산은 $C_nH_{2n+1}COOH$의 일반식으로 표시하며 지방산의 분자 내에 이중결합을 갖지 않는다. 탄소 수가 4개인 butyric acid부터 30개인 melissic acid까지 알려지고 있다. 탄소 수가 증가함에 따라 물에 녹기 어렵고, 융점이 상승한다. 천연유지 중에 함량이 많은 것으로는 palmitic acid(C_{16}), stearic acid(C_{18}) 등이 있다. 직쇄의 포화지방산은 표 4-1과 같다.

2) 불포화지방산(unsaturated fatty acid, UFA)

불포화지방산은 $C_nH_{2n-1}COOH$의 일반식으로 표시한다. 분자 내에 이중결합을 갖고 있으며 천연의 불포화지방산에서는 이중결합이 C^9와 C^{10} 사이에 있는 경우가 많다. 이로 인해 기하이성체가 생기는데 천연의 것은 거의 모두가 불안전한 cis형으로 분포하며 그 종류로는 oleic acid, linoleic acid, linolenic acid, arachidonic acid 등이 있다.

일반적으로 불포화지방산은 용융점이 낮으며 액체 상태인 기름들이다. 이들 불포화지방산의 이중결합에 할로겐이나 수소를 첨가하여 포화지방산의 형태인 trans형 지방산으로 될 수 있다. 직쇄의 불포화지방산은 표 4-2와 같다.

3) 필수지방산(essential fatty acid, EFA)

불포화지방산 중 체내의 대사 과정에서 중요한 역할을 담당하고 있는 필수지방산(essential fatty acid, EFA)이 존재한다. 필수지방산이란 신체의 성장과 유지 및 여러 생리적 과정의 정상적 기능을 위해 필요하지만 동물의 체내에서 소량 합성되고 있으나 필요량에 미치지 못하고 있는 것으로 반드시 외부로부터 공급돼야 하는 지방산이다.

【표 4-1】 직쇄의 포화지방산

일반명-acid	C수	분 자 식	MP(℃)[BP(℃)]	소 재	기 타
formic	1	$HCOOH$	8.4(100.5)		자극취
acetic	2	CH_3COOH	16.7(118.5)		자극취
propionic	3	C_2H_5COOH	-22(141.3)		자극취
butyric	4	C_3H_7COOH	-8(162)	유지	산패취
valeric	5	C_4H_9COOH	-34.5(186.3)	돌고래의 정유	불쾌취
caproic	6	$C_5H_{11}COOH$	-1.5~2(205)	butter, 야자유	땀 내
heptylic	7	$C_6H_{13}COOH$	-9(240)	토란과 식물유	우지취
caprylic	8	$C_7H_{15}COOH$	16(237)	butter, 야자유	불쾌취
capric	10	$C_9H_{19}COOH$	31.5(270)	butter, 야자유	산패취
lauric	12	$C_{11}H_{23}COOH$	44	야자유	무 취
myristic	14	$C_{13}H_{27}COOH$	58	동물성유지	
palmitic	16	$C_{15}H_{31}COOH$	63~64	동물성 일반, 목랍	
stearic	18	$C_{17}H_{35}COOH$	71.5~72	천연유지, 특히 유지	
arachidic	20	$C_{19}H_{39}COOH$	77	동식물지방(낙화생유)	
behenic	22	$C_{21}H_{43}COOH$	81~82	beben유, 경화어유	
lignoceric	24	$C_{23}H_{47}COOH$	83.5	뇌당지질(kerasin)	
cerotic	26	$C_{25}H_{51}COOH$	87.9	밀랍	
montanic	28	$C_{27}H_{55}COOH$	89.3	밀랍	
melissic	30	$C_{29}H_{59}COOH$	95~96	밀랍	

4) 오메가지방산(omega<ω>fatty acid)

지방산이 glycerol에 결합하는 곳으로부터 가장 먼 탄소(-CH_3, methyl기 탄소)를 omega 탄소라 한다. 이 omega 탄소로부터 6번째와 7번째 탄소 사이에 처음으로 이중결합이 있는 지방산이 ω-6 지방산이며, 식물성 기름에 많이 존재하며 혈중 총콜레스테롤을 낮춘다. 그러나 과잉 섭취하면 혈압 상승을 일으킨다.

omega-3 지방산은 omega C_3~C_4 사이에 처음으로 이중결합이 있는 지방산을 일컬으며, 어유에 많고 혈중 lipoprotein 농도를 감소시키고 혈액 응고물을 감소시켜 관상동맥성 심장병을 감소시킨다. 특히 ω-3 지방산인 DHA는 두뇌 영양에 좋다.

[표 4-2] 직쇄 불포화지방산

일반명 -acid	C 수	분 자 식	MP(℃)[BP(℃)]	소 재
monoenoic acid, $C_nH_{2n-1}COOH$				
crotonic	4	C_3H_5COOH	72	
myristoleic	14	$C_{13}H_{25}COOH$	125(5mmHg)	butter, 경유
palmitoleic	16	$C_{15}H_{29}COOH$	-0.5~0.5	정어리유, 청어유
oleic	18	$CH_3(CH_2)_7CH{=}CH(CH_2)_7COOH$	12	거의 모든 동식물유지
vaccenic	18	$C_{17}H_{33}COOH$	39	우지, 양지, butter
gadoleic	20	$C_{19}H_{37}COOH$	20	대구 간유, 해산물유
erucic	22	$C_{21}H_{41}COOH$	33.5~34	채종유(40~57%)
nervonic	24	$CH_3(CH_2)_7CH{=}CH(CH_2)_{13}COOH$	40~41	뇌당지질(nervon)
dienoic acid, $C_nH_{2n-3}COOH$(W-6)				
linoleic	18	$CH_3(CH_2)_3(CH_2C_6H{=}C_7H)_2(CH_2)_7COOH$	-5	식물의 종자유
trienoic acid, $C_nH_{2n-5}COOH$(W-3)				
linolenic	18	$CH_3(CH_2C_3H{=}C_4H)_3(CH_2)_7COOH$	-11	어유, 아마인유
eleostearic	18	$C_{17}H_{29}COOH$	49	건성유(오동유)
teraenoic acid, $C_nH_{2n-7}COOH$(W-6)				
stearidonic	18	$C_{17}H_{27}COOH$		정어리유
arachidonic	20	$CH_3(CH_2)_3(CH_2C_6H{=}C_7H)_4(CH_2)_3COOH$	-49.5	동물내장 지방
pentaenoic acid, $C_nH_{2n-9}COOH$				
clupanodonic	22	$C_{21}H_{33}COOH$	(175)	정어리유
hexaenoic acid, $C_nH_{2n-11}COOH$				
nicinic	24	$C_{23}H_{35}COOH$		청어유

필수지방산에는 linoleic acid($C_{18:2}$), linolenic acid($C_{18:3}$), arachidonic acid($C_{20:4}$)가 있다. 필수지방산은 표 4-3과 같으며 여러 해산물에 존재하는 omega-3 지방산은 표 4-4와 같다. 식이 중 PUFA를 열량의 10%까지 구성하도록 하고 그것의 10% 이내에서 매주 두세 번 생선식을 권장하고 있다.

【표 4-3】 linoleic acid와 기타 지방산의 관계

지 방 산	구 조	계 열	기 능	급 원
linoleic acid	C_{18} (2개의 이중결합)	ω-6	항피부병 인자 성장인자	해바라기씨유, 면실유, 참기름, 대두유, 홍화유, 옥수수유
linolenic acid	C_{18} (3개의 이중결합)	ω-3	성장인자	어유 아마인유
arachidonic acid	C_{20} (4개의 이중결합)	ω-6	항피부병 인자	동물성 지방

【표 4-4】 해산물 중 ω-3 지방산의 함량

식 품 명	ω-3 지방산의 함량	식 품 명	ω-3 지방산의 함량
• 어 류		전갱이(pompano, florida)	0.4
멸 치 (anchovy, european)	0.8	연어(salmon, different varieties)	0.5~0.8
농 어 (bass, striped)	0.5	송 어(trout, lake)	1.0
전갱이 (bluerich)	0.7	참 치(tuna)	0.3
메 기 (catfish)	0.2	송 어(whitefish, lake)	0.8
돔발상어 (dogfish, spiny)	1.1	• 갑각류와 연체류	
넙 치 (halibut, greenalnd)	0.5	대 합(clam)	0.2
청 어 (herring)	1.0	새 우(shrimp)	0.2~0.3
고등어 (mackerel, atlantic)	1.5	굴 (oyster)	0.2~0.4
창꼬치 (pike, walleye)	0.2	오징어(squid)	0.2

ⓐ 필수지방산의 기타 중요한 작용은 다음과 같다.

㉮ eicosanoids의 합성을 위하여 필수지방산인 linoleic acid, α-linolenic acid로부

터 생합성된 all-cis-eicosa-8, 11, 14-trienoic acid, all-cis-eicosa-5, 8, 11, 14, 17-pentaenoic acid(EPA)에는 prostaglandin(PG), leukotriene(LT), thromboxane(TX) 등이 여기에 속한다. prostaglandin은 국소호르몬으로서 작용하며 다양한 기능을 유지하고 있다. 심장과 혈관의 근육수축을 조절하고 정상적인 혈압을 유지하도록 도우며, 중추신경의 온도조절을 좌우하고 신경의 자극 전달을 정상화한다. 소화효소의 분비를 억제하며 Na^+, K^+, Cl^-이온을 배설시키며, 생식기능의 증진에 관여한다.

㉯ 필수지방산의 대사속도는 매우 느리게 진행된다.

㉰ 필수지방산의 필요량을 증가시키는 요소는 포화지방산의 섭취량 증가와 연령의 증가, 남성 갑상선기능 저하증, pyridoxine 결핍증 등이 있을 때이다.

㉱ 필수지방산은 콜레스테롤의 농도를 저하시켜 동맥경화증을 예방하는 효과를 갖고 있으나 무조건 다량 섭취하는 PUFA로 인하여 새로운 영양 문제가 대두되므로 식사 내의 PUFA/MUFA/SFA의 비율을 조절함이 중요하며 1 : 1~1.5 : 1의 비율로 섭취할 것을 권장하고 있다. PUFA의 과잉 섭취는 암의 유발과 관련이 있으며 노화를 촉진하고 담즙의 콜레스테롤 농도를 농축시켜 담석 형성을 초래시킬 수 있다.

㉲ 필수지방산의 대사에 작용하는 비타민은 비타민 E, 비타민 B_6(pyridoxine), 비타민 B_2(riboflavin) 등이 있다. PUFA의 함량이 높은 식물성 기름에 비타민 E는 다량 존재하며 산패를 막아주는 역할을 한다.

3. wax

고급 1가 alcohol과 고급지방산과의 ester 결합을 하고 있으며 동식물체 겉과 밖을 보호하는 구실을 하며 식물 표면을 형성하여 해충, 미생물의 침입을 방지한다. wax는 식품 속에는 함유되어 있지 않고 소화흡수가 잘되지 않아서 식품으로는 별로 환영받지 못하고 있다.

$$\underset{\text{고급 1가 alcohol}}{ROH} + \underset{\text{고급 지방산}}{R'\ COOH} \longrightarrow \underset{\text{wax}}{RO\cdot OCR'} + H_2O$$

밀납(벌 wax)은 palmitic acid와 melissyl alcohol ($C_{30}H_{61}OH$), 경납(고래 wax)은 palmitic acid와 cetyl alcohol ($C_{16}H_{33}OH$)이 ester 결합한 것이 주체를 이룬다.

4-4 • 복합지질(Conjugated Lipids)

1. 인지질

인산이 결합한 지질로서 글리세로 인지질(glycerophospholipids)과 스핑고 인지질(sphingo-phospholipids)로 나눈다.

1) 글리세로 인지질

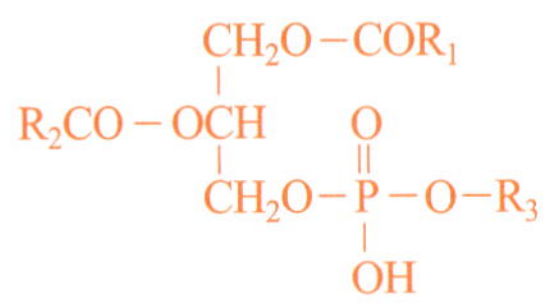

glycerophospholipids

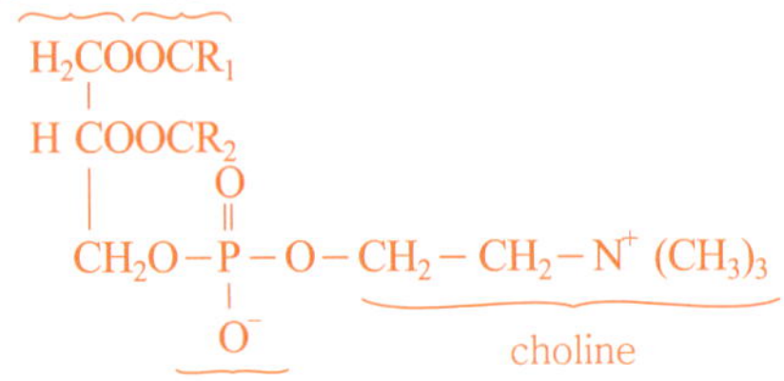

$HOCH_2-CH_2-N^+(CH_3)_3$

choline

$HOCH_2-CH_2-NH_2$

ethanolamine

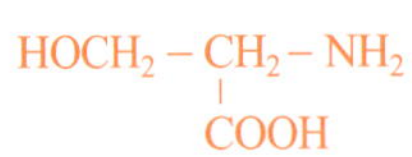

serine

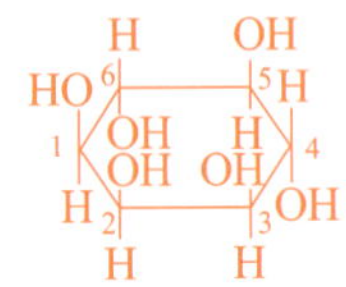

meso-inositol

R_1CO, R_2CO → fatty acid
R_3 이 choline인 경우 → lecithin
R_3 이 ethanolamine 인 경우 → ethanolamine cephalin
R_3 이 serine의 경우 → serine cephalin
R_3 이 meso-inositol의 경우 → inositol phospholipd

(1) lecithin

생체의 세포막, 뇌수, 신경, 혈구, 난황 등에 있고 식물의 종자에도 많으나 박테리아에는 거의 없다. 가수분해에 의하여 2 분자의 지방산과 한 분자씩의 choline, phosphoric acid 및 glycerol을 생성한다. 난황 속의 lecithin은 마요네즈 제조 시에 기름과 물을 미립자상으로 분산시키는 유화제 구실을 한다. 또 lecithin은 독사의 타액에 있는 lecithinase란 효소에 의하여 가수분해되어 지방산 1 분자를 잃고 lysolecithin이 된다. lysolecithin은 강한 용혈작용을 나타내는 독성분이다.

(2) cephalin

lecithin의 구조로서 choline의 위치에 ethanolamine이 ester 결합을 하면 ethanolamine cephalin, serine이 ester 결합을 하면 serine cephalin이라 하며 난황, 뇌, 신경, 콩팥에 존재한다.

(3) inositol phospholipid

lecithin의 구조로서 choline의 위치에 meso-inositol이 ester 결합을 하였으며 간, 심장, 콩, 밀의 배아, 효모 등에 존재한다.

2) 스핑고 인지질

글리세로 인지질의 glycerol 대신 sphingosine이란 긴 사슬구조의 amino alcohol을 가지는 것으로 sphingomyelin이 대표적이다.

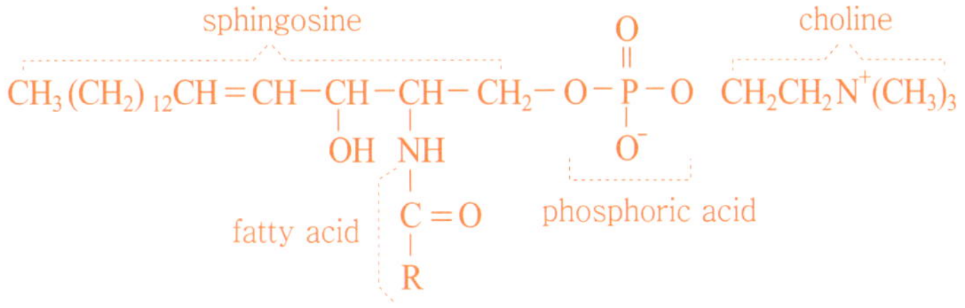

sphingomyelin의 구조

2. 당지질

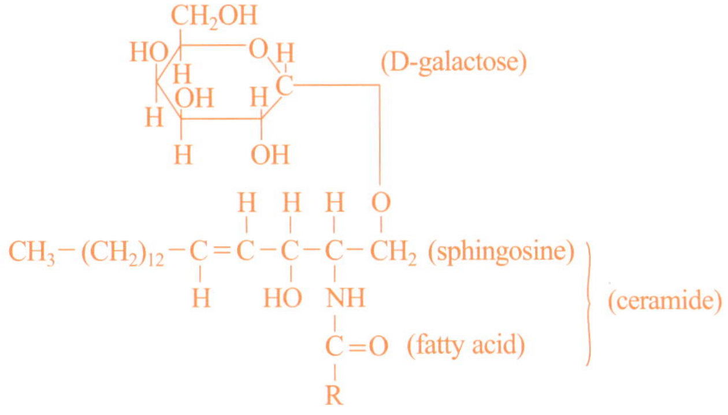

cerebroside의 구조

복합지질의 일종으로서 sphingosine, 지방산, 당(galactose > glucose > mannose > sucrose), N 화합물로만 이루어지고, 인산과 glycerol을 품지 않는 것을 당지질이라 한다.

3. lipoprotein과 chylomicron

인체 내에서 재합성된 지질과 cholesterol ester는 수용성이 아니므로 수용성의 형태로 운반되어야 흡수되며, 물에 불용성일 때는 혈관에 응집하여 혈관이 막히게 된다.

그러므로 인체 내에서 cholesterol, 인지질이 혼합된 것에 단백질이 함유된 표면 막으로 둘러싸인 chylomicron, 즉 lipoprotein의 형태로 되어야 수용성이 되어 인체 내로 흡수가 된다.

4-5 • 유도지질(Derivde Lipids)

단순지질, 복합지질의 가수분해물인 지방산, 지방족의 고급 alcohol과 중성지질과는 구조와 성질이 다르나 ether로 추출되는 탄화수소, sterol, carotenoid, 지용성 vitamin 등을 유도지질이라 하며 이들 유도지질은 불검화물이다.

1. steroids

sterols처럼 steroid 핵을 뼈대로 삼는 일종의 화합물을 통틀어 steroid라 하며 steroids에 속하는 것으로 sterols 이외에 담즙산, steroid hormone, steroid saponin, steroid alkaloid 등이 있다.

2. sterols

phenanthrene 핵의 C_3 에 -OH를 가지고 C_{17} 에 탄소 수가 8~10개인 탄화수소사슬(R기)을 가지는 것을 sterols이라 한다. 동물성 sterols(cholesterol)과 식물성 sterols(β-sitosterol, ergosterol, campesterol, stigmasterol)이 동·식물계에 널리 분포되어 있다.

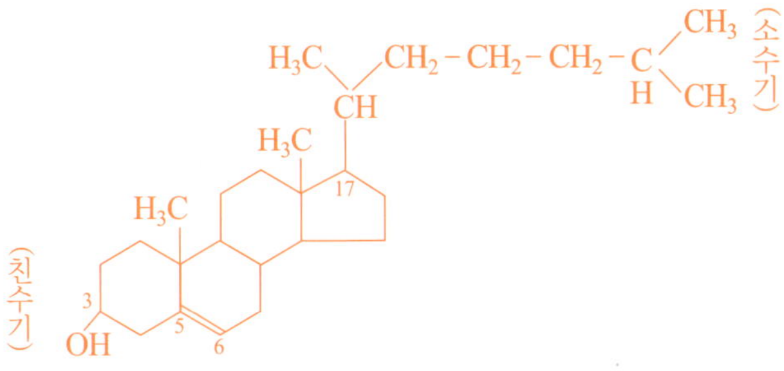

cholesterol

1) cholesterol

동물성 sterols로 방향족 알코올이며 융점 150℃의 백색 고체이다. 탄소 수 27개로 phenanthrene 핵의 C_3의 위치에 -OH기를 가지고 C_5과 C_6에 이중결합을 갖는 steroid이다.

【표 4-5】 식품별 콜레스테롤의 함량

식 품	cholesterol(mg)	식 품	cholesterol(mg)
쇠 골	2,000	버터쿠키	115
난 황	1,500	문어다리	112
건오징어다리	1,380	분말치즈	108
건오징어	630	전 복	101
전 란	550	라 드	95
쇠 콩 팥	375	전지분유	85
쇠 간	300	쇠 고 기	70
어 란	300	돼지고기	70
버 터	250	생 선	70
뱀 장 어	240	로 스 햄	67
큰 새 우	200	마가린(혼합)	65
굴	200	닭 고 기	60
와플(waffle)*	171	마요네즈	53
물오징어	169	아이스크림	45
쇠 심 장	150	요구르트	11
베 이 컨	128	목장우유	11
작은새우	125	탈지분유	2.8~3.2
게 살	125	난 백	0
치 즈	120	마 가 린	0

* waffle : 밀가루, 달걀, 우유를 섞어 말랑하게 구운 격자무늬의 과자

cholesterol은 세포, 근육, 뇌, 신경조직, 담즙, 혈액과 지방조직 내에서 고급 지방산과 ester 결합한 상태로 존재하거나 유리 상태로 존재한다. 그외 혈액의 2/3는 지방산 ester로 존재한다.

성인은 나이가 많아짐에 따라 HDL(protein 50%, cholesterol 20%, phospholipid 30%, trigylceride 5%)보다 LDL(protein 15%, cholesterol 43%, phospholipid 22%, trigylceride 10%) 함량이 높아진다. 식품별 콜레스테롤 함량은 표 4-5와 같다.

2) 식물성 sterols(phytosterols)

β-sitosterol, ergosterol, campesterol, stigmasterol 등이 있으며 ergosterol은 맥각에서 발견되었으나 효모, 곰팡이, 버섯 중에도 있고 경엽류에도 들어 있다. 자외선을 쪼이면 vitamin D_2가 되기 때문에 provitamin D_2라 한다.

3) 탄화수소

① 지방족 탄화수소 : isooctadecane($C_{18}H_{38}$)은 액체로서 간유 중에, pentacosane [$CH_3(CH_2)_{23}CH_3$]과 hentriacontane ($C_{31}H_{64}$)은 고체로서 밀랍, 식물랍에 존재한다.

② squalene : 6개의 isoprene으로 구성($C_{30}H_{50}$)되어 있으며 생체 내에서 cholesterol과 같은 steroid의 전구물질로 알려져 있고, vitamin D의 효력 촉진작용이 있다. 주로 상어간유, 식물유, 맥주효모, 불검화물 중에 발견되는 고도의 불포화 탄화수소이다.

4-6 • 유지의 성질(Property of Lipids)

1. 유지의 물리적 성질

1) 빛깔[色], 냄새[香], 맛[味]

순수한 유지는 빛깔, 맛, 냄새가 없으나 천연의 유지는 대개 담황색이고 특유한 맛과 냄새를 가지고 있다. 이것은 carotenoid 색소 등 미량 성분에 의하고 어유처럼 성분 변화에 의한 특유 냄새를 갖는 것도 있다.

2) 비중(比重, specific gravity), 비열(比熱, specific heat)

식용유지의 비중은 15℃에서 보통 0.92~0.94 정도이다. 유리지방산의 존재는 비중을 저하시키고, 저급 지방산·불포화지방산·oxy acid의 존재와 산화 중합유는 비중을 높인다. 또한,

-OH 기나 지방산이 산화되어 분자량이 적은 지방산이 생성되면 비중이 커진다.

비열은 0.44~0.5 정도로서 열전도율이 좋다.

3) 융점(融點, melting point)

유지는 구성 지방산의 종류에 따라 융점이 달라지는데 식용유지는 융점이 낮아야 소화흡수가 잘된다. 식물성 유지는 불포화지방산의 함량이 많아 융점이 낮아서 상온에서 액체이며 이중결합의 증가에 따라 융점이 낮아진다. 반대로 동물성 유지처럼 불포화지방산이 적은 것은 상온에서 고체이며 trans 지방산, 삼중결합 지방산 등은 융점이 높다. 또한, 지방산이 methyl 기나 ethyl기로 ester 결합을 한 것은 원래의 지방산보다 융점이 낮으며, 버터도 포화지방산이 많지만 저급지방산이 많은 것은 다른 동물성 유지에 비하여 융점이 낮고 녹기 쉽다.

포화지방산은 탄소 수의 증가에 따라 융점이 높으나 탄소 수가 홀수의 지방산은 탄소 수 1개가 적은 짝수의 지방산보다 융점이 낮다. 이중결합수가 증가하면 융점이 낮아진다. C_{18}의 지방산의 융점은 stearic acid(70℃), oleic acid(14℃), linoleic acid(-5℃), linolenic acid(-11℃)이다. 또한 홀수 탄소 수를 갖는 지방산은 탄소 수 1개가 적은 짝수의 지방산보다 융점이 낮다.

지방산의 methyl, ethyl ester는 원래의 지방산보다 융점이 낮다. 그리고 cis형의 지방산은 이중결합의 위치가 -COOH기에서 멀어질수록 융점이 낮다.

고형 유지는 융해 시작 온도와 융해가 끝나는 온도가 약 10℃ 정도로 융점 범위가 넓어 유동성과 물에 씻겨지는 성질이 양호하여 뒷맛이 좋다.

융해한 액체 유지를 냉각하면 고화하고 이것을 다시 가열하면 또 융해하지만 처음 융점보다 높은 융점을 나타낸다. 그러나 융해한 액체 유지를 한 번 더 급속히 냉각하여 고화시키면 그 융점은 전자의 융점보다 낮아진다. 이와 같은 현상은 냉각에 의하여 다른 형의 결정이 생성(gylceride의 분자 구조가 불균일)되기 때문이며 이러한 현상을 동질이상현상 또는 동질다형현상(同質多形現象, polymorphism)이라 한다.

유지에는 α, β, γ형의 결정형이 알려져 있고 각각의 융점은 크게 다르다. 생성하는 결정의 종류, 비율은 냉각 조건에 따라 다르며 유지의 형태별 융점은 표 4-6과 같다.

동질이상현상은 유지를 냉각하여 고화하여 최상의 물성을 주기 위한 가공조작에서 중요하며 고체 유지를 주재료로 삼는 식품에서 tempering 처리를 한다. 예를 들면 코코아 버터의 고화에서 가열, 냉각조작을 되풀이하는데 이것은 결정형을 가장 안정한 β형 곧 코코아 버터의 융점을 높이기 위한 것이다.

【표 4-6】 유지의 형태별 융점(℃)

triglyceride	α형	β형	γ형
tripalmitin	56	65.5	45
tristearin	65	71.5	54.5
triolein	-12	5.0	-32
trilinolein	-27	-13	-43

4) 응고점(凝固點, solidifying point)

단일 glyceride의 응고점은 융점과 일치하지만 혼합 glyceride는 융점과 응고점이 일치하지 않는다. 예를 들면 옥수수유는 융점이 -10~-18℃인데 비해 응고점은 -10~-15℃이고, 야자유는 융점이 20~28℃인데 응고점은 14~25℃이다.

5) 비점(沸點, boiling point, BP)

지방산의 탄소사슬이 길어질수록 높아진다. 같은 탄소 수이면 불포화지방산은 포화지방산보다 약간 낮다. 유지의 비점은 매우 높아서 200℃ 이상의 것이 많으며 두 분자의 지방산이 카르복실기 간의 수소결합에 의해 이량체(dimer)를 형성하나 이들 중 대부분이 끓기 전에 분해된다.

6) 굴절률(屈折率, refractive index, RI)

분자량, 불포화도, oxy acid 함량에 따라 증대된다. 요오드가에 정비례하지만 산화중합 유지와는 반비례한다. 식용유지의 굴절률은 20℃에서 약 1.44~1.47 정도이다.

7) 발연점(發煙點, smoke point)

유지를 가열하였을 때 표면에서 연푸른 연기가 발생할 때의 온도를 그 유지의 발연점이라 한다. 이때 유지의 가수분해, 산화에 의하여 acrolein이 생성되는데 이것은 눈, 코, 목 등의 점막을 해치며 식품에 흡수되어 좋지 않은 냄새와 맛을 주어 식욕을 저해한다. 발연점은 유리지방산이 많을수록, 노출된 유지의 표면적이 넓거나 또는 사용 횟수가 많아 유지에 미립자의 혼입이 증가되면 낮아진다. 대표적인 기름의 발연점은 땅콩유 150~160℃, 올리브유 161~175℃, 참기름 72~184℃, 채종유 186~227℃, 대두유 195~230℃, 라드 190℃, 버터 208~232℃이다.

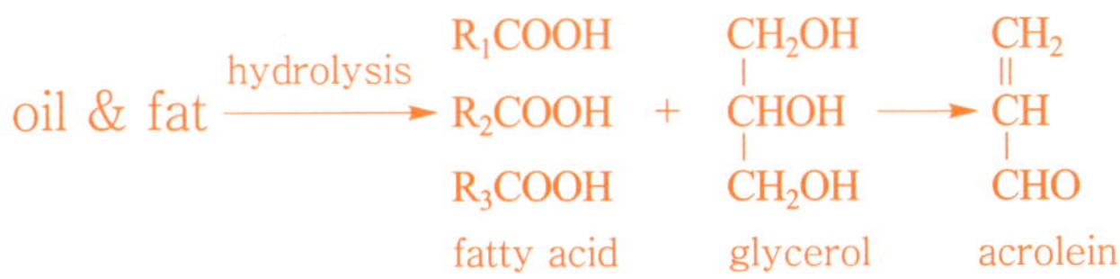

8) 인화점(引火點, flash point)

유지를 발연점보다 높은 온도로 계속 가열할 때에 생성되는 증기와 공기가 혼합하여 발화되는 온도를 인화점이라 한다. 인화점은 대부분 300℃ 이상으로 유리지방산을 1% 함유하면 약 25℃로, 10%를 함유하면 약 70℃로 저하한다. 자연발화온도는 270~275℃이다.

9) 연소점(燃燒點, fire point)

유지가 인화되어 계속적인 연소를 지속하는 온도를 연소점이라 하며 인화점보다 30~50℃가 높다. 정제한 식물성 기름의 발연점, 인화점, 연소점은 표 4-7과 같다.

【표 4-7】 정제 식물성 기름의 발연점 · 인화점 · 연소점(℃)

식물성기름	발 연 점	인 화 점	연 소 점
피마자유	200	298	335
옥수수유	227	326	359
아마인유	160	309	360
대두유	256	326	356

10) 유화(emulsification)

유지는 분자 중에 glycerol의 -OH 및 지방산의 -COOH와 같은 친수성기들이 억제된 상태이고 소수성기만 잔존하므로 물에 녹지 않는다. 그러나 친수기와 소수기를 모두 함유하는 유화제인 protein, lecithin, sterol 등을 넣고 교반하면 유화제가 유지와 물을 분산시키는 현상을 유화라 하며 이때의 분산액을 유탁액이라 한다.

지방의 유화에는 물속에 기름의 입자가 분산되어 있는 수중유적형(水中油適型, oil in water type, O/W : 우유, 아이스크림, 마요네즈)과 기름 속에 물이 분산되어 있는 유중수적형(油中水適型, water in oil type, W/O : 버터, 마가린)이 있다. 천연 유화제로는 lecithin, sterol, monoglyceride, diglyceride, protein, bile acid 등이 있고 합성 유화제로는

sorbitan fatty acid ester, monoglyceride, diglyceride, sucrose, fatty acid ester 등이 있다.

2. 유지의 화학적 성질

1) 검화(saponification)

유지는 산, 알칼리, 효소(lipase), 고온수 또는 과열 증기에 의하여 가수분해되어 glycerol과 지방산염(비누)으로 분해된다. 이때 ZnO, CaO 등은 이를 촉진한다. 유지가 KOH, NaOH의 알코올 용액과 가열에 의한 가수분해를 일반적으로 검화(비누화)라 하고, 강산에 의한 가수분해를 불검화라 한다. 유지 1g를 검화하는 데 사용되는 KOH의 mg 수를 검화가(鹼化價, saponification value)라 한다.

tristearin의 검화가를 계산하면 $(3KOH/C_{57}H_{110}O_6) \times 1000 = (3 \times 56/890) \times 1000 \fallingdotseq 188$이며, 검화가는 지방산의 분자량에 반비례하기 때문에 탄소 수가 적은 저급지방산이 많을수록 검화가가 커지고 고급지방산이 많을수록 검화가가 적어진다.

$$\begin{array}{lcccll} CH_2OOCR & & & CH_2-OH & & R-COONa \\ | & & & | & & \\ CHOOCR' & + & 3NaOH \longrightarrow & CH-OH & + & R'-COONa \\ | & & & | & & \\ CH_2OOCR'' & & & CH_2-OH & & R''-COONa \end{array}$$

triglyceride glycerol fatty acid sodium salt

2) 산가(酸價, acid value)

유지가 신선할 때는 유리지방산을 함유하지 않으나 일반적으로 유지를 저장하는 도중에 분해되어 소량의 유리지방산을 생성한다. 이때에 유지 1 g 중의 유리지방산을 중화하는 데 사용되는 KOH의 mg 수를 산가라고 한다. 어느 유지 1 g 중에 oleate 2 mg을 갖고 있을 경우 산가는$(KOH / C_{18}H_{34}O_2) \times 2 = (56/282) \times 2 \fallingdotseq 0.4$를 나타낸다. 일반적으로 식용유의 산가는 1.0 이하일 때에 식용에 적합하다.

3) 요오드가(iodine value)

이중결합 2개 이상의 다가 불포화지방산(linoleid acid 이상)을 많이 함유하는 유지는 산화반응, 부가반응, 중합반응 등을 일으키기 쉽다. 불포화지방산은 이중결합에 수소나 할로겐을 부가하여 융점이 높은 포화지방산으로 되며 액체에서 고체로 변한다.

불포화지방산에 요오드를 첨가하면 이중결합 부분에 요오드가 결합하는데 유지 100 g에 첨가하는 요오드의 g 수를 요오드가라 하며 triolein의 요오드가는 $(3\,I_2/C_{57}H_{104}O_6) \times 100 = (3 \times$

127 × 2/884) × 100 ≒ 86.2로 계산이 된다.

요오드가 130 이상의 유지의 박막이 공기 중에서 고화하는 현상을 유지의 건조라 한다. 이것은 액체유의 휘발에 의한 건조와는 다르고 glyceride는 서로 산화, 중합하여 고분자의 ether 불용성 물질이 생성하기 때문이다. 건조피막을 만드는 정도에 따라 유지를 건성유, 반건성유, 불건성유로 나눈다.

- 건성유(요오드가 130 이상) : 아마인유, 호도유, 들깨유, 잣유
- 반건성유(요오드가 100~130) : 참깨유, 채종유, 쌀겨유, 대두유, 목화씨유
- 불건성유(요오드가 100 이하) : 올리브유, 땅콩유, 피마자유, 동백유

4) 지방산 교환반응

유지는 glycerol(alcohol)과 지방산과의 ester 화합물이지만, 다른 종류의 지방산에 촉매를 가하여 반응시키면 상호 산기를 교환하여 또 다른 종류의 지방산을 생성하는 것을 지방산 교환반응이라 한다.

tristearin(67%) + triolein(33%) —(CH_3ONa, random화)→ distearoolein(44.5%) + tristearin(30%) + dioleostearin(21.9%) + triolein(3.6%)

지방산 조성이 다른 triglyceride와 triglyceride의 촉매인 alcoholate(CH_3ONa)와 섞어두면, triglyceride 상호 간에 불규칙적으로 지방산의 교환이 일어나서 평형에 이르는데 이 반응은 저온에서 일어나며 tristearin이 응고하므로 이것을 제거하면 평형이 기울어져서 다시 tristearin이 생성된다. 이 반응은 하나의 방향성을 갖고 진행하므로 이를 지향성 지방산 교환반응이라 한다. 천연유지 중 대립의 결정이 유지 식용 시 까칠한 느낌을 줄 경우 이러한 방법을 이용하여 개선할 수 있다.

triglyceride와 alcohol(glycerol) 사이에 ester 교환반응이 일어나는 것을 alcolysis라 하며 유지에 20% 정도의 glycerol을 넣고 반응시키면 diglyceride, monoglyceride가 생성되어 기름에 유화성을 줄 수 있고, shortening 제조 등에 응용된다.

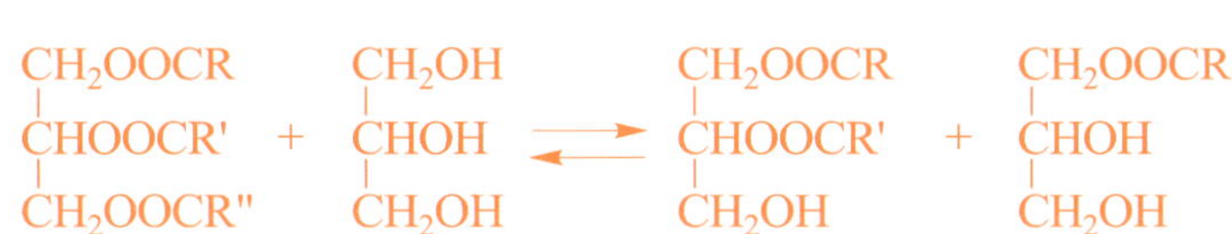

triglyceride　glycerol　diglyceride　monoglyceride

5) 수소첨가반응

불포화지방산의 이중결합 부분에 분자상의 H_2를 첨가하여 액체인 불포화지방산을 고체이며 융점이 높은 포화지방산으로 바꾸는 반응을 수소첨가반응이라 하는데, 이것은 Ni, Pt, Pd(palladium) 등의 촉매를 써서 고온, 고압하에서 반응시킨다.

액체 유지에 수소를 첨가하면 융점이 높은 고형 지방을 얻어지는 반응을 경화(hardening)라 하고, 이때 생성된 고체 지방을 경화유(硬化油, hardened oil)라 하며 마가린, shortening의 제조 원료가 된다.

천연에 존재하는 cis형의 불포화지방산을 trans 형으로 변환해서 천연에 존재하지 않는 지방산이 생성된 형태를 trans 지방산이라 한다.

수소첨가는 불포화도가 높을수록 수소첨가의 경향이 높고 천연에 존재하는 cis형의 불포화지방산이 trans형으로 변환해서 천연에 존재하지 않는 지방산이 일부 생성된다. 불포화도의 감소에 따라 산패에 대하여 안정되고 천연의 carotenoid는 수소첨가로 말미암아 공액이중결합에 의한 발색이 소실된다.

6) 아세틸가(acetyl value)

무수초산 등으로 아세틸화한 유지 1g을 검화하여 생성된 acetic acid를 중화하는 데 필요한 KOH의 mg 수를 아세틸가라 한다. 이 값은 유지 중 -OH기 1개에 $-COCH_3$기 1개가 결합하므로 이론적으로 triglyceride는 아세틸가가 0이 되나 보통 신선한 유지의 아세틸가는 10 이하로 간주하고 산성유지나 피마자유는 일반적으로 높다.

7) Reichert-Meissl value, Polenske value

유지를 알칼리로 검화하여 glycerol과 지방산염(비누)으로 분리한 후 황산으로 처리하여 얻어진 유리지방산을 증류하면 수용성 휘발성산(C_4~C_6, volatile acids)과 비수용성 휘발성산(C_8~C_{14}, non-volatile acids)으로 나누어지는데 이때 수용성 휘발성 산을 중화하는데 소요되는 0.1N KOH의 ml 수를 Reichert-Meissl value라 한다. 버터의 순도나 위조품 검정에 이용되는데 버터는 26~32, 야자유는 5~9, 그외 신선한 유지는 1 이하이다.

비수용성 휘발성 산을 중화하는데 필요한 0.1N KOH의 ml 수를 Polenske value라 한다. 야자유는 16.8~17.8, 버터는 1.9~3.5, 그외 유지는 1.0 이하로 버터에 야자유의 혼입 및 순도나 위조검정에 이용한다.

4-7 • 유지의 산패(Rancidity of Lipids)

1. 자동산화(autoxidation)

식용유지를 저장해 두면 공기 중의 분자상 산소를 흡수하여 산화되며 hydroperoxide가 생성되며 상온 부근의 비교적 낮은 온도에서 분자상 산소에 의하여 일어나는 완만한 산화 반응으로서, 유리기를 품고 자동적으로 진행하기 때문에 자동산화라 한다. 일반적으로 자동산화에 의한 산패를 산화적 산패라고 한다.

유지의 자동산화 과정 중 초기에는 산소를 거의 흡수하지 않고 과산화물도 생성하지 않는데 이 시기를 유도기라 한다. 이 시기가 지나면 유리기의 생성이나 연쇄반응이 진행되어 산소흡수가 늘어나면서 과산화물이 생성되어 과산화물가(peroxide value, POV)가 높아진다. 그 후 POV가 감소한다. 또한, 이량체가 생성되면서 점도가 상승한다.

유지의 산패는 과산화물가, thiobarbituric acid value(TBA가, 산패 정도), carbonyl value(산패 정도)를 측정하면 알 수 있다. 유지의 자동산화 과정을 나타내는 곡선은 그림 4-1과 같다.

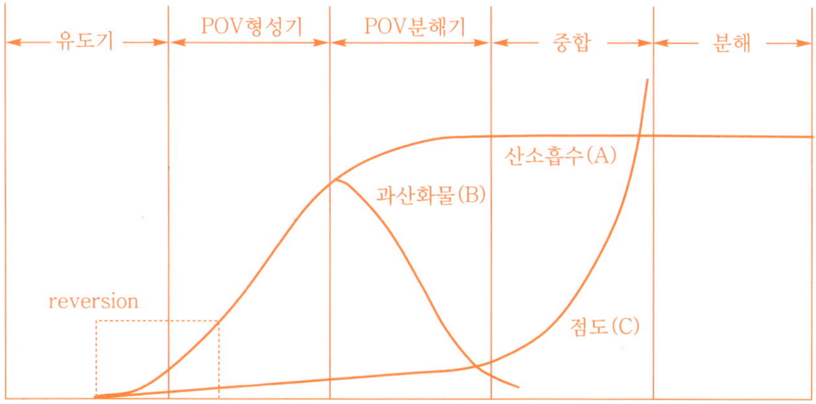

A : 산소의 흡수량을 나타내는 곡선
B : 자동산화과정의 제1차 생성물인 hydroperoxide의 생성량을 나타내는 곡선
C : 최종산화 생성물인 carbonyl 화합물의 생성량을 나타내는 곡선

【그림 4-1】 유지의 자동산화 과정을 나타내는 곡선

1) 자동산화기구

유지의 자동산화는 지방산의 이중결합에 인접한 α위치의 methylene기(-CH_2)의 수소가 산소, 열, 빛, 금속이온, 기계에너지에 의하여 탈수소되어 유리기(R·)를 생성하는 단계로 ① 개시반응(initiation reaction), ② 전파반응(propagation reaction), ③ hydroperoxide의 분해(hydroperoxide decomposition), ④ 종결반응(termination reaction)의 반응이 일어난다.

(1) 개시반응

$$\text{RH (substrate)} \xrightarrow{\text{열, 빛, 금속이온, 기계에너지}} \text{R}\cdot \text{ (free radical)} + \cdot\text{H (free hydrogen)}$$

(2) 전파반응

생성된 유리기(ally기, R·)가 분자상 산소(O_2)와 결합하여 peroxy기(ROO·)이 되고, peroxy기가 새로운 기질로부터 수소를 빼앗아 결합하여 hydroperoxide와 유리기를 생성하며, 유리기가 다시 산소와 결합하여 계속적으로 반응이 진행된다.

$$\text{R}\cdot\text{(ally radical)} + O_2 \longrightarrow \text{ROO}\cdot\text{(peroxy radical)}$$

$$\text{ROO}\cdot + \text{RH} \longrightarrow \text{ROOH (hydroperoxide)} + \text{R}\cdot$$

(3) hydroperoxide의 분해

$$\text{ROOH} \longrightarrow \text{RO}\cdot\text{ (alkoxy radical)} + \cdot\text{OH (free hydroxide)}$$

$$R_1 - \underset{\displaystyle\text{OOH}}{\underset{|}{\text{CH}}} - R_2 \longrightarrow R_1 - \underset{\displaystyle\text{O}\cdot}{\underset{|}{\text{CH}}} - R_2 + \cdot\text{OH}$$

$$R_1 - \underset{\displaystyle\text{O}\cdot}{\underset{|}{\text{CH}}} - R_2 \longrightarrow R_1\cdot + R_2\text{CHO(aldehyde)}$$

$$R_1-\underset{\displaystyle O\cdot}{\underset{|}{CH}}-R_2 \xrightarrow{O_2} R_1 + R_2COOH\text{(acid)}$$

$$R_1-\underset{\displaystyle O\cdot}{\underset{|}{CH}}-R_2 \xrightarrow[R_3H]{} R_1-\underset{\displaystyle OH}{\underset{|}{CH}}-R_2\text{(alcohol)} + R_3\cdot$$

$$R_1-\underset{\displaystyle O\cdot}{\underset{|}{CH}}-R_3 \longrightarrow R_1-\underset{\displaystyle O}{\underset{\|}{C}}-R_2\text{(ketone)} + R_3H$$

$$ROOH + -CH{=}CH- \longrightarrow -\underset{\diagdown\, O \,\diagup}{CH{=}CH}-\text{(epoxide)} + ROH$$

hydroperoxide(ROOH)는 불안정하기 때문에 빛, 열, 금속, pH 등의 영향으로 분해되어 새로운 유리기를 생성하여 산화는 더욱 진행되며 이때에 만들어진 aldehyde는 변향의 원인이 되고 ketone, acid, alcohol, epoxide 등이 불쾌한 냄새와 맛을 형성한다.

(4) 종결반응

자동산화 과정에서 생성된 유리기가 서로 계속 반응하여 유리기는 이중결합에 인접한 α 위치의 활성 methylene기(-CH_2)에서 탈수소된다. 산화 중합물인 이량체(dimer), 삼량체(trimer)들은 -O-O-결합에 의해 생성되어 점도가 증가되므로 체내에 흡수되기 어렵기 때문에 유지의 영양적 가치를 저하시키는 요인으로 작용한다. 그 예로 vitamin A, carotene의 파괴, 필수지방산의 함량이 감소되며 독성의 carbonyl 화합물은 인체에 유해작용을 초래한다.

R · (free radical) + R · (free radical) ⟶ RR
R · (free radical) + ROO (peroxy radical) ⟶ ROOR
ROO · (peroxy radical) + ROO · (peroxy radical) ⟶ ROOR + O_2(분자상 산소)

(5) oleic acid의 자동산화 반응은 다음과 같다.

oleic acid $CH_3(CH_2)_6-CH_2-CH{=}CH-CH_2-(CH_2)_6-COOH$

ⓐ initiation reaction

$$\underset{\text{substrate}}{-CH_2-CH=CH-} \longrightarrow \underset{\text{free radical}}{-\dot{C}H-CH=CH-} + \underset{\text{free hydrogen}}{H\cdot}$$

ⓑ propagation reaction

$$\underset{\text{free radical}}{-\dot{C}H-CH=CH-} + O_2 \longrightarrow \underset{\text{peroxy radical}}{-\underset{|\atop OO\cdot}{CH}-CH=CH-}$$

$$\underset{\text{peroxy radical}}{-\underset{|\atop OO\cdot}{CH}-CH=CH-} + \underset{\text{substrate}}{CH_2-CH=CH-}$$

$$\longrightarrow \underset{\text{hydroperoxide}}{-\underset{|\atop OOH}{CH}-CH=CH-} + \underset{\text{free radical}}{-\dot{C}H-CH=CH-}$$

ⓒ hydroperoxide decomposition

$$\underset{\text{hydroperoxide}}{-\underset{|\atop OOH}{CH}-CH=CH-} \longrightarrow \underset{\text{free oxide}}{-\underset{|\atop O\cdot}{CH}-CH=CH-} + \underset{\text{free hydroxide}}{\cdot OH}$$

$$\underset{\text{free oxide}}{-\underset{|\atop O\cdot}{CH}-CH=CH-} + \underset{\text{substrate}}{CH_2-CH=CH-}$$

$$\longrightarrow \underset{\text{hydroxide}}{-\underset{|\atop OH}{CH}-CH=CH-} + \underset{\text{free radical}}{-CH-CH=CH-}$$

2) 자동산화에 영향을 미치는 인자

(1) 불포화도

불포화지방산의 이중결합이 증가할수록 활성화되는 methylene기의 수가 늘기 때문에 산화속도가 급속히 증대하며 포화지방산에 비하여 월등히 산화되기 쉽다.

oleate : linoleate : linolenate = 1 : 12 : 25의 산화 속도를 갖는다.

pentadiene을 갖는 유지는 산화되기 쉽고, cis형은 trans형보다 산화되기 쉬우며 공액이중결합을 갖는 경우 더욱 산화되기 쉽다. 각종 지방산의 이중결합 및 산소흡수 속도는 표 4-8과 같다.

【표 4-8】 각종 지방산의 methyl ester의 산소흡수 속도(100℃)

활성 methylene기의 수	이중결합의 수	지방산의 종류	산소흡수 속도비
0	0	stearic acid	1
0	1	oleic acid	11
1	2	linoleic acid	114
2	3	linolenic acid	179

(2) 광 선

유지의 산화는 광선 특히 청색, 보라색을 갖는 자외선의 조사에 의하여 증진된다. 곧 파장이 짧은 325~483 nm의 빛일수록 산화를 촉진한다. 광선은 유도기를 단축하고 유리기 생성, hydroperoxide의 분해를 촉진한다.

(3) 온 도

100℃ 이상의 고온에서는 이중결합에 산소가 결합하여 연쇄반응, 과산화물인 hydroperoxide의 분해가 잘 일어나 산화 속도가 빨라지나 축적은 적다. 실제로 식품에 있어서 0℃ 이하에서 저장하는 것이 0℃ 이상으로 저장하였을 때보다 유지의 산화가 촉진되는데 이는 식품 중의 수분이 빙결되어 산화를 일으키는 금속 농도가 상대적으로 증가되기 때문이다.

(4) 금속과 heme 화합물

금속이온의 산화 촉진 정도를 비교하여 보면 다음과 같다.

Cu > Mn > Fe > Cr, Co, Pb > Ni > Zn > Ca, Mg > Al > Sn, Na

금속이온(M^{2+})은 미량으로 분자상 산소를 활성화시켜 자동산화의 과정에서 생성된 hydroperoxide와 같은 과산화물의 분해 과정을 촉진시키고 유리기를 생성하여 연쇄산화 반응을 촉진시킨다.

$$M^{n+} + O_2 \longrightarrow M^{(n+1)+} + O_2^- \xrightarrow[RH]{} M^{n+} + \cdot OOH + R\cdot \text{(free radical)}$$

$$M^{2+} + ROOH \longrightarrow RO\cdot \text{ (alkoxy radical)} + M^{3+} + \cdot OH^- \text{ (free hydroxide)}$$

$$M^{3+} + ROOH \longrightarrow ROO\cdot \text{ (peroxy radical)} + M^{2+} + H^+ \text{ (free hydrogen)}$$

$$M^{n+} + RH \longrightarrow R\cdot \text{(free radical)} + M^{(n-1)} + H^+ \text{ (free hydrogen)}$$

식용유지에는 흔적 정도의 중금속이 들어 있으며 충분히 정제되었다고 생각되는 linoleic acid 중에도 0.21ppm 정도의 구리나 미량의 코발트, 철 등이 들어 있다.

hematin 화합물인 hemoglobin, myoglobin 등의 heme 단백질은 heme 색소를 품고 있으나 Fe^{2+}가 산화되어 Fe^{3+}가 된 것을 hematin 화합물이라 하며 지방산의 hydroperoxide를 분해하여 alkoxy기(RO·)를 생성하고 또 새로운 불포화지방산에 작용하여 free기(R·)을 생성한다. 따라서 1분자의 hydroperxide에서 2분자의 기가 생성되는 셈이다.

불포화지방산에 hematin이 결합하여 유리기를 생성할 때는 Fe^{3+}가 Fe^{2+}로 환원된다(RH + hematin-Fe^{3+} → R· + heme-Fe^{2+} + H^{+}).

(5) 수 분

유지에 함유된 극히 미량의 수분은 유리기의 공급원으로서 자동산화의 개시 반응을 촉진시킨다. 물은 유지의 가수분해를 일으켜 지방산을 유리시키며 유리지방산은 그 자체가 유지의 품질저하에 직접 원인이 되고 유지의 자동산화를 촉진한다.

일반적으로 식품 성분이 수분에 의해 다분자층을 형성하고 있을 때에 산화에 안전하고, 이보다 수분함량이 적으면 유지 성분의 산화가 촉진되고 많으면 유지의 산패가 억제된다.

(6) 지방산, 소금, 방사선

유지나 지방질 식품 속에 존재하는 유리지방산은 그 자체의 존재가 품질저하의 직접적인 원인이 되며 유지나 지방질 식품의 자동산화을 촉진한다.

육류 중에 함유된 소금은 산화 촉진 효과를 갖는다. 아질산소다(sodium nitrite, $NaNO_2$)는 육류 중의 색소와 상호작용하여 육류지방질의 자동산화를 간접적으로 촉진하는 것으로 알려지고 있다.

고에너지의 방사선조사에 의하여 과산화물인 hydroperoxide가 분해되며 유지에도 직접 작용하여 유리기를 생성시켜 산화를 촉진한다.

2. 유지의 변향(變香, flavor reversion)

불포화도가 높은 지방산을 갖는 유지는 정제를 해도 잠시 저장하는 도중에 아주 적은 양의 산소에 의해서 다시 정제하기 전 특유의 콩 비린내, 풀냄새와 비슷한 이상취(異常臭)를 갖는데 이런 현상을 변향 또는 냄새 복귀현상이라고 한다. 변향의 원인은 대두유, 아마인유에 많이 함유된 linolenic acid, isolinoleic acid가 자동산화에 의해 hydroperoxide를 생성하고 이 hydroperoxide가 다시 carbonyl 화합물을 생성하여 변향을 일으킨다. linolenic acid 함량이 낮은 옥수수유에서는 잘 일어나지 않는다.

변향도 산패와 같이 열, 빛(325~483 nm), 금속, 산소, 저과산화물가 등에 의해서 촉진되므로 식용유의 변향을 예방하기 위하여 비금속 용기, 즉 자외선을 차단할 수 있는 갈색 병에 공기가 없게 넣어 냉암소에 저장하면 효과가 있다.

3. 유지의 가열에 의한 변화

1) 가열에 의한 산화중합

유지는 공기 중에서 100℃ 이하로 가열할 경우 자동산화 연쇄반응이 많이 일어나지만, 튀김조리의 적온인 160~180℃의 가열에서는 자동산화, 가열산화, 가열중합 등의 반응이 뒤섞여서 일어난다. 가열 시 변화는 매우 복잡하여 자동산화가 가열에 의하여 촉진되는 것은 결코 단순하지 않다.

유지를 공기의 존재하에서 200~230℃ 정도로 가열을 계속하면 유리기가 서로 결합하여 중합반응이 일어나 점도가 증가하게 되는데 이런 현상을 열산화중합이라 한다. 이때의 중합물은 -C-C- 결합을 가지는 것이 주체이고, 자동산화의 경우 볼 수 있는 -C-O-O-C-와 같은 oxygen bridge에 의한 중합물은 거의 생기지 않는다.

가열산화에 의한 중합체는 2차결합의 수, -OH radical, carbonyl radical의 수가 반응온도, 수분, 촉매의 유무, 공기나 산소와의 접촉 상태 등에 의하여 항상 일정하지 않고 상당히 변동한다.

공기가 없는 상태에서 유지를 200~300℃ 정도로 고온가열하면 중합하여 환상화합물을 생성하는 반응을 Diels-Alder 부가반응이라 한다. 유지 내의 linoleic acid, linolenic acid는 가열에 의해 이중결합의 재배치가 일어나 그 분자 속의 독립이중결합체계는 공액이중결합체계를 갖게 되며 공액이중결합을 갖는 유지분자들은 다른 유지분자들의 이중결합과 Diels-Aldler 부가반응을 일으킨다.

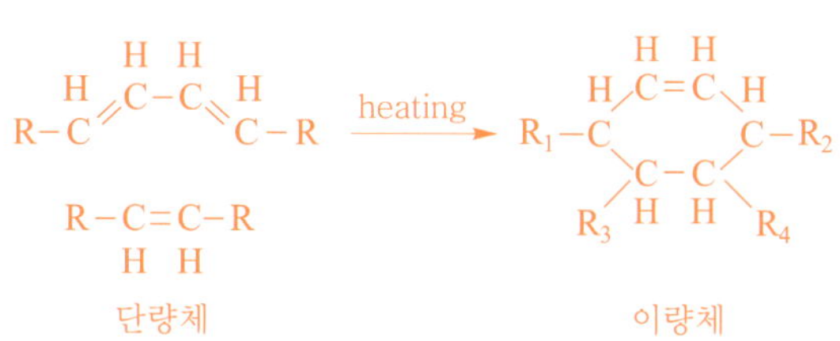

Diels-Adler 부가반응

유지의 가열에 의한 변화로 증가하는 것은 POV, 비중, 굴절률, 산가, 검화가이다. 가열에 의해 감소하는 것은 불포화산이 감소하여 요오드가는 낮아지고, 과산화물은 가열 시간이 길어지면 분해하여 감소한다.

2) 가열분해(加熱分解)

유지를 150℃ 정도로 가열하면 연기를 내면서 분해하기 시작하여 지방산과 gylcerol로 분해되고, 지방산은 저급지방산과 aldehyde 등의 휘발성 물질을 생성한다. gylcerol은 탈수되어 자극취를 갖는 acrolein을 생성하고 유리지방산량이 2% 이상 되면 불쾌한 냄새가 난다.

가열온도가 유지의 발연점 이상으로 가열하면 중합도 일어나고 유지 스스로의 열분해가 일어나 분해물이 생성된다.

고급지방산의 ester는 가열 중에 -C-C- 결합을 형성하고 있는 전자쌍의 분열에 의해 유리 radical을 생성한다.

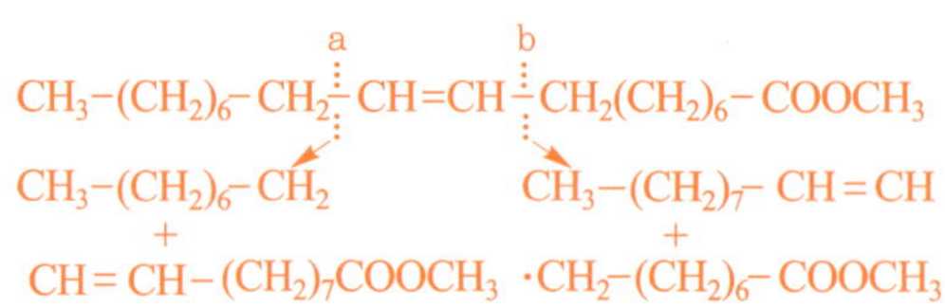

Methyl oleate 가열 시 생성되는 free radicals

동일한 지방산도 분열의 위치가 다르면 서로 다른 radical이 생성되므로 형성되는 radical의 종류도 많다. 이들 radical은 활성이 크므로 탈수소반응, 재결합반응 등의 반응이 일어날 수 있고 자동산화 과정 중의 연쇄반응을 유발하기도 한다.

유지의 가열로 생성된 hydroperoxide는 고온에서 급속히 분해되면 탄화수소, 지방산, carbonyl 화합물, epoxide, acrolein 등을 생성한다.

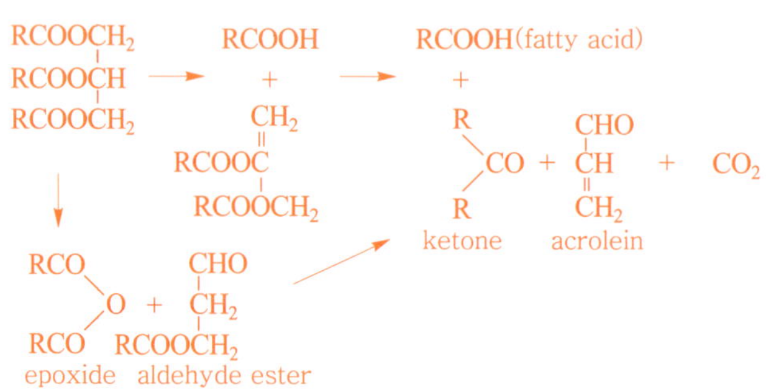

유지 가열로 생성되는 분해물

4. 유지의 산패도 측정법

1) 산소 흡수량 측정법

유지의 산소 흡수속도는 유지의 산패 발생시기를 전후해서 급증한다. 따라서 밀폐 용기에 산소와 유지를 함께 넣어 유지산패에 소모된 산소량을 측정하여 유도 기간, 산패발생 시기를 알아내는 방법이다.

2) 오븐 시험법(oven test)

오븐 시험법은 비커에 식용유지나 유지식품을 넣은 다음 오븐을 약 60℃로 유지하면서 수시로 냄새와 맛에 대한 관능검사를 통하여 유지의 산패가 일어나는데 소요되는 일수를 측정한다. 이 방법은 전문적인 관능 검사요원에 의하여 실시되며, 제과공업에서 비스킷, 쿠키, 크래커 등의 유지산패에 대한 안정성 검사에 사용되기도 한다.

3) 과산화물가(peroxide value, POV)

유지식품이 산패하면 과산화물(peroxides)이 생성되므로 과산화물을 측정하여 유지의 산패 정도와 유도 기간을 알 수 있다. 이 방법은 강한 재현성과 정확성이 있으나 그림 4-1과 같이 hydroperoxide 양이 최고에 도달하면 분해하여 감소되므로 지나치게 많이 산패가 되면 오히려 과산화물가가 낮아지는 것이 단점이 된다.

과산화물가는 유지 1kg에 함유되어 있는 과산화물의 밀리당량수로 표시되며 식물성 유지의 경우 60~100 meq/kg, 동물성 유지는 20~40 meq/kg에 도달하는 시간을 유도 기간으로 간주한다.

유지 5 g 에 chloroform 20 ml, 빙초산 30 ml, KI 포화액 1 ml를 넣고 1분 후 물 100 ml를 넣어서 유리되는 I_2 를 starch 지시약으로 하여 0.01N $Na_2S_2O_3$(sodium thiosulfate)로 적정한다. 이때 소모된 0.01N $Na_2S_2O_3$의 ml를 5~10배한 것이 POV이다.

과산화물가에 대한 동물실험 결과 POV 100 정도에서 control 대두유와 같고, 400 이상에서 성장 저하, 800 이상에서 성장 정지, 1,200 이상일 때에 사망한다.

$$ROOH + 2I^- + 2H^+ \longrightarrow ROH + I_2 + H_2O$$
$$I_2 + 2Na_2S_2O_3 \longrightarrow 2NaI + Na_2S_4O_6$$

4) 카르보닐가(carbonyl value)

유지나 지방질 식품이 산패하면 hydroperoxide를 거쳐서 carbonyl 화합물을 생성하는데 이 carbonyl 화합물은 2, 4-dinitrophenyl hydrazine과 NaOH(KOH)의 작용으로 적색의 2, 4-dinitrophenyl hydrazone을 생성하므로 이 적색을 파장 430~460 nm에서 흡광도를 측정하여 비색정량한다. carbonyl 화합물과 2, 4-dinitrophenyl hydrazine과의 반응은 가역적 반응으

로 그 평형은 주위 조건에 크게 영향을 받아 정밀하지 못하다.

carbonyls + 2, 4−dinitropenyl hydrazine + NaOH (KOH) → 2, 4−dinitrophenyl hydrazone (red)

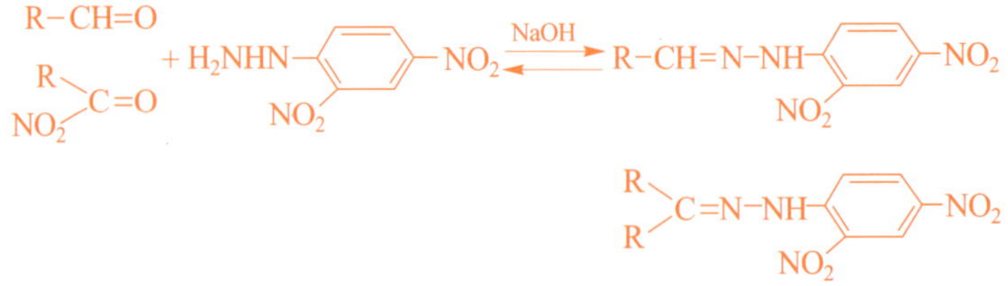

2, 4 dinitrophenyl hydrazone

5) TBA가(thiobarbituric acid value)

유지 1kg 중에 함유되어 있는 malonaldehyde의 mole 수로 표시한 것으로 유지의 산패 과정에서 생성된 malonaldehyde($CH_2(CHO)_2$)가 2-thiobarbituric acid와 HCl의 존재하에서 붉은색의 복합체를 형성하며 이 복합체는 파장 538 nm의 흡광도로 비색정량 한다.

POV에 비하여 재현성과 정확도가 떨어지나 산화가 고도로 진행됨에 따라서 POV는 다시 감소하나 TBA는 감소되는 일이 없고 계속 증가한다.

PUFA $\xrightarrow{O_2}$ Hydroperoxides ⟶ Carbonyls(malonaldehyde)

Carbonyls + thiobarbituric acid + HCl ⟶ Red complex (Specific to malonaldehyde)

6) AOM법(Active oxygen method)

유지산패의 용이성을 단시간에 판단하는 방법으로 유지를 97℃로 유지하면서 2.33 ml/sec의 속도로 공기를 주입하여 산패를 일으키게 한 다음 POV, TBA을 측정하여 유지 산패의 유도 기간(induction period)과 산패 발생 시기를 측정하는 것이다.

4-8 • 항산화제(Antioxidants)와 상승제(Synergists)

1. 항산화제(antioxidants)

유지의 산화을 억제하는 물질을 산화방지제 또는 항산화제(抗酸化劑, antioxidants)라고 한다. 일반적으로 항산화제는 유지나 지방질 식품에 자연 성분으로서 존재하는 천연 항산화제와 유지나 지방질 식품의 저장성을 개선하기 위한 목적으로 첨가되는 합성 항산화제로 분류할 수 있다.

천연 항산화제는 불포화도가 큰 식물성 유지식품에 자연적으로 존재하는 경우가 많으며 동물성 유지에는 극히 적다. 식물성 유지가 동물성 유지에 비하여 요오드가가 큼에도 산화에 대한 안정성이 높은 것은 항산화제의 존재를 그 이유로 볼 수 있다.

식물성 유지에서도 정제유는 조제유 중의 불순물과 함께 존재하는 천연 항산화제들이 정제 과정 중 제거되기 때문에 정제유보다 거칠은 조제유가 산패에 대한 안정성이 더 좋은 경우가 많다.

1) 항산화제의 작용기구

항산화제는 자동산화(autoxidation) 과정의 제1단계에서 생성되는 과산화물(hydroperoxide)의 생성 속도를 억제하지만 일단 생성된 hydroperoxide나 그 외의 과산화물이 carbonyl 화합물로 분해되는 과정에는 억제를 하지 못한다.

항산화제의 작용 mechanism을 보면 다음과 같다.

① 초기반응(initiation reaction)

$$\underset{\text{지방산}}{RH} \longrightarrow \underset{\text{유리기}}{R\cdot} + H\cdot$$

초기반응에서는 반응이 이루어지기 위한 유리기(R·, free radical)를 형성한다.

② 전파반응(propagation reaction)

$$\underset{\text{유리기}}{R\cdot} + O_2 \longrightarrow \underset{\text{퍼옥시기}}{ROO\cdot}$$

$$ROO\cdot + RH \longrightarrow \underset{\text{히드로퍼옥시드}}{ROOH} + R\cdot$$

초기반응에서 생성된 유리기는 공기 중의 산소와 결합하여 퍼옥시기(ROO·, peroxy radical)가 되고, 이 퍼옥시기는 유지 분자(RH)에서 수소를 얻어 히드로퍼옥시드(ROOH, hydroperoxide)가 되며 유지 분자는 유리기로 된다.

한편, 히드로퍼옥시드(ROOH)는 여러 가지 에너지에 의해 다음과 같이 분해되어 연쇄적으로 유리기를 생성하며 산화를 더욱 촉진한다.

$$ROOH \longrightarrow \underset{\text{알콕시기}}{RO\cdot} + \cdot OH$$

따라서 전체 반응의 속도는 이와 같이 형성된 알콕시기(RO·, alkoxy radical)나 퍼옥시기 등에 의해 더욱 촉진되는 자기촉매적 반응의 성질을 갖고 있다.

③ 종결반응(termination reaction)

$$R\cdot + R\cdot \longrightarrow RR$$
$$R\cdot + ROO\cdot \longrightarrow ROOR$$
$$ROO\cdot + ROO\cdot \longrightarrow ROOR + O_2$$

자동산화의 후반기가 되면 전파반응에서 생성된 유리기들이 서로 중합체를 형성하여 반응이 끝나게 된다.

이러한 자동산화 과정을 거치면서 유지는 알데히드, 케톤, 산, 다량체의 함량이 계속 증가하게 되어 휘발성이 큰 물질이 증가하고, 비정상적인 냄새와 맛이 나며, 산가는 높아지고, 요오드가는 낮아지며, 유리기의 중합으로 점도가 증가하게 된다.

2) 천연 항산화제(natural antioxidants)

① tocopherol

토코페롤은 일반 채소류, 곡류, 두류 및 일반 식물성유 등에 널리 분포되어 있으며, 특히 밀이나 옥수수의 배아유에 그 함량이 비교적 많다. 동물성 지방에는 난황에 다소 함유되어 있을 뿐 그 함량은 매우 적다. 토코페롤은 α, β, γ, δ의 4개의 동족체가 있는데 항산화력은 $\delta > \gamma > \beta > \alpha$의 순서이고, vitamin E로서의 효력은 $\alpha > \beta > \gamma > \delta$의 순서로 작용한다. 토코페롤의 항산화력은 phenol성 -OH에서 유래하며 식품 중의 토코페롤 함량은 지용성 비타민 E 항의 표 7-7과 같다.

② sesamol : 세사몰은 참기름(sesame oil)에 존재하는 천연 항산화제이다. 참기름이 산패에 대하여 안정성이 큰 것은 세사몰을 함유하고 있기 때문이다.

③ gossypol : 고시폴은 면실유(cotton seed oil) 중에 많으며 강력한 항산화력을 가지나 독성이 강하므로 정제 시 반드시 제거하지 않으면 안 된다.

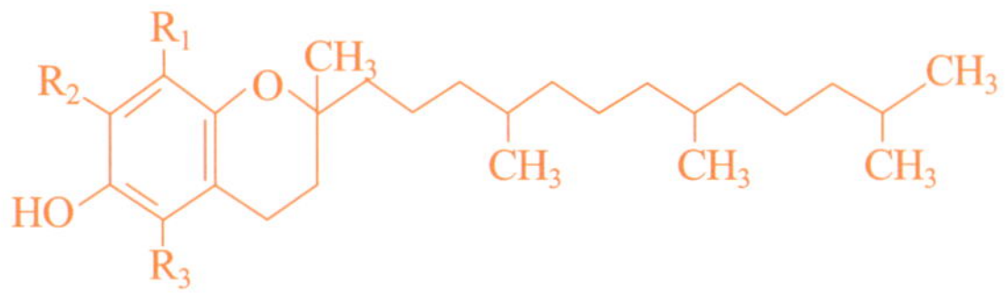

α−tocopherol : R_1, R_2, R_3,−trimethyltocol
β−tocopherol : R_1, R_3,−dimethyltocol
γ−tocopherol : R_1, R_2,−dimethyltocol
δ−tocopherol : R_1−methyltocol

Tocopherol

④ 기타 천연 항산화제 : 양파의 quercetin, 고추의 capsaicin, 정향의 eugenol, 생강의 gingerone, 강황의 curcumin, 인지질인 lecithin, polyphenol의 chlorogenic acid, caffeic acid, tannin의 gallic acid 등이 있다.

3) 합성 항산화제(synthetic antioxidants)

(1) BHA(butylated hydroxyanisole)

3-BHA가 2-BHA 보다 1.5~2배 항산화성이 강하여 3-BHA를 90%, 2-BHA를 10%로 혼합하여 사용한다. 이 항산화제는 유지와 알코올에 잘 용해되며 제품에 색, 냄새, 맛에 영향을 주지 않으므로 많이 사용되며 사용량은 식품의 종류에 따라 다르지만 약 0.1% 이하로 쓰인다.

BHA는 불포화지방산과 함께 있을 때에 먼저 BHA 자신이 산화되어 유지의 산패를 방지한다. 사용되는 식품으로는 껌, 식용유지, 쇼트닝, 버터, 크래커 등의 유지제품, 어류 염장품, 어류 냉동품이 있고 단점으로 독성은 mouse에 대한 LD_{50} (g/kg)이 4.1 정도이다.

(2) BHT(butylated hydroxytoluene)

BHT는 3, 5-BHT에 2-BHT를 혼합하여 쓰며 BHA와 BHT를 혼합 사용하기도 하고 항산화력은 BHA와 비슷하다. 합성 항산화제 중에서 독성이 거의 없어 안정성이 좋고 사용량은 0.1% 이하로 사용한다. 사용되는 식품으로는 식용유지, 쇼트닝, 버터, 크래커 등의 유지제품, 어류 염장품, 어류 냉동품이 있고 독성은 mouse에 대한 LD_{50} (g/kg)이 1.7~1.97 정도이다.

(3) 기타 합성 항산화제

PG(propyl gallate)는 수용성으로 수분이 많은 유지식품과 식용유지에 사용하며 사용량은 0.01% 정도이고 독성으로 mouse에 대한 LD_{50} (g/kg)이 3.8 정도이다. EP(ethyl protocatechuate)는 유지와 버터에 0.05% 정도로 사용하며 독성으로 mouse에 대한 LD_{50} (g/kg)이 8.0 정도이다.

2. 상승제(synergists)

상승제 자신은 항산화력을 갖지 않거나 갖고 있더라도 아주 약한 항산화력을 나타내는데 항산화제에 첨가하면 항산화제의 효력을 더욱 강화시켜 주는 물질을 상승제(相乘劑, synergist)라고 한다.

상승제로는 산 상승제인 아스코르브산(ascorbic acid), 구연산(citric acid), 피틴산(phytic acid), 주석산(tartaric acid)이 있고, 중인산염과 식품 중의 중금속과 킬레이트(chelate) 화합물을 형성하여 금속의 촉매작용을 차단하여 그 효력을 나타내는 금속 불활성화제인 아미노산(glycine, alanine), 인산(phosphoric acid)이 있다.

제4장 연습문제

1. 지방의 구조를 설명하시오.
2. 유지의 이화적 특징을 설명하시오.
3. 체내에서 지방으로 합성될 수 있는 영양소를 쓰시오.
4. 검화되지 않는 지질의 종류를 쓰시오.
5. 자연계에 존재하는 지방산에 대하여 설명하시오.
6. 포화지방산에 대하여 설명하시오.
7. 필수지방산에 대하여 설명하시오.
8. 식물성유에는 거의 없으며 동물성유에는 많이 들어 있는 필수지방산은 무엇인가?
9. 불포화지방산에 대하여 설명하시오.
10. 식용유지의 주요 지방산에 대하여 설명하시오.
11. 지방산의 융점에 대하여 설명하시오.
12. 중성지방의 체내 저장 형태는?
13. 벌꿀 wax의 주성분이 되는 물질은?
14. 인지질의 구조와 용도를 설명하시오.
15. cephalin에 대하여 설명하시오.
16. 동물성 sterol에 대하여 설명하시오.
17. 유도지질(derived lipid)에 대하여 설명하시오.
18. 유지의 경화에 대하여 설명하시오.
19. 유지 품질의 지표에 대하여 설명하시오.
20. 유지 1g 중의 유리지방산을 중화하는데 소요되는 KOH의 mg 수로 표시되는 값은?
21. 요오드가에 대하여 설명하시오.
22. 과산화물가란 무엇이며 유지의 어떤 특성을 표시하는 기준인가?
23. AOM(active oxygen method)법으로 측정하는 유지시험법은?
24. 유지의 자동산화에 대하여 설명하시오.

25. 식물성 유지가 동물성 유지보다 산패가 잘 일어나지 않는 이유는?
26. 낙농제품 산패의 중요한 요인을 쓰시오.
27. 지방의 변패 생성물을 쓰시오.
28. 유지의 자동산화 중 일어나는 변화를 설명하시오.
29. 유지의 자동산화에 미치는 인자를 쓰시오.
30. 지방의 산패를 촉진하는 인자를 쓰시오.
31. 기름의 산패를 가장 크게 촉진시키는 금속은?
32. 자연 항산화물질에 대하여 설명하시오.
33. 유지의 가열 중합 현상에 대하여 설명하시오.
34. 식용유지의 성질을 설명하시오.
35. 유지의 변향(reversion)에 대하여 설명하시오.
36. 유지를 가열하면 점도가 커지는 것은 어느 반응에 의하는가?
37. 유지를 고온에서 가열할 때 나는 냄새는?
38. 유지의 발연점에 영향을 미치는 인자를 쓰시오.
39. 유화제에 대하여 설명하시오.
40. 튀김기름의 성질에 대하여 설명하시오.
41. 유화를 이루는 조건을 쓰시오.
42. 마요네즈는 유지의 어떤 성질을 이용한 것인가?

제5장

단백질(Proteins)

Protein의 어원은 그리스어의 proteios(제1)에서 유래하며 세포원형질의 주성분으로 동식물의 조직이나 기관을 형성하는 중요한 물질이다. 생물체의 활성을 영위하는 물질은 대부분 단백질로 되어 있으며, 또 건강을 유지하는 미량의 생리활성물질에도 단백질이 주체로 되어 있는 것이 많다.

단백질의 근원은 미생물을 포함하여 원칙적으로 식물로부터 합성된다. 그 원인으로서는 탄소동화작용으로 탄산가스와 물로 합성된 탄수화물이 산화되어 유기산으로 되며, 그 α-keto acid에 amino기가 전이반응하여 아미노산이 되기 때문이다. 각종의 아미노산이 유전 인자의 지시에 의하여 배열순서와 아미노산 수에 따라서 탈수 축합하여 peptide 결합을 한다. 이 peptide의 고분자 화합물이 단백질이다.

단백질의 원소조성은 C(50~55%), H(5~7%), O(20~25%), N(15~18%), S(2%)와 미량의 P, Fe, Cu, Zn 등을 가지며, 분자량은 수만~수백 만의 고분자 화합물이다. 조단백질(crude protein)의 양을 알기 위해서는 식품의 질소량을 측정하여 그 값에 100/16 = 6.25를 곱하며 이때의 6.25를 질소계수(N-factor)라 한다.

5-1 • Amino acids

천연 고분자 화합물(polymer)인 단백질은 그 monomer에 해당하는 아미노산이 20종류가 있다. 이들 다수의 아미노산은 어느 정해진 순서로 배열되고, 또 정해진 수만큼 결합한 것이 단백질의 원형이며, 그것은 사슬로 배열되어 있다.

아미노산은 carboxyl기를 기준으로 인접한 α, β, γ 위치의 탄소원자에 amino기가 있을 때 이를 α-amino acid, β-amino acid, γ-amino acid라 하며 천연 아미노산은 전부 α-amino acid이다.

아미노산의 탄소원자에 amino 기(-NH_2), carboxy 기(-COOH), alkyl 기(-R), hydrogen 원자(-H) 등 각각 다른 원자나 또는 기를 가질 때 이때의 탄소를 부제탄소원자(asymmetric carbon atom)라 하며 광학적 활성을 갖는다. -COOH 기를 아래 구조와 같이 정점으로 하여 α-탄소원자에 amino 기(-NH_2)가 오른쪽일 때에 α-D-amino acid라 하고 왼쪽에 -NH_2 기가 존재할 때에 α-L-amino acid라 한다. 그러나 glycine은 α 탄소원자가 부제탄소가 아니므로 광학이성체가 없다. 합성된 amino acid는 D-, L- 동량의 혼합물로 얻어지며 천연 단백질 및 식품 단백질을 구성하는 아미노산은 α-L-amino acid 이다.

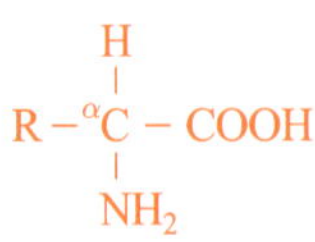
α-amino acid

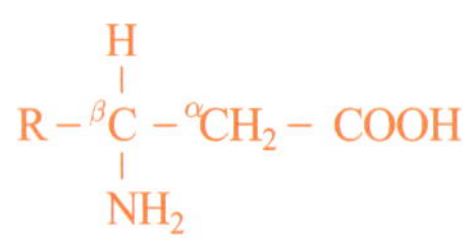
β-amino acid

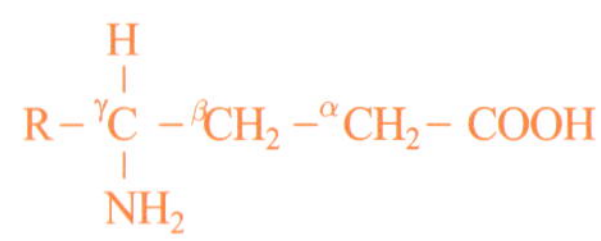
γ-amino acid

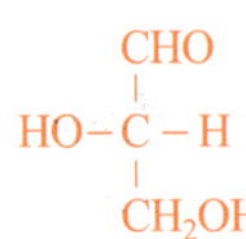
L(-)glycealdehyde

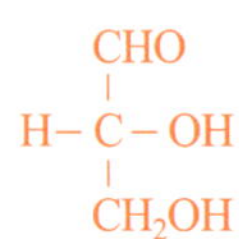
D(+)glycealdehyde

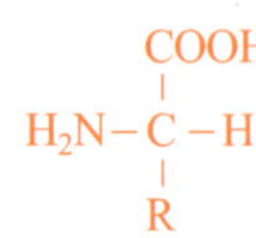
α-L-amino acid

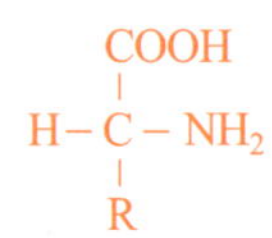
α-D-amino acid

1. protein을 구성하는 amino acid

단백질을 구성하는 아미노산은 표 5-1과 같으며 이 중에서 valine, leucine, isoleucine, threonine, lysine, methionine, phenylalanine, tryptophan은 인체 내에서 합성되지 않아서 외부에서 섭취하여야 하므로 필수아미노산(essential amino acid)이라 한다. 이 외의 다른 아미노산을 비필수아미노산(nonessential amino acid)라 한다. 그리고 arginine과 histidine은 체내 합성 시 그 대사적인 요구에 충분하지 않은 경우 식이를 통한 공급이 요구되는 아미노산으로 이를 2차적 필수아미노산이라 한다.

[표 5-1] protein을 구성하는 amino acid

분류		명칭	사슬의 특징	구조식, 사슬	등전점
지방족 아미노산 (쇄상)	중성 아미노산	glycine(Gly)	가지 난 사슬이 없다.	$H-CH(NH_2)-COOH$	5.97
		alanine(Ala)	탄화수소, 비극성	$CH_3-CH(NH_2)-COOH$	6.00
		*valine(Val)	탄화수소, 비극성	$(CH_3)_2CH-CH(NH_2)-COOH$	5.96
		*leucine(Leu)	탄화수소, 비극성	$(CH_3)_2CH-CH_2-CH(NH_2)-COOH$	5.98
		*isoleucine(Ile)	탄화수소, 비극성	$CH_3-CH_2-CH(CH_3)-CH(NH_2)-COOH$	5.94
	옥시 아미노산	serine(Ser)	알코올성 수산기	$HO-CH_2-CH(NH_2)-COOH$	5.70
		threonine(Thr)	알코올성 수산기	$CH_3-CH(OH)-CH(NH_2)-COOH$	5.64
	함황 아미노산	cysteine(Cys)	SH기	$HS-CH_2-CH(NH_2)-COOH$	5.07
		cystine(2Cys)	S-S 결합	$S-CH_2-CH(NH_2)-COOH$ | $S-CH_2-CH(NH_2)-COOH$	
		*methionine (Met)	-C-S-C-결합	$CH_3-S-CH_2-CH_2-CH(NH_2)-COOH$	5.74

분류		명칭	사슬의 특징	구조식, 사슬	등전점
지방족아미노산(쇄상)	산성아미노산	aspartic acid (Asp)	COOH기	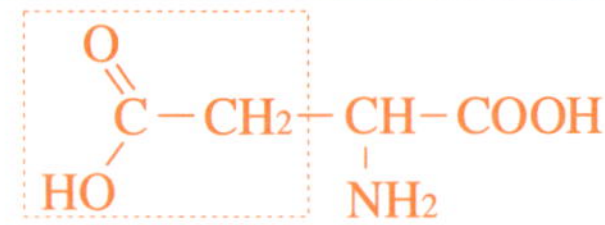	2.77
		glutamic acid (Glu)	COOH기	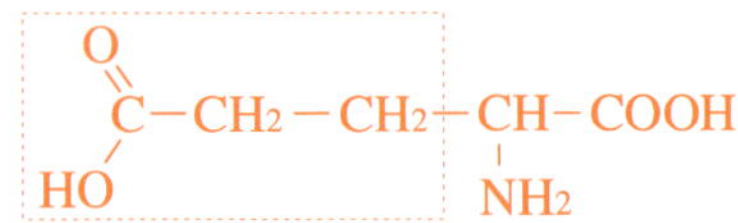	3.22
		asparagine ($AspNH_2$)		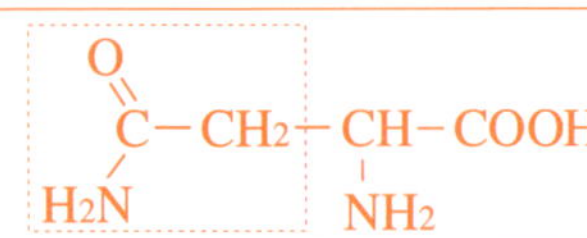	5.41
		glutamine ($GluNH_2$)		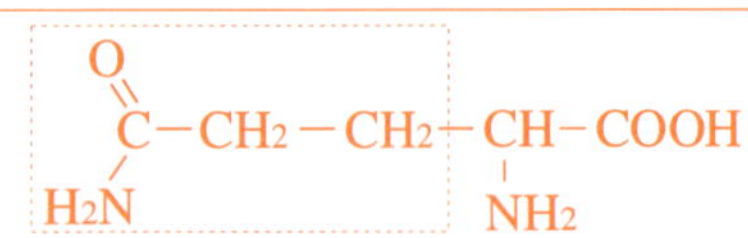	5.65
	염기성아미노산	*lysine(Lys)	ϵ-NH_2기	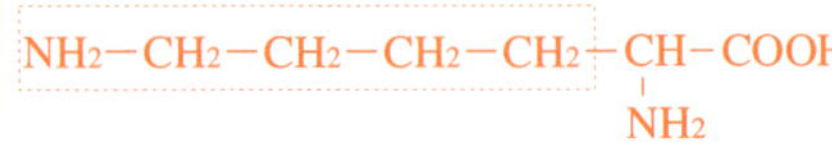	9.74
		arginine(Arg)	guanidyl기	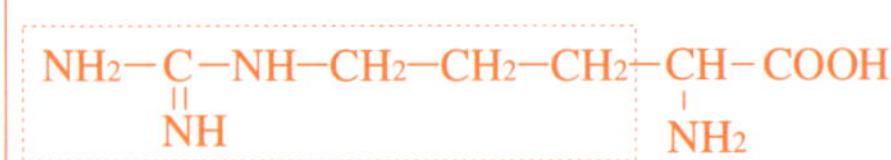	10.76
환상아미노산	방향족아미노산	*phenylalanine (Phe)	benzene 핵	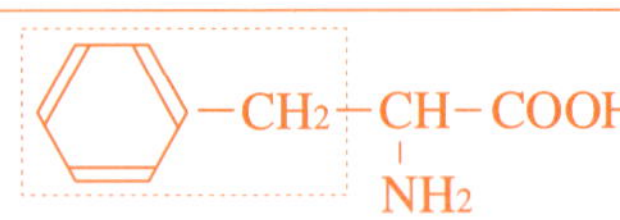	5.48
		tyrosine(Tyr)	phenol 핵	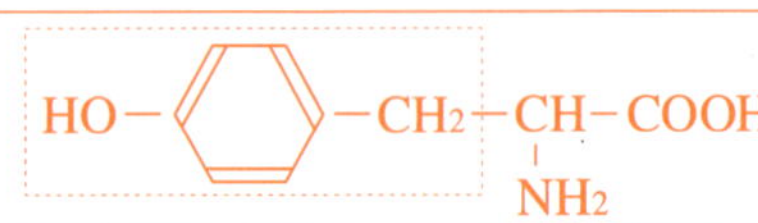	5.66
		*tryptophan (Trp)	indol 핵	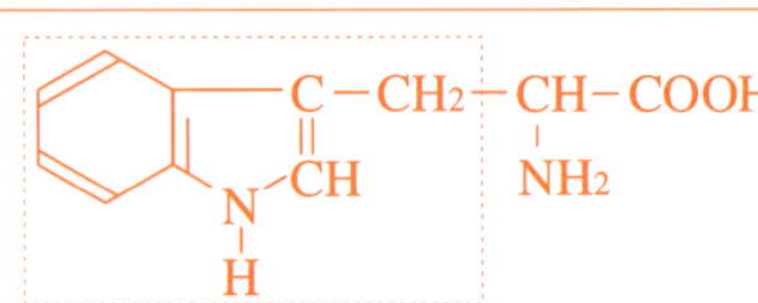	5.89
		histidine(His)	imidazol 핵 염기성	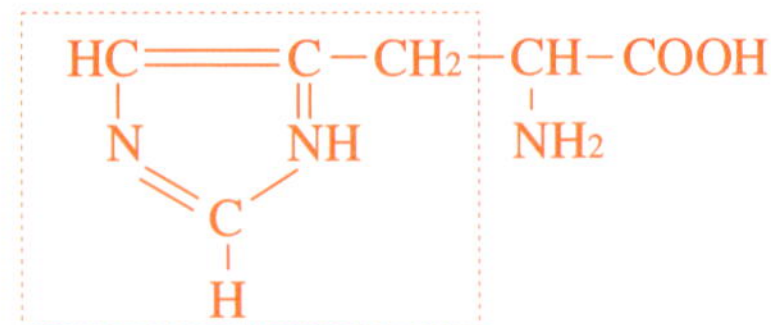	7.47
	이미노산	proline(Pro)		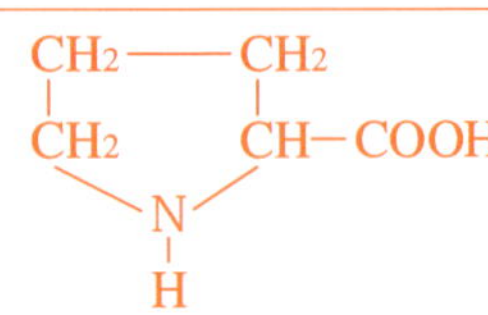	6.30

1) 중성 아미노산

(1) glycine

amino acetic acid ($C_2H_5NO_2$), 분자량 75.07, N 18.66 %로 단맛을 나타내며 감자즙의 주 아미노산이며, collagen · gelatin을 가수분해하여 얻어진다. 백색 어육에 많으며 조개류의 단맛 성분이다.

아미노산 중에서 가장 구조가 간단하며 부제탄소원자가 없으므로 광학적 활성은 없다. 무색의 주상결정, glycocol이라는 별명은 그 단맛 때문이다. 대체로 식물성 단백질에는 적다.

(2) L-alanine

α-amino propionic acid($C_3H_7NO_2$), 분자량 89.09, N 15.72 %로 단맛이 있으나 농도가 높으면 짙은 맛이 생긴다. 가리비조개, 새우 등에 많이 있고 견사의 fibroin에는 약 25 % 포함되어 있다.

(3) L-valine

필수아미노산, α-amino-isovaleric acid($C_5H_{11}NO_2$), 분자량 117.15, N 11.96 %로 쓴 단맛을 갖는다. 고사리, 죽순에 많이 있으며 어류 단백질의 가수분해물에서 분리할 수 있다. 찬 알코올에는 대개 용해되지 않으나 물에는 잘 용해된다(0℃에서 83.4 g/l, 50℃에서 96.2 g/l). 섬유구조 단백질에 많다.

(4) L-isoleucine

필수아미노산, α-amino-β-methylvaleric acid($C_6H_{13}NO_2$), 분자량 131.17, N 10.68 %로 쓴맛이 있으며 사탕무 당밀에서 처음 발견되었다. casein, ovalbumin, 혈액 fibrin에 포함되어 있고 인편상 결정으로 물에 용해되며(25℃에서 41.2g/l) alcohol, ether에는 난용이다. valine과 함께 유산균의 대사저항물질이 된다. 효모로 발효하며 활성 amylalcohol로 변한다.

(5) L-leucine

필수아미노산, α-amino isocapoic acid($C_6H_{12}NO_2$), 분자량 131.17, N 10.67 %로 쓴맛이 있고 단백질에 널리 존재한다. gluten, keratin, casein 등에서 분리할 수 있으며 물에 대한 용해도는 25℃에서 24.26 g/l 이다.

2) oxy 아미노산

(1) L-serine

β-hydroxyalanine($C_3H_7NO_3$), 분자량 105.09, N 13.33 %로 달면서도 신맛이 있다. 농도가

높으면 맛난맛이 남고, 견사단백질에 serine이 많다. 물에 대한 용해도는 25℃에서 250 g/l이다.

화학구조상 관련이 있는 homoserine($C_4H_9NO_3$)은 완두콩 속에 유리 상태로 존재한다.

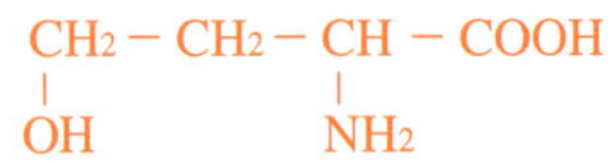

hemoserine

(2) L-threonine

필수아미노산, α-amino-β-hydroxy butyric acid($C_4H_9NO_3$), 분자량 119.12, N 11.76 %로 묽은 용액에서는 단맛, 쓴맛, 신맛이 있으나 농도가 높아지면 쓴맛이 없어진다. 알에 5.3 %, 탈지유에 4.6 %, casein에 4 %, gelatin에 1.4 % 함유하고 있다.

3) 함황 아미노산

(1) L-cysteine

β-mercapto alanine ($C_3H_7NO_2S$), 분자량 121.16, N 11.56 %, S 26.47 %로 유황 (-SH, mercapto radical)을 포함하는 아미노산이다.

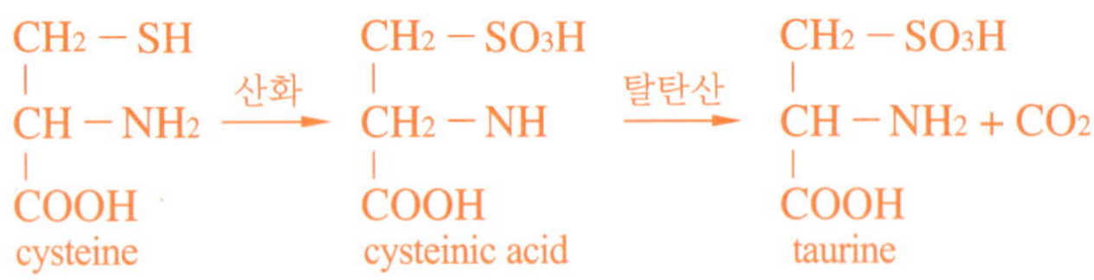

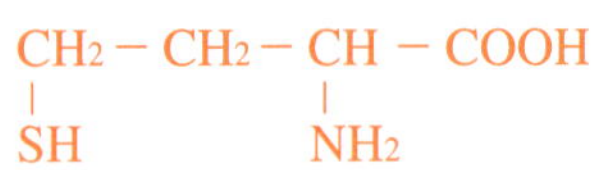

homocysteine

산화되기 쉬우며 털을 산화구리와 함께 염산으로 가수분해하여 cysteine 구리를 분리하고 황화수소로 분해하여 cycteine을 얻는다. 이것은 물, alcohol, 아세트산, 암모니아수에 잘 녹는다. cycteine이 산화되어 생기는 cysteinic acid는 다시 탈탄산이 되어 taurine이 된다. taurine은 오징어나 낙지에 생긴 흰 분말의 성분이다.

관련 물질로써 homocysteine이 있다. 이것은 포유동물의 간장에 있으나 methionine의 대사 경로의 물질이라 생각된다.

(2) L-cystine(dicysteine)

구조식($C_6H_{12}N_2O_4S_2$), 분자량 240.30, N 11.66 %, S 26.69 %로 많은 단백질에 존재하나 특히 모발, 뿔을 구성하며 gelatin에는 없다. collagen을 가수분해하여 pH를 2 이하 또는 8 이상으로 하면 용해되지만 pH 2~8 사이에는 용해도가 감소하며, 중성으로 중화하면 tyrosine과 함께 결정이 석출된다. 물에 대한 용해도는 25℃에서 0.112 g/l, 100℃에서는 1,142 g/l이다. cystine은 환원하면 cysteine이 된다.

관련 물질로는 양털의 성분인 lanthionine이 있다. 그리고 콩류 또는 소의 혈장의 아미노산으로서 djenkolic acid가 있다.

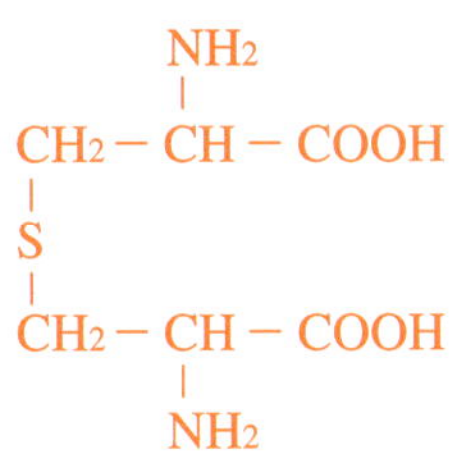

lanthionine

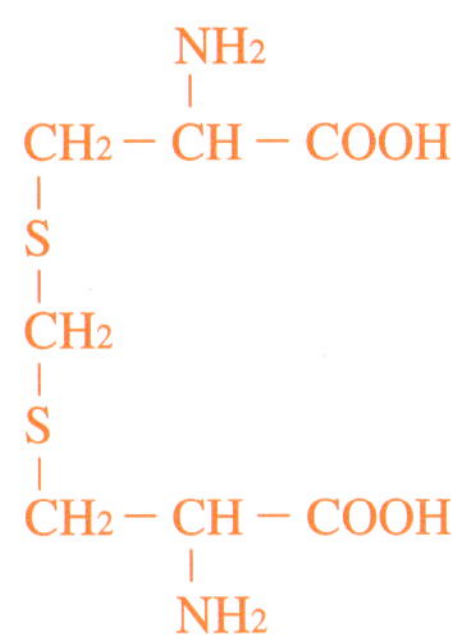

djenkolic acid

(3) L-methionine

필수아미노산, α-amino-γ-methyl mercaptobutyric acid($C_5H_{11}NO_2S$), 분자량 149.21, N 9.39 %, S 21.49 %로 쓴맛과 특유한 유황 냄새가 있다. 생체 내의 methyl기($-CH_3$)의 이동에 중요한 역할을 하는 아미노산이므로 이와 같이 명명되었다.

이 아미노산은 D-, L-형과 더불어 영양적 효과가 있으므로 Racemi형의 것이 사료나 강화식품에 사용된다. 동식물의 단백질에 널리 분포하고 있으나, 식물성 단백질에는 일반적으로 적다.

methionine　　methionol

methionine은 발효식품(된장, 간장, 치즈 등) 제조 과정에서 미생물의 작용으로 탈 아미노화 되어 환원되기 때문에 aldehyde 혹은 알코올로 되며, 특유의 향기가 생긴다. 이 알코올은 methionol이라 하며, 간장의 향기 성분 구성에 관여한다.

methionine은 간기능을 항진시키고 해독작용을 하므로 영양 강화제나 강간제(强肝劑)로 사용되는데, 공복 시에는 복용을 금하고 있다. 필수아미노산으로 methionine은 그 효과를 일부 cystine으로 대용할 수 있다고 생각되므로 영양상 식용 아미노산으로 동열로 배열하고 있다.

4) 산성 아미노산

(1) L-aspartic acid

α-amino succinic acid($C_4H_7NO_4$), 분자량 133.10, N 10.52 %로 신맛이 있고 mono Na염은 맛난맛이 난다. 아스파라거스에 존재하는 아스파라긴(aspartic acid amide)을 가수분해하여 얻어진다. 감자즙, 사탕무즙, 콩나물에 유리 상태로 존재하는데 대개 식물성 식품에 많이 포함되어 있다.

$NH_2-CO-CH_2-CH(NH_2)-COOH$

asparagine

포도당과 170℃로 가열하면 ammonia와 succinic acid로 된다.

(2) L-glutamic acid

α-amino glutaric acid($C_5H_9NO_4$), 분자량 147.13, N 9.52 %로 신맛과 맛난맛이 있다. 식물성 식품의 단백질 구성 아미노산으로서 보편적인 것이며 밀, 콩에 특히 많이 들어 있고 또 사탕무의 당밀 중에도 있다.

화학조미료로서 glutamic acid는 mononatrium염이며, mono-sodium-glutamate(MSG)라 하며 미원, 맛나 등 여러 가지 상품명이 있다.

glutamine은 glutamic acid-5-amide이며, 이것도 식물계에 널리 분포되어 있다.

$NaOOC-CH_2CH_2CH(NH_2)-COOH$

MSG

glutamic acid는 가공식품 중에 장시간 방치하거나 혹은 수용액을 135~140℃의 autoclave 속에서 가열하면 물 1분자를 잃고 탈수하여 pyroglutamic acid로 되어 맛난맛이 상실하게 된다.

$HOOC-CH_2CH_2-COOH$

succinic acid

$HOOC-CH_2CH_2CH_2-NH_2$

piperidine

$CH_2CH_2-NHCOCH_2CH_2CH(NH_2)-COOH$

theanine

glutamic acid는 $KClO_3$ 같은 산화제로 처리하면 쉽게 succinic acid가 되고 탈탄산하면 γ-amino butyric acid(낙산), 즉 piperidine이 된다. 이것은 감자, 사과 등의 식물성 식품에 분포되어 있다.

관련 물질로써 옥로차의 맛난 성분인 γ-glutamyl ethylamide (theanine)가 있다.

5) 염기성 아미노산

(1) L-lysine

필수아미노산, α-ε-diamino caproic acid($C_6H_{14}N_2O_2$), 분자량 146.19, N 19.1 %로 쓴 단맛이 있다. 단백질에 널리 분포되어 있으며 casein, fibrin 등에 많다. 일반적으로 동물성 식품에 많으며 쌀, 기타 곡류 등의 식물성 식품에는 비교적 적으나 콩에는 동물성 식품 정도로 많다.

물에 잘 녹고 alcohol, ether에는 녹지 않는다. lysine의 Ca염은 acetyl-salicylic acid의 용해성을 갖는다. lysine은 그림 11-3과 같이 부패미생물에 의하여 탈탄산되어 diamine인 cadaverine을 형성하고 다시 δ-amino valeraldehyde를 거쳐 valeric acid를 형성하여 독작용을 일으킨다.

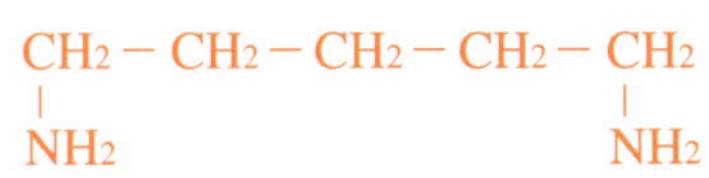

cadaverine

(2) L-arginine

필수아미노산, 1-amino-4-guanido valeric acid($C_6H_{14}N_4O_2$), 분자량 174.20, N 32.16 %이며 단맛이 있고 농도가 높으면 쓴맛이 나온다. 강한 염기성의 아미노산이며, 공기 중에 방치하면 탄산가스를 흡수하여 탄산염을 만든다.

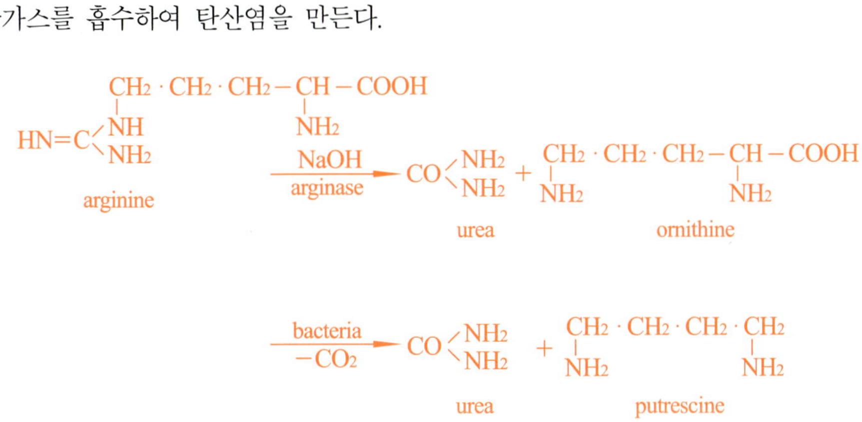

일반적으로 어류의 정자에 함유되어 있으며, 연어의 흰살 단백질 salmin은 전 질소의 80% 이상이 arginine 질소이다.

arginine은 강알칼리 혹은 arginase에 의하여 요소와 ornithine으로 분해된다. 그리고 부패 미생물에 의하여 탈탄산되어 putrescine 같은 amine류가 생긴다.

6) 방향족 아미노산

(1) L-phenylalanine

필수아미노산으로 분자식은 $C_9H_{11}NO_2$, 분자량 165.19, N 8.48%로 쓴맛이 있고 종자가 발아할 때 유리 상태로 나타난다. 많은 단백질에 분포하고 있으며 알에 5.4%, 탈지유에 5.1%를 함유하고 있다. 이 아미노산은 D-형도 영양상의 효과는 약간 있다. Racemi형을 효모로 발효시키면 L-형은 없어지고 D-형을 남긴다.

(2) L-tyrosine

ρ-hydroxy-phenylalanine($C_9H_{11}NO_3$), 분자량 181.19, N 7.73%로 단백질에 많이 분포하였으며, 견사 fibroin에 13%, casein에 7% 포함되어 있고 gelatin에는 존재하지 않는다. 물에 대한 용해도는 25℃에서 0.453 g/l, 100℃에서 5.65 g/l으로 대단히 난용이므로 가수분해 액의 표면에 용이하게 석출된다.

콩 발효식품(된장, 메주 등)의 숙성 과정에서 단백질의 분해물로서 tyrosine이 있는 저분자의 peptide도 난용이므로 같이 석출된다.

tyrosine은 생체 내 phenylalanine에서 생성되는 것이 알려져 있으나, 식품의 갈변 그림 10-2와 같이 다시 변화하여 dioxyphenylalanine(DOPA)이 되고 산화되어 diperquinone을 생성하여 다시 과정이 지나면 갈색 물질인 melanin을 최종 생성한다. 이들의 작용은 생체의 tryosinase와 그것에서 유도되는 비효소적 작용으로 진행되는 것이다.

미생물의 작용으로 tyrosine이 탈아미노 또는 환원하면 tyrosol로 또 이것은 탈탄산화하면 tyramine이 된다. 이들 물질은 구조적으로 adrenaline과 유사한 생리작용을 한다. tyramine은 부패된 고기, 숙성 치즈, 된장 등에 생기며 또 천연으로는 기생나무에 존재한다.

tyrosine tyramine

7) 복소환 아미노산

(1) L-tryptophan

β-indolalanine($C_{11}H_{12}N_2O_2$), 분자량 204.22, N 13.72 %로 쓴맛이 있고 casein을 trypsin으로 분해하여 얻은 아미노산에서 명명된 것이다. 동물성 단백질에 많이 존재하며, 단백질 결핍으로 생기는 pellagra병(일종의 피부병)의 특효약이다.

tryptophan은 식품의 냄새 성분 그림 11-4와 같이 부패 미생물의 작용으로 오취가 있는 indole 또는 skatole을 생성한다.

(2) L-histidine

β-imidazolalanine($C_6H_9N_2O_2$), 분자량 155.6, N 27.08%로 쓴맛이 있다. 염산염은 물에 잘 녹으며 신맛이 있고 오징어나 죽순의 독특한 맛을 낸다. 염기성 아미노산으로서 널리 분포되어 있으나 적혈구의 hemoglobin, 어류의 정자에 많고 적색 어육, 잉어, 붕어에도 비교적 많이 함유되어 있다. β-alanine이나 anserine 같은 peptide를 형성하여 쇠고기나 조육에 존재한다.

미생물에 의하여 부패가 생기면 histamine이 생긴다. 이 histamine은 많은 동물조직에 존재하며 강력한 혈관 확장작용을 갖는다. 또한, 신장이나 장점막에 존재하는 histaminase에 의해 탈아미노화가 된다. 또 광분해로 aspartic acid와 urea가 생긴다.

(3) L-proline

2-pyrrolidine carboxylic acid($C_5H_{19}NO_2$), 분자량 115.13, N 12.17 %로 달면서 쓴맛이 있다. 밀의 gliadin에 많이 들어 있고 오징어, 새우 등의 맛 성분이다. proline은 다른 아미노산과는 달리 $-NH_2$기 대신 -NH(imino)기를 가지는 이미노산(imino acid)이다. 25℃의 물 100ml에 162 g의 proline이 용해된다. 또 1g의 proline은 19℃에서 1.5ml의 무수 알코올에 용해되는 proline의 독자적인 성질은 proline을 분별하는 데 이용된다. ether, butanol, isopropanol에는 불용이다.

(4) L-hydroxyproline

4-hydroxyproline($C_5H_9NO_2$), 분자량 131.13, N 10.68 %로 달면서 쓴맛이 있는 아미노산이다. gelatin 과 collagen 에만 분포하는 oxy아미노산으로 proline과 함께 얻어진다.

2. protein을 구성하지 않는 아미노산

아미노산 중 단백질의 구성 성분이 아닌 유리형으로 α-, β-, γ-아미노산 등이 발견되고 있다. 식품에 관계 있는 유리아미노산은 표 5-2와 같다.

3. 아미노산의 성질

1) 용해성

아미노산은 일반적으로 물에 녹기 쉽고 알코올, 에테르에는 녹지 않으나 묽은 산이나 알칼리에 쉽게 녹는다. 그러나 tyrosine, cystine은 물에 녹기 어려우며 proline, hydroxyproline은 알코올에 잘 녹는다.

그리고 아미노산은 양성 전해질이므로 pH에 따라 용해도가 다르며 등전점에서 가장 용해도가 작다.

【표 5-2】 protein을 구성하지 않는 아미노산

비단백 아미노산	구 조	소 재
ornithine	$H_2N-(CH_2)_3-CH(NH_2)-COOH$	간
β-alanine	$H_2N-CH_2-CH_2-COOH$	동물 조직, 담즙, 과실
α-aminobutyrate	$CH_3-CH_2-CH(NH_2)-COOH$	요
γ-aminobutyrate	$H_2N-CH_2-CH_2-CH_2-COOH$	뇌, 감자, 사과
citrulline	$NH_2-C(=O)-NH-CH_2-(CH_2)_2-CH(NH_2)-COOH$	간장, 수박
alliine	$CH_2=CH-CH_2-SO-CH_2-CH(NH_2)-COOH$	마늘
canavanine	$NH_2-C(=NH)-NH-O-(CH_2)_2-CH(NH_2)-COOH$	작두콩
homoserine	$CH_2(OH)-CH_2-CH(NH_2)-COOH$	두류
taurine	$H_2N-CH_2-CH_2-SO_3H$	오징어, 문어, 굴
carnosine	$CH_2(SH)-CH(NH_2)-COOH$ (cysteine) $\xrightarrow{\text{산화}}$ $CH_2(SO_3H)-CH(NH)-COOH$ (cysteinic acid) $\xrightarrow{\text{탈탄산}}$ $CH_2(SO_3H)-CH_2-NH_2 + CO_2$ (taurine)	동물 근육
theanine	$C_2H_5NHOC(CH_2)_2-CH(NH_2)-COOH$	차

2) 양성 전해질

아미노산은 한 분자 내에 알칼리로 작용하는 amino기(-NH_2)와 산성으로 작용하는 carboxyl기(-COOH)를 공유하고 있으므로 양성 물질이다. 따라서 아미노산이 물에 녹으면 R·CH NH_3^+·COO^-의 형으로 분극하여 +, −의 양전하를 갖는 양성 전해질(ampholyte)이 된다. 그러므로 아미노산을 물에 녹여 전기영동장치에 넣고 전류를 통하면 산성에서는 알칼리로 작용하여(R·CH NH_3^+·COOH) 음극으로 이동하고, 알칼리성에서는 산으로 작용하여 (R·CH NH_2·COO^-) 양극으로 이동한다.

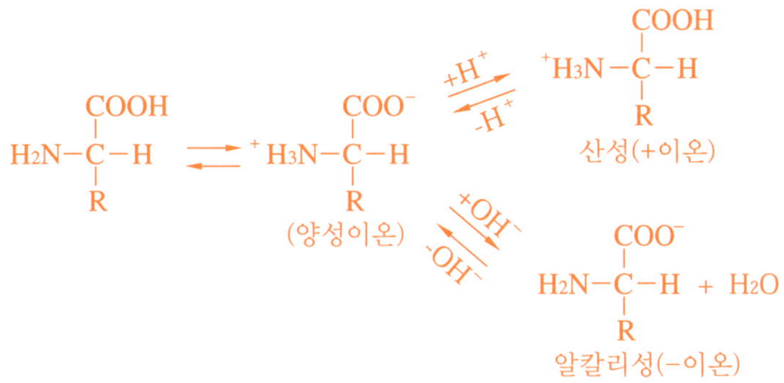

하전이 0일 때는 R·CH $NH_3^+COO^-$의 형태로 되어 분자는 어느 극으로나 이동하지 않는다. 이러한 상태는 아미노산의 종류에 따라서 pH가 다르다. 아미노산의 전하가 0이 되고 전장에서 이동하지 않게 되는 pH를 등전점(isoelectric point)이라고 한다. 일반적으로 중성 아미노산의 등전점은 pH 6.0 부근, 산성 아미노산의 등전점은 산성 쪽에, 염기성 아미노산은 알칼리 쪽에 등전점이 있다.

alanine의 등전점은 6.0이다. alanine 분자가 가지고 있는 carboxyl기의 해리정수의 역수의 대수, 즉 pk_a 값은 2.32로서 pH 2.32에서는 해리된 -COO^-기와 해리되지 않은 -COOH는 동등한 양이 존재한다. 마찬가지로 -NH_3^+의 pk_a 값은 9.69로서 pH 9.69에서 해리된 -NH_2 기와 해리되지 않은 -NH_3^+은 동등한 양이 존재한다. 이 두 pk_a 값의 중간 값, 즉 $(2.32 + 9.69) \div 2 = 6$이 되는 pH에서는 alanine 분자의 전하는 0이 된다.

3) 광학적 성질

아미노산은 glycine을 제외하고는 모두 부제탄소원자(asymmertric carbon atom)를 가지고 있으므로 2개의 광학이성체가 존재한다. 단백질을 구성하는 아미노산은 거의 모두가 L-α-amino acid이다.

4) 화학적 반응

아미노산이 나타내는 많은 반응 중에서 중요한 것은 다음과 같다.

(1) 에스테르화 반응

아미노산의 carboxyl기는 알코올과 반응하여 에스테르를 만든다.

$$\text{R-}\underset{\displaystyle NH_2}{\underset{|}{\text{CH}}}\text{-COOH} + \text{R'OH} \longrightarrow \text{R-}\underset{\displaystyle NH_2}{\underset{|}{\text{CH}}}\text{-COOR'} + H_2O$$

이 아미노산의 에스테르는 유리아미노산과 달리 휘발성이므로 gas liquid chromatography에 의하여 분리·정량할 수 있다.

(2) carboxyl기 제거반응

아미노산은 화학적 또는 생물학적으로 CO_2가 떨어져 나가 아민이 된다. 예를 들면 동물 체내에서 histamine은 histidine의 carboxyl기가 제거되고 tyramine도 tyrosine의 -COOH기가 제거되어 형성된 것이다. 이것은 위장의 산분비를 증진시키며, 알레르기 반응에 관여한다.

$$\underset{\text{amino acid}}{\text{R-}\underset{\displaystyle NH_2}{\underset{|}{\text{CH}}}\text{-COOH}} \xrightarrow[\text{decarboxylase}]{\text{Ba(OH)}_2} \underset{\text{amine}}{\text{R-CH}_2\text{-NH}_2} + CO_2$$

(3) amide 형성

아미노산은 NH_3 또는 아민과 쉽게 반응하지 않으나 알코올과 에스테르를 만들고 암모니아와 반응하여 amide를 형성한다.

$$\text{R-}\underset{\displaystyle NH_2}{\underset{|}{\text{CH}}}\text{-COOR'} + NH_4OH \longrightarrow \underset{\text{amide}}{\text{R-}\underset{\displaystyle NH_2}{\underset{|}{\text{CH}}}\text{-CONH}_2} + \text{R'OH} + H_2O$$

amide 결합의 상대가 NH_3가 아니고 하나의 아미노산이라면 펩타이드 결합이 된다. 따라서 펩타이드 결합도 일종의 amide 결합으로 볼 수 있다.

(4) 아질산과의 반응

아미노산의 α-amino기는 아질산과 반응하여 질소가스를 정량적으로 발생한다. 이 반응은 정량적이어서 아미노산, 펩타이드, 단백질 중의 α-amino기의 측정에 이용되는 Van-Slyke법의 원리가 된다.

$$\underset{\displaystyle NH_2}{R-CH-COOH} + HNO_2 \longrightarrow \underset{\displaystyle OH}{R-CH-COOH} + N_2 + H_2O + H^+$$

이 반응은 proline, hydroxyproline에서는 일어나지 않는다.

(5) 알데히드와의 반응

아미노산의 α-amino기는 알데히드와 축합하여 Schiff 염기를 만든다. 또 아미노산에 중성, 상온에서 포르말린을 가하면 methylene amide 유도체를 형성하여 염기성을 잃기 때문에 알칼리로 적정할 수 있다. 이 반응은 Formol법에 의한 아미노산 정량의 원리가 된다.

$$\underset{\displaystyle NH_2}{R-CH-COOH} + HCHO \longrightarrow \underset{\displaystyle N{=}CH_2}{R-CH-COOH} + H_2O$$

(6) 산화제와의 deamination

α-amino기와 탄소원자의 결합은 가수분해로는 떨어지지 않으나 산화제(H_2O_2)에 대해서는 탈아미노화 되어 탄소가 1개 적은 지방산과 CO_2와 NH_3가 생긴다. 이 반응을 strecker 분해라 하며 식품의 비효소적 갈변과 같이 생성되는 향기 성분(빵, 비스킷)은 이 알데히드 화합물에 의한 것이다.

$$\underset{\displaystyle NH_2}{R-CH-COOH} \xrightarrow{[O]} R-CHO + NH_3 + CO_2$$
$$R-CHO \xrightarrow{[O]} R-COOH$$

(7) ninhydrine과의 반응

아미노산의 아미노기는 ninhydrine과 같은 온화한 산화제로 산화를 받으면 NH_3, CO_2, 알데히드를 생성한다. 이때 생성된 NH_3는 산화형 및 환원형 ninhydrine과 반응하여 청색 화합물을 만든다.

이 반응은 아미노산의 정량·정성에 널리 이용된다. 이와 같은 ninhydrine 반응은 α-아미노산의 일반적인 성질이지만 proline과 hydroxyproline과 같은 제2급 아민은 황색 화합물, asparagine과 같은 amide기를 가진 것은 갈색을 나타낸다.

(8) dinitrofluorobenzene(DNFB)과의 반응

2, 4-dinitrofluorobenzene은 아미노산의 amino기(-NH_2)와 반응하여 황색의 dinitrophenyl화(DNP-유도체) 된다. DNFB는 polypeptide의 N-말단 아미노기와 반응하므로 단백질의 N-말단 아미노산을 알 수 있다.

(9) 염의 생성

산, 염기 어느 것이나 반응한다.

$$\underset{\displaystyle NH_2}{R-\underset{|}{CH}-COOH} + HCl \longrightarrow \underset{\displaystyle NH_2 : HCl}{R-\underset{|}{CH}-COOH}$$

$$\underset{\displaystyle NH_2}{R-\underset{|}{CH}-COOH} + NaOH \longrightarrow \underset{\displaystyle NH_2}{R-\underset{|}{CH}-COONa} + H_2O$$

5-2 • 단백질의 분류

단백질은 용해도, 분자의 크기와 형태, 단백질의 조성, 단백질의 화학적 구조, 생화학적 활성도, 출처 등에 의하여 여러 가지로 분류될 수 있다.

1. 이화학적 성질에 의한 분류

단백질은 그 조성과 이화학적 성질에 따라 단순단백질(simple protein), 복합단백질(conjugated protein), 유도단백질(derived protein)로 나눌 수 있다.

1) 단순단백질(simple protein)

가수분해에 의하여 α-아미노산이 생기는 단백질로 간혹 당을 함유하고 있다. 특정 용매에 대한 용해도, 응고성 등에 의하여 표 5-3과 같이 분류된다. 식품단백질로 중요한 것은 albumin, globulin, glutelin, prolamine 등이 있으며 albumin은 동물성 단백질에 glutelin과 prolamine은 곡류 등 식물성 단백질에 많고 globulin은 동식물계에 널리 분포되어 있다. 단순단백질의 분류는 표 5-3과 같다.

2) 복합단백질(conjugated protein)

복합단백질은 단순단백질과 비단백질 성분(prosthetic group)으로 구성된 것이며, 그 결합된 비단백질 성분의 종류에 따라 여섯 종류로 분류하며 표 5-4와 같이 분류된다. 즉 인단백질, 핵단백질, 당단백질, 지단백질, 색소단백질 및 금속단백질로 구분한다.

3) 유도단백질(derived protein)

천연단백질이 물리적, 화학적, 효소적인 분해로 그 분자량이 적어지는 변화 상태에 따라 제1차 유도단백질 및 제2차 유도단백질로 구별된다.

(1) 제1차 유도단백질(primary protein derivatives)

천연단백질이 열, 자외선, 묽은 산, 알칼리, 알코올, 효소작용을 약간 받은 단백질이다.

ⓐ gelatin : collagen을 물과 함께 장시간 끓이면 생긴다.

ⓑ 응고단백질 : 열, 자외선, alcohol 등에 의하여 단백질이 변성하여 응고된 것을 말한다(egg albumin, lactalbumin).

【표 5-3】 단순단백질의 분류

종 류	용해도				특 성	소 재	예
	물	염류	산	알칼리			
albumin	+	+	+	+	다수의 아미노산을 소량 함유한다. 분자량은 비교적 적다.	동식물 세포의 원형질 중 단백질의 대부분과 체액 (대개 globulin과 공존)	serum albumin (혈청) lactalbumin(젖) conalbumin(흰자) ovalbumin(흰자) livetin(노른자) legumelin(콩류) leucosin(맥류), myogen(근육), ricin(피마자) phaselin(강남콩)
	열·알코올에 의하여 응고 $(NH_4)_2SO_4$의 포화로 석출된다(globulin보다 염석되기 어렵다). 식염 · $MgSO_4$로 침전하지 않는다(globulin과의 차).						
globulin	−	+	+	+	다수의 아미노산을 함유한다. Gly을 많이 함유한 점이 albumin과 다르다.	상 동 식물종자 단백(콩과)의 대부분	serum globulin (혈청) lactoglobulin (젖) lysozyme (흰자) ovoglobulin (흰자) myosin(근육), fibrinogen (혈장), glycinin(대두) ipomain(고구마), tuberin (감자), arachin(땅콩)
	대개 열에 의하여 응고 $(NH_4)_2SO_4$의 반포화로 석출						
glutelin	−	−	+	+	monoaminodicarboxylic acid(Glu)가	곡류 종자단백화본과 식물의	glutenin (밀) oryzenin (쌀)
	dil alcohol에 불용						

	glutamate가 많음	많고 proline은 적음	배유 중에 많다.	hordenin (보리)
prolamin	− − + + 70~90 % alcohol에 가용 proline 많음 * 식물성(곡류)에 존재	Glu, Pro이 많고 Gly을 적게 갖는 점이 glutelin과 다르다.	상 동	gliadin (밀) zein (옥수수) hordein (보리) sativin (귀리)
albuminoid (scleroprotein, 경단백질)	− − − − 섬유단백질 형태를 이루며 보통의 용매에는 불용이고 효소에 의해 소화되지 않음. 진한 산·알칼리에 녹으나 변질	아미노산의 종류와 양에 여러 가지 차이가 있다.	동물의 지지 보호조직	collagen : 결합조직, 뼈, 치아, 연골 elastin : 결합조직 (힘줄) keratin : 머리털, 손톱, 뿔 silk fibroin : 면사
histone	+ + + − NH_3로 침전 열에 불응고 alkaloid 시약으로 산성 및 중성용액에서 침전	염기성 단백질로 arginine, lysine 함량 많다.	동물세포, 혈구의 세포핵의 주성분 식물계에 없다.	흉선, 간, 적혈구의 histone (포유류, 조류) 정자핵의 histone(어류) globin : 적혈구 thymushistone : 흉선
protamine	+ + + − NH_3로 침전, 열에 불응고 alkaloid 시약으로 산성 및 중성용액에서 침전 알칼리성에서도 침전 70~90 % alcohol에 가용(약수천의 저분자)	강염기성 단백질로 Arg을 다량 함유 산성 및 함황 아미노산을 품지 않음 가장 간단한 단백질로 polypeptide에 가깝다.	성숙한 생식세포(어류의 정낭) 식물계에는 존재하지 않는다.	어류의 정자핵 중에 DNA와 결합하여 존재 어류 외에는 불존재 salmin : 연어 scombrin : 고등어 clupeine : 정어리

【표 5-4】 복합단백질의 분류

명 칭	특 성	소 재
인단백질 phosphoprotein	·단백질+인산 산성단백질로 묽은 알칼리 용액에 녹는다.	동물성 식품에서만 발견된다. casein, vitellin(난황), vitellenin(난황) hematogen(난황), ichthulin(어란)
핵단백질 nucleoprotein	·단백질+핵산(당, 인산, pyrimidine, purine 염기) 단백질+histone이나 protamine	동식물 세포핵의 주성분 배아, 효모 nucleohistone : 흉선, 정자, 배유, 신장, 적혈구 nucleoprotamine : 어류정자
당단백질 glycoprotein, mucoprotein	·단백질+다당류 당단백질은 당부분에 아미노당을 가지는 것이 특징이다. 물, 염류 용액에 잘 안 녹고 알칼리 용액에 녹는다.	동식물세포, 점성분비물에 존재 타액질 : mucin(점막분비, 타액) 점액질 : mucoid(난백, 혈청) avidin(난백)
지단백질	·단백질+지질 protein : 핵, 인단백질,	lipovitellin(난황)

lipoprotein	단순단백질 등 lipid : triglyceride, phospholipid, cholesterol 등 물에 녹고 유기용매에 난용	lipovitellenin(난황)
색소단백질 chromoprotein	·단백질+색소 ① heme : hemoprotein ② chlorophyll : chlorophyll - protein ③ carotenoid : carotenoid - protein ④ flavin : flavoprotein	① hemoglobin(혈액), myoglobin(근육) cytochrome, catalase(생체조직 일반) peroxidase ② phyllochlorine(녹엽) ③ rodopsin(시홍) astaxanthin protein(갑각류의 외피) ④ 황색효소(우유, 혈액, 조직 일반)
금속단백질 metalloprotein	·단백질+금속(철, 동, 아연) ① 철단백질 ② 동단백질 ③ 아연단백질 hemoprotein(Fe), chlorophyll-protein(Mg)도 포함	① ferritin(비장), heme 단백질 ② hemocyanin (연체동물의 혈액) ascorbinase 식물조직 polyphenolase 산화효소 tyrosinase ③ insulin (췌장)

ⓒ proteans : 수용성인 단백질이 효소, 산, 알칼리, 열 등에 의하여 불용성인 단백질로 되는 것으로 주로 globulin에서 일어난다.

- paracasein : casein이 효소에 의해 응고된 것이다.
- fibrin : 혈액 중의 fibrinogen이 효소(thrombin), 산, 알칼리, 열 등에 의하여 응고한 것이다.

ⓓ metaprotein : 산, 알칼리에 의해 변성된 단백질이며 이때 가열하면 더욱 잘 생성된다. 중성 용매에는 녹지 않는 형태이다(산-albumin, alkali-albumin).

(2) 제2차 유도단백질(secondary protein derivatives)

단백질이 가수분해되어 제1차 유도단백질이 되고 이것이 다시 분해되어 아미노산이 되기 전까지의 중간 생성물이다.

ⓐ proteose : 물에 용해되며 가열해도 응고하지 않는다. 이것은 단백질이 산, 효소(pepsin, trypsin)에 의해 분해된 것을 말하며, $(NH_4)_2SO_4$ 의 포화로 침전한다.

ⓑ peptone : proteose가 더 분해된 것으로 물에는 용해되나 가열에 의해서는 응고되지 않는다. 이 단백질은 pepsin, trypsin 등에는 더 분해되지 않으나 erepsin에 의해 분해되며 $(NH_4)_2SO_4$ 포화로 침전하지 않는다.

ⓒ peptide : 2개 이상의 아미노산이 결합된 것을 말하며 이것은 단백질을 가수분해하

여도 얻을 수 있고 비교적 간단한 분자로 되어 있기 때문에 인공적으로 합성할 수도 있다. 즉 아미노산이 결합할 때 물 한 분자가 빠지고 -CO-NH-결합을 peptide 결합이라 하며 단백질 분자의 기본적 결합이다.

2. 기능에 의한 분류

생체 내에서 protein은 각각의 생리적 기능을 가진다. protein을 기능에 따라 분류하면 다음과 같다.

① 효소단백질 : pepsin 등
② 저장단백질 : casein, ovalbumin 등
③ 운반단백질 : hemoglobulin 등
④ 수축단백질 : actin, myosin 등
⑤ 구조단백질 : collagen, keratin 등
⑥ 항체단백질 : 혈액의 globulin, fibrinogen 등
⑦ hormone protein : insulin 등

3. 구조에 의한 분류

단백질은 구조와 형태에 따라 섬유상단백질(fibrous protein)과 구상단백질(globular protein)로 분류된다. 그 차이점은 표 5-5와 같다.

[표 5-5] 섬유상단백질과 구상단백질과의 비교

	섬 유 상 단 백 질	구 상 단 백 질
형 태	지그재그 모양의 β-구조가 축에 나란히 달리면서 묶여 다발(micell)을 이룬다.	α-나사 구조가 구부려지고 겹쳐져 전체로는 구상을 이룬다.
이화학적 성질	안정성이 있으나 물에 불용 용액은 점도가 높다. 결정성이다.	불안정하다. 일반적으로 물에 가용, 변성을 쉽게 일으킨다. 분자 내에 다량의 물을 함유
생활기능 및 생명현상 관계	직접 관계가 없다. 뼈를 형성 표피보강 및 배설물	활성물질로 분비되어 생활기능에 직접 관계한다. 생물학적으로 중요 생명현상에 밀접한 관계가 있다.
분 포 상 태	견사 fibrin 털 gelatin 건 collagen 근육 myosin	단순단백질(albumin, globulin 등) 복합단백질(casein, hemoglobin) 핵단백질 등 원형질의 주성분 난백, 우유, hemoglobin

4. 출처에 의한 분류

단백질은 출처(source)에 따라 크게 식물성 단백질(plant protein)과 동물성 단백질(animal protein)로 분류되며 이것은 다음과 같이 세분할 수 있다.

1) 식물성 단백질

① 곡류단백질(cereal protein)
② 두류단백질(legume protein)

2) 동물성 단백질

① 육류단백질(meat protein)
② 우유단백질(milk protein)
③ 난류단백질(egg protein)
④ 어류단백질(fish protein)

5-3 • 단백질의 구조

단백질은 아미노산의 α-위치의 carboxyl기와 다른 아미노산의 α 위치의 amino기에서 1분자의 물이 빠지고 -CO-NH-와 같은 peptide 결합으로 긴 사슬을 이루고 있는 것이다.

2개의 아미노산의 peptide 결합물을 dipeptide, 3개로 이루어지는 것을 tripeptide, 다수의 아미노산에 결합한 것을 polypeptide라 한다.

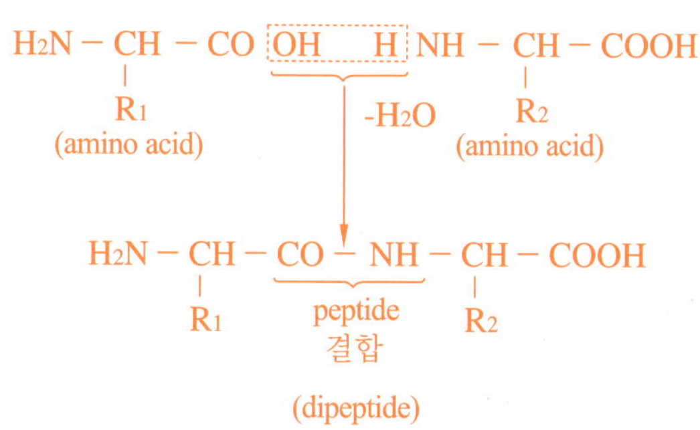

펩티드를 이루고 있는 아미노산 부분을 아미노산 잔기라 하고 R_1, R_2에 해당하는 부분을 아미노산 측쇄라 하며 아래 그림과 같다.

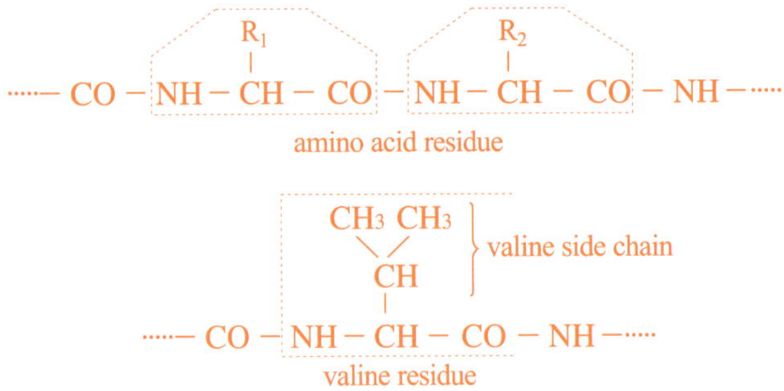

peptide 사슬 속의 amino acid(valine) 잔기와 측쇄

펩티드 사슬 속의 아미노산(valine) 잔기와 측쇄, 그리고 펩티드 사슬의 한쪽 끝은 -COOH기가 유리되고, 다른 쪽 끝에는 $-NH_2$기가 유리되어 있기 때문에 각각을 carboxyl기 말단(C-terminal), amino기 말단(N-terminal)이라 한다.

단백질의 분자량은 수천에서 수십 만에 이르고 보통 polypeptide도 분자량이 수천 정도까지의 것도 있다. 그러므로 단백질은 중합도가 매우 큰 고분자의 polypeptide라 생각할 수 있다.

단백질의 구조는 1차 구조 외에 2차, 3차, 4차 구조가 있어서 이들을 고차 구조(higher order structure)라 한다.

1. 1차 구조(primary structure)

펩티드 결합(-CO-NH-)에 기본적인 결합 양식으로 이들 사이의 공유결합에 의하여 안정된 결합 구조를 갖으며, 결합을 할 때 단백질의 아미노산 배열 순서(amino acid sequence)는 생체에서 단백질을 생합성할 때의 유전자에 들어 있는 DNA의 정보 지배하에 있기 때문에 각 단백질 고유의 아미노산 배열을 갖게 된다. 이 아미노산의 배열 순서를 단백질의 1차 구조라 한다. 현재까지 1차 구조가 결정되어 있는 것은 insulin, lysozyme, trypsin, chymotrypsin, hemoglobin, ribonuclease, casein 등이다.

2. 2차 구조(secondary structure)

1차 구조의 polypeptide 사슬은 수소결합에 의하여 α-나선구조, β-병풍구조 및 random 구조에 의하여 2차 구조를 형성한다.

2차 구조는 주사슬의 peptide 결합부의 -C=O의 O와 다른 peptide 결합의 -NH의 H와의 사이에 수소결합에 의하여 공간적 배치를 안정화한다.

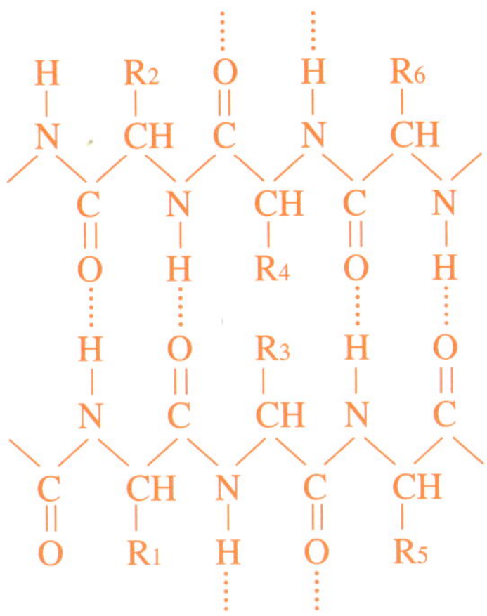

【그림 5-1】 peptide 사이의 hydrogen bond

1) 수소결합(hydrogen bond)

단백질의 주사슬인 펩티드 결합에 있어서 >C=O와 >N-H는 같은 수로 포함되어 있다. >C=O의 산소는 탄소에서 전자를 빼앗아 (-)로 대전되고(>C^+=O^-), 또한, >N-H의 수소는 질소에 전자를 빼앗겨 (+)로 대전된다(>N^-+H). 이 수소는 산소에서도 잡아 당겨진다. 따라서 >C^+=O^-…$^+$H-N< 와 같이 수소결합을 하며 그림 5-1과 같이 >C^+=O^-…$^+$H-N< 의 선이 직선에 가까울 때에 수소결합이 안정하다.

2) β-structure

2개 이상의 polypeptide 사슬이 서로 평행 또는 역평형으로 달릴 때 주사슬끼리에 성립되는 수 많은 수소결합에 의한 지그재그 구조를 β-structure라 하며 그림 5-2와 같다.

β-구조에서 polypeptide 사슬이 역평행으로 달리면 펩티드 사슬 사이의 수소결합이 매우 쉬워져서 그만큼 펩티드 사슬 사이의 상호작용이 강고하여진다.

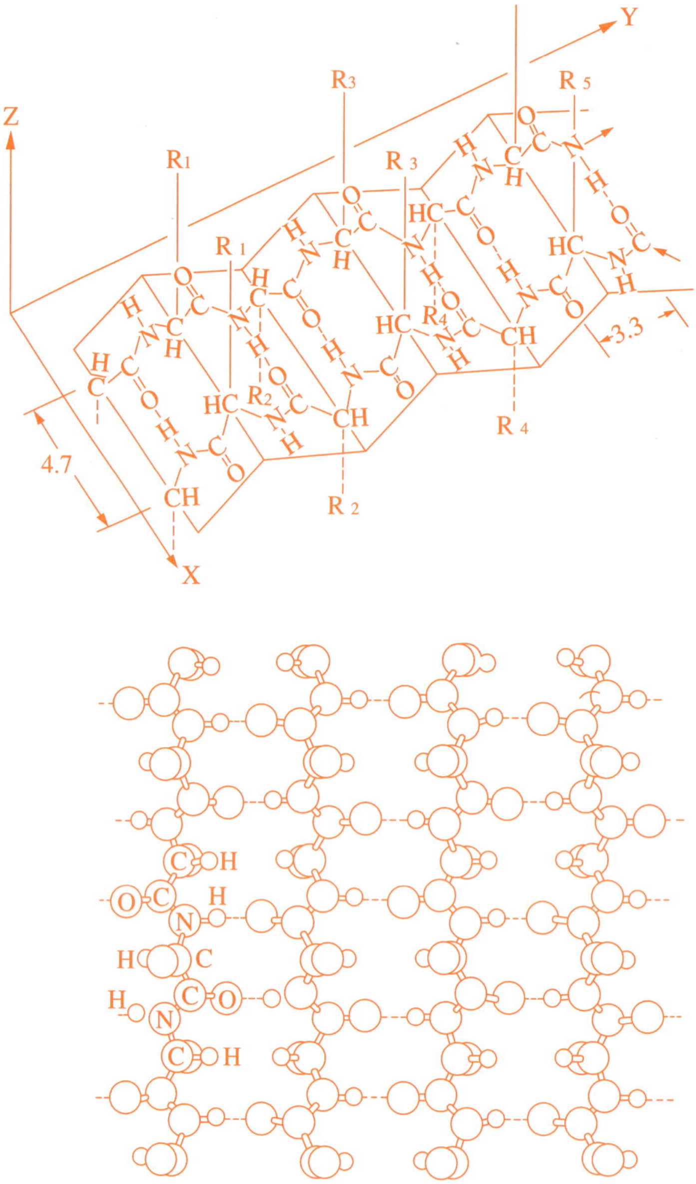

【그림 5-2】 polypeptide의 β-구조

3) α-나선구조(α-helix structure)

polypeptide 사슬에 있어서 조금 떨어진 위치에 있는 아미노산끼리 수소결합에 의하여 서

로 끌어당기기 때문에 나선 모양으로 감는 구조를 갖게 되는데, 이것을 α-나선구조(α-helix structure)라 한다(1개의 polypeptide 사슬). 그림 5-3과 같이 나선구조의 최대 안정을 위해서는 축을 중심으로 한 번 회전하는데 아미노산 잔기의 수는 3.6개에 해당하고 안정도가 높다. 그리고 나선구조는 구상단백질의 중요한 부분구조를 이룬다.

4) random나사구조(random coil structure)

polypeptide 사슬이 특정한 부분구조(수소결합)를 나타내지 않을 때 이것을 random 나사구조라 한다. 이것은 polypeptide 사슬이 흐트러진 실처럼 복잡하게 구부러지고 휘어져 있다. gutamic acid가 중합된 peptide 사슬은 산성 용액에서는 나사구조를 가지나 중성이나 알칼리성에서는 random 나사구조를 가진다. 이것은 구상단백질이 완전히 변성되었을 때 볼 수 있다.

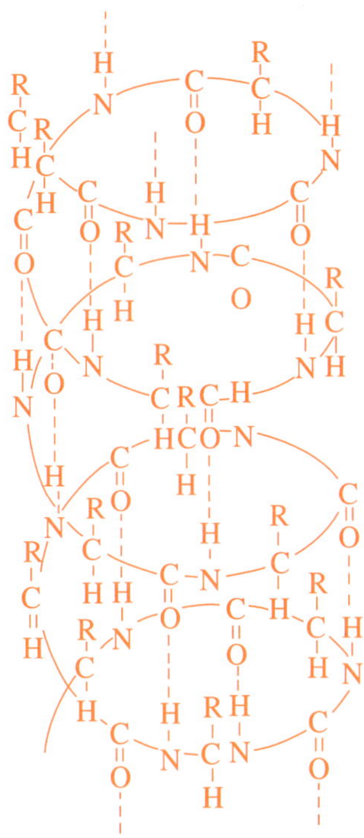

【그림 5-3】 α-helix structure

3. 3차 구조(tertiary structure)

단백질의 3차 구조는 폴리펩티드 사슬을 구성하는 모든 원자들의 3차원적 배열, 즉 입체구조이다. 일반적으로 폴리펩티드에서 소수성 측쇄는 안쪽에, 친수성 측쇄는 표면 쪽에 위치하며, 각각의 아미노산 측쇄 간의 상호작용 결과 폴리펩티드가 접혀 빽빽한 구조를 형성한다.

이온결합, 수소결합, 소수성 결합, -S-S-결합, van der Waals힘, 펩티드 결합 등에 의하여 구상단백질의 3차 구조를 안정화한다(그림 5-4).

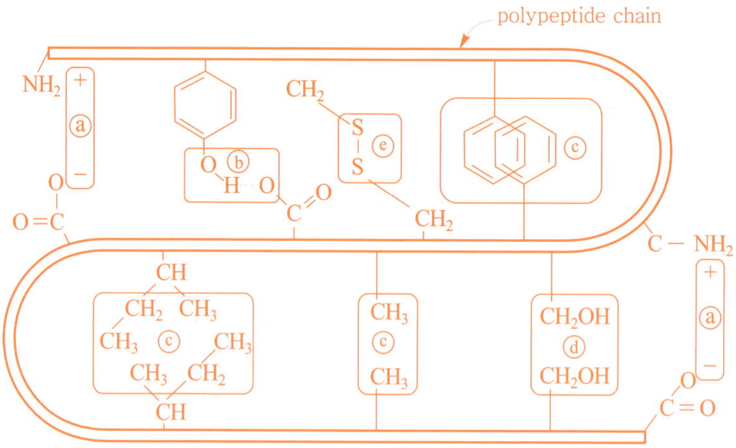

ⓐ 정전기적 인력 ⓑ 수소결합 ⓒ 소수성기 간의 인력
ⓓ 쌍극 간의 인력 ⓔ S-S 결합

【그림 5-4】 단백질의 3차 구조

4. 4차 구조(quaternary structure)

단백질의 4차 구조는 2개 이상의 폴리펩티드 사슬로 구성되어 있는 단백질의 전체적인 입체구조이며, 각각의 사슬을 소단위(subunit)라고 부른다. 사슬의 수는 2~12개 혹은 그 이상일 수 있으며 사슬들이 구조적으로 같거나 다를 수 있다. 흔한 예는 이량체, 삼량체, 사량체이며 각각 2, 3, 4개의 폴리펩티드 사슬로 구성되어 있다. 비공유결합(수소결합, 이온결합, 소수성 상호작용)에 의해 유지된 소단위는 독립적으로 기능하거나 협동적으로 작용할 수 있다. 예를 들어 헤모글로빈은 사량체로 구성되고 사량체(tetramer)중 하나의 소단위에 산소가 결합하면, 다른 소단위의 산소에 대한 친화도를 증가시켜 협동적으로 작용한다.

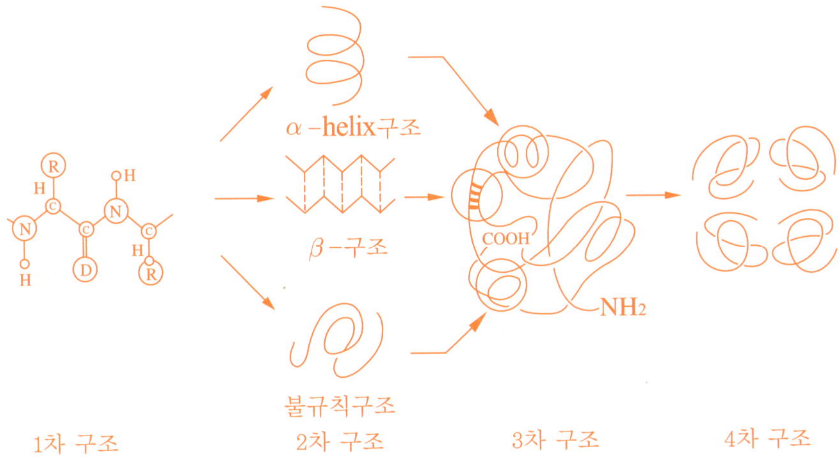

【그림 5-5】 단백질의 구조 형성

5-4 • 단백질의 성질

1. 단백질 분자의 크기

단백질은 고분자질소화합물로서 분자량이 수만~수백 만에 이른다. 단백질은 분자량이 대단히 크므로 수용액에서는 셀로판 등의 반투막을 통과하지 못하며, 물에 녹을 때 콜로이드 용액을 형성한다.

단백질의 분자량은 삼투압, 광산란법, 점도, 확산, 초원심분리기에 의한 침강, 전기영동법, 화학적 분석법 등에 의하여 측정할 수 있다. 대표적인 단백질의 분자량은 표 5-6과 같다.

【표 5-6】 단백질 분자량

단 백 질	분 자 량	단 백 질	분 자 량
insulin	5,700	pepsin	35,700
cytochrome	11,600	ovalbumin	44,900
ribonuclease	13,700	hemoglobin	68,000
myoglobin	16,900	serum albumin	69,000
lactalbumin	17,500	serum γ-globulin	96,000
trypsin	24,000	serum globulin	167,000
gliadin	27,000	edestin	310,000
zein	35,000	urease	473,000
β-lactoglobulin	35,400		

한편, 분자의 크기는 10~70μ 정도이며 또 그 형태를 볼 때 섬유상과 구상단백질이 있음은 앞에서 설명한 바와 같다.

2. 용해성

단백질, 펩티드, 아미노산의 질소(-N^-)와 carbonyl기(>C=O), carboxyl기(-COOH)의 산소(-O^-)가 물 분자의 수소(H^+)를 끌어당기어 수화물을 형성하여 단백질을 용해한다. 단백질이 용매에 녹는다는 것은 식염이나 설탕이 물에 녹아 용액을 만드는 것과 달리 용액 중에 분산되어 점조한 콜로이드 용액이 된다.

물에 녹는 단백질은 -COOH, -COO^-, -NH_2, -NH_3^+, -OH, -SH, -NH-, >C=O 등과 같은 친수성기(hydrophilic group)를 펩티드 결합의 여러 곳에서 나온 측쇄에 물 분자가 둘러싸여 서로 끌어당김으로써 수화하여 용해 되는 것이다.

단백질은 종류에 따라 물, 묽은 산, 묽은 알칼리, 묽은 중성 염류 용액, 알코올, 암모니아수 등에 녹는다. 이 성질은 각 단백질의 특성으로서 조리, 가공에 이용된다.

수화물 생성량은 등전점에서 가장 적고 등전점에서 멀어질수록 많아진다. 단백질의 용해 정도는 분산되어 있는 단백질 농도, pH, 물과 결합하는 타물질의 존재, 온도 등에 따라서 영향을 받는다. 육류의 보수력은 pH 5.0~5.5에서 가장 낮다. 단백질의 용해성은 표 5-7과 같다.

【표 5-7】 단백질의 용해성

용 해 내 용	단 백 질 의 종 류
물에 가용	albumin, histone, protamin
묽은 염류에 가용	albumin, globulin, histone, protamin
묽은 산에 가용	albumin, globulin, glutelin, prolamin, histone, protamin
묽은 alkali에 가용	albumin, globulin, glutelin, prolamin
alcohol에 가용	protamin, proline, hydroxyproline
물에 난용	tyrosine, cystine

단백질이 용해하여 생긴 용액은 진정용액이 아니고 점조한 colloid 용액이다. 또 단백질의 용해성은 조건에 따라 일정하지 않으며 변성에 의하여 용해성을 잃는 경우가 많다.

3. 단백질의 응고성

단백질은 가열, 산, 알칼리, 효소에 의하여 응고한다. 요구르트는 casein을 산으로 응고시키고, 치즈는 casein을 rennin이라는 효소로 제조하며, 두부는 대두의 glycinin을 Ca^{++}, Mg^{++} 이온으로 응고한 식품이다.

단백질은 alkaloid 시약인 TCA(trichloroacetic acid), picric acid, tannic acid 등과 중금속인 Cu, Hg, Pb와 $(NH_4)_2SO_4$, NaCl에 의해서 응고 침전한다.

우유의 신선도 판정은 알코올 첨가에 의한 침전 응고물의 유무로 측정한다.

4. 양성 전해질(ampholyte)

아미노산은 한 분자 내에 amino기($-NH_2$)와 carboxyl기(-COOH)를 아울러 가지고 있다. 이것은 수용액 중 -COOH에서 수소이온을 방출하여 $-COO^-$가 되고, $-NH_2$는 수소이온을 끌어당겨서 $-NH_3^+$가 된다. 따라서 아미노산은 (+)와 (-)의 극성을 가지는 이온의 형으로 존재한다. 이와 같은 것을 양성전해질이라 한다.

아미노산의 수용액에 산을 넣으면 H^+(proton)을 받아들여서 (+)이온이 되고, alkali를 넣으면 H^+을 방출하여 자체는 (-)이온이 된다. 이 사이에는 다음과 같은 평형관계가 성립된다.

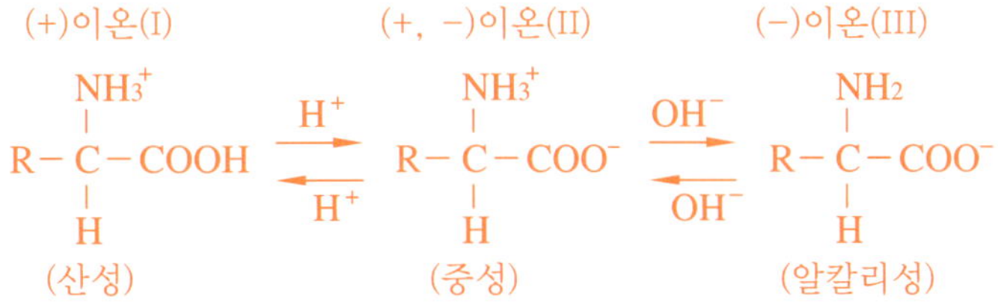

5. 등전점(isoelectric point)

단백질의 사슬을 구성하는 아미노산의 α-탄소에 결합한 amino기($-NH_2$)와 carboxyl기(-COOH)는 펩티드 결합을 형성하므로 H^+(proton)을 받거나 주지 못한다. 그러므로 단백질의 측쇄에 존재하는 산성 아미노산의 제2 carboxyl기, cysteine의 -SH기, tyrosine의 phenol기의 (-)이온과 lysine의 amino기, arginine의 guanidyl기, histidine의 imidazole기의 (+)이온 등이 단백질 내에서 (+), (-)하전을 가진다. 또 pH에 따라 그 하전의 총량과 (+), (-)하전의 비율도 달라진다.

단백질은 산성 용액 중에서 양(+)하전, 알칼리성에서 음(-)하전을 띠며 그 중간의, 즉 전하가 0이 되고 전장에서 움직이지 않게 되는 pH가 등전점(isoelectric point, pI)이 된다. 일반적으로 중성 아미노산의 등전점은 pH 6.0, 산성 아미노산의 등전점은 산성 쪽으로, 염기성 아미노산은 알칼리성 쪽의 등전점을 갖는다. 각종 단백질의 등전점은 표 5-8과 같이 pH 5 부근이다. 그러나 예외적으로 pepsin은 pH 2.75~3.0, salmon(연어)은 pH 12.0~12.4와 같은 경우도 있다.

【표 5-8】 식품단백질의 등전점

단백질	소 재	등전점(pI)	단백질	소 재	등전점(pI)
ovalbumin	계 란	4.5~4.9	glycinin	콩	4.0~5.0
casein	우유	4.6	glutenin	밀	5.2~5.4
lactalbumin	우유	5.1	edestin	대마열매	5.5~6.0
lactoglobulin	우유	4.5~5.5	zein	옥수수	5.8
myosin	육류	5.4	gliadin	밀	6.2~6.4
myogen	육류	6.3			

단백질은 등전점에서 수화, 팽윤, 용해도, 점도 등이 최소가 되고 흡착력, 기포력은 최대가 된다.

6. 전기영동(electrophoresis)

단백질은 등전점보다 산성 쪽의 pH에서는 단백질의 net charge는 양(+)으로 하전하므로 음극으로 이동하고, 등전점보다 알칼리의 pH에서는 단백질 분자는 음(-)으로 되므로 양극으로 이동한다. 즉 등전점 외의 pH를 갖는 단백질 용액에 (+)·(-)의 전극을 연결하면 단백질의 하전과는 반대쪽으로 이동하는 현상을 전기영동이라 한다.

전기영동의 이동 또는 전하의 대소, 분자의 크기, 모양, 수화 등에 관계가 있다. 이를 이용하여 단백질의 등전점 측정, 단백질의 분리, 정제와 순도검정, 정량을 할 수 있다.

7. 단백질의 정색반응

단백질을 구성하는 아미노산의 종류와 아미노산들을 연결하여 주는 폴리펩티드 결합 등에 의해 공통되는 반응 또는 특유의 정색반응을 갖는다. 정색반응은 단백질과 아미노산의 정성 또는 정량에 이용된다.

1) biuret 반응

펩티드 결합을 2개 이상 가진 시료 용액에 1~2N NaOH 용액을 가하여 alkali성으로 하고 여기에 1% $CuSO_4$ 용액을 1~2방울 가하면 적색~적자색을 나타낸다. 이는 urea를 가열하여 얻어지는 분자가 축합한 형태의 biuret(NH_2-CO-NH-CO-NH)의 특유한 반응으로 펩티드 결합의 질소원자와 구리이온이 배위결합한 결과이다.

2) ninhydrine 반응

아미노산, 펩티드, 단백질의 농도를 50~100만 정도로 희석한 약산성~중성 용액(pH 4~8)에 1%의 ninhydrine 수용액을 가한 후 100℃로 가열하면 CO_2를 정량적으로 발생하는 blue-violet(자색)의 정색반응이다. 이 반응은 유리-NH_2, -COOH를 적어도 한 개를 갖는 화합물이 나타내는 예민한 반응으로 아미노산, 펩티드, 단백질의 확인 반응으로 널리 사용되며, 아미노산 정량에도 이용된다.

펩티드, 단백질에서는 청자색, histidine에서는 청색, hydroxyproline에서는 황색을 나타낸다.

3) millon 반응

tyrosine 또는 phenol성 수산기를 갖고 있는 물질의 특유한 반응이다. 시료(우유, 소맥 등)의 단백 용액에 1/3의 millon 시약을 가하면 백색 침전을 형성하고 다시 가열하면 적색의 정색반응이 생긴다. 또 phenol 2~3방울을 가하면 혈적색으로 된다. millon 시약은 Hg 10g을 conc-HNO_3 20ml에 용해하여 2배의 물로 희석한 것으로 질산수은과 아질산이 들어 있는 질산용액이다. 시약이 오래되면 아질산이 소실되어 정색이 예민하지 못하므로 아질산 소다를 넣으면 된다. 이 반응은 oxyphenyl이 제2수은 화합물로 되어 아질산 때문에 nitroso화 되어 생긴 수은착제가 정색하는 것이다.

4) xanthoprotein 반응

방향족 복소환 아미노산인 tyrosine, phenylalanine, tryptophan에 conc-HNO_3를 2~3방울 가하면 백색 침전이 생기고 이것을 가열하면 침전이 용해되어 yellow가 된다. 냉각 후 NaOH를 가하면 orange-yellow로 된다. 사람의 피부에 질산이 닿으면 황색이 되는 것도 이 때문이다.

5) Hopkins-cole 반응

glyoxyl acid 반응이라고도 한다. tryptophan이 존재하는 시료 용액에 glyoxylic acid

<O=CH · COOH> 또는 무수초산을 넣은 후 conc-H_2SO_4를 가하면 그 계면에 적자색의 ring이 생긴다. 이는 tryptophan의 indole핵과 glyoxyl산의 aldehyde 사이의 결합 때문에 생기는 색소인 것이다.

tryptophan 반응으로는 그외 Liebermann 반응에 의한 청색~자색, Ehrlich 반응에 의한 적자색~청자색, bromine water 반응에 의해 적색으로 정색되는 반응이 있다.

6) sakaguchi 반응

guanidine(N_2N-C<=NH>-NH-)기를 갖는 arginine을 함유하는 단백질 시료 용액 2~3ml에 NaOH를 가하여 알칼리성으로 한 후 1% 알코올 용액에 70% α-naphthol을 녹인 용액 소량과 5%의 NaOCl 용액 소량을 가하면 홍색의 정색반응을 나타낸다.

7) nitroprusside 반응

유리 mercapto기(-SH)가 있는 cysteine, glutathione을 함유하는 단백질 용액에 NaOH 용액을 가해 alkali성으로 한 Na-nitroprusside 1% 용액을 가하면 적자색이 된다. 이것은 S이온이 nitroprusside 이온과 반응하여 thionitroprusside 이온을 생성하기 때문이다.

8) 황 반응

cysteine, cystine을 함유하는 단백질 용액에 40% NaOH를 가하고 2분 끓인 후 lead acetate 용액<CH_3COOPb>을 가하면 흑갈색 침전이 생긴다. 이것은 알칼리로 분해하기 쉬운 유황이 납과 결합하여 흑갈색의 황화납을 생성하기 때문이다. 그러나 methionine의 유황은 alkali로 분해되지 않으므로 반응이 일어나지 않는다.

9) pauli 반응

imidazole 환이 있는 histidine과 oxyphenyl 핵이 있는 tyrosine을 함유한 시료를 물에서 냉각한 후 sulfanilic acid와 $NaNO_2$, Na_2CO_3 용액으로 alkali성으로 하면 담홍색이 된다.

5-5 • 단백질의 변성

생체조직 속에 있는 천연단백질은 아미노산들이 펩티드 결합에 의해 연결되는 1차 구조와 유리 아미노기 또는 카르복실기에 의해서 분자 간의 이온결합, 수소결합, 이황화 결합 등에 의해 단백질의 고유의 형태인 입체구조(고차구조)가 유지되고 있다. 그러나 단백질의 입체구조는 가열 등의 물리적 작용, 산·알칼리 같은 화학적 작용, 효소 작용 등을 받아 입체구조가 변형하는 것을 변성(denaturation)이라 하며 이러한 변화로 생성된 단백질을 변성단백질(denaturated protein)이라 한다.

변성을 일으키는 요인은 물리적인 요인으로 가열, 동결, 건조, 표면장력, 교반, 고압, 조사, 초음파 등이 있고 화학적 요인으로 묽은 산, 알칼리, 염류, 계면활성제, 중금속, urea, alkaloid, alcohol 등이 있으며 또한 효소적 요인 등이 있다. 단백질 변성은 이들 요인에 의해 단백질의 분자 형태가 풀어지게 된다. 단백질의 변성 과정을 그려보면 그림 5-6과 같다.

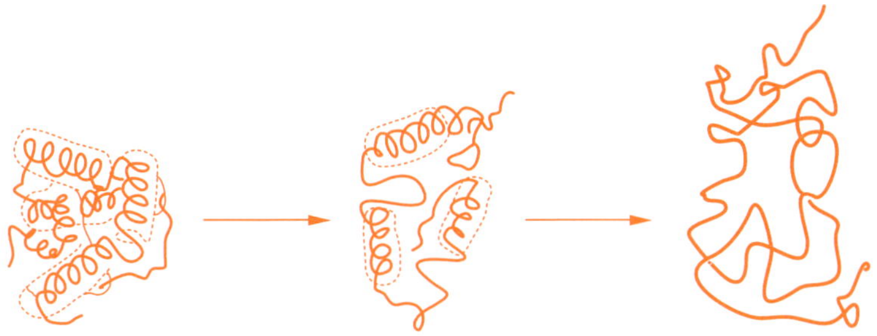

[그림 5-6] 단백질의 변성 과정

즉 단백질의 2차와 3차 구조가 변하여 변성된 상태라는 것은 다른 상태로 변하여 천연단백질이 갖는 특징을 잃어버리는 상태로 수소결합, 소수성결합, 이온결합, 이황화결합 같은 단백질의 2차, 3차 구조를 갖는 결합이 끊어졌을 때 일어난다.

그리고 1차, 2차, 3차 구조에는 변화가 없으며 4차 구조만이 변화하는 경우는 변성이라 하지 않고 해리와 회합(dissociation and reassociation)이라고 한다.

일반적으로 변성단백질은 천연단백질의 형태가 풀려서 -OH기, -SH기, -COOH기, $-NH_2$ 기 등의 활성기의 수가 급증하게 되며 이들 활성기들은 다시 서로 2차적인 결합을 하여 불용성 단백질을 형성하는 경우가 많다.

초기 변성단백질은 효소작용을 받기 쉽기 때문에 소화가 잘되지만 지나치게 변성되면 효소작용을 받기 어려우므로 소화가 나빠진다. 생달걀이나 완숙보다도 반숙이 더 소화가 잘되는 것은 바로 이 때문이다. 그 외에 생물학적 활성, 호르몬의 생리작용, 독성, 면역성 등 단백질의 성질을 상실한다. 또한, 변성에 따라 단백질 용액의 자외선 흡수 스펙트럼은 단파장(blue light) 쪽으로 이동하게 되는 변성 청색 이동(denaturated blue shift)을 한다.

1. 물리적 작용에 의한 변성

1) 가열에 의한 변성

일반적으로 단백질은 열에 의하여 대부분이 응고되는 것이 많기 때문에 바로 변성이라고 생각되지만, 응고가 일어나기 전에 먼저 용액 중에서 분자의 형태가 변하고 분자량이 증가하기 때문에 열에 의한 변성은 분자의 변성(denaturation), 회합(reassociation), 응고(solidification)의 3단계를 거쳐 이루어지는 것이라 하겠다.

가용성 단백질을 가열하면 열 변성이 일어나 불용성이 되어 응고하는데 육류, 난류, 어패류에서 그 예를 볼 수 있다. 그러나 이것과 반대로 불용성인 단백질에 의하여 가용성이 되는 수가 있다. 즉 육류를 장시간 가열하면 결체조직 중의 collagen이 변성되어 가용성인 gelatin이 되어 용출되고 그 국물을 냉각하면 젤리화 한다.

난백단백질은 가열에 의하여 쉽게 변성되고 거품을 일게하면 표면장력에 의해서 변성된다. 육류단백질은 57~75℃에서 변성되어 texture, 보수력(water holding capacity) 및 수축(shrinkage) 등에 큰 영향을 미친다.

열 변성의 조건으로서는 온도, 물, 산, 전해질(염화물, 황산염, 인산염, 젖산염 등), pH에 의해서 영향을 받는다.

(1) 온 도

대부분의 단백질의 경우 변성과 응고는 55~75℃에서 일어난다. 그러나 우유단백질은 140℃ 정도에서 응고한다. 단백질 중 가용성단백질인 albumin 및 globulin이 가장 열변성이 잘 된다. 즉 달걀흰자 단백질인 ovalbumin은 58℃로 가열하면 응고하기 시작하여 62~65℃에서 유동성이 없어지고, 70℃에서 거의 완전히 응고된다. 일반적으로 albumin은 온도가 10℃ 높아지면 변성 속도가 20배나 빨라진다.

가열 변성은 pH, 가열 방법, 염, 당, 지방과 같은 공존 물질 등의 영향을 크게 받는다. 식품의 단백질은 지방, 당, 염 등과 공존함으로써 고기나 알의 열에 대한 변성온도와 분리된 각각의 단백질의 응고온도는 다르다. 온도를 급격히 상승시키면 응고온도가 높아지는 경우가 많다.

(2) 수 분

열 변성에서 수분이 많으면 비교적 저온에서 열에 의한 변성이 일어나나 수분이 적으면 고온에서 응고한다. 즉 건열살균이 습윤살균보다 고온을 필요로 하는 것은 이 때문이며 ovalbumin의 수분과 응고온도와의 관계는 표 5-9와 같다.

열 변성할 때 물의 역할로는 가열에 의하여 물의 분자운동이 왕성해져서 단백질의 폴리펩티드 사슬 사이의 수소결합을 절단하고 이것을 물 분자로 둘러싸여 절단된 폴리펩티드 사슬이 풀리거나 응집할 때에 사슬의 움직임을 쉽게 하는 것 등이 있다.

【표 5-9】 ovalbumin의 수분과 응고온도와의 관계

수분함량	응고온도(℃)	수분함량	응고온도(℃)
albumin + 50% 물	56	albumin + 6% 물	145
albumin + 25% 물	74~80	albumin + 0% 물	160~170
albumin + 16% 물	80~90		

(3) 전해질

단백질에 염화물, 황산염, 인산염, 젖산염 등의 전해질이 들어 있으면 변성온도가 낮아지며 변성 속도도 빨라진다. 예를 들면 두부를 만들 때 두부 중의 globulin(glycinin)은 가열하는 것만으로는 응고되지 않으나 70℃ 이상에서 $MgCl_2$ 또는 $CaSO_4$ 를 가하면 잘 응고된다. 그리고 이온의 전해가 큰 전해질일수록 단백질을 변성시키는 데 영향이 크다.

(4) 수소이온 농도

수소이온 농도는 단백질의 응고에 관계가 큰데, 일반적으로는 단백질은 등전점에서 가장 잘 응고된다. 예를 들면 ovalbumin의 등전점이 pH 4.8이므로 산을 넣어 pH 4.8로 하면 비교적 낮은 온도에서 잘 응고되나 그 외의 pH에서는 보다 더 산성으로 하여도 응고온도가 높아진다. 예컨대 생선을 조릴 때 식초를 넣어주면 살이 빨리 단단해지는 것은 바로 이 때문이다.

(5) 열 응고의 방지

지방산염, 당, 당알코올은 ovalbumin이나 serum albumin의 열 응고를 방해한다. pH 7.0에서 0.04 M의 capric-Na을 함유하는 serum albumin의 진한 용액은 열 응고하기가 어렵고 점도가 커지지도 않는다. 지방산염 중에서 탄소 수가 7~8의 것이 특히 유효하다. 당이나 당알코올의 포화 용액은 ovalbumin의 열 응고를 방지하고, 0.25 M 정도의 농도에서도 가열에 의한 ovalbumin의 -SH기의 출현이 적다. 당의 보호작용은 당의 종류에 따라 다르며 glucose, fructose, sucrose가 큰 편이다.

(6) 단백질의 gelation

단백질 용액을 가열하였을 때 단백질 분자가 응고·침전하지 않고, 용액 전체가 gel화 하는 일이 있다. 이것은 변성한 폴리펩티드 사슬 사이의 상호작용에 의하여 그물 모양의 구조가 형성되고 그 속에 물이 들어간 현상이라 생각된다.

2.5~3.5% 소금물에 단백질인 myosin이나 actomyosin의 용액을 가열하면 gel화 한다. 이 현상을 이용하여 기계로 생선을 갈아서 생선묵의 조직을 얻는다. gel화할 때에 근원섬유 단백질의 용해를 증가시켜 연제품의 탄력을 증강시키기 위해서는 어육의 pH를 6.5~7.0으로 하는 것이 유력하며 필요한 단백질의 양은 pH 5.8에서 최소가 된다.

collagen은 불용성의 결정성을 가진 섬유상의 단백질로서 3중 나선구조를 이루고 분자 내 또는 분자 간의 수소결합으로 안정화되어 있는데, 열을 가하면 변성, 분해되어 가용성 gelatin이 된다.

2) 동결에 의한 변성

단백질이 얼게 되면 변성이 일어난다. 가장 변성이 잘 일어나는 온도는 -3~-4℃이며 변성된 단백질은 효소의 작용을 받기 쉽게 되어 자기분해되든가 부패가 일어나기 쉽다. 이와 같은 이유로 냉동시켰던 식품은 부패되기가 쉽다. 특히 어육단백질은 변성되기 쉬우며 동결 후 어육은 질겨지고 고무처럼 되어 수분을 잃는다.

우육은 -1.5~-3℃에서 어육은 -1~-5℃에서 가장 현저하게 변성이 일어나는 반면에 -20℃에서는 변성이 최소로 된다고 한다. 변성이 가장 현저한 -1~-5℃를 최대 빙결정대라고 한다. 따라서 변성을 피하려면 최대 빙결정대 온도를 빨리 통과시키는 급속 동결이 필요하다.

어육의 동결에 의한 변성은 분산매인 물이 동결함으로써 단백질 입자가 상호 접근하여 결합되고, 또 액체의 빙결로서 잔존액 중에 용존하는 염류나 산의 농도가 높아짐으로 단백질 분자가 서로 결합되어 변성된다.

동결에 의해 변성된 식품단백질을 해동시키면 그 펩티드 결합이 절단되어 재배열되고 물과의 친화성을 잃은 단백질은 원상태 때와 같이 물에 분산되기 어려워서 식품의 보수성은 저하되고 수분은 drip이 되어 유출된다.

동결식품(freeze food)을 해동시킬 때는 일반적으로 10℃ 부근의 공기 중에서 건식해동하는 방법이 좋다. 그 원인은 동결식품의 내부와 표면이 비교적 균일하게 용해되어 부분적 변질이 일어나지 않고 동결로 무질서한 세포조직이 재배열을 위한 시간적 여유가 생기기 때문에 drip을 적게 할 수 있다.

육류, 어육은 동결 후 풍미(flavor)가 떨어지고 또 변성되었기 때문에 효소작용을 받기 쉬워서 자기분해 또는 부패가 일어나기 쉽다.

3) 건조에 의한 변성

건조한 어육은 염석(salting out), 응집(cohesion) 등에 의한 변성으로 물에 담가도 흡수성이 나쁘고 생육처럼 되지 않는다. 이것은 단백질이 변성되었기 때문이다.

육섬유를 건조시키면 직쇄상의 폴리펩티드 사슬 사이의 수분은 제거되고, 인접한 폴리펩티드 사슬이 상호 접근하여 결합을 이루어 견고한 구조가 된다. 건조한 어육의 불용성 단백질은 myosin이다.

일반적으로 동결 건조식품은 흡수성이 좋은 것은 물론 원상태와 유사하게 된다.

4) 계면장력에 의한 변성

단백질이 단일 분자막의 상태로 얇은 막상을 형성하게 되면 마침내 불용성이 되는 현상을 단백질의 계면변성(surface denaturation)이라 한다.

달걀의 난백을 강하게 저어서 거품을 일게 하면 그 기계적 작용과 더불어 거품 표면에서의 계면장력도 작용하여 단백질을 변성시킨다.

빵의 반죽을 발효시키는 동안에 생긴 CO_2의 기포 표면에 밀가루 단백질인 gluten이 얇게 분산되어 표면장력으로 변성하여 강한 막을 형성한다. 계면변성이 되면 점차 점성(viscosity)이 커진다.

5) 광선, 압력, 음파, 초음파에 의한 변성

단백질은 광선에 의해 3차 구조의 결합이 절단되어 변성이 일어난다. 특히 α-, β-, γ-, x-xay 조사에 의해서 변성되고 상온에서 자외선을 조사하면 등전점에서 불용성이 된다.

단백질에 5,000~10,000기압의 압력을 가하면 응고한다. 또한, 음파나 초음파에 의해서도 응고·변성되는 것은 물론, 가용성 단백질을 건조 분쇄하여도 역시 불용성으로 변성한다.

2. 화학물질에 의한 변성

1) 산·알칼리에 의한 변성

단백질 용액에 산 또는 알칼리를 가하면 (+), (-)전하가 변하기 때문에 고차 구조와 관계가 깊은 이온결합에 변화를 일으켜 단백질이 변성된다.

산이나 알칼리에 의한 단백질의 변성은 단백질을 등전점에 이르게 하여 응고시키는 것이라고 할 수 있다. 우유에 젖산균이 생육하면 pH가 저하하여 casein의 등전점(pH 4.6)에 이르게 되어 casein이 변성되어 침전한다. 이것을 등전침전이라 한다. yoghurt, cheese 등의 제조는 이 원리를 이용한 것이다. 또 우유가 산패하면 단백질이 응고한 덩어리가 생긴다.

한편, 생선의 초절임은 산으로 그 단백질을 응고시켜 연한 육질를 굳히는 것이다. 또 살이 너무 연한 생선을 삶을 때 초를 조금 친 다음 물을 끓이는 것도 단백질을 변성시켜 생선살을 굳게 하기 위한 것이다.

2) 알코올, 아세톤에 의한 변성

유기용매인 alcohol, acetone을 단백질 수용액에 넣으면 단백질이 변성되어 침전하는데 등전점 부근에서 반응이 가장 잘 일어난다. 그러므로 알코올 첨가에 의하여 우유의 침전 반응의 유무를 보는 alcohol test는 우유의 신선도 판정에 이용한다. 이것은 우유가 변질되면 산이 증가하므로 등전점 부근의 pH로 되기 때문이다. 알코올에 의한 침전은 친수성이 강한 알코올이 탈수작용에 의하여 단백질 분자의 수화가 대단히 적어지기 때문인 것으로 생각된다.

3) 금속이온에 의한 변성

일반적으로 $2\sim3^{+}$가 금속이온은 단백질의 변성을 일으키는데 효과가 크다. 대두단백질인 glycinin은 열에 의하여 변성되지 않으나 Ca^{2+}, Mg^{2+}에 의하여 쉽게 응고된다.

Mg, Ca 이온은 대두단백질인 glycinin의 carboxyl 기에 결합하여 분자 사이에 같은 가교를 만드는 것으로 생각되며, 결합된 Ca은 투석(dialysis)에 의하여 쉽게 제거되지 않는다. 이 원리는 두부 제조에 이용된다. 과일이나 채소를 설탕 조림할 때 원형을 너무 헝클어뜨리지 않으려면 백반(alum)을 넣으면 된다. 그 원인은 백반 중의 Al^{3+}이 단백질을 응고시키기 때문이다.

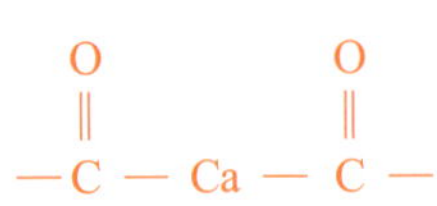

한편, Hg, Ag, Cu, Fe, Pb 등의 중금속은 단백질과 착화합물(chelate compound)을 만들어 침전한다.

4) 중성염에 의한 변성

단백질 용액에 소량의 중성염을 넣으면 등전점이 변하지 않으나, 단백질 분자 사이의 인력을 약화시키고 그 결과 단백질이 용해되기 쉬워진다. 그러나 다량 넣으면 물이 염을 녹이는 데 사용되므로 단백질을 녹이는데 부족하게 된다. 단백질이 침전되는 것을 염석이라 하며 염석된 단백질 중의 무기염은 투석에 의하여 제거할 수 있다. 중성염으로서 $(NH_4)_2SO_4$, Na_2SO_4, NaCl, $(NH_4)_2CO_3$ 등이 사용된다.

5) 알칼로이드 시약에 의한 변성

단백질 용액에 tannic acid, phosphowolframic acid, sulfosalicylic acid, picric acid 등과 같은 alkaloid 시약을 넣으면 단백질이 침전된다. 이들은 단백질의 아미노산기의 극성기에 결합하기 때문이다.

이 반응은 비단백질 화합물과 혼합하여 존재하는 단백질의 분리 정량이나 조직 용출물에서 단백질을 제거하는 데 이용된다.

3. 효소에 의한 변성

우유단백질의 약 80%를 차지하는 casein은 구상의 casein micell로 존재하며 Ca, P, 미량의 Mg 및 구연산을 함유하고 있다. α, β-casein은 Ca^{2+} 이온의 존재하에서 응집하나 k-casein은 응집하지 않고 micell 표면에 존재하여 보호 colloid의 구실을 하며, rennin은 k-casein에 작용하여 para-k-casein과 glycomacropeptide로 분해된다.

glycomacropeptide는 친수성이 강하여 casein에서 유리되므로 casein은 불안정하게 되어서 Ca과 결합하여 dicalcium para-casein이 되어 응고하게 된다. 이 응고물을 curd라 한다.

$$\text{k-casein} \xrightarrow{\text{rennin}} \text{para-k-casein} + \text{glycomacropeptide(soluble in whey)}$$

$$\text{para-k-casein} \xrightarrow[\text{pH 6.0} \sim \text{6.4}]{+Ca^{2+}} \text{dicalcium para-casein(curd)}$$

우유를 rennin으로 응고시키면 2종의 상(phase)이 생긴다. 하나는 casein이 rennin에 의하여 분해되는 과정(1차상)이고, 또 하나는 분해된 casein이 Ca^{2+}의 존재하에서 응고하는 비효소적 변화(2차상)라 할 수 있다. 저온에서 우유에 rennin을 작용시키면 1차상까지만 진행되고 응고하지 않는다.

4. 변성 단백질의 성질

1) 용해도의 감소

단백질이 물에 녹아 있을 때는 소수성기는 물에서 멀어지려고 구조 내부에 들어 있으나 단백질이 변성되면 구조가 풀리어 이것이 표면에 나타나므로 단백질의 친수성이 감소하고 용해성도 감소한다.

예를 들면 콩을 습열 상태로 저장한다든가 가열·건조하면 그 단백질의 수용성은 심하게 저하된다. 또 가압 착유한 탈지콩도 저하된다. 신선한 콩은 단백질의 90%이상이 수용성인데 콩의 저장만으로도 이것은 저하하며, 탈지콩은 더욱 저하한다.

콩단백질의 용해율은 표 5-10과 같다. 시료를 발효가공을 위한 예비조작으로 습열처리하였을 때의 용해율은 표 5-11과 같다.

【표 5-10】 콩단백질의 용해율

	수용성 N%	10% NaCl 가용 N%	0.2% NaOH 가용 N%	불용성 N%
둥 근 콩	72.8	9.0	13.0	2.4
normal hexane 추출 탈 지 콩	7.5	4.3	61.5	27.5
압 축 탈 지 콩	48.1	12.1	32.5	7.3

【표 5-11】 찜처리에 의한 용해율

	수용성 N%	10% NaCl 가용 N%	0.2% NaOH 가용 N%	불용성 N%
둥근 콩(침수 1.5시간 5파운드, 2시간 가압하여 찐다. 2시간 방치)	21.2	14.2	14.2	55.5
추출탈지콩(침수 90℃, 130%, 5파운드, 2시간 가압하여 찐다.)	18.1	8.1	13.3	27.5
압착탈지콩(침수 80℃, 100%, 5파운드, 2시간 가압하여 찐다.)	16.9	5.9	43.6	66.3

2) 효소에 대한 감수성

구상단백질은 변성에 의하여 효소의 작용을 받기 쉬워진다. 단백질이 열에 의하여 변성되면 구형을 이루고 있던 폴리펩티드 사슬이 열에 의하여 풀어져서 효소가 작용할 수 있는 장소가 증가한다.

또한, 지나친 가열은 단백질의 소화를 나쁘게 하는데 이것은 가열로 인하여 생긴 새로운 가교결합으로 응고물의 구조가 빽빽하여지므로 효소의 작용 장소가 다시 구조 내부로 묻혀버리기 때문이다.

그 예로 반숙한 달걀이나 콩단백질을 습열로 변성시키면 분해가 잘된다. 이때의 용매는 물인데 알코올로 변성시키면 효소에 의한 분해율은 더욱 높아진다.

3) 반응성의 증가

단백질이 변성하면 폴리펩티드 사슬 구조의 내부에 있던 -SH, -OH, $-NH_2$, -COOH, phenol기 등의 활성기가 폴리펩티드 사슬 구조의 표면 가까이로 나타나서 반응성이 증가한다. 그 예로 egg albumin과 근육의 myosin이 변성하기 전보다 -SH기의 반응을 잘 나타낸다.

4) 생물학적 활성의 손실

대부분의 효소는 100℃에서 수 분간 가열하면 그 활성을 잃게 된다. 효소와 기질과의 관계는 열쇠와 자물쇠의 관계에 비유되는 만큼 분자의 형태가 결정적인 영향을 주는 것이므로 열에 의하여 효소단백질의 분자가 변형되면 효소는 활성을 잃게 된다.

변성에 의하여 항원과 항체의 결합 능력도 같은 이유로 소실된다. 또 활성의 저해적 변성을 일으킬 때 그 저해작용이 가역적인 때가 있다.

그 예로 β-amylase에 대하여 tannin은 저해작용이 있으나, gelatin을 가함으로써 amylase 활성은 복원된다.

5) 점도의 증가

collagen에 물을 넣고 가열하면 점도가 2% 증가하며 선광도가 0으로 되는 것은 cellulose 형태의 단백결합이 풀려서 원형이 없어지고 randomized coil이라는 무질서의 구조로 변하기 때문이다.

6) 변성 청색 이동

변성에 따라 단백질 용액의 자외선 흡수 spectrum은 단파장 쪽으로 이동하게 되는데, 이것을 변성 청색 이동이라 한다.

5-6 • 단백질의 분해

1. 광선에 의한 분해

단백질 및 아미노산 중에는 광선에 의하여 분해되는 것이 있다. pepsin, trypsin, papain과 같은 protease에 자외선을 쪼이면 단백질이 변화되어 단백질 분해 능력이 없어진다.

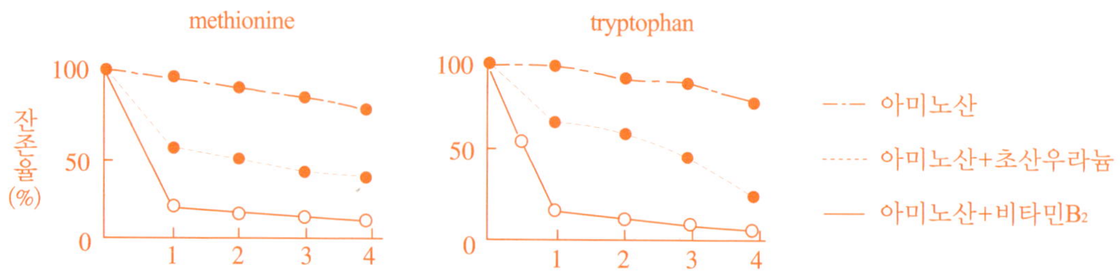

【그림 5-7】 vitamin B_2가 공존할 때의 amino acid의 광분해

tryptophan, methionine, tyrosine, alanine 등의 아미노산도 광분해가 일어난다. 즉 tryptophan 용액에 빛을 쪼이면 분해되어 갈색을 띠며 이때 alanine, aspartic acid, hydroxy 및 anthranilic acid를 생성한다. 그리고 형광물질(vitamin B_2, eosins, lumiflavin 등)의 존재하에서 casein 용액에 햇빛을 쪼이면 casein 중의 tryptophan이 분해되어 영양가가 현저하게 떨어진다. methionine, cystine, cysteine 및 tyrosine도 형광물질 존재하에서 햇빛을 쪼이면 파괴되어 감소한다.

alanine은 질소가스 속에서 석영 등을 조사하면 분해하여 ammonia, lactic acid 및 pyruvic acid를 생성한다.

2. 단백질의 자기소화(autolysis)

식품단백질은 저장 중에 식품 내에 존재하는 protease가 작용하여 가수분해(hydrolysis)된다. 육류 및 어류가 신선한 것에 비하여 어느 정도 시간이 경과한 것은 자기소화가 일어나 유리 아미노산 생성 등에 의해 맛이 더 좋아진다. 이와 같이 자기소화가 된 단백질은 미생물이 더 잘 번식되고 부패도 빠르다. 이 밖에 식품을 저장, 가공하든가 발효, 부패가 일어날 때에도 미생물에 의하여 생긴 여러 가지 protease의 작용을 받아 단백질이 분해되어 변화하는 것이다.

3. 산과 알칼리에 의한 가수분해

1) 산분해

시료에 6N-HCl을 사용하여 110℃에서 24시간 진공 상태의 봉관 내에서 분해하는데 tryptophan은 완전 분해하나 cysteine, methionine, serine, threonine 등은 조금 분해될 뿐이다.

2) 알칼리분해

25% NaOH, $Ba(OH)_2$ 등으로 6시간 가열 분해하는데 alkali에 의해 arginine, cysteine, lysine 등이 파괴되고 모든 아미노산이 racemi형으로 된다.

5-7 • 새로운 단백질 자원

인류가 섭취하는 단백질 자원이 부족하여 양질의 단백질 식품 개발은 절대적으로 필요한 과제로, 생산비가 저렴하고 손쉽게 만들어지고 영양가가 좋은 고단백질 자원의 개발에 연구와 노력을 계속하고 있다. 현재까지 마련된 단백질 자원으로는 미생물단백질, 녹엽농축단백질, 어류단백질로 분류할 수 있다.

1. 미생물단백질(microbial proteins)

사람이 음식물로 이용할 수 없는 cellulose, n-paraffin, 펄프 폐액 등에 미생물을 배양하여 생산된 미생물체를 추출, 정제한 물질을 단세포단백질(single cell protein, SCP)이라 하며 이러한 SCP 생산에는 기후에 영향을 받지 않고 인위적으로 생산을 조절할 수 있으며 미생물 단백질의 아미노산 함량은 표 5-12와 같다.

1) 효모단백질(yeast proteins)

(1) *torula yeast* protein

효모단백질원으로 사용되는 효모는 *Torulopsis utilis*, *Cryptococcus utilis*, *Geotrichum candidum* 등이 있으며 *torula yeast*는 유청(milk whey), 당밀, 목재가수분해물, 감자 등에서 전분을 추출하고 남은 폐기물 등에서 식용 효모로 배양되어 왔다.

*torula yeast*는 단백질과 비타민량은 분유나 육류와 비슷하게 우수하나 표 5-12에서 보는 바와 같이 methionine의 함량이 매우 적으나 식물성 식품 중 곡류에 소량 혼합으로 아미노산 조성을 개선할 수 있을 것으로 전망되는 단백질원으로 볼 수 있다.

Nocardia, *Candida* 등의 효모단백질도 methionine, tryptophan의 함량은 적으나 그 외의 아미노산의 함량은 풍부하므로 개발이 기대된다.

【표 5-12】 미생물단백질의 amino acid 함량

amino acid	FAO 기준단백질	효모단백질 (torula)	세균단백질	조류단백질	석유단백질
arginine	-	7.22	-	-	5.0
histidine	-	2.62	-	0.98	2.1
isoleucine	4.2	7.50	3.6	1.78	5.3
leucine	4.8	7.14	5.6	3.55	7.8
lysine	4.8	8.28	6.5	2.71	7.8
methionine	2.2	1.68	2.0	0.75	1.6
phenylalanine	2.8	4.82	2.9	1.99	4.8
threonine	2.8	5.16	4.0	2.24	5.4
tryptophan	1.4	1.32	0.9	1.04	1.3
valine	4.2	5.96	4.0	2.67	5.8
cystine	2.0	-	0.6	0.24	0.1

(2) 석유단백질

n-paraffin, heavy oil(중유) 등의 석유화합물에 효모 등 미생물을 배양하여 증식된 효모에서 추출한 단백질을 석유단백질이라 하며 BP-단백질농축물(Bristishpetroleum protein concentrate)은 영국에서 개발한 것으로 단백질, 비타민 등이 아주 우수하나 독성 때문에 사용이 제한되고 있다.

2) 세균단백질(bacterial proteins)

bacteria protein은 배양 조건에 따라 다르나 약 30~60% 정도의 단백질을 갖고 있으며 yeast protein에 부족되는 methionine, tryptophan, cysteine 등의 함량이 많다.

3) 조류단백질(Algae proteins)

(1) chlorella

조류단백질로 가장 많이 사용되고 있는 단세포 조류로 녹조류(green algae)인 chlorella는 일광, CO_2, 질소원으로 생육되고 있다. chlorella 건조품은 단백질이 55%, 탄수화물이 18%, 조지방이 8%, 조섬유가 3%, vitamin B·C가 다량 존재하며 특히 곡류에 부족한 lysine, threonine, tryptophan이 많으나 methionine, cysteine이 적고 향미와 소화율이 60% 정도로 적어서 앞으로 이런 부분의 연구가 활발히 진행되어 그 품질이 개선되면 식용 단백질원으로 이용되리라고 본다.

(2) *Spirulina platenis*

blue green algae 단백질은 남조류에서 생산되며 북아프리카산의 *Spirulina platenis* 의 건조품은 methionine, cysteine이 적으나 protein이 60~70%로 함량이 많고 vitamin A·B가 많으며 특히 세포벽이 잘 파괴되어 소화율이 80%로 주목할 단백질원으로 생각된다.

2. 녹엽농축단백질(leaf proteins concentrate)

녹엽농축단백질(LPC)은 식물의 청엽을 파쇄하여 펄프로 만든 후 단백질을 추출, 정제한 후 80℃로 급히 가열 응고시켜 반 고형물로 생산 후 건조해 분말로 만들어 이용한다. 60~79%의 protein, 20~30%의 polyunsaturated fatty acids, vitamin, mineral이 풍부하나 냄새와 색소을 제거하여야 널리 식용할 수 있다.

3. 어류농축단백질(fish protein concentrate)

어류농축단백질(FPC)는 찐 후 마쇄 압착하여 수분과 지방을 제거한 후 isopropyl alcohol, acetone 등으로 단백질을 추출한 후 추출용매를 증발 제거하여 얻어지는 양질의 동물성 단백질로 사료나 인류의 식량자원으로 개발의 효과가 매우 큰 단백질 자원으로 기대된다.

4. 인조육단백질(meatless meat proteins)

탈지대두, 농축대두, 밀 gluten 등을 alkali에 용해하여 산용액에 가늘게 품어내 동물성과 같은 섬유상의 단백질로 만들어 맛, 색, 향을 맞추고 난백을 섞어서 물리적인 조작으로 단백질 응고물로 만들어 천연 고기와 비슷하게 만든 것을 인조육이라 한다.

5. plastein proteins

단백질에 protease를 작용시켜 생성된 저분자 펩티드를 특별한 조건에서 protease를 작용시켜 재합성된 폴리펩티드를 plastein이라고 하며 이 반응을 plastein 반응이라 한다. 대두단백질을 pepsin으로 분해시켜 생성된 저분자 펩티드를 chymotrypsin으로 반응시키면 trichloroacetic acid에 용해되지 않는 폴리펩티드가 생성되며 또한 저분자 펩티드에 존재하는 쓴맛이 감소한다.

plastein 반응으로 생성된 폴리펩티드는 필수아미노산(lysine, methionine)을 함유한 양질의 단백질을 합성할 수 있으므로 더욱 기대되는 분야로 생각된다.

5-8 • 식품의 단백질 함유량

식품에는 단백질 식품이라 부르는 것이 있다. 그것은 단백질의 이용이 주로 되는 식품이며 우유, 알, 수조육류, 어패류, 콩류 등을 말한다. 표 5-13에 무수염류로 환산한 때의 대표적 식품의 조단백질 함유량을 표시한다.

식물성 식품은 수분이 많고 그 구조를 유지하는 것이 섬유 등의 다당류로 되어 있으므로 동물성 식품에 비하여 확실히 단백질 함유량이 적다. 동물성 식품에서는 반대로 탄수화물이 적다.

【표 5-13】 각 식품의 단백질 함유량

식 품 명	수 분 (%)	단백질 (%)	무수 base 단백질(%)	식 품 명	수 분 (%)	단백질 (%)	무수 base 단백질 (%)
콩	12.0	34.3	34.3	꽁치	70.0	20.0	66.6
당근	85.8	1.3	31.0	장어	60.7	20.0	51.0
땅콩	7.6	25.6	25.6	다랭이유육	52.6	21.4	45.2
팥	15.5	21.5	25.5	무당게	76.0	20.0	20.0
강낭콩	16.0	20.2	24.1	참도미	77.8	18.0	18.0
양배추	92.3	1.6	21.9	오징어	80.3	17.0	17.0
오이	96.7	0.7	21.2	새우	80.0	16.0	16.0
참깨	7.0	16.7	16.7	낙지	82.9	14.6	14.6
밀	13.5	10.5	12.1	난백	89.0	10.2	93.0
보리	14.0	10.0	11.6	닭고기	72.8	21.0	77.2
조	13.0	9.9	11.4	소다리	71.6	21.0	74.0
감자	79.5	1.9	9.3	돼지다리	71.6	21.0	74.0
쌀	15.5	6.2	7.4	닭가죽	57.4	31.1	73.0
밤	55.0	3.1	6.9	닭다리	85.4	17.6	51.9
고구마	69.3	1.3	4.2	달걀(전)	75.0	12.7	50.8
다랭이적육	73.2	24.3	90.5	난황	49.5	16.1	31.9
가다랭이	70.0	25.4	84.5	우유	88.6	2.9	25.5

정갱이	75.0	20.0	80.0				
고등어	76.0	18.0	75.0	소애목	45.6	12.4	22.8
연어	72.2	20.0	72.1	돼지아래목	45.6	12.4	22.8
정어리	75.0	17.5	70.0				

제5장 연습문제

1. 콩단백질의 종류를 쓰시오.
2. 단순 단백으로 난백에 많고 물에 잘 녹는 혈액의 중요한 단백질은?
3. 단백질의 질을 평가하는 데 표준이 되는 단백질 식품은?
4. 달걀단백질을 60~70℃로 끓이면 소화가 잘되는 이유를 쓰시오.
5. 단백질이 가장 잘 응고되는 것은?
6. 생난단백질을 먹었을 때 biotin과 결합하여 biotin 결핍증을 일으키는 것은?
7. 식품 중에 들어 있는 인단백질은?
8. 아미노산은 등전점에서 어떤 전하를 띤 이온기를 가지고 있는가?
9. 옥수수를 주식으로 하면 결핍되기 쉬운 필수아미노산은?
10. 소맥분의 강화에 주로 쓰이는 영양소는?
11. 핵산과 결합하고 있는 단백질은?
12. 중성 아미노산을 쓰시오.
13. 방향족 아미노산에 속하는 아미노산은?
14. 용해성이 가장 낮은 단백질은?
15. 단백질의 2차 구조를 유지하는 결합은?
16. 두부의 응고에 대해서 설명하시오.
17. amino acid의 성질을 설명하시오.
18. 입체 이성체가 존재하지 않는 아미노산은?
19. 염기성 아미노산을 쓰시오.
20. 필수아미노산에 대해서 설명하시오.
21. 아미노산 중 disulfide 결합을 하고 있는 아미노산은?
22. 아미노산 중 맛난맛을 갖는 아미노산은?
23. 알레르기성 식중독과 관계있는 아미노산은?
24. 아미노산인 histidine이 탈탄산반응을 받으면 어떠한 독성물질이 생기는가?
25. 단백질을 구성하지 않는 아미노산을 쓰시오.

26. 아미노산 중에서 가장 단맛이 강한 것은?
27. 천연 식품단백질의 구성 아미노산이 아닌 것을 쓰시오.
28. 아미노산은 등전점보다 높은 pH에서는 무슨 이온과 결합하는가?
29. 제한아미노산(limiting amino acid)을 설명하시오.
30. 쌀에 대한 보조효과가 가장 큰 아미노산과 식품을 쓰시오.
31. collagen에 전혀 함유되지 않은 필수아미노산은?
32. 단백질 중 경단백질을 쓰시오.
33. 물에 녹는 단백질을 쓰시오.
34. albumin에 대해서 설명하시오.
35. 가열에 의해 응고되지 않는 단백질은?
36. 뜨거운 물로 열 변성시켰을 때 응고하지 않고 용해하는 단백질은?
37. collagen이 젤라틴으로 변하는 온도는?
38. histone에 대해서 설명하시오.
39. 동물의 정자세포 중에 핵산과 결합하여 존재하는 것은?
40. casein에 대해서 설명하시오.
41. 우유단백질을 쓰시오.
42. 핵단백질에 대해서 설명하시오.
43. 색소단백질은?
44. 유도단백질에 대해서 설명하시오.
45. 제1차 유도단백질을 쓰시오.
46. 식물성 식품과 그 함유된 단백질에 대해서 설명하시오.
47. myoglobin 함량이 많은 고기는?
48. 난단백질 중 항생제 역할을 하는 것은?
49. 날콩 중의 독성 단백질로서 동물 적혈구를 응집시키는 것은?
50. gluten은 어떤 단백질로 형성되었나?
51. 불완전 단백질에 속하는 단백 식품을 쓰시오.
52. 곡류단백질은 동물성단백질보다 특히 어느 아미노산이 적은가?
53. protein이 생물가에 미치는 영향을 쓰시오.
54. 단백질의 구조 중 peptide결합의 carbonyl기와 imino기 사이의 수소결합에 의해 α-나선구조를 이룬 것은?
55. 단백질의 2차 구조의 결합 방법을 쓰시오.
56. 단백질의 구조에서 α-helix 등과 나선구조를 나타내는 구조 형식은 몇 차 구조인가?

57. 단백질의 3차 구조를 안정시키는 결합 방법이 아닌 것은?
58. 천연단백질을 변성시키는 물리적 작용을 쓰시오.
59. 단백질의 변성에 대하여 설명하시오.
60. 단백질 용액은 등전점에서 일어나는 변화를 설명하시오.
61. 단백질의 등전점에서 최소가 되는 성질은?
62. 콩단백질을 응고에 대해서 설명하시오.
63. 우유단백질인 casein 응고에 대해서 설명하시오.
64. 단백질의 열에 의한 변성은 보통 몇 ℃ 이상에서 일어나는가?
65. 아미노산 중 광분해를 가장 쉽게 받는 것은?
66. 단백질 분해효소를 쓰시오.
67. 육류의 사후경직에 대하여 쓰시오.
68. 도살 후 근육 중에 함유된 ATP의 분해산물이 아닌 것은?
69. 아미노산을 분석하기 위해 어육을 염산으로 가수분해시켰다. 이때에 파괴되는 아미노산은?
70. phenol기를 갖는 tyrosine의 검출에 이용되는 정색반응은?
71. 단백질을 알칼리 용액에 녹이고 $CuSO_4$을 소량 넣으면 청자색이 되는 정색반응은?
72. 어떤 단백질의 질소함량을 측정하였더니 15%였다. 이 단백질의 질소계수는?
73. 어육을 Kjeldahal법으로 분석한 결과 총 질소량이 4.8%였다. 이 시료의 조단백질 함량은?
74. 천연에 존재하는 amino acid의 형태를 쓰시오.
75. 발육기의 아동, 회복기의 환자에 다량으로 필요한 아미노산은?
76. 구상 단백질을 성명하시오.
77. 단백질 시료 중의 제한 아미노산 함량과 FAO가 제정한 이상적 표준 단백질에 해당되는 아미노산 함량과의 % 비율로 표시한 것은?
78. 단백가가 100인 식품은?
79. 단백질이 약한 열에 의해 변성되면 어떻게 변하는가?
80. 단백질 변성이 잘 일어나는 동결온도는?
81. 단백질의 해교작용을 설명하시오.
82. 삶아도 연화되지 않아 고기의 식품 가치가 낮아지는 것은 무엇 때문인가?
83. 조단백질의 정량 조작 순서를 쓰시오.
84. 사후경직 전의 어체를 -30℃에 동결했을 때 일어나는 사항은?
85. 단백질이 묽은 산, 탈수, 방사선, 초음파 등에 의하여 용해성 및 수화성이 변하게 되는 현상을 무엇이라고 하는가?
86. 중성 염류 용액 중에서 단백질의 용해도가 증대되는 원인을 쓰시오.

제6장 무기질(Minerals)

식품에는 탄수화물, 단백질, 지방을 구성하고 있는 탄소, 산소, 수소, 질소 외에 칼슘, 마그네슘, 인, 칼륨, 나트륨, 염소, 철, 구리, 요오드, 망간, 코발트, 아연 등 여러 가지 미량원소가 있는데 이것을 회분(ash), 무기질(mineral), 무기성분(mineral matter)이라고 한다.

무기질은 약 100여 종의 금속 및 비금속 원소로서 대부분 무기염의 형태로 식품 속에 존재한다. 그러나 단백질, 혈색소, 효소 등의 유기물 내에서 존재하며 식품을 구성하는 것은 약 20여 종의 무기질이 있다.

6-1 • 무기질의 분류

식품을 550~600℃로 회화하면 C・H・O・N은 전부가, Cl・I는 대부분이, S는 약 70%가 제거되고 그 외의 원소는 산화물(K_2O, Al_2O, CaO, MgO, Fe_2O_3 등)로서 남는데 이들을 회분(ash)이라 한다.

무기질 중 체중의 0.01% 이상 존재하고 음식물로 100ml/day 정도를 섭취해야 되는 Ca, P, K, S, Na, Cl, Mg 등을 다량원소(macro-minerals)라 하고 0.01%보다 적은 양이 체내에 존재하는 Fe, Zn, Mn, Se, Cu, I, Cr, F, Co, Mo 등을 미량원소(micro-minerals, trace-elements)라 한다. 그 외에 무기질에는 유해금속인 Cd, Hg 등 특수한 오염지역에 함유되어 있는 경우도 있다.

무기질은 인체 내에서 체조직의 형성, 수분과 산・염기의 평형조절, 효소와 호르몬 등의 물질을 합성하여 체작용을 조절하며, 신경충동의 전도와 근육수축을 용이하게 하는 작용을 한다.

무기질은 식품 내에서 Ca, Mg, Na, K, Fe, Cu, Mn, Co, Zn 등은 Ca^{2+}, Mg^{2+}, Na^{+}, K^{+}, Fe^{2+}, Cu^{2+}, Mn^{2+}, Co^{2+}, Zn^{2+}를 생성하여 양이온이 되므로 알칼리 생성원소(alkali-forming elements)라 하고 P, S, Cl, Br, I 등은 PO_4^{3-}, SO_4^{2-}, Cl^-, Br^-, I^-를 만들어 음이온이 되므로 산생성 원소(acid-forming elements)로 분류한다.

산성 식품으로는 곡류, 육류, 난류, 두류(대두 제외), 치즈 등이 있으며 곡류가 체내에서 산화·분해되어 CO_2와 H_2O를 생성하여 체내에서 화합해서 탄산(H_2CO_3)으로 존재하므로 산성 식품이다. 단백질 식품의 P와 S는 인산(PO_4^{-3})과 황산(SO_4^{-2})을 형성하므로 산성 식품이라 한다.

알칼리성 식품으로는 우유, 대두, 채소, 해초, 고구마 등이 있는데 우유와 대두는 Ca이 많고 P은 적기 때문이고 채소류에는 K, Na, Ca이 많기 때문이고 과실은 유기산 때문에 신맛을 가지나 그 회분에는 alkali 생성 원소가 많기 때문에 alkali성 식품이다.

식품의 산도 또는 알칼리도 측정은 식품 100g 중의 회분을 중화하는 데 필요한 0.1N-NaOH 또는 0.1N-HCl의 ml수를 각각 산도 또는 알칼리도라 하며 다음과 같이 계산할 수 있다.

【표 6-1】 식품의 산·알칼리도

산성 식품	산 도	알칼리성 식품	알칼리도
계 란	10~20	다시마	40
육 류	10~20	흑설탕	15
오징어·문어류	10~20	당 근	9~15
oat meal	15	대 두	9~10
현 미	9~14	시금치	5~12
보 리	10	고구마	6~10
잠 두	5~10	무 류	6~10
뱀 장 어	7	감귤류	5~10
옥 수 수	5	감 자	5~9
백 미 밀	3~5	혈 액	5
가 루	3~5	토마토	3~5
버 터	4	사 과	1~3
흰 빵	2~3	우 유	2
쌀 밥	1	양 파	1~2

예 어느 식품 50g을 회화하여 그 회분을 중화하는 데 0.2N-NaOH 용액이 0.02dl가 소요될 때에 이 식품은 사용 약품이 NaOH 용액이므로 산성 식품으로(산도=100/50×2×2=8) 산도 8을 나타낸다.

일상적인 식품의 산·알칼리도는 6-1과 같다.

6-2 • 무기질의 기능

(1) 무기질은 식품 및 인체의 중요한 구성 성분으로 Ca, P, Mg은 뼈와 치아의 구성 성분이 되며 치아를 단단하게 하고 그 기능을 완전하게 한다. P는 유기화합물과 결합해서 인지질, 핵단백질의 구성분이 되며 ATP의 구성분으로서 생체대사에 관여하고 있다. S는 머리털, 손톱, 피부의 구성분이 되며 혈액에도 Fe, Cu, Na, P, Cl 등의 무기질이 함유되어 있다.

【표 6-2】 무기질의 생체 내의 기능과 분포

무기질	생 리 작 용	분 포
K	세포내액 삼투압, pH 조정, 신경・근육의 흥분성 유지	곡류, 채소
Na	세포외액의 수분평형, 삼투압 조절, 완충작용	동식물계, 소금
Ca	뼈・치아의 형성, 신경계의 흥분억제, 근육수축, 막투과성조절, 혈액응고	뼈, 우유, 해조류 녹차, 감잎차
Mg	뼈・치아의 형성, 신경근육의 기능억제, 대사조절, hexokinase 등 효소의 활성화	곡류, 감자류
Fe	적혈구의 hemoglobin의 성분, catalase・arginase 등의 활성화	채소, 동물의 간장
Cu	hemoglobin 형성시에 Fe의 흡수・이용에 필요, phenolase・ascorbinase 등에 관여	채소, 동물의 간장 조개류, 두류, 달걀
Co	vitamin B_{12} 구성성분(조혈작용), arginase 활성화	채소, 동물의 간장
Mn	arginase・phosphatase・decarboxylase 등의 활성화	채소, 두류
Zn	insulin의 구성성분, decarboxylase의 활성화	곡류, 채소
Mo	xanthin의 구성성분	두류
Cl	위액의 염산성분으로서 trypsin의 활성화	소금
P	뼈・치아의 성분, 신경자극의 전달, ATP 및 핵산・인지질의 구성성분	뼈, 젖, 알, 육류, 채소
S	함황 amino acid ・vitamin B_1・Co-A의 구성성분	동물의 각조직
I	갑상선 hormone의 구성성분으로서 기초대사의 촉진	해산물(해조류)
F	1ppm의 음료수로 치아의 enamel질을 강하게 한다.	해산물(해조류)

(2) 무기질은 체내에서 pH 및 삼투압을 조절하여 인체 내의 물리화학적 작용을 정상적으로 유지하는 데 중요한 역할을 한다.

혈액의 pH가 7.35~7.43을 일정하게 유지되는 것은 혈액 중의 단백질 및 무기질이 완충작용(buffer action)을 하기 때문이며 Na^{+}, K^{+}, Ca^{2+}, Mg^{2+}, CO_3^{2-}, PO_4^{3-} 등의 무기질이 이러한 완충작용을 한다. 삼투압 현상에 큰 역할을 하여 세포막의 투과성, 세포액의 이동에 관여하기도 한다.

(3) 무기질 중 효소의 구성분이 되는 것은 Fe, Cu, Zn, I, S, P, Mo 등이고 효소 반응을 촉매하는 것은 K, Na, Cu, Mg, P, Zn, Co 등이 있다.

식품 속에 함유되는 무기질의 생체 내에서의 기능과 분포를 표시하면 표 6-2와 같다.

6-3 • 식품 중의 각종 무기질

1. calcium(Ca)

Ca은 동식물계에 널리 분포되어 있으나 성인 체중의 1.5 ~ 2.0 %, 즉 1,000 ~ 1,200 g을 차지하고 있는데 지방을 제거한 체조직에는 20.7 ~24.8 g/kg으로 그중 99 %는 경조직, 즉 동물의 뼈와 치아에 P, Na, Mg, CO_3 이온과 함께 육각형의 관 모양의 hydroxyapatite 결정의 형태로 장골의 골단부에 섬유주(trabeculae)로 존재하고 나머지 1 %는 연조직인 혈액, 근육 중에 존재하여 세포의 생명기능에 관여하고 있다.

Ca^{2+}의 체내작용은 골격과 치아를 형성하며 두뇌와 같은 중요한 기관들을 보호하고 혈액응고, 영양소의 이동, 효소반응의 활성화, 호르몬의 분비, 근육의 접착점으로서 작용하며 또한 세포막의 유지와 세포의 투과성을 조절하여 세포막을 통한 영양소의 이동, 신경세포와 근육 사이에 충동을 전달, 근육의 수축과 이완, 골격근육 및 심장근육의 수축 등에 중요한 역할을 한다.

Ca과 P 사이에 대항작용이 있어서 섭취 비율은 Ca : P = 1 ~ 2 : 1 정도가 가장 좋으나 실제적으로 우리의 식생활에서는 0.75 : 1의 비율로 섭취하고 있으며, 우유 casein은 Ca : P = 10 : 9로 매우 합리적인 식품으로 인정된다.

Ca 흡수는 10 ~ 30 %가 장을 통해 흡수되는데 주로 소장 상부, 즉 십이지장에서 능동적인 이동기작에 의해 흡수되고, 공장과 회장 부분에서는 수동적 확산에 의해 흡수되는데 산성 쪽에서 잘 흡수된다. 그 외는 lactose, 부갑상선호르몬(parathyroid hormone), vitamin D, lysine, arginine이 존재하면 흡수가 좋다. 그러나 pH가 높거나 oxalate(시금치, 근대, 무청), phytate(밀, 밀기울, 콩류), 유리지방산, P, cellulose가 많으면 Ca의 흡수율이 낮아진다.

혈중 칼슘농도(9~11mg/dl)는 일정하게 유지되고 있다. 혈액의 칼슘 농도가 정상 수준이하로 떨어지는 경우 부갑상선호르몬(parathyroid hormone, PTH), vitamin D는 혈액의 칼슘 농도를 정상 수준으로 유지하기 위하여 뼈로부터 칼슘이 나오도록 하고, 만약 혈액 내 칼슘 수준이 너무 높으면 칼시토닌(calcitonin) 호르몬이 갑상선에서 분비되어 부갑상선의 작용을 방해하여 혈액 내 칼슘 수준이 정상으로 되게 한다.

골격에서 칼슘의 교체 비율은 연령에 따라서 다른데 생후 첫 1년 동안에는 뼈의 칼슘 성분을 100% 교체하고 아동기에는 약 10%의 뼈 칼슘을 1년 동안 교체하며 어른은 1년 동안에 2 ~ 4%의 뼈 칼슘 성분을 교체하게 된다. 그러나 40 ~50세에 이르면 매년 골격의 0.7%가 유실된다.

Ca의 중요한 급원은 뼈째 먹는 생선, 유제품, 해조류, 푸른잎 채소, 콩류 등에 많이 존재하고 곡류, 고기, 채소에는 적게 들어 있다. 중요 식품의 칼슘함량은 표 6-3과 같다.

【표 6-3】 중요 식품의 칼슘함량

동물성 식품	함량(mg/100g)	식물성 식품	함량(mg/100g)
장어뼈튀김	2,372	고구마줄기(건)	1,360
멸치(건)	902~1,905	톳(자건품)	1,250
보리새우	1,800	토란대(건)	1,240
탈지분유	1,300	참깨	1,200
우렁	1,202	들깨	1,100
양미리(건)	1,091	다시마(건)	700~1,200
미꾸라지	736	감잎차	740
process cheese	630	얼린두부	590
전지분유	390	김(건)	455
yoghurt	150	고춧잎	364
갈치젓	104	대두	250
달걀	39	녹차	245
돼지고기	24	율무	151
쇠고기	11	쌀	41

2. iron (Fe)

Fe은 동식물계에 널리 분포하는데 성인 체내에 3 ~ 4g을 함유하며 그중에서 70%는 hemoglobin을 구성하고 20%는 ferritin, hemosiderin으로 간, 비장, 골수에 들어 있고 10%는 myoglobin 및 cytochrome, catalase, peroxidase에 들어 있다.

Fe의 기능은 산소 운반, 혈색소의 구성, 육색소 구성, 근육의 수축작용, 호흡효소의 구성분이 된다.

철은 소장의 상부에서 흡수되며 동물성 식품 중에 함유되어 있는 철은 10 ~ 30 %의 흡수율을 보이며 식물성 식품 내의 철은 2 ~10 %의 흡수율을 보인다.

Fe의 흡수를 촉진하는 것은 arginine, tryptophan, vitamin C · B_{12}, folacin, niacin, pantothenic acid, Cu, 동물성단백질 등이며 제1철인 Fe^{++}은 제2철인 Fe^{+++}보다 흡수가 좋다. 이때에 vitamin C가 존재하면 Fe^{+++}가 Fe^{++}로 바뀐다. 따라서 vitamin C를 많이 함유한 식품의 Fe은 매우 잘 흡수된다.

철의 흡수를 방해하는 것은 phosphoric acid, oxalate, phytate, tannic acid, Ca, cellulose, sucrose, lactose, glucose 등이다. 식품 속에 phytin, 인산이 존재하면 phytin산 철이나 인산철이 되어 흡수가 매우 좋지 않다.

【표 6-4】 식품의 철함량

식물성 식품	철함량(mg/100g)	동물성 식품	철함량(mg/100g)
톳(건)	76.2	대합(생)	130
김(건)	46	삶은 봉어	59.5
감잎차	22.6	전복내장	56
녹차	18.9	건 해삼	53
보리	18.9	장어(건)	28
깨(참깨 · 들깨)	16	돼지허파	18.9
미나리	15	돼지 간	16.4
쑥	10.9	멸치(건)	16
토란대(건)	10.3	고등어(건)	14.7
대두	7.6	갈치 젓	12.6
싸리버섯	6.2	양미리(건)	11.5
백미	3.3	쇠 · 닭 간	10.1
밀	3.2	미꾸라지	8.0
들깻잎	2.0	난황	6.5

식품화학에서 중요한 천이원소(transition element)로 제4주기에 있는 철은 제1철인 Fe^{++}과 제2철인 Fe^{+++}, 구리는 Cu^{+}와 Cu^{++}이온 사이를 쉽게 산화환원하여 유지나 vitamin C의 자동산화를 촉진하고, 금속 chelate 화합물을 만들기 쉽고 금속효소, hormone의 활성에 관여한다. 또 가지김치를 만들 때 백반을 넣고 검은 콩을 삶을 때 철냄비를 쓰며, 육류나 혈액의 색소인 heme에 철이 배위되는 등 식품의 색과 관계되는 것이 많다.

철은 간장, 비장, 골수에 저장되는데 그 양은 1 ~ 2 g 정도이다. 저장된 철의 90 %는 여러 번 재이용된다. 식품으로부터 흡수된 철은 극소량만이 배설되며 파괴된 적혈구의 철 중 90 %는 재흡수되고 10 %는 대변, 소변, 땀 등을 통하여 하루에 0.5 ~ 1.0 mg 정도만이 배설된다.

철 급원식품으로는 어패류, 해조류, 녹차, 동물의 내장, 육류, 가금류, 난황, 콩, 견과류, 녹색채소 등이며 식품 중의 철 함량은 표 6-4와 같다.

3. 아연(zine, Zn)

Zn은 성인의 체내에는 약 2 ~ 3 g의 아연이 함유되어 있으며 주로 간, 신장, 췌장, 뇌, 모발, 골격, 안구, 피부, 손톱, 남자의 성선 등에 분포되어 효소 및 호르몬의 구성 성분, insulin 합성, 면역기관에 관여한다. 또한, 아연은 metalloenzyme의 구성분으로 결핍되면 핵산과 단백질 합성을 방해하여 단백질의 부족으로 두뇌발달을 저해한다.

【표 6-5】 식품 중 아연의 함량

식물성 식품	함량(mg/100g)	동물성 식품	함량(mg/100g)
참깨	7.60	굴(삶은 것)	181.9
호박씨	7.13	굴통조림	121.8
겨자가루	5.59	굴(날 것)	18.1
해바라기씨	5.16	쇠간	6.07
대두	4.84	돼지간	5.47
잣	4.28	달걀가루	5.43
귀리	3.77	닭간	4.34
호밀	3.66	닭 고 기	2.17
호두	3.42	소·돈육	2.00
땅콩	3.20	뱀장어	1.68
강낭콩	2.85	멸치(날 것)	1.63

급성 아연독성은 오심, 구토 증상이 나타나는데, 레모네이드 같은 산성 음료를 아연이 입힌 용기에 담아 마시는 사람들에서 보고되었다. 만성 아연중독도 아연 보충제를 과량 복용한 사람들에게 나타났는데 지나친 아연의 만성적인 섭취는 구리의 흡수를 막고 결국에는 면역기능을 방해하며 빈혈을 일으키게 된다.

Zn의 급원식품으로는 패류같은 해산물, 깨같은 식물의 종자, 동물의 간과 붉은 고기, 견과류, 콩 등에 다량 함유하며 다른 육류, 우유, 전곡도 상당량이 들어 있다. 그러나 전곡, 콩에 들어 있는 cellulose, phytate은 그에 들어 있는 아연의 흡수를 감소시킨다. 식품 중의 아연의 함량은 표 6-5와 같다.

4. potassium (K)

K은 주로 식물성 식품에 함유되어 있으며 성인의 체내에는 약 245 g(0.39 %)이 함유되어 있는데 이들의 약 97 %가 세포내액에서 염화물(KCl), 인산염(K_2HPO_4), 탄산염(K_2CO_3, $KHCO_3$)으로 존재하며 흡수율은 90 % 이상이다. K는 Na와 같이 체액의 산·염기 평형 유지, 세포의 삼투압 유지, glycogen 및 단백질 합성, 근육의 수축, 신경의 자극 전달에 관여한다. 일반적으로 Na : K는 세포외액은 28 : 1, 세포내액은 1 : 10의 비율로 존재한다.

K이 많은 식품은 식물성 식품인 해조류, 커피, 녹차, 감잎차, 유제품, 대두, 어패류, 육류 등에 많이 함유되어 있으며 최소 필요량은 하루에 0.8~1.3 g 정도이다. 식품 중의 K 함량은 표 6-6과 같다.

【표 6-6】 식품 중의 K 함량

식물성 식품	함량(mg/100g)	동물성 식품	함량(mg/100g)
미역(건)	5,302	탈지분유	1,750
김(건)	3,500	멸치(건)	1,160
커 피	1,960~4,100	꽃새우(자건품)	860
녹 차	1,302	오징어(건)	830
감잎차	1,277	쇠고기	220~330
대 두	1,200	계 란	118

5. magnesium(Mg)

Mg은 Ca과 더불어 뼈의 한 성분으로서 체내에 약 20~35 g 존재하며 그중 약 70 %가 $Mg_3(PO_4)_2$의 형태로 골격에 존재하며 나머지는 혈액과 근육 중에 있다. 흡수는 대부분 소장에서 일어나며 흡수율은 45 % 정도로 phytate나 다량의 칼슘 섭취 시 마그네슘의 흡수는 방해받는다.

Mg 작용은 골격과 치아 구성에 필수적인 무기질, 효소를 활성화시키는 cofactor로서 작용한다. 신경전달물질인 acetylcholine의 분비를 감소시키고 분해를 촉진하여 신경을 안정시키고 근육을 이완시키는 등 칼슘과 상반된 작용을 한다. Ca과 Mg 사이에는 길항작용(antagonism)이 있어서, Mg을 많이 섭취하면 Ca의 배설이 Mg과 더불어 많아진다. 식품 속에는 Ca이 Mg의 약 4배 이상 함유되어야 한다.

Mg은 1일 성인 남자 350 mg, 성인 여자 300 mg 의 섭취할 것을 권장하고 있으며 땅콩, 완두, 밀, 쌀, 감자, 견과류, 두류, 채소, 코코아에는 Mg이 많기 때문에 이들을 많이 섭취하면 Ca을 그만큼 많이 섭취해야 한다.

6. sodium(Na)과 chlorine(Cl)

Na과 Cl는 동·식물성 식품에 충분히 함유되어 있는데 Na는 체중의 0.15%(약 94.5 g)를 차지하고 있으며 그중 2/3는 체액에 함유되어 있고 나머지 1/3은 골격에 함유되어 있다. 세포외액에 NaCl, Na_2HPO_4, Na_2CO_3, $NaHCO_3$의 형태로 존재한다.

Na는 체액의 삼투압 조절, 수분평형 유지, 체액의 산·알칼리 평형 조절, 삼투압 유지, 수분량 유지, 근육의 수축작용, 신경의 흥분과 효소의 작용을 억제하며 포도당이나 아미노산과 같은 영양소의 세포막을 통한 능동적 운반을 돕는다.

Na와 K는 길항작용이 있다. 혈중 나트륨의 항상성은 부신피질에서 분비되는 aldosterone이라는 호르몬의 작용으로 신장을 통해서 이루어진다.

【표 6-7】 식품 중의 Na 함량

식물성 식품	함량(mg/100g)	동물성 식품	함량(mg/100g)
다시마차	17,850	멸치젓	14,600
간장(재래식)	13,570	꽃새우(건)	4,440
미역(건)	6,220	오징어(건)	970
김(건)	1,290	탈지분유	510
대두	6	달걀	125

Na는 1일 권장량은 1,100~3,300 mg인데 이는 약 3~8 g의 식염에 해당되며 우유, 생선, 조개류, 달걀, 소금, 간장, 절인 육류, 피클, 가공 치즈, 통조림 또는 병조림된 과일즙, 조미료 등에 존재한다. 또한, Na염으로서 식품첨가물의 보존료, 풀재료, 결착제로도 많이 섭취되고 있다. 식품 중의 Na 함량은 표 6-7과 같다

Cl는 체중의 약 0.15%이며 약 100g 정도로 주로 세포외액에 많이 존재하는 음이온으로서 나트륨과 결합하여 주로 존재하나 소량의 단백질 등과도 결합되어 있다.

Cl의 작용은 삼투압 조절, 효소의 활성화, 산·염기의 균형 유지를 하며 Cl은 거의 대부분이 소장에서 흡수되고 주로 신장을 통해 배설되어 소량만이 대변을 통해 손실된다.

7. phosphorous (P)

P은 신체 내의 모든 조직에 존재하는 무기질로서 그 함량은 체중의 0.8~1.1%를 차지하고 있는데 그중 85%는 골격에서 칼슘과 결합하여 신체의 구조를 유지하는데 기여하며 나머지는 연조직과 액체조직에 있고 이는 유기물질과 결합하고 있다. 인의 형태는 유기태인 phytin태가 많으나 그 흡수 효율이 낮다. 무기의 ortho-phosphoric acid가 잘 흡수되지만 pyro, meta, polyphosphoric acid류는 흡수 이용되기 어렵다.

식품 내에서 다른 물질과 ester 결합을 하고 있던 인은 가수분해되어 유리 상태가 된 후 수동적 확산으로 흡수된다. 인의 흡수율은 섭취한 양의 70% 정도로 높다.

P의 작용은 ATP 구성 요소, 근육의 수축과 대사의 이화작용, 조효소 구성 성분, DNA와 RNA의 필수 구성 요소, lipoprotein의 중요한 성분이다.

【표 6-8】 식품 중의 P의 함량

식물성 식품	함량(mg/100g)	동물성 식품	함량(mg/100g)
호박씨	1,311	조갯살(건)	1,650
효모(건)	1,300	멸치(건)	1,400
맥 아	1,200	꽃새우(자건품)	1,150
참 깨	560~650	탈지분유	1,000
대 두	490	오징어(건)	820
녹 차	415	삶은 붕어	810
밀	390	김(건)	760
땅 콩	370	난 황	610
석이버섯	360	가오리	390~560
고춧가루	235	미역(건)	300
쌀	179	굴(자연산)	200

P의 흡수를 촉진하는 것은 비타민 D가 있고 흡수를 저해하는 요인은 마그네슘, 철, 칼슘 등이다. P의 권장량은 Ca과 같고 이상적인 칼슘과 인의 섭취 비율은 Ca : P = 2 : 1이며 급원

식품으로는 멸치, 쌀겨, 맥아, 효모, 꽃새우, 오징어, 우유 및 유제품, 육류, 현미나 전곡 등이 있다. 식품 중의 P의 함량은 표 6-8과 같다.

8. 유황(sulfur, S)

체내 유황의 함량은 체중의 0.25% 정도(158g)이며 주로 유황을 함유하고 있는 아미노산(methionine, cysteine)에 존재하므로 결체조직, 피부, 손톱, 모발 등에 풍부히 존재한다. 또한, 유황은 thiamine, biotin, lipoic acid 같은 비타민, glycolipid, bile acid, chondroitin sulfate, coenzyme A와 호르몬인 insulin에도 존재한다.

S의 작용은 세포단백질의 구성 요소, 세포 내의 산화·환원작용, phenol이나 cresol류 등 독성물질의 해독작용 등을 한다. S의 흡수는 식품 중의 황은 무기황으로 거의 흡수되지 않으며 유기물질과 결합된 황은 소장벽을 통해 흡수되어 이용된다. 그러나 소변을 통해 배설되는 유황은 85~90%가 무기황이다.

황의 섭취로 함황아미노산을 많이 갖는 단백질의 섭취가 충분하면 자연히 충족된다. 황이 풍부한 식품으로는 마늘, 파, 무, 육류, 우유, 달걀, 두류 등이 있다.

9. 구리(copper, Cu)

Cu는 성인의 체내에는 약 80mg 정도의 구리가 함유되어 있으며 뇌, 간장, 신장 및 모발 등의 조직에 특히 농축되어 있다. Cu가 결핍되면 철의 대사에서 헤모글로빈의 합성을 촉매하는 작용, 간에 축적된 채 이용되지 않거나 적혈구의 성숙이 불완전해져서 적혈구의 감소 내지는 빈혈을 초래하고, 과잉 축적하면 영양성 빈혈과 용혈성 빈혈이 발생한다.

Cu는 소장 상부에서 약 25% 정도 흡수되며 산에 의해서 흡수가 증진되고 Ca에 의해 방해를 받는다. 동물의 내장고기, 어패류, 굴, 달걀, 전곡, 두류, 밤, 송이버섯, 당밀 등에 존재한다.

10. 요오드(iodine, I)

인체 내의 요오드는 약 30mg 정도로 미량 함유되어 있는데 이 중 2/3 정도가 갑상선에 있으며 갑상선호르몬의 구성분, 태아 및 어린이의 세포 발달과 성장, 백혈구의 구성 등 단백질합성에 관여하며 모든 영양소의 대사기능을 원활하게 조절한다.

섭취된 대부분의 요오드는 소장에서 거의 흡수되어 갑상선 조직으로 가나 일부는 위에서 흡수되어 직접 혈류로 옮겨지며 갑상선의 기능이 항진되어도 갑상선이 비대해지는데 이를 안구돌출성 갑상선종(exophthalmic goiter)라 하며 점액수종, 어린이에게 cretinism 증상, 백

치 등이 일어나기도 한다.

goitrogen은 갑상선 조직에서 요오드로부터 thyroxine의 형성을 방해하는 물질로 겨자류의 종자, 무청, 양배추, 콜리플라워, brussels sprouts와 같은 생채소에 함유되어 있다. 요오드는 해조류, 해수어 및 각종 해산물과 해안지역의 토양에서 자란 농작물 등에 풍부하다.

11. 망간(manganese, Mn)

Mn은 골격, 뇌하수체, 간과 유선에 존재하는데 인체 내에 약 10 mg 정도 함유하며 약 40% 정도를 흡수한다. Ca과 P이 Mn의 흡수를 저해하며 Mn의 작용은 성장, 골격 형성, 고환 발육과 난소의 기능, 중추신경기능, 요소 형성, 지방질의 방출, 세포 내 미토콘드리아 기능에 관여한다.

Mn은 P의 보유를 방해하며 Mo, Fe의 길항제로 작용하여 hemoglobin의 생성과 혈청 내 Fe의 농도를 감소시킨다.

Mn은 밀의 배아, 씨앗, 콩, 녹엽채소, 견과류, 육류에 많이 존재한다.

12. 셀레늄(selenium, Se)

Se은 항산화작용, 지방대사, vitamin E의 절약작용, Cd · Hg 등의 중금속이온의 독성에 대한 보호작용 등에 관여한다. 결핍되면 암, 심장질환, 간경화, Keshan 질병, 기형을 유발하고 과잉되면 탈모, 피부의 발진, 위장장애, 부종 등을 일으킨다.

Se은 곡류, 해산물, 육류에 함유되어 있다.

6-4 • 무기질과 수질

Ca, Mg이 많은 물은 식품 중의 전분, 펙틴, 단백질, 지방산, 유기산 등과 반응하여 조직을 경화시켜 풍미를 나쁘게 하고 식품의 색을 바꾸며 혼탁한 흐림이 생기게 하는 원인을 이룬다. Fe, Mn은 차나 그 밖의 식품의 색, 향기를 나쁘게 하며 또한 vitamin C를 분해한다. 또한, 유리염소도 식품의 색, 향기를 나쁘게 한다.

Ca, Mg의 양은 수질평가의 척도가 되는데 100 ml의 물에 CaO 1 ml 또는 MgO 1.4 ml를 함유하는 경우를 경도 1도(1°H)로 하고, 20°H 이상일 때를 경수(hard water), 10°H 이하를 연수(soft water)라 한다. 탄산염의 경우는 끓이면 Ca과 Mg이 침전하기 때문에 일시경수(momentary hard water)라 하고 황산염 · 질산염 · 염산염의 경우는 영구경수(permanent hard water)라 하며 경수를 연화하려면 끓임법, 여과법, 이온교환수지 처리법 등이 있다.

6-5 • 식품의 가공조리 중 무기질의 변화

1. 무기질의 변화

1) 화학적 변화

식품 중의 무기질의 화학적 변화는 pH의 이동에 의한 염류 ⇄ 이온의 가역반응 및 효소에 의한 유기태 ⇄ 무기태의 가역반응이 조금 일어난다.

2) 상태 변화

채소를 조리할 때는, 세포 내외의 삼투압의 차이에 의하여 무기질 및 수분의 용출이 일어나며 용출은 가온할수록 빠르며 이 현상은 다른 식품 성분에도 적용되지만 특히 무기질의 경우는 현저하다.

세포 내의 삼투압이 높을 때는 세포 내의 무기질은 세포 밖으로 용출하고, 세포 밖의 수분은 세포 속으로 스며들어서 세포 안팎의 삼투압이 서로 같아지려고 한다. 따라서 세포는 흡수팽윤하고 세포외액에는 무기질이 많아진다. 그 예로 다시마 속의 요오드는 물에 담그기만 하여도 20% 정도 용해되어 나오고 이것을 가열하면 60% 정도가 용해되어 나온다.

세포 밖의 삼투압이 높을 때는 세포 내의 수분이 세포 밖으로 빠져나오고, 세포 밖의 성분은 세포 속으로 침입하여 세포 내외의 삼투압이 서로 같아지려고 한다. 따라서 세포는 탈수, 수축하고 세포외액은 수분이 많아진다. 그 예로 채소에 소금을 넣으면 채소 속의 수분이 빠져 나와서 원형질 분해를 일으키고 세포가 죽게 된다. 또한, 전골 조리 시 간장을 넣으면 채소나 고기 속의 수분이 갑자기 빠져나와서 빨리 끓게 된다.

조미 성분의 분자량이 적을수록 빨리 통과하므로 H_2O (18) > NaCl (58.5) > glutamate (191.1) > sucrose(342)의 순서로 세포막을 통과한다. 그러므로 채소에 설탕의 단맛을 갖게 하려면 채소를 설탕에 재운 다음 간장을 넣을 때에 제맛을 갖게 된다.

3) 비점 상승과 빙점 강하

소금 등의 무기질에 의하여 비점이 상승하거나(수용액이 100℃ 이상에서 끓는다), 빙점이 강하한다(0℃ 이하에서 언다. 장물은 0℃에서 얼지 않는다).

4) 색소 고정

Cu^{2+}, Fe^{3+} 등의 금속은 식물색소 등을 고정하여 변색을 방지하는 효과가 있다. green peas로 통조림을 만들 때에 황산동 용액을 소량 넣거나, 검정콩을 삶을 때 녹이 난 쇠못을 넣거나 또 오이김치 담글 때에 놋그릇 닦은 수세미를 넣는다.

5) 단백질의 응고

무기질에 의하여 단백질을 응고시키는 경우가 있는데 단백질을 응고시키려면 Al^{3+}(백반), Ca^{++}, Mg^{++}을 이용하는데 이온가가 클수록 단백질 응고작용이 크다.

2. 무기질의 손실

조리에 의한 무기질의 손실은 식품의 종류, 조리방법, 무기질의 종류, 조리기구 등의 차이에 의하여 손실량이 다르다. 일반적으로 조리에 의한 무기질의 손실은 다른 영양소보다 매우 크며 다음과 같다.

1) 전체로서의 손실

구울 때 … 변화가 없다.
찔 때 … 생선 10~30%, 채소 0~50%
삶을 때 … 생선 15~22%, 채소 25~50%

2) 철의 손실

삶을 때 … 생선 · 육류 50~75%, 채소 10~40%

3) 칼슘의 손실

삶을 때 … 채소 17~20%

4) 구리의 손실

삶을 때 … 생선 · 고기 50~70%, 채소 30~50%

5) 요오드의 손실

삶을 때 … 다시마 20~60%

제6장 연습문제

1. 알칼리성 식품에 대해서 설명하시오.
2. Ca과 난용성 염을 형성하여 Ca의 흡수를 방해하는 유기산을 쓰시오.
3. 무기염류의 작용을 쓰시오.
4. polyphenol oxidase 및 tyrosinase에 대해서 설명하시오.
5. 색소 고정에 많이 이용되는 무기질은?
6. 우유의 응고에 관여하는 금속이온에 대해서 설명하시오.
7. 칼슘의 흡수를 방해하는 물질을 쓰시오.
8. 하등동물의 혈색소인 hemocyanin을 구성하는 성분을 쓰시오.
9. Ca의 생리작용을 쓰시오.
10. 뼈의 발육과 관계가 있는 물질을 설명하시오.
11. 금속을 함유하는 유기물질과 영양소에 대해서 설명하시오
12. 혈액 중의 hemoglobin과 근육 중의 myoglobin에 대해서 설명하시오.
13. 산간지역 주민에게 결핍되기 쉬운 무기질은 무엇인가?
14. 음식물의 산·알칼리도에 대해서 설명하시오.
15. 어떤 식품 10 g을 연소시켜 얻은 회분의 수용액을 중화하는데 0.1N NaOH 10 ml가 소비되었다면 이 식품의 산도는?
16. 무기질 중 혈액과 가장 관계가 있는 것을 쓰시오.
17. Ca의 흡수와 Ca : P의 비율에 대해서 설명하시오.
18. 식품 속의 Fe을 흡수하는데 관여하는 무기질을 쓰시오.
19. 뼈를 이루고 있는 성분 중 가장 많은 무기질은?
20. 무기질 중 조회분 정량 시 탄화될 때 그 손실이 큰 것은?

제7장 비타민(Vitamins)

비타민(vitamin)은 동물에게 소량으로 필요한 여러 형태의 유기물질로 모든 동물세포의 정상적인 대사작용에 필수적인 물질을 말한다. 대부분의 비타민은 조효소의 역할로서 극미량이 필요하나 비타민 자체가 에너지를 발생하거나 세포의 구성 물질은 아니다.

vitamin은 1911년 Casimir Funk에 의해서 쌀겨에서 각기병을 방지하는 물질을 추출, 분리하였는데 이것이 amine의 일종이기 때문에 생명(vita)에 관계있는 amine이란 뜻으로 vitamine이라 명명하였으나 그 후 amine이 아닌 것이 연이어 발견되었으므로 1919년 Drummond는 어순의 -e를 떼어버리고 vitamin이라 하였다.

당초의 약속은 발견의 차례에 따라 alphabet을 붙이기로 하였으나, 도중에서 그 vitamin이 나타내는 성질에 관련되는 기호를 쓰게 되었다. 이를테면 K(혈액의 응고, koagulation), L(비유, lactation) 등이다. 최근에는 vitamin의 종류가 늘어나고 그들의 화학구조가 밝혀짐으로써 화학명을 부르는 경향이 있다.

비타민의 종류는 표 7-1과 같다.

vitamin은 미량으로 동물의 영양과 생리작용을 조절하여 체내의 물질대사를 원만하게 진행되도록 하는 유기화합물이다. 생체 내의 구성 성분과 에너지원이 아닌 필수 물질로 일부 vitamin을 제외하고는 동물 체내에서 합성되지 않으므로 외부에서 섭취하여야 한다. 효소나 호르몬도 미량으로 생리작용을 조절하는 유기화합물이지만 동물 체내에서 단백질, 지방질 및 그 외의 화합물로부터 합성되므로 음식물로 섭취할 필요가 없어 vitamin과 구별한다. vitamin은 조효소(coenzyme)로서의 역할을 하므로 vitamin과 효소는 표 7-2와 같다.

【표 7-1】 vitamin의 종류

vitamin	화 학 명	특 징	소 재
A_1, A_2 provitamin A	retinol carotenoid	isoprene side chain, 담황색 공액이중결합, 불포화알코올	간유, 버터, 당근, 시금치
D_2 D_3 provitamin D_2 provitamin D_3	ergocalciferol cholecalciferol ergosterol dehydrocholesterol	불검화물, sterol핵 불포화알코올	간유, 난황, 표고버섯
E	tocopherol	지용성, 담황색, chroman(페놀)핵의 -OH	쌀·밀의 배아, 대두유
K_1	phylloquinone	지용성, 담황색, naphthoquinone핵	녹엽식물
B_1	thiamine	thiazole핵의 -N=C-S-결합, 염산염, 염기성	쌀겨, 돼지고기, 땅콩
B_2	riboflavin	물에 난용, 광분해, 등황색 isoalloxanzine 핵의 -N=C-C=N-결합	우유, 효모
B_6	2-methyl-3-hydroxy- 4, 5-dihydroxy-methyl -pyridine	pyridoxine, pyridoxal pyridoxamine, 염기성	쌀·밀배아, 간, 두류, 채소, 육류
niacin	nicotinic acid (niacin), nicotinamide (niacinamide)	pyridine 유도체, 염기성	효모, 땅콩
M	folacin, folic acid	pteroyl glutamate 와 그 유도체, 황색	밀, 시금치, 콩류, 간장, 치즈, 달걀
H	biotin	avidin에 의해 저해, 산성, 황함유	간, 콩팥, 달걀
P	-	담황색, flavonoid 유도체	밀감류
pantothenic acid	-	peptide 결합	쇠간, 완두
B_{12}	cobalamine	porphyrin 유도체, 적색	쇠간
C	L-ascorbic acid	hexose 유도체, reductone, endiol기	과실, 채소

【표 7-2】 vitamin과 조효소(coenzyme)

vitamin	조 효 소	효 소
vitamin B_1	TPP : Thiamine pyrophosphate	Decarboxylase류 Pyruvate decarboxylase α-Ketoglutarate decarboxylase
vitamin B_2	FMN : Flavinmononucleotide FAD : Flavin adenine dinucleotide	Dehydrogenase류 Succinate dehydrogenase Acyl CoA dehydrogenase
vitamin B_6	PALP : Pyridoxal phosphate	Aminotransferase류 Glutamate-oxaloacetate aminotransferase Amino acid decarboxylase류
Nicotinic acid	NAD : Nicotinamide adenine dinucleotide	Dehydrogenase류 glyceraldehyde phosphate dehyogenase
Pantothenic acid	CoA : Coenzyme A	Acetyl CoA synthetase Pyruvate dehydrogenase
α-Lipoic acid		α-Keto acid decarboxylase류 Pyruvate decarboxylase
Biotin		Acetyl CoA carboxylase Pyruvate carboxylase
Folic acid	THF : Tetrahydrofolic acid	Hydroxymethyltransferase Formyltransferase
vitamin B_{12}	Cobamide	Methylmalonyl CoA mutase

1915년 McCollum이 vitamin은 독자적인 기능을 소유하고 있으나 용해도에 따라서 지용성 비타민(fat soluble vitamin)과 수용성 비타민(water soluble viatmin)으로 분류하였으며 지용성 비타민과 수용성 비타민의 성질은 표 7-3과 같다.

vitamin에는 비타민과 화학구조가 유사하고 영양적으로 중요한 두 그룹의 물질이 존재하는데 하나는 비타민 전구체(provitamins)와 또 한 그룹은 항비타민(antivitamin)이 있다.

provitamin은 체내에 흡수되어야 활성형의 비타민이 되는 것으로 provitamin A 인 carotenoid류와 provitamin D인 ergosterol과 7-dehydrocholesterol이 있다.

carotene은 소장에서 흡수되면 비타민 A로 전환되고 ergosterol과 7-dehydro-cholesterol은 자외선에 의해서 ergocalciferol(D_2)과 cholecalciferol(D_3)로 전환되어 이용된다.

【표 7-3】 지용성과 수용성 비타민의 일반적인 성질

성 질	지 용 성	수 용 성
용해도	지방과 지방용매에 용해되고, 물에는 불용이다.	물에 용해되고, 지방에는 불용이다.
흡수와 이 송	지방과 함께 흡수되며 임파계를 통하여 이송된다.	당질과 아미노산과 함께 소화되고 흡수된다. 문맥순환으로 들어간다(간).
방 출	담즙을 통하여 체외로 매우 서서히 방출(좀처럼 방출되지 않음)된다.	특히 요(尿)를 통하여 빠르게 방출된다.
저 장	간 또는 지방조직에 저장된다.	신체는 스펀지같이 일정한 양을 흡수하면 초과량은 배설하고 저장하지 않는다.
공 급	필요량을 매일 절대적으로 공급할 필요성은 없다.	필요량을 매일 절대적으로 공급하여야 한다.
전구체	존재한다.	존재하지 않는다.
조리시 손 실	산화를 통하여 약간 손실이 일어나나 조리하는 물에 용해되지는 않는다.	조리하는 물에 용해는 조리 손실의 문제이다.

antivitamin은 1940년에 Woods와 Fildes가 세균류을 연구하던 중 para-amino-benzoic acid와 sulfanilamide제의 길항작용을 발견한 이래 antivitamin은 vitamin과 결합하여 vitamin의 기능을 저해하거나 또는 vitamin을 불활성화시키거나 vitamin을 파괴하여 vitamin의 작용을 상실하도록 하는 물질을 antivitamin이라고 한다.

antivitamin은 화학구조가 vitamin과 매우 비슷하여 인체는 vitamin과 구별하지 않고 흡수하는 것으로 결국 vitamin의 결핍을 초래한다.

자연계에는 비타민을 분해하는 효소(vitaminase)도 있고 장내의 세균이 비타민을 파괴하는 일도 있다. 또한, 역으로 비타민의 작용을 강화하거나 antivitamin의 작용을 방해하는 것도 있다. antivitamin 물질은 표 7-4와 같다.

【표 7-4】 항비타민 물질

Vitamin	Antivitamin	Vitamin	Antivitamin
Vitamin A (carotene에 대하여)	지방질 산화효소 (lipoxidase)	folic acid	pteroyl aspartic acid
Vitamin B_1	pyrithiamine n-butylthiamine aneurinase (thiaminase)	pantothenic acid	pantoyl taurine
Vitamin B_2	galactoflavin	Vitamin C	glucoascorbic acid
Vitamin B_6	deoxypyridoxine	biotin	desthiobiotin avidin (난백 중에 존재)
para-aminobenzoic acid	sulfanilamide	nicotinic acid	3-acetyl pyridine pyridine sulfonic acid

7-1 • 지용성 비타민

비타민은 동물의 생리기능을 조절하며 완전한 대사작용이 되도록 하는 유기화합물로 체내에서는 합성되지 않으므로 식품을 통하여 섭취해야 하므로 필수 물질이다. 대부분의 비타민은 조효소의 역할로서 동물의 정상 성장, 신체 유지, 생식에 절대로 필요로 하며 극미량 필요하나 비타민 자체가 에너지를 발생하거나 세포의 구성 물질은 아니다.

비타민은 미량으로 생물의 대사에 중요한 역할을 하기 때문에 그 단위는 mg이나 μg, ng으로 표시한다. 비타민은 현재 30종 이상이 알려지고 있으며, 용해성에 따라 지용성 비타민(Vitamin A · D · E · K)과 수용성 비타민(Vitamin B 복합체, vitamin C)으로 크게 구분된다.

1. vitamin A (retinol)

1) vitamin A의 구조와 종류

비타민 A의 구조는 β-ionone핵과 isoprene 사슬로 되어 있고 자연계에 존재하는 비타민 A는 cis형 35%와 trans형 65%로 구성되어 있으며 분자 내에 trans형이 많을수록 비타민 A 효력이 높다. A_1은 해산동물의 간유에 많이 존재하고 A_2는 담수어의 간유에 많이 존재한다.

간유 중의 비타민 A는 추출, 보존 등으로 trans형이 cis형화하여 효력이 저하한다.

비타민 A의 전구체(provitamin A)인 carotenoids(α, β, γ-carotene과 cryptoxanthin)는 체내에서 약 50가지 retinol로 전환된 후에 비타민 A의 기능을 할 수 있다. 이들은 분자 내에 β-ionone핵을 가지고 있기 때문에 체내에서 산화분해되어 비타민 A로 전환될 수 있다. 특히 β-carotene은 1분자에서 2분자의 비타민 A를 만들어 낼 수 있는 효율이 좋은 provitamin A이다. 그리고 carotene의 입체이성체는 저장 중에 trans형에서 cis형으로 차츰 변해간다.

2) vitamin A의 성질과 변화

비타민 A(담황색의 유상물질)와 전구체들은 지방과 지용성 용매에 용해되고, 물에는 불용이며 산·알칼리에 안정하나 이중결합을 가지고 있으므로 공기나 광선(자외선)에서는 불안정하여 쉽게 분해된다.

열에 의해서는 산소가 없는 경우는 120℃의 가열이나 건조에 분해되지 않으므로 일상의 조리온도에서는 안정하고 음식을 조리할 때는 거의 손실이 없다. 저온에서의 장시간 가열은 고온 단시간 가열보다 비타민 A가 더 많이 파괴된다. 그러나 통조림과 냉동을 할 때에 비타민 A의 손실은 적다.

채소의 carotene은 2주일간의 저장으로 반감되지만 과일은 비교적 안정하다. 또한 빛, 효소는 비타민 A를 파괴하기 쉽기 때문에 마른 식품에는 비타민 A가 거의 남아 있지 않다. 그 예로 식물 중 비타민 A, carorene은 일반적인 건조로 50~80%가 손실되고, 황색 옥수수는 7개월 저장으로 60%가 손실된다. 그러나 일반적인 가열 조리로는 10% 정도가 손실된다.

식품 중 비타민 A의 산화에 lipoxidase가 관여하여 linoleate, linolenate를 산화하여 epoxide와 과산화물을 생성한다. 이 과산화물이 독성을 가져 공존하는 비타민 A와 carotene을 실활시킨다. lipoxidase는 90℃ 이상에서 10초 동안 가열로 파괴된다.

특히 산화에는 약하므로 건조나 탈수 시에 상당량 파괴된다. 저장 중에 비타민 A는 변패에 의하여 파괴되는데, 즉 margarine에 비타민 A를 강화한 후 그대로 방치하면 약 10주일 후에는 거의 분해되지만 항산화제를 사용하면 대부분 분해가 방지된다. 식품 중에 산화를 방지하는 성분으로 vitamin E·C, -SH 화합물, casein, albumin, globulin 등이 있다.

3) vitamin A의 생리작용

비타민 A, carotenoid의 흡수율은 지질의 첨가로 80~90% 가량 되지만, 지방이 없을 때는 40% 정도로 저하된다. 방사선 조사로 완전살균하면 비타민 A의 약 25%가 없어진다.

provitamin A의 흡수율은 FAO/WHO 위원회에서 β-carotene의 흡수율은 섭취량의 1/3 정도로 간주하고, retinol의 전환율은 1/2로 간주하여 β-carotene의 이용률은 (1/3)×(1/2)=

1/6로 하였고, 그 외 provitamin A는 1/12 retinol로 제안하였다.

생리적 기능은 시각작용, 상피조직의 보호작용, 암의 예방 효과, 성장과의 관계, 생식기능과의 관계 등이 있다. 비타민 A 결핍증은 식욕감퇴, 성장정지, 감염에 대한 저항력 저하, 모낭의 각화증, 야맹증, 피부건조, 눈의 망막에 파열 현상이 일어나는 Bitot's spots, xerophthalmia(결막건조증), keratomalacia(각막연화증), 실명 등이 있다.

과잉증은 피부가 노랗게 변하며 1일 15,000 μg(50,000 IU) 이상 retinol을 섭취하면 피부의 병변(가려움증과 두드러기), 탈모, 간과 뼈에 손상이 온다.

4) vitamin A의 분포

비타민 A는 주로 동물성 식품인 간유, 동물의 간, 난황, 우유, 기름진 생선, 치즈 등에 많으며 carotene으로는 식물성 식품이 주요 급원으로 황녹색이 짙은 식물, 시금치, 당근, 호박, 풋고추, 무청, 감, 토마토, 복숭아, 살구, 김 등에 많이 함유되어 있다. 각종 식품 중 비타민 A의 함량은 표 7-5와 같다.

【표 7-5】 각종 식품 중 vitamin A의 함량

동물성 식품	함량(RE/100g)	식물성 식품	함량(RE/100g)
닭 간	11,170	구기자차	3,660
쇠 간	10,550	김(건)	2,800~3,000
아귀간	7,020	청태(건)	2,860
돼지간	6,300	오미자차	2,570
장어간	5,600	파래(건)	2,150
장 어	300~7,000	미역분말	1,880
은대구	1,240	우롱차	1,870
성게젓	1,020	고춧잎	1,310
난 황	557	풋고추	1,180
조제분유	557	당 근	1,080
생선기름	550	보리순	800
치 즈	190~330	무 잎	760

2. vitamin D (calciferol)

1) vitamin D의 구조

vitamin D는 sterols group이며 체내에서 생성될 수 있는 유일한 비타민으로 석회화(calcification)와 관계가 깊으므로 calciferol(항구루병인자)이라 부르며 D_1, D_2, D_3, D_4, D_5, D_6가 있다. vitamin D라 하면 D_2와 D_3를 말하며 D_1은 D_2와 D_3의 혼합물이다.

vitamin D_2는 calciferol, ergocalciferol, viosterol이라고 부르며 ergosterol이 자외선 조사를 받으면 생성된다. vitamin D_3는 cholecalciferol이라 부르며 7-dehydrocholesterol이 자외선 조사를 받아 생성되고, vitamin D_4는 22-dehydroergosterol이 자외선 조사를 받으면 형성된다.

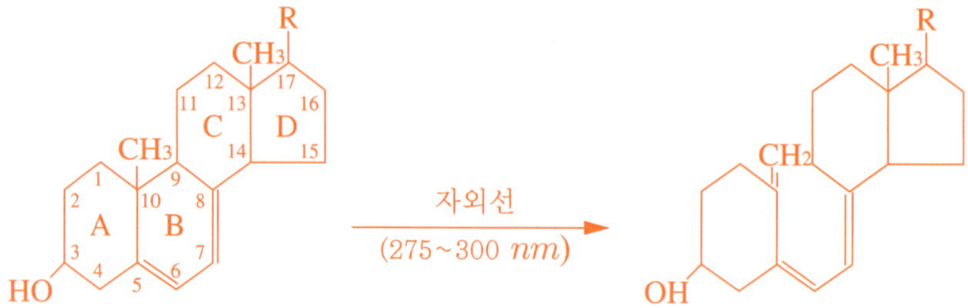

provitamin D　　vitamin D

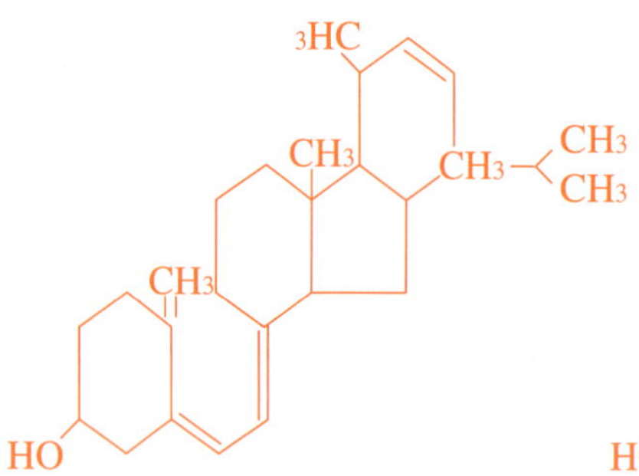
vitamin D_2

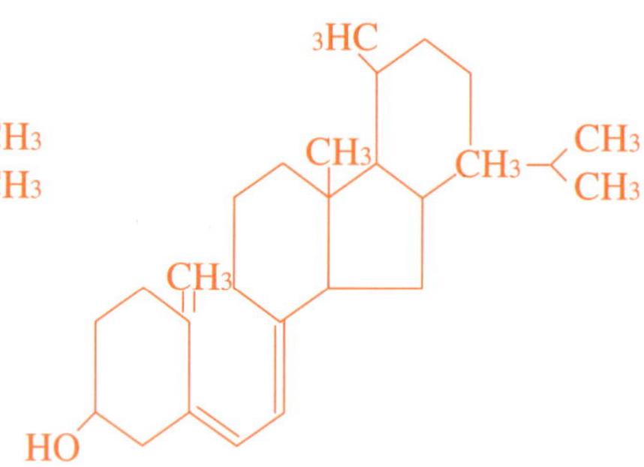
vitamin D_4

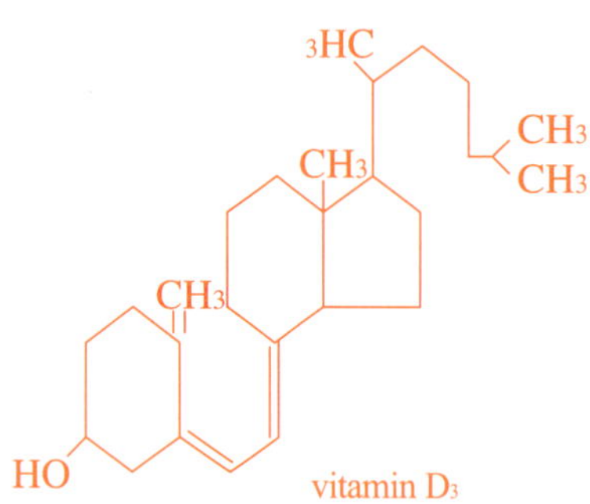
vitamin D_3

2) vitamin D의 성질과 변화

vitamin D_2는 ergot와 yeast의 ergosterol에 자외선 조사를 하면 형성되며 이 조사에 의해 생산되는 것은 calciferol 또는 vioster로서 알려져 있으며 무색 침상의 결정으로 융점이 115~117℃로 지방과 지용성 용매에 용해되며 물에는 불용이다.

가열에 안정하여 진공 상태에서는 77℃에서 100시간, 115℃에서 9시간 가열하더라도 변화되지 않으나, 130℃에서는 변화되고 180℃에서는 효력이 없어진다.

보통의 산화, 환원, 가열, 건조로 분해하고 않으나 조금 강한 산화에서는 분해되고 산성에서는 서서히 분해되고 알칼리성에는 분해되지 않는다. 일반적인 조리로는 vitamin D의 손실이 적다.

vitamin D_3는 생선간유와 사람의 피부 중의 7-dehydrocholesterol에 햇빛 또는 lamp의 자외선에 의해 피부가 노출되어 조사됨으로써 신체 내에서 형성되어 간과 신장에서 활성화된다.

비타민 D_3는 무색 침상의 결정이며 융점이 82 ~ 83℃이다. 간유의 D는 A와 비교하여 열과 산화에 대한 안정도가 높다.

3) vitamin D의 생리작용

vitamin D는 지방과 담즙의 도움으로 소장에서 흡수되어 주로 간(肝)에 저장되며 피부, 뇌, 비장 및 뼈에도 소량 저장된다. Ca 항상성, Ca과 P의 흡수율을 높이고 혈액 내 Ca과 P의 양을 일정 수준으로 유지시켜 정상적인 신경과 근육의 활동성을 위해 필요하다.

$$\text{ergosterol} \xrightarrow{\text{UV}} \text{Vitamin } D_2\text{(ergocalciferol)}$$

$$\text{7-dehydrocholesterol} \xrightarrow{\text{UV}} \text{Vitamin } D_3\text{(cholecalciferol)}$$

비타민 D가 부족하면 구루병(rickets), 골연화증(osteomalacia), 골다공증(osteoorosis)이 생기고, 과잉증(hypervitaminosis)은 식욕부진과 피로가 오며 오심, 구토, 설사가 따르며 혈청 Ca치를 높이고 연조직에 Ca을 침착시키고 간과 심장혈관에 회복될 수 없는 손상을 가져온다.

비타민 D는 등푸른생선에 그 함량이 많고 그 외는 강화된 마가린, 버터, 달걀노른자, 보강된 우유로 만들어진 제품, 버섯 등에 존재한다. 대구간유(cod-liver oil)를 섭취할 때는 독성을 피하기 위해 섭취량을 주의 깊게 조절해야 한다. 각종 식품의 vitamin D의 함량은 표 7-6과 같다.

4) vitamin D의 분포

【표 7-6】 각종 식품의 vitamin D 함량

식 품	함 량		식 품	함 량	
	IU/100g	μg/100g		IU/100g	μg/100g
참다랑어	1,300	32.5	피라미	157	3.9
가다랭이	420	10.5	붕 어	134	3.3
고등어(건)	409	10.2	장 어	128	3.2
고등어(생)	281	7.0	삼 치	116	2.9
농 어	264	6.6	돼지간, 미꾸라지	108	2.7
꽁 치	262	6.5	쇠 간	94	2.3
정어리 · 황어	220	5.5	멸치(자건품)	68	1.7
송 어	189	4.7	갈 치	54	1.3
연 어	166	4.1	대 구	34	0.8

3. vitamin E (tocopherol)

1) vitamin E의 성질과 변화

vitamin E는 1923년 Sure에 의해 항불임성 비타민(antisterility vitamin)으로 명명되었고, 1936년 Evans에 의해서 밀배아에서 유효 성분을 추출하여 출산(tocos)과 관계가 있다고 하여 tocopherol이라고 하며 현재까지 vitamin E를 tocopherol이라고 한다.

자연계에 있는 tocopherol은 tocol의 유도체로서 chroman핵과 결합하는 methyl- radical의 수와 위치에 따라 α, β, γ, δ형의 4종류가 존재하며 α-tocopherol이 인체에서 최대의 생물학적 활성(100%)을 나타낼 때에 β-tocopherol은 30%, γ-tocopherol은 20%, δ-tocopherol은 1%의 활성을 나타낸다.

비타민 E는 담황색의 점도가 있는 유상 물질로 물에는 불용이지만 유기용매에 용해된다. 산에 가장 안정하고 산소가 없을 때 열에 안정하여 200℃에서도 파괴되지 않으며 H_2SO_4·HCl의 존재하에서는 100℃까지 가열해도 안정하나 $KMnO_4$, $FeCl_2$,자외선, 알칼리, 산소에 의해 vitamin E의 효력이 상실된다.

α-tocopheryl acetate는 가열과 산화에 안정한 형으로 α-tocopherol을 가진 acetic acid

축합반응에 의해 생성된다. 안정성을 가진 천연 α-tocopherol을 동물사료, 식품, 비타민제와 여러 가지 의약품에 첨가하기도 한다.

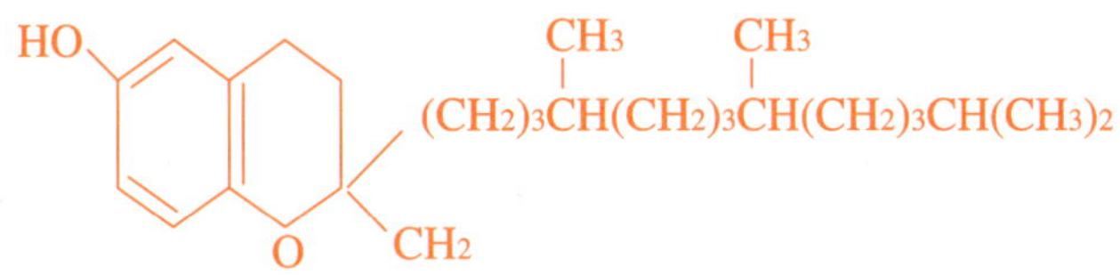

tocol 핵

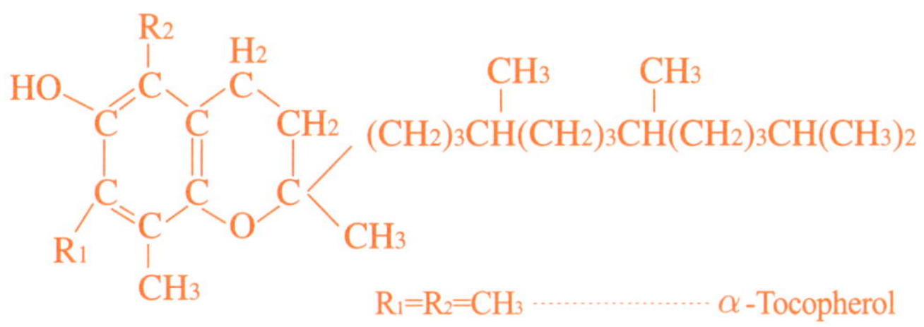

$R_1=R_2=CH_3$ .... α-Tocopherol
$R_1=H, R_2=CH_3$ .... β-Tocopherol
$R_1=CH_3, R_2=H$ .... γ-Tocopherol
$R_1=R_2,=H$ .... δ-Tocopherol

vitamin E의 구조

유지가 산패하면 유지 중에 함유된 비타민 E는 쉽게 산화되어 분해되며 α-tocopherol의 산화는 아래와 같다.

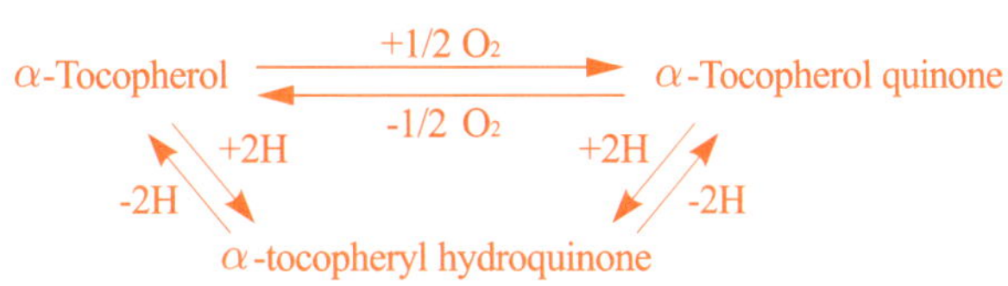

2) vitamin E의 생리적 기능

비타민 E는 항산화제로서 작용은 δ>γ>β>α-tocopherol 순서이며, 체내 대사를 정상으로 유지하는 데 큰 기능을 하는 것으로 알려져 있으나 다른 기능에 대해서는 아직 확실히 밝혀지지 않은 실정이며, 현재 많은 연구가 진행되고 있다.

비타민 E는 다른 물질들이 산소와 결합되고 손상되는 것을 방지한다. 그 예로 비타민 E와 함께 존재하는 비타민 A는 산화로부터 보호된다. 비타민 E는 또한 다가불포화지방산(polyunsaturated fatty acids, PUFA)의 산화로도 방지한다. 이러한 항산화제로서의 작용은 식품에서 뿐만 아니라 체내의 세포막에 PUFA가 있는 부분에서도 일어난다. 비타민 E가 암의 형성 방지를 도울 것이라고 제의됐지만 이것은 더 많은 연구가 요구된다.

비타민 E는 전자운반계에서 coenzyme Q를 안정화시키고 coenzyme Q로 전자를 운반함으로써 세포 내 호흡에 관여하고 있다. 또한, 비타민 E는 heme 합성에 관여하는 효소인 δ-aminolevulinic acid synthase(ALA synthase)와 ALA dehydratase의 활성을 상승시켜 heme 합성을 촉진시킨다. 따라서 비타민 E가 결핍되면 빈혈이 생기고 미숙아는 용혈성 빈혈이 나타난다.

비타민 E는 다른 지용성 비타민과 같이 담즙의 도움을 받아 소장으로부터 흡수된다. 일반적으로 섭취량의 20~30%가 흡수된다. 정상인의 total blood tocopherol 농도는 0.5~1.2 mg/100 ml로서 그중 83%는 α-tocopherol이다.

흡수된 비타민 E는 지방조직에 소량 저장되며 비타민 E의 배설 주경로는 분변을 통하여 이루어지나 적은 양이 요(尿) 중으로 배설된다.

비타민 E의 과다한 섭취는 비타민 K의 결핍으로 인해 생긴 혈액응고 지연을 더욱 악화시킨다.

vitamin E는 vitamin A의 이용과 저장을 돕는다. 또한, Selenium 세포막의 산화작용의 손상을 예방하는 데 있어서 비타민 E와 Se의 역할은 중요하다. 즉 비타민 E는 세포막에서 지질로부터 과산화물 형성을 저지하며, Se은 glutathione peroxidase의 구성 성분으로서 과산화물질을 다른 물질(alcohol 등)로 전환시키므로 세포의 파괴를 저지시켜 준다.

3) vitamin E의 분포

비타민 E는 다양한 형태의 활성형이 있는데, 그러한 큰 변수 때문에 비타민 E의 권장 섭취량은 당량(equivalent)으로 정하고 있다. 1당량은 비타민 E의 활성형으로 α-tocopherol 1 mg과 같다.

【표 7-7】 각종 식품의 vitamin E 함량

식 품	함량(mg/100g)	식 품	함량(mg/100g)
대두유	103	아몬드(건)	31.1
옥수수유	83.2	맥 아	29.3
면실유	65.2	땅콩유	25
녹 차	63.4	땅 콩	12
탈지분유	50	쌀	1.7
미강유	38.8	계 란	1.7

비타민 E(α-tocopherol)는 주로 다가불포화지방산을 많이 함유하고 있는 배아유나 콩기름 같은 식물성 기름에 가장 많고 이것을 원료로 하여 만든 마요네즈, 그 밖의 샐러드 드레싱, 여러 가지 마가린과 유지들은 좋은 공급원이 된다. 이 외에도 푸른잎의 채소와 전곡도 좋은 식품이다. 동물성 식품으로는 비록 적은 양의 비타민 E를 함유하고 있으나 간, 심장, 신장, 우유, 달걀 등은 좋은 급원이다. 각종 식품에 함유되어 있는 비타민 E의 함량은 표 7-7과 같다.

4. vitamin F (essential fatty acid)

비타민 F는 천연의 중성지방 중 불포화지방산 가운데 이중결합이 2개 이상인 것으로 그 분자 구조가 $-CH=CH-CH_2-CH=CH-$ 처럼 각각의 이중결합 사이에 1개의 methylene 기($-CH_2$)가 들어간 linoleic acid, linolenic acid, arachidonic acid 등의 필수지방산을 vitamin F라고 말한다.

vitamin F는 동물의 성장, 증식, 발육에 필요한 요소이다. 부족하면 동물은 성장정지, 탈모, 피부염, 생식감퇴 등이 나타나고 사람은 습진, 기관지염 등이 발생하며 1일 총열량의 1~2%를 섭취하여야 된다. 동·식물성유지에 널리 분포하나 특히 밀의 배아, 콩기름, 면실유, 땅콩기름, 올리브유 등의 식물성 기름에 많이 존재한다.

5. vitamin K (koagulation)

1) vitamin K의 종류와 성질

비타민 K는 혈액응고성 때문에 koagulation이라 하며 비타민 K가 결핍이 되면 혈액이 응고되는 시간이 길어지고 심하면 전혀 응고되지 않아 출혈이 멈추지 않게 된다. K의 형태는 녹색 식물계에서 합성된 phylloquinones(비타민 K_1)이라 하는 것과 bacteria에 의해 합성된 menaquinones(비타민 K_2)이라는 것이 자연계에 존재하며 지용성 비타민으로 담즙에 의해 흡수되어 간에 주로 저장한다. K_3~K_7은 합성품이며 menadione인 K_3는 수용성으로 혈액응고 치료제로 사용하기 쉽고 흡수되어 체조직에 고루 저장된다.

천연 비타민 K는 황색의 지용성으로 최적 흡수를 위해서 장에서 담즙 또는 담즙산이 요구되며 열에 안정하고 알칼리, 강산, 산화와 빛에는 불안정하지만 반면 합성 비타민 K_3인 menadione은 수용성으로 쉽게 림프관을 통해서 소장 상부에서 흡수되며 황색을 띠며 열에 안정하나 알칼리, 산화에 불안정하며 자연산 비타민보다 3배나 강하게 작용한다.

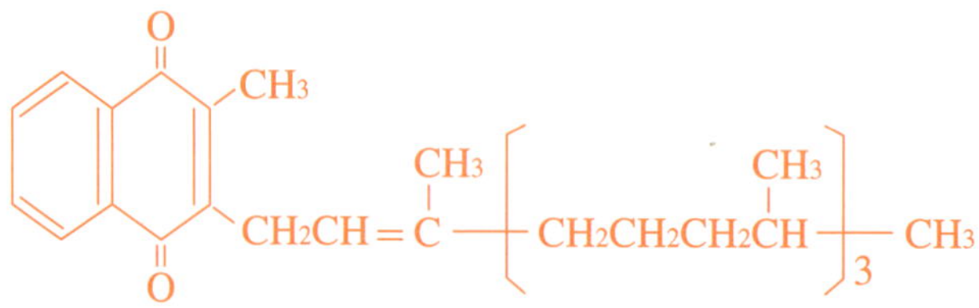

vitamin K_1(phylloquinone, 2-methy1-3-phyty1-1, 4-naphoquione)

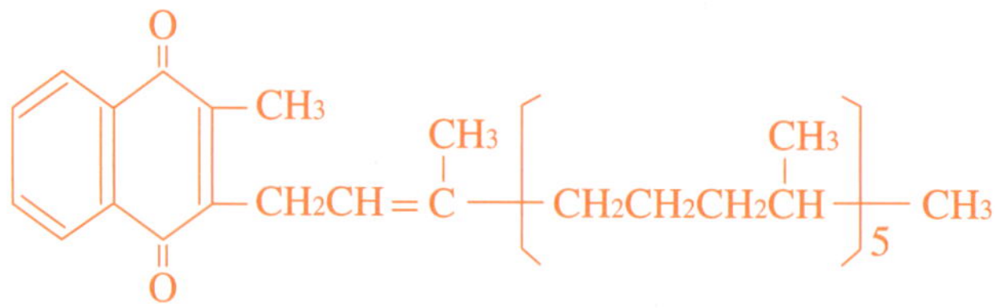

vitamin K_2(farnoquinone, 2-methy1-3-farnesy1-1, 4-naphoquione)

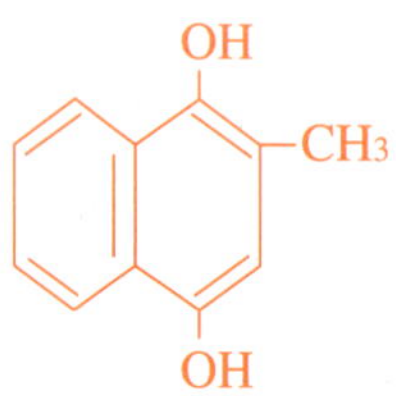

vitamin K_3(menadione, 2-meth1-1, 4-naphoquione)

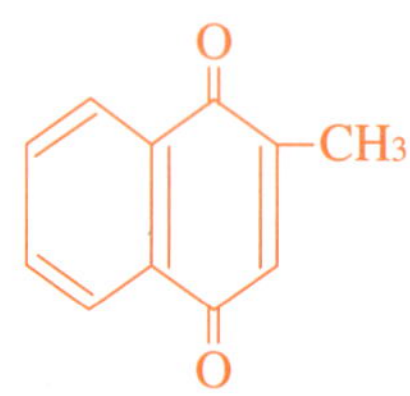

vitamin K_4(menadiol, 2-methy1-1, 4-dihydroxynaphtbelene)

2) vitamin K의 생리작용

비타민 K는 혈액응고에 중요하다. 신체가 상처를 입었을 때 비타민 K가 근본적으로 상처를 막고 심한 출혈을 방지해 준다. 비타민 K가 결핍되면 prothrombin의 감소로 혈액의 응고가 어렵게 되거나 응고 시간이 길어져 출혈이 멈추기 어렵다. 혈액의 응고는 혈액 중의 fibrinogen이 thrombin에 의해서 fibrin 덩어리가 되는 것이다. 혈액응고가 되는 반응을 간략하게 요약하면 그림 7-1과 같다.

또한, 비타민 K는 몇몇 단백질의 형성에 필수적이며, 아직도 확실한 기능을 밝히지 못한 단백질의 다양한 합성에도 필요하다.

antivitamin K(dicumarol, hydrocoumarol)는 비타민 K와 화학구조가 비슷한 비타민 K의 길항제로 수술 후의 혈전증(thrombosis)과 관상동맥 심장병의 예방과 치료에 사용되나 prothrombin을 형성하는 생리적 기능이 없다.

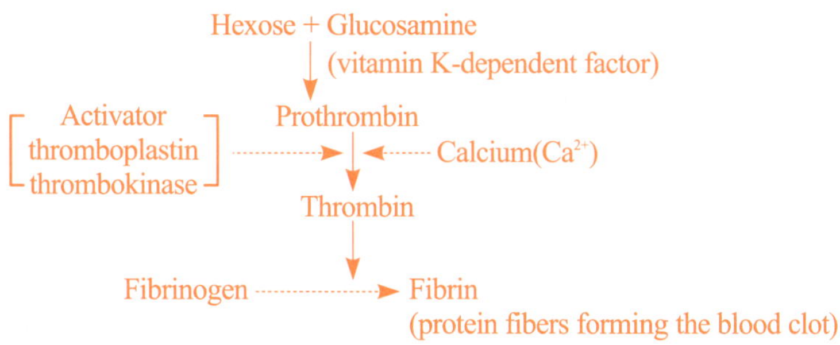

【그림 7-1】 혈액응고 기전

3) 비타민의 분포

비타민 K는 녹색 채소(양배추, 시금치, 대두 등)와 차 등이 주요한 공급원이다. 양은 적은 편이지만 과일, 곡류, 우유, 달걀, 고기 등도 비타민 K의 공급원으로 이용될 수 있다. 장내 bacteria로부터 합성된 menaquinone도 주요 공급원이다.

7-2 • 수용성 비타민

수용성 비타민은 극성을 가지므로 수용성이며 vitamin B_{12}를 제외하고는 체내에 잘 축적되지 않고 소변으로 배설되므로 규칙적인 공급이 필요하며, 체내의 대사 과정에서 주효소(apoenzyme)의 보조효소(coenzyme)나 보조인자(cofactor)로 작용한다. 수용성 비타민류에는 비타민 B 복합체와 비타민 C로 크게 나누고 비타민 B 복합체에는 thiamine(B_1), riboflavin(B_2), niacin(nicotonic acid), pyridoxine(B_6), pantothenic acid, biotin, folacin(folic acid), cobalamin(B_{12}), choline, inositol, lipoic acid 등이 있다.

1. vitamin B_1(thiamine)

thiamine은 각기병(beriberi)에 대한 연구와 같이 시작되었으며 각기병은 B.C. 2600년에 중국 문헌에 나타나 있으며, 1882년 일본의 다카키(高木)는 해병들이 도정한 쌀을 섭취하여 각기병이 유발되는 것을 알아내고 동물성 식품(고기, 우유)을 섭취시켜서 각기병 치료를 하였다.

1897년 네덜란드의 Eijkman은 가금류에 각기병이 발생하는 것을 알아내고 쌀겨와 쌀의 배아에 항각기병 인자가 있다고 밝혀냈고, 1911년 Funk는 다발성 신경염으로 마비된 비둘기에 쌀겨에서 추출한 결정체를 먹여 beriberi(각기) vitamin이라 하였다.

1911년 스즈키(鈴木)도 쌀겨 중에서 추출하여 연구하였으며, 1936년 Williams는 thiamine의 구조를 밝혔고 1937년 Lohmann과 Schuster는 vitamin의 활성형이 thiamine pyrophosphate(TPP)라고 하였다.

1) vitamin B_1의 구조와 종류

vitamin B_1은 pyrimidine핵과 thiazole핵이 결합하여 염산염으로 결정화된 물질로 thiamine이라고 하며 이를 항각기성 비타민, 항신경염성 비타민(aneurin)이라고 부른다.

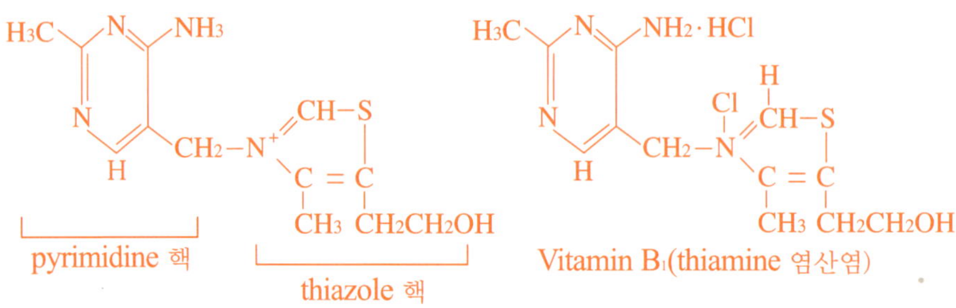

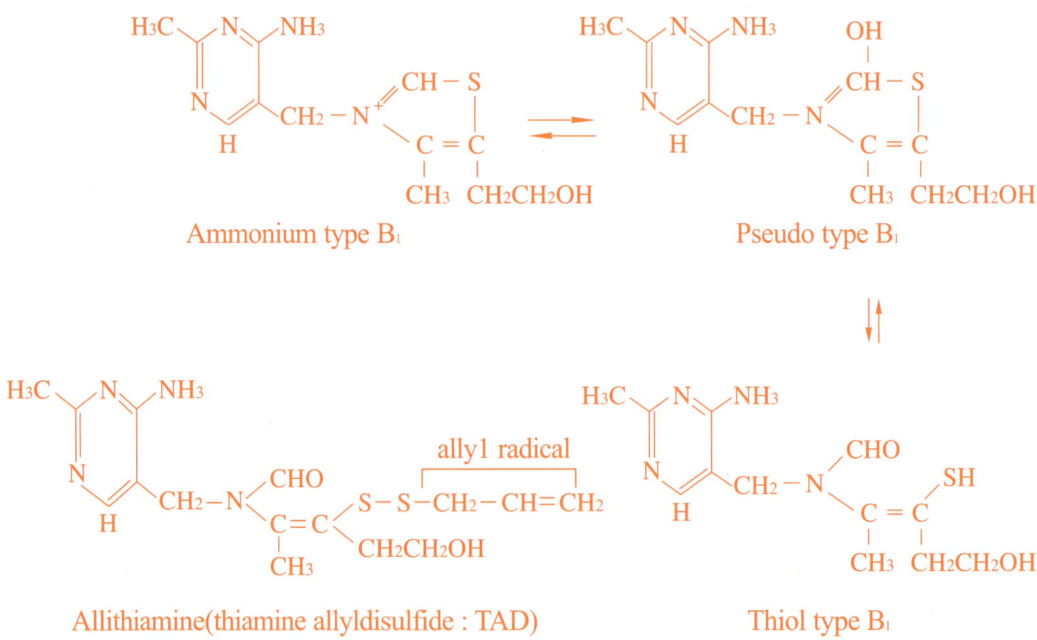

비타민 B_1의 수용액 내의 형태

vitamin B_1은 수용액 중에서는 위와 같이 ammonium type, pseudo-base type, thiol type의 3가지의 형태로 평형상태를 유지하고 있다. thiol type B_1으로 마늘의 매운맛 성분인 allicine($-CH_2=CH-CH_2-S-S-O-CH_2-CH=CH_2$)은 마늘 속의 alliin이 alliinase에 의하여 분해되어 생성된 성분으로 thiamine(vitamin B_1)과 결합하여 alllithiamine이 된다. 자연계의 vitamin B_1은 흡수, 저장되는 정도가 낮으나 alllithiamine의 benzoy1 유도체인 dibenzoyl thiamine은 물에 난용성으로 체내 이용률이 높으며 식품의 Vit-B_1 강화제로 쓰인다.

alllithiamine의 allyl 기가 propyl 기로 바꾼 allinamine은 alllithiamine과 더불어 vitamin B_1 제제로 널리 사용되고 있다.

2) vitamin B_1의 성질과 변화

vitamin B_1은 수용성이며 열에 불안정하여 100℃ 이상 가열하면 파괴되고 중성이나 알칼리 용액에서 불안정하나 산성 용액에서는 비교적 안정한 백색 결정체로 성인 체내에 약 30 mg 정도 저장되며 만약 thiamine 결핍이 1~2주일 계속되면 thiamine 수준이 고갈되어 결핍증이 유발된다.

vitamin B_1은 태양광선에 의해 거의 분해되지 않으나 산성 용액 중에 형광물질(vitamin B_2, lumiflavin, lumichrome, eosine 등)이 존재하면 분해가 잘 일어나고 중성이나 알칼리성에서는 더욱 빨리 분해된다.

vitamin B_1의 염산염은 무색 결정에 쓴맛을 가지며 수용성으로 산성(pH 3.5 이하)에서는 100℃로 가열로 10~20%가 효력이 저하되지만 대체로 안정한 편이다. 그러나 중성(pH 5.5 이상)이나 알칼리성의 상온에서는 불안정하여 NH_3, H_2S를 발생하면서 분해되어 효력을 상실한다.

vitamin B_1은 고압에서 끓이면 50% 이상이 파괴되며 130℃로 2시간 정도 가열하면 80%가 파괴되고 3시간 가열로 효력이 없어진다. 일반적으로 보통의 가열 조리 또는 육류를 조리할 때에 약 20~30% 정도가 파괴되고, 돼지고기는 2개월 냉동으로 20%, 6개월에 33% 감소한다. 해동할 때에 냉동식품은 약 10%의 손실을 가져온다.

쌀을 물로 수세할 때 20~50%, 밥을 할 때 40~60%, 고압솥에서는 더욱 많은 vitamin B_1의 손실을 초래한다. 채소는 가열로 70~80%, 즙액으로 유출된 양이 10~20%이다. 단무지는 제조할 때에 넣는 쌀겨에 다량 함유된 비타민 B_1 때문에 2~12배가 증가한다.

sodium bicarbonate, baking powder 같은 alkali성에서 파괴가 많고, 대두를 0.9%의 sodium bicarbonate water로 1시간 가열하면 70%가 파괴된다. 또한, 전자레인지에서 102℃로 40분 가열하면 40% 이상 감소하나, 고주파 0℃에서는 vitamin B_1의 감소가 없다. 채소 통조림을 제조할 때 vitamin B_1의 손실은 토마토 16%, 녹색 완두 17%, 당근 24%, 호박 68

%, 시금치 82%, 포도 주스 44% 정도이다.

3) vitamin B_1의 생리적 기능

vitamin B_1은 thiazole핵에 -OH 기가 있어 ester를 형성한 thiaminepyrophosphate(TPP)는 co-carboxylase로서 당질대사에서 pyruvate와 CoA를 반응시켜 acetyl CoA와 CO_2로 되는 것이다. 그러므로 vitamin B_1이 부족하면 pyruvate가 축적되어 신경, 뇌, 심장 등을 저해한다.

thiamine은 소장 상부에서 대부분(80% 이상) 신속하게 흡수되어 간으로 옮겨져서 인산화되고 조효소 형태인 TPP 형태로 α-keto acid와 당질 대사의 보조효소로서 기능을 한다.

thiamine은 pyruvate의 산화적 탈탄산반응으로 acetyl CoA 생성에 관여하며, 오탄당인산경로(HMP)에서 transketolase를 활성화하는 데 작용한다.

thiamine은 말초신경계의 기능에도 관여한다.

4) thiaminase(aneurinase)

thiaminase는 vitamin B_1을 분해하여 thiazole핵과 pyrimidine핵으로 절단하는 효소로서 장내세균에 의해서 생성되고 있다. thiaminase를 가지는 식품은 잉어, 뱀장어, 백합조개, 바지락, 가막조개, 모시조개 등의 어패류와 고사리, 고비 등의 양치식물 등에 이 효소가 존재하는데 그중에 고사리에 유독 많이 함유되어 있다.

thiaminase는 식품의 조직이 파괴되면 활성을 갖게 된다. 그러나 thiaminase는 가열에 의하여 불활성으로 된다. 장내세균이 갖고 있는 thiaminase는 alllithiamine에 작용하지 않으므로 이러한 사람에게는 alllithiamine의 투여가 유효하다.

5) vitamin B_1의 분포

vitamin B_1은 동 식물계에 널리 분포하며 특히 곡류의 배아와 겨층에 많이 존재하며 일반적으로 많이 식용하는 배유에는 거의 존재하지 않는다. 그러나 소맥의 배유에는 vitamin B_1이 존재한다. 동물성 식품에는 동물의 간장에 많고 어류, 난황, 우유, 돼지고기, 어패류에 많으며 효모에도 많이 존재한다. 각종 식품 중의 vitamin B_1의 함량은 표 7-8과 같다.

【표 7-8】 식품 중 vitamin B_1의 함량

동물성 식품	함량(mg/100g)	식물성 식품	함량(mg/100g)
골뱅이통조림	3.4	효모 · 탈지분유	2.30
뱀장어(건)	1.0	된 장	2.13
삶은 붕어	0.89	맥아 · 해바라기씨	2.10
자 라	0.75	계피차	1.49
양미리	0.73	양송이스프 분말	1.29
대구알	0.66	김	1.20
전복(건)	0.56	결명자	0.90
돼지간	0.50	솔 잎	0.70
명 란	0.48	대 두	0.60
닭 간	0.40	참깨 · 느타리버섯	0.50
돼지고기	0.4~ 0.9	쑥 · 부추	0.40

2. vitamin B_2 (riboflavin)

1913년 Osborne과 Mendel에 의해 성장을 촉진시키는 수용성 물질이 우유에 함유되어 있는 것을 연구한 이래 1914년 Palmes와 Colledge는 유장 중에 녹색 형광물질의 존재를 밝혔고, 1932년 Warburg와 Christian이 효모 수용액에서 녹색 형광을 띤 황색의 산화효소를 추출하여 'old yellow enzyme'이라 하였고, 1935년 Kuhn 등과 Karres 등에 의해 flavin 구조와 합성에 성공하여 Karres는 이것을 riboflavin이라 명명하였다.

1) vitamin B_2의 구조와 종류

vitamin B_2는 isoalloxazine핵과 ribitol이 결합한 구조를 이루며 그 화학명은 6, 7-dimethyl-9-D-ribityl-isoalloxazine이다.

vitamin B_2는 flavin이라 부르며 vitamin B_2가 들어 있는 소재에 따라 lactoflavin(우유), ovoflavin(난백), hepatoflavin(간)으로 나누고, 그 구성분에 따라서 riboflavin(ribitol), araboflavin(arabitol), xyloflavin(xylitol), glucoflavin(sorbitol)로 분류하며 천연의 vitamin B_2는 riboflavin이고 그 외는 합성품이다.

vitamin B_2는 수용액에서의 자외선 및 적외선에 극히 예민하여 곧 파괴된다. 식품을 조리하는 과정에서는 거의 파괴되지 않으나, 병에 들어 있는 우유는 햇볕에 노출시키면 2시간 내에 riboflavin 함량이 반 이상 파괴된다.

젖산균과 사상균인 *Eremothecium ashbyii* 가 vitamin B_2를 생산하는데 그중 후자를 이용하여 공업적으로 vitamin B_2를 생산하며 현재는 fatty acid ester로서 합성하고 있다.

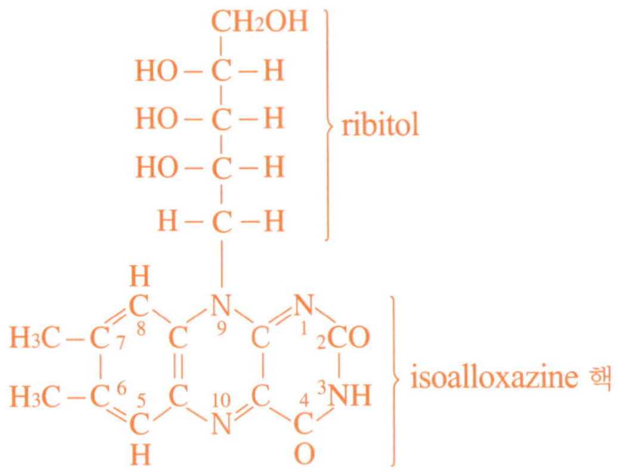

riboflavin의 구조

2) vitamin B_2의 성질과 변화

vitamin B_2는 수용성의 등황색 침상의 결정으로 수용액에서는 독특한 녹황색 형광을 띤다. 실온에서 물에 0.025 % 녹아 담황색의 녹색 형광을 나타내며 알코올에 약간 녹으나 유기용매에는 녹지 않는다.

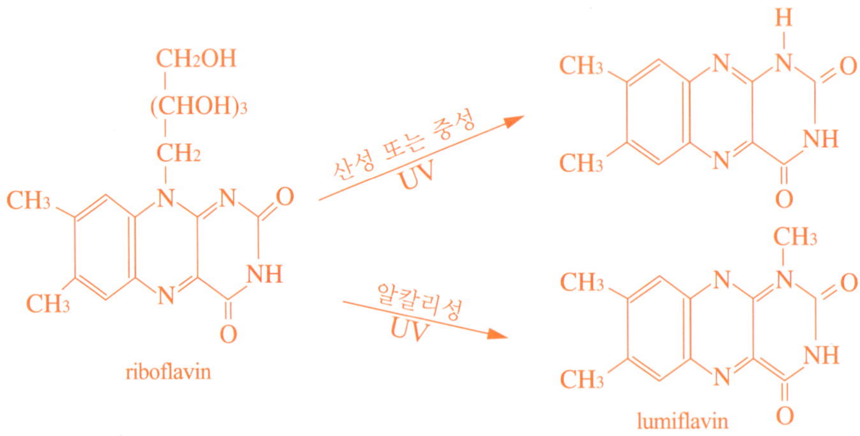

vitamin B_2의 광선에 의한 변화

vitamin B_2는 산화와 열에 안전하고 알칼리와 가시광선 및 자외선에 의해서 쉽게 분해된다. vitamin B_2를 알칼리성에서 광선에 노출시키면 lumiflavin, 산성에서는 lumichrome의 형광물질을 생성하는데 이때 vitamin B_1이나 vitamin C가 존재하면 vitamin B_2의 형광화를 약화시켜서 광분해를 억제한다.

3) vitamin B_2의 생리작용

vitamin B_2는 94%가 인산과 결합하여 유효한 보효소가 되어 당, 단백질, 지질대사에 중요한 역할을 한다. vitamin B_2는 인산과 결합하여 flavin mononucleotide(FMN)가 되어 단백질과 다시 결합하여 황색색소를 형성하여 세포 내의 산화·환원작용을 하며, vitamin B_2가 pyrophosphoric acid, ribose 및 adenylic acid가 결합한 flavin adenine dinucleotide(FAD)는 dehydrogenase(nicotinic acid enzyme)와 oxidase에 작용하는데 이들은 세포의 mitochondria 내에 들어 있어 산화, 환원반응에 관계하며 수소원자를 운반함으로 호흡 반응에 중요한 역할을 한다.

채소류를 끓일 때에는 vitamin B_2는 손실이 거의 없고 즙액으로 유출된다. 육류, 어류, 우유, 된장은 가열로 80~100%, 두류는 65~70%, 냉동콩은 10~20% 의 vitamin B_2가 남는다.

된장국은 빛을 차단하고 끓이면 분해되지 않으나 빛이 투과되는 상태로 끓일 때에 40% 정도 파괴된다. 우유를 실온 상태로 2시간 햇빛을 비추면 2/3가 손실된다.

돼지고기를 8개월 냉동보관하면 20% 감소, 해동할 때에 drip으로 10% 손실된다. 방사선(3Mrad) 살균으로 약 20% 분해된다.

vitamin B_1는 두유에 59% 두부에 13%, vitamin B_2는 두유에 94%, 두부에 27% 정도 잔존율을 나타낸다. vitamin B_2는 열에 안전하고, 빛과 물에 의해 손실된다.

4) vitamin B_2의 분포

riboflavin은 인과 담즙에 의해서 소장 상부에서 흡수되는데 간과 신장에 비교적 많은 양의 riboflavin이 저장되며, 결핍하면 구순구각염(cheilosis), 눈이 부시는 현상(photophobia), 설염(glossitis)이 발생한다.

vitamin B_2는 동식물계에 널리 존재하며 그 함량은 표 7-9와 같다.

【표 7-9】 식품 중 vitamin B_2의 함량

동물성 식품	함량(mg/100g)	식물성 식품	함량(mg/100g)
뱀장어(건)	6.0	녹두가루	3.3
메뚜기	5.6	김	2.95
골뱅이통조림	3.0	청국장 분말	2.42
돼지간	2.3	잣버섯	1.69
쇠 간	2.1	무카페인 커피	1.3
탈지분유	1.6	녹 차	1.24
소심장	1.5	건미역	1.0
닭 간	1.4	결명자	0.8
양미리	1.3	마늘장아찌	0.66
분말크림	1.2	된장 · 감잎차	0.6
돼지심장	1.1	계피차	0.37
성게통조림	0.83	참 깨	0.25
정어리	0.8	해바라기씨	0.24
자 라	0.65	솔 잎	0.16
명태알	0.5	효 모	4.7
계 란	0.4		

3. niacin

pellagra(홍반병)는 1735년에 Gospas Casal에 의하여 보고된 이래 1867년 독일의 Huber가 nicotine을 산화시켜 nicotinic acid를 얻었고, 1911년 Funk는 새로운 자연물질을 분리하여 nicotinic acid라고 명명하였다.

1933년 von Euler 등이 NAD로부터 nicotinic acid를 분리했으며, 1934년 Warburg와 Christian은 NADP에서 nicotinic acid를 분리하였고, 1937년 Elvehjem 등이 nicotinic acid가 개의 흑설병을 치료하였다고 보고하였다.

1945년 Krehl 등은 tryptophan이 niacin의 전구체라는 것을 규명하였다.

1) niacin의 성질과 변화

niacin은 vitamin B_2 복합체에서 분리한 비타민으로 신맛을 갖는 무색의 침상 결정으로 물과 알코올에 잘 녹으나 열, 산, 알칼리, 광선, 산화제에 대해 안정하여 보통 조리나 가공할 때에 손실되지 않는 비타민으로 nicotinic acid라고도 부르며 nicotinic acid amide(nicotinamide)도 동일한 효과를 갖는 항pellagra성 인자 또는 항흑설병 인자(anti-blaktongue factor)라 한다.

nicotinic acid는 수용성으로 침적액, 삶을 때에 즙액으로 용출이 많다. 각종 식품을 적당한 크기로 절단하여 삶을 때에 niacin의 용출은 대략 50% 정도이며, 열에 강하여 삶은 즙액 속의 niacin은 파괴되지 않는다.

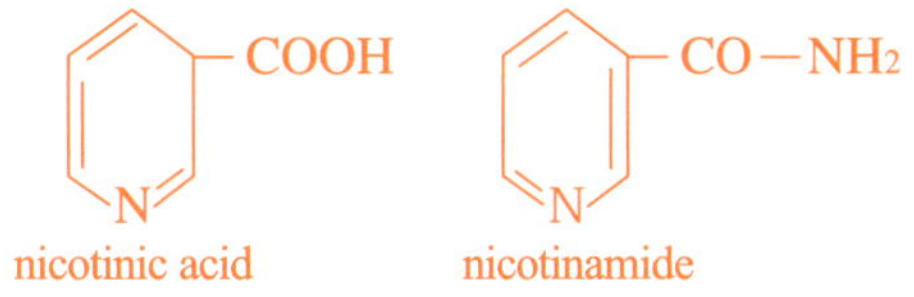

2) niacin의 생리작용

niacin은 음식물 중에 NAD(H), NADP(H)로 존재하며 소장벽으로 흡수되어 문맥을 거쳐 간으로 운반되며 간에서 NAD로 전환된다. 또한, 혈액을 통해 전달된 tryptophan도 NAD로 전환된다.

niacin은 인체나 미생물에서 tryptophan 60㎎으로부터 1㎎을 생합성하며 tryptophan이 niacin으로 전환 시 pyridoxine과 riboflavin이 필요하며, pyridoxine이 이 대사반응에 중요한 물질이다.

체내에서 dehydrogenase인 NAD(nicotinamide adenine dinucleotide) 또는 NADP (nicotinamide adenine dinucleotide phosphate)의 형태로 산화 환원반응에 관여한다.

NADP는 HMP(hexose monophosphate) shunt에서 수소를 받아 NADPH를 형성하여 지방산, 스테로이드 생성에 중요한 역할을 한다.

nicotinic acid는 cholesterol 합성 및 흡수에 영향을 주며 cAMP를 감소시킨다. nicotinic acid가 부족하면 pellagra 증상으로 4D's disease인 dermatitis(피부병), diarrhea(설사), dementia(치매), death(사망) 등을 일으킨다. 또한, 소화기관 점막이 저하되어 설사를 유발하게 되며 위 분비선의 퇴화로 인하여 분비량이 감소된다. 이로 인하여 빈혈증이 유발된다.

3) nicotinic acid의 분포

niacin은 버섯, 완두콩, 청각, 땅콩 등의 식물성 식품과 효모, 송어알, 소육포, 정어리, 건고등어, 노랑가오리, 연어알 등의 동식물성 식품에 널리 분포하며 식품 중의 niacin 함량은 표 7-10과 같다.

【표 7-10】 식품 중 niacin의 함량

동물성 식품	함량(mg/100g)	식물성 식품	함량(mg/100g)
효모(건)	35.0	석이, 싸리버섯	46.3~47.0
송어알	32.1	완두콩(생)	45.0
쇠육포	30.3	밤버섯	38.4
정어리(건)	28.0	커피(무카페인)	28.1
건고등어 · 노랑가오리	25.0	청각(건)	25.7
연어알	19.7	땅콩(건)	17.8
가다랭이	15.3	오미자차	15.5
쇠 간	12.0	톳(건)	10.8
멸 치	11.6~13.3	김	10.4
가리비(건)	9.6	느타리버섯, 파래(건)	10.0
대 게	9.4	조선무청	10.0
생고등어, 건오징어, 대하	8.2	결명자	9.0
삶은 붕어	7.4	송이버섯	8.0
꽁치(생)	6.4	맥아, 잣	7.0
닭고기	4.3~7.2	다시마, 미역, 메밀(건), 쑥	4.5
쇠고기	3.6~4.2	늙은 호박, 생강	4.3

4. vitamin B_6 (pyridoxine)

1926년 Goldberger와 Lillie는 펠라그라 방지 인자 결핍이 동물에게 심한 피부병(말단동통증)을 발생시킴을 발견하였고, 1934년 Gyorgyi 등은 효모 추출물에 함유된 비타민 B_6가 새로운 항피부병 인자라 하였다.

1938년 Kuhn 등은 비타민 B_6의 결정형을 추출하고 adermin이라고 하였으며, 1939년 Stiller에 의하여 비타민 B_6의 화학적 구조가 밝혀졌다. Snell은 pyridoxal과 pyridoxamine의 구조를 알아내었고, 1945년 Umbreit는 pyridoxine이 인산염과 결합한 형태로 체내의 조효소 역할을 한다고 하였다.

1) vitamin B_6의 성질과 변화

식품에 존재하는 비타민 B_6는 단백질 복합체와 결합된 인산화 형태이다. pyridoxine은 수용성이고 산성 용액에 안정하나, 자외선 조사에 의하여 파괴되며 알칼리에는 약하다.

vitamin B_6는 항피부병(adermin) 인자 또는 pyridoxine(pyridine유도체)이라고 부르며, 자연

계에는 pyridoxine, pyridoxal, pyridoxamine의 3종류가 있으며 생체 내에서 상호전환하는데 활성형은 pyridoxal phosphate(PLP)이다.

pyridoxine의 염산염이 산화하여 pyridoxal이 되고, 이들과 pyridoxamine은 모두 수용성으로 산성에 안정하나 중성, 알칼리성에서 광선에 의해 분해된다.

vitamin B_6가 부족하면 구각염, 설염, 피부염 등을 나타내며 anti-pellagra factor이며 vitamin F와 상호 절약작용을 하고 조혈작용과 신경계도 작용한다.

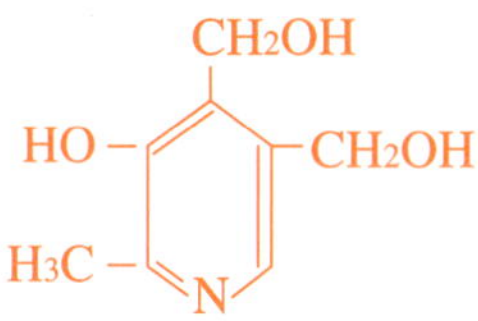
pyridoxine

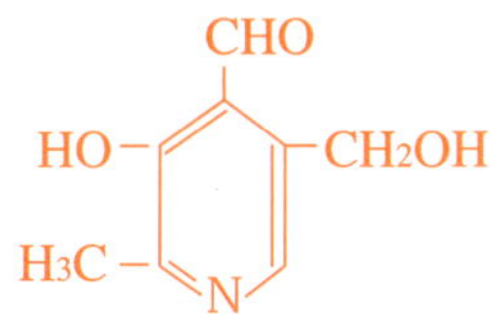
pyridoxal

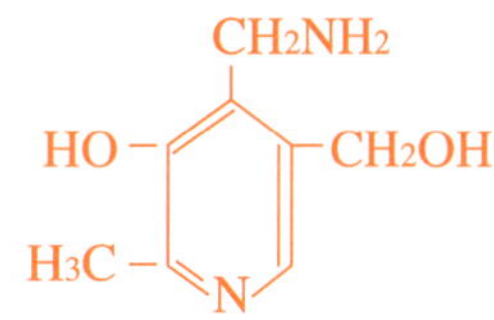
. pyridoxamine

2) vitamin B_6의 생리적 기능

비타민 B_6는 소장의 상부에서 흡수되어 체조직 내에 존재하며 특히 간에 높은 농도로 존재한다. 체조직 내에 함유되어 있는 pyridoxine의 반 정도는 glycogen phosphorylase 상태로 주된 대사물은 pyridoxic acid로 요(尿) 중으로 배설된다. 비타민 B_6는 조효소 형태인 pyridoxal phosphate로 glycogen 분해, linoleic acid로부터 arachidonic acid로 전환, 특히 단백질 대사에서 아미노기전이(transamination), 탈카르복실 반응(decarboxylation), transsulfuration, tryptophan을 niacin으로 전환, hemoglobin(porphyrin 전구체) 합성에 관여한다.

3) vitamin B_6의 분포

vitamin B_6는 동식물계에 널리 분포하는데 식물성 식품으로는 쌀배아, 파래, 마늘, 대두 등에 동물성 식품으로는 황다랑어, 가다랭이 등의 등푸른생선과 쇠간 등에 존재하며 식품 중의 함량은 표 7-11과 같다.

【표 7-11】 식품 중 vitamin B_6의 함량

동물성 식품	함량(mg/100g)	식물성 식품	함량(mg/100g)
황다랑어	0.92	쌀 배아	1.6
가다랭이	0.86	마늘, 파래(건)	0.96
쇠 간	0.82	대 두	0.82
꿩고기	0.81	참 깨	0.77
정어리	0.67	현 미	0.62
숭 어	0.49	탈지콩가루	0.57
도 미	0.46	겉보리, 메밀가루	0.56
병 어	0.45	녹두(건)	0.47
대 합	0.40	밀	0.44
탈지분유	0.36	쌀가루	0.43
닭고기	0.22~0.72	옥수수, 강낭콩	0.40
돼지고기	0.29~0.57	땅 콩	0.35
쇠고기	0.23~0.39	파슬리, 배	0.32
난 황	0.31	감자, 고구마	0.27

5. 엽산 (folic acid, folacin)

엽산은 1931년 L. Willis가 임신부에서 거대적아구성빈혈(macrocytic anemia)을 효모 농축물로 치료 후, Mitchell(1941년)이 식물의 잎(folium)에 존재한다는 뜻에서 folic acid라 하였다.

1945년에 folic acid가 실험실에서 키우는 병아리의 거대적아구성빈혈증을 치료하는데 효과가 있어 닭(chick)이란 뜻으로 vitamin Bc, 원숭이의 적혈구 감소증을 예방하여 주는 factor라 하여 vitamin M이라고도 부르며, 1948년에 합성되었으며 현재는 folacin이라고 불린다.

1) folic acid의 성질과 변화

엽산은 pteridine, ρ- aminobenzoic acid, glutamic acid로 구성된 pteroyl glutamate의 구조를 갖고 있는데 glutamate가 4개 결합하면 pteroyl-tetra glutamate(PTG)라 하고 7개 결합하면 pteroyl-hepta glutamate(PHG)가 있는데 이들을 엽산 복합체라 부르며 conjugase에 의해 분해되어 pteroyl- mono glutamate로 된다.

folacin의 구조는 다음과 같다.

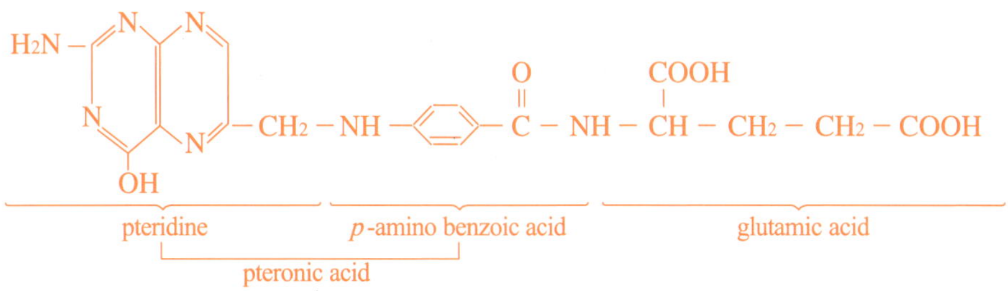

엽산은 황색 결정으로 수용성이며 산성일 때에 열이나 광선에 의해서 분해된다. 그러나 알칼리성에서는 열에는 안정하나 광선에 의해서 분해된다. 그러므로 일반적인 조리, 가공, 저장 중에 folacin이 손실된다.

folacin은 vitamin B_{12}와 함께 아미노산과 핵산대사에 중요하며 엽산이 부족하면 성장 정지, 거대적아구성악성빈혈, 생식 불능, 혈액 질병 등을 일으킨다.

folic acid는 생체 내에서 vitamin C의 존재로 formylization이 된 후 환원되어 folinic acid가 되고 엽산과 folinic acid의 가역적 변화는 단백질, 핵산, thymine, porphyrin핵 등의 합성에 작용한다.

2) folacin의 생리적 기능

folacin은 공장과 회장에서 능동적인 흡수를 하는데 glucose나 galactose에 의하여 촉진된다. 식품에는 folic acid가 polyglutamate 형태로, 혈청에서는 monoglutamate로 존재한다. 정상인은 polyglutamate로 5~10mg 저장되며 약 반가량은 간에 저장된다.

folic acid의 활성 형태는 tetrahydrofolic acid(THFA)로 formyl, formaldehyde, methanol 등과 같은 단일탄소기 운반체 역할을 한다.

folacin의 주요 기능은 purine과 pyrimidine, heme 형성, serine과 glycine의 상호전환, phenylalanine에서 tyrosine을, histidine에서 glutamic acid를 생성, homocystine에서 methionine 생성, ethanolamine에서 choline을 합성한다.

이와 같은 대사 과정 중에 folacin 조효소의 활성을 위해서는 비타민 C, 비타민 B_{12}, 비타민 B_6 등이 필요하다.

3) 엽산의 분포

folacin은 동물의 간, 대두, 엽채류 등에 널리 존재하며 식품 중의 함량은 표 7-12와 같다.

【표 7-12】 식품 중 folacin의 함량

동물성 식품	함량(㎍/100g)	식물성 식품	함량(㎍/100g)
닭 간	1,128	쌀배아	430.0
가다랭이	370	파슬리	371.7
돼지간	259	시금치	243.0
쇠 간	250	대 두	210.0
달걀가루	184	강낭콩	180.0
전지분유	37.0	토란대	163.0
가공치즈	31.0	볶은땅콩	145.3
꽃 게	13.8	녹 두	121.0
오징어(건)	12.5	아스파라거스	109.0
굴	9.6	참 깨	94.8
		상 추	88.8

6. vitamin B_{12} (cobalamin)

1849년 영국의 T. Addison이 악성 빈혈증을 발견한 후, 1926년 미국의 Minot와 Murphy는 악성 빈혈증 환자를 동물의 간(110~120 g/day)으로 치료하였고, 1948년 미국의 Rickes 등은 간 농축물에서 결정체의 붉은 색소를 추출하여 이를 비타민 B_{12} 라 명명하였다.

1955년 Hodgkin 등이 구조를 밝혔고, Woodward는 비타민 B_{12}를 합성하였다.

비타민 중에서 가장 복잡한 구조를 지니고 있으며 hemoglobin과 chlorophyll 구조와 유사하나 철이나 마그네슘 대신 코발트(Co)가 결합한 상태이다. 비타민 B_{12}는 암적색의 침상 결정형 물질이며 중금속, 강산화제, 환원제 등에 의하여 파괴되며 물에 약간 녹으며 용액 상태에서 안정하다.

1) vitamin B_{12}의 구조와 성질

vitamin B_{12}는 구조 중에 Co를 가지므로 cobalamine이라고 부르는 항 악성빈혈 인자(Anti-pernicious anemia factor, APAF), 동물단백질 인자(animal protein factor, APF), 젖산균(*Lactobacillus lactis Dorner*) 발육 촉진 인자(LLD 인자)라 한다.

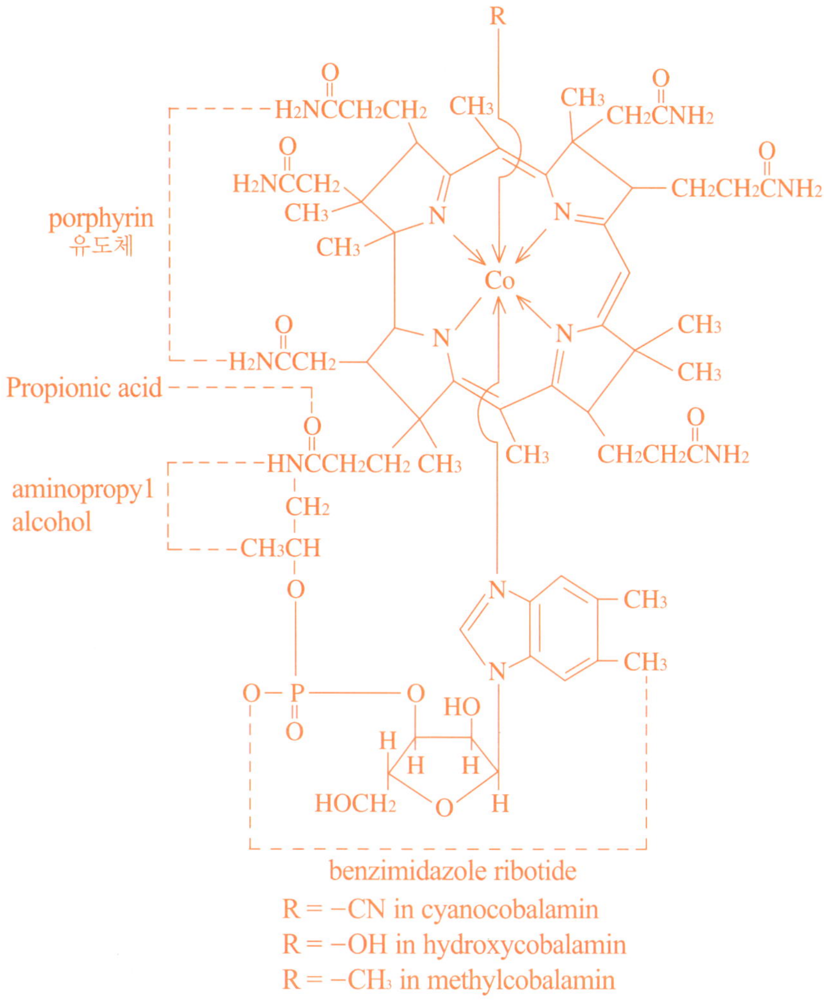

Vitamin B_{12}의 구조

vitamin B_{12}는 4개의 환원형 pyrrol환의 결합으로 형성된 porpyrin핵의 중앙에 1개의 Co^{2+}를 갖고 propionic acid와 aminopropyl alcohol 및 benzimidazole ribotide로 이루어진 특이한 구조를 갖고 있다.

2) vitamin B_{12}의 생리적 기능

동물 체내에서 vitamin B_{12}는 조효소 형태로 전환되며 coenzyme B_{12} (간)와 methyl B_{12} (혈장)의 2가지이다.

vitamin B_{12} 가 조효소로 되기 위해서는 riboflavin, niacin, Mg 등이 필요하며 조효소는 적

혈구의 생성 및 악성빈혈증을 조절하여 골수에서 혈액을 생성하며, 신경조직의 수초를 합성하고, 지방과 당질대사에서 methylmalonate를 succinate로 전환하며, methionine이나 단백질 합성에 관여하며 DNA 합성에도 관여한다.

vitamin B_{12}는 Ca 및 내인성 인자와 복합체를 형성하여 주로 회장에서 흡수된다. 흡수된 비타민 B_{12}는 globulin과 결합하여 즉시 사용되지 않는 비타민 B_{12}는 간에 저장되며, 배설은 신장과 담즙을 거쳐 요(尿) 중으로 내보낸다.

vitamin B_{12}의 결핍증은 악성 빈혈로 특징은 정상적인 위액분비의 저하로 거대적혈구, 적혈구 수의 저하로 인한 hemoglobin량 감소, 창백한 피부, 기력부진, 체중감소, 설염, 신경장애, 우울증이 나타난다.

이와 같이 빈혈과 관련 있는 비타민은 folacin, vitamin B_{12}와 vitamin C 등이다.

3) vitamin B_{12}의 분포

vitamin B_{12}의 권장량은 정해지지 않았으나 연구에 의하면 건강한 사람은 하루에 3~5μg을 함유한 식사를 하면 충분하다고 한다.

vitamin B_{12} 는 식물성 식품에는 거의 없으며 육류, 해산물, 달걀, 우유 등의 동물성 단백질 식품에 풍부히 함유되어 있다. 특히 염장 연어, 대합, 가다랭이, 동물의 간과 달걀에 많다. 특히 간, 신장 등 동물의 기관에는 매우 풍부하며 장내세균에 의해 합성된다. 식품 중 vitamin B_{12} 의 함량은 표 7-13과 같다.

【표 7-13】 식품 중 vitamin B_{12}의 함량

식 품	함량(μg/100g)	식 품	함량(μg/100g)
염장연어	284	정어리	14.0
대 합	98.0	구운 참다랑어	10.9
가다랭이	94.4	청어 · 달걀가루	10.0
돼지간	65.2	숭어 · 쇠골	8.6
쇠 간	52.7	송 어	7.2
닭 간	29.7	멸 치	6.3
달 걀	20.9	고등어	4.7

7. 판토텐산 (pantothenic acid)

1933년 Roger William은 간, 효모 등에 함유되어 있는 닭의 항피부염 인자와 성장촉진제

를 발견하여 pantothenic acid로 명명하고 희랍어의 panthothen(everywhere)이라는 뜻에서 유래된 명칭으로 자연계에 널리 분포되어 있다.

1) 구조 및 성질

pantothenic acid는 β-alanine과 pantoic acid(dihydroxydimethylbutyric acid)의 축합물로서 황색의 유상물질로 물, 초산, 에테르에 녹으나 산과 알칼리에 의해서 가수분해되면 pantoic acid와 β-alanine으로 되어 효력이 없다. 일반적인 조리, 건조, 산화에는 안정하다. pantothenic acid는 보효소 A(coenzyme A : CoA)의 구성 성분으로 열량대사에서 중요한 역할을 한다.

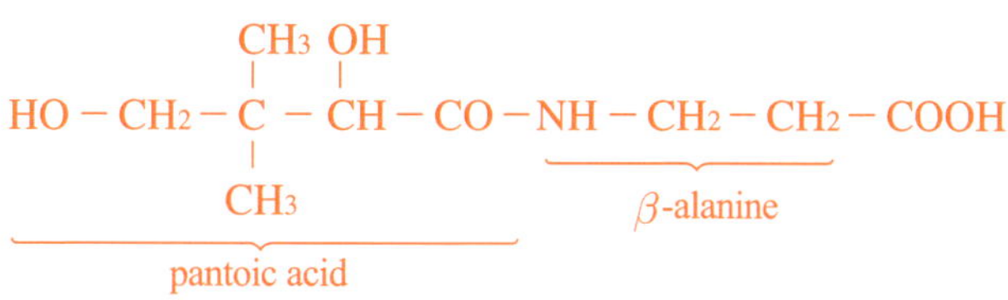

Pantothenic acid의 구조

2) pantothenic acid의 생리적 기능

pantothenic acid는 소장에서 흡수된 후 주로 간과 신장에 존재하며 ATP에 의하여 가인산화되어 coenzyme A를 합성한다.

pantothenic acid는 체내에서 β-mercaptoethylamine과 결합하여 pantotheine이 되며 이것이 ATP와 결합하여 coenzyme A(CoA)를 형성하여 생체 내에서 acetyl CoA로 되어 당질(TCA cycle)·지질대사에 관여하며 특히 지방산의 합성 및 분해, acetylcholine, porphyrin, steroid hormone 합성의 출발물질이 된다.

3) pantothenic acid의 분포

pantothenic acid는 음식물에 널리 분포되어 있으며 장내 세균에 의하여 합성되므로 사람에게서 결핍증이 거의 발생되지 않는다. 그러나 anti-pantothenic acid제를 복용시키면 식욕부진, 소화불량, 복부통증, 우울증, 불면증이 나타나지만 pantothenic acid를 먹임으로써 치료되었다.

일반적인 1일 평균 3.5 mg이 요로 배설되기 때문에 pantothenic acid의 필요량은 대략적으로 1일 5~10 mg 정도가 적절하다고 하나 우리나라에서는 아직 정해지지 않았다.

pantothenic acid는 동·식물성 식품에 널리 분포되어 있으나 주로 효모, 간 등의 동물성 식품, 쌀겨, 고구마, 두류와 곡류에 많이 함유되어 있다. 식품 중의 pantothenic acid 함량은 표 7-14와 같다.

【표 7-14】 식품 중의 pantothenic acid 함량

동물성 식품	함량(mg/100g)	식물성 식품	함량(mg/100g)
건조효모	20.0	쌀 겨	2.40
쇠 간	6.1	고구마	1.10
계 란	1.7	밀가루	0.57
닭고기(적)	1.7	쌀	0.40
돼지고기	1.0	토마토	0.37
쇠고기	0.9	우 유	0.28
닭고기(백)	0.7	양배추	0.18

8. 비오틴 (biotin)

biotin은 동물이나 효모 및 박테리아의 성장과 정상적인 기능에 필요한 비타민이다. 1901년 이스트에 biose라는 성장촉진물질이 있다고 알려졌으며, 1939년 Gyorgyi는 간과 이스트에 있는 이 물질을 비타민 H라고 하였으며 그 후에 biotin이라 하였다.

체내에서 biotin의 작용을 방해하는 물질은 달걀의 흰자질의 애비딘(avidin)이라는 당단백질로 장내에서 biotin과 결합하여 biotin의 흡수를 방해한다.

1) 성질 및 생리적 기능

단순한 환상구조를 갖는 황화합물로 열, 광선, 산에는 안정하나 알칼리와 산화에 의하여 파괴된다.

biotin은 여러 효소의 구성 성분으로 체세포 내에서 이산화탄소 고정작용에 관여하며 특히 carboxyl기 첨가 반응과 관련이 깊다.

핵산과 단백질 형성에 필수적인 purine을 형성하는데, 소화효소인 pancreatic amylase 합성 과정, 요소 형성의 주요 반응인 ornithine을 citrulline으로 전환하는 데 biotin이 작용한다.

2) biotin의 분포

biotin은 folacin, pantothenic acid, 비타민 B_{12} 등과 대사작용이 비교적 유사성을 띠며 주로

소장 상부에서 흡수되며 사람이나 가축은 장내 미생물에 의하여 biotin이 합성되며, 미국에서는 성인의 경우 biotin의 필요량을 100~200 mg으로 권장하고 있다.

사람은 과량의 생난백을 장기간 먹으면 탈피, 권태, 근육통, 식욕감퇴, 구토 등을 일으키나 biotin을 섭취하면 즉시 치료된다.

biotin은 동식물성 식품에 모두 함유되어 있다. 특히 동물의 간이나 신장에 풍부히 들어 있으며 닭고기, 우유, 달걀, 채소 및 과일에 함유되어 있다.

9. vitamin C (ascorbic acid)

B. C. 1550년경부터 괴혈병(scurvy)은 vitamin C의 결핍증으로 알려져 왔으며 히포크라테스에 의하여 출혈성 잇몸 때문에 치아를 잃고 다리에 통증이 심한 증세로 기술되었다. 특히 군인, 선원들의 괴혈병에 spruce(솔잎), 오렌지, 레몬을 섭취시켜 치료했다. 1932년 King(미국)은 레몬즙에서 vitamin C의 결정을 분리하였고, Szent-Gyorgyi(헝가리)는 고추에서 항괴혈성 물질을 분리하여 노벨상을 받았다.

이와 같이 vitamin C는 항괴혈병(antiscorbutic) 인자로 알려진 비타민으로 화학명은 L-ascorbic acid이다.

1) vitamin C의 구조

vitamin C는 hexose와 비슷한 구조를 갖고 있으며 백색 결정형 물질로 물에 쉽게 녹고, C_2 및 C_3에서 H^+가 해리되어 수용액의 vitamin C는 산성을 나타낸다.

vitamin C는 환원형(L-ascorbic acid, AAH_2, AsA)과 산화형(dehydroascorbic acid, DHA, AA)의 형태로 존재한다.

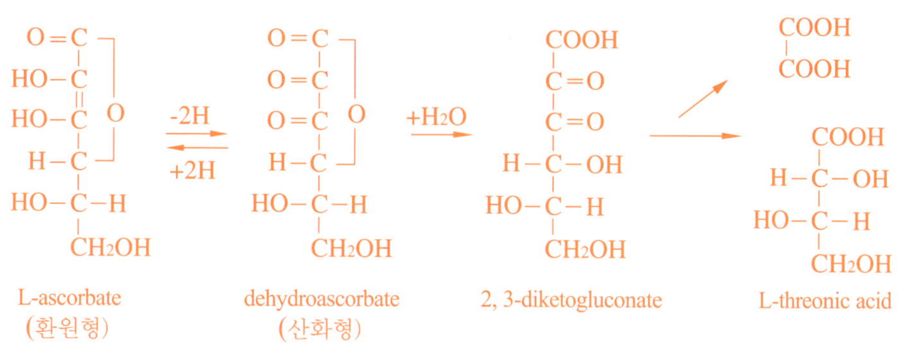

환원형 vitamin C(L-ascorbate)는 탄소와 탄소 사이에 이중결합을 가지고 2개의 -OH를 가지는 이른바 endiol기를 가지는 reductone으로 산소와 H_2O_2(산화제)의 존재하에 산화하여

dicarbonyl 화합물, 즉 산화형 vitamin C(dehydroascorbate)가 된다. DHA도 H_2S, cysteine 같은 환원제에 의하여 AAH_2로 상호 가역적 반응이 일어나며 그중 L-ascorbic acid가 vitamin C 작용이 강하고, 유지 또는 vitamin A의 산화방지제, 육류의 발색제로 쓰인다.

2) vitamin C의 성질과 변화

일반적으로 L-ascorbic acid(환원형)에 비해 산화형은 vitamin C의 1/2 정도의 효력을 갖는다. 다시 산화형이 2, 3-diketogluconic acid(DKG)로 산화되면 vitamin C의 효력이 없다. DKG가 다시 oxalic acid, threonic acid 등의 저분자 물질로 분해되기 때문이다.

D-erythorbic acid(isoascorbate, araboascorbate)는 L-ascorbate의 광학 이성체로 vitamin C의 활성은 L-ascorbate의 1/20 정도이며 주로 산화방지제로 이용된다.

vitamin C의 화학적 성질은 매우 불안정하며 알칼리, 열, 산소, Fe, Cu 등에 의하여 쉽게 파괴된다. L-ascorbate는 약산성 액에서는 대체적으로 안정하므로 과일에 함유한 유기산과 생체 내의 위산은 vitamin C의 파괴를 보호한다. 그러나 강산성에서는 불안정하며 pH 2 이하에서는 산소가 없어도 3-deoxy-pentosone을 거쳐서 furfural이 생성된다.

레몬, 포도의 과즙은 L-ascorbate의 분해로 만들어진 불포화 osone, furfural 등이 미량 함유된 단백질, 아미노산과 반응하므로 비효소적 갈변으로 냄새를 생성한다. 또한, DHA가 아미노산과 결합하여 scorbamic acid(홍색)를 생성한다.

vitamin C는 결정일 때는 안정하나 수용액 중에서는 열에 불안정하며 가열과 동시에 산소, 산화효소에 의해 쉽게 파괴되며 가열 시간과 온도에 따라 파괴율이 다르며 고온에서 장시간 가열시 파괴율이 매우 높다. 보통의 가열조리로 약 50 %의 vitamin C가 분해된다.

Fe, Cu 등과 같은 금속이온은 vitamin C의 파괴를 촉진시킨다. 각종 용기에 ascorbate 액 18.8 ㎎%를 넣어 10분간 가열한 다음 vitamin C의 잔존율은 표 7-15 와 같다.

vitamin C는 결정일 때는 상온에서 광선에 의해 약간 착색만 되고 분해되지 않지만 수용액에서는 광선에 의해 분해되며, 형광물질(vitamin B_2)이 공존하면 월등하게 분해된다.

【표 7-15】 ascorbate 액에 의한 vitamin C의 잔존율(18.8 ㎎%/10min)

용 기	vitamin C의 잔존율(%)	용 기	vitamin C의 잔존율(%)
beaker	63	철냄비	60
aluminium냄비	62	구리냄비	22
도자기냄비	62		

【표 7-16】 저장에 의한 vitamin C의 잔존율

채 소	온도(℃)	저장일	vitamin C 잔존율(%)
배추(종이 포장)	3 ~ 5	10	95
	5 ~ 10	10	58
	15 ~ 20	10	43
시금치(종이 포장)	9 ~ 13	5	73
	9 ~ 13	9	41
무말랭이	5 ~ 10	15	2
무잎	25 ~ 30	4	0
양파	5 ~ 18	40	71
		80	51
파(짚 포장)	4 ~ 8	20	녹색부 25
			중간부 41
			백색부 63
감자	5 ~ 7	40	54
		90	37

그러므로 저장할 때에는 poylethylene, aluminium으로 싸서 냉장하여 vitamin C의 손실을 억제하며 vitamin C 파괴 효소의 활성을 억제하고, 어두운 곳에 저장하여 광선의 영향을 덜 받도록 저장하는 것이 좋다. 저장에 의한 vitamin C의 잔존율은 표 7-16과 같다.

vitamin C는 수용성이며 열에 약하기 때문에 조리시간을 가능한 짧게, 사용하는 물은 소량으로 하고 채소를 썰지 않고 통째로 적용하는 것이 vitamin C 보유량을 최대로 유지하는 방법이며, 채소나 과일은 신선한 것을 선택하여 냉장고에 즉시 저장하는 것이 vitamin C의 손실을 줄이는 방법이다.

3) vitamin C 산화효소(ascorbinase)

ascorbinase(ascorbate oxidase)는 copper-protein으로서 최적 pH는 5.5~6.0, 최적온도는 30℃로 호박, 당근, 오이, 사과, 감, 바나나, 포도, 배, 양배추, 가지 등 식물성 식품에 존재한다.

ascorbinase의 저해물질(inhibitor)로는 $-Cl^-$, $-PO_4^{3-}$, $-CrO^{2-}$, $-CO_3^{2-}$, $-S_2O_3^{2-}$, $-NO_3^-$, $-BO_2^{2-}$ 등의 음이온이 있으며, 이러한 음이온은 효소 중의 Cu^{2+}와 결합하여 효소작용을 저해한다. 가지의 색소인 nasunin과 NaCl 1% 정도로 효소 저해작용이 있다.

ascorbinase의 변성온도는 일반적으로 단백질 변성온도인 70℃에서 ascorbinase의 작용을 잃어버린다. 그 예는 과일과 채소를 데치기(blanching) 하는 경우와 녹차의 제조이다. 녹차에

는 ascorbinate가 많이 함유되어 있으나 홍차에는 거의 존재하지 않는 것은 녹차 제조할 때에 단시간 고온처리(300~400℃의 가마에서 4~5분(40 RPM)간 찻잎을 덖고 다시 1분에 60회전의 가마에서 찻잎을 흩날려 수분을 제거하고 찻잎을 비벼 찻잎의 수분을 밖으로 나오게 한 다음 160~180℃의 가마에서 차잎을 다시 흩날려 건조시키고 마지막으로 100~110℃의 가마에서 1분간에 40회전의 속도로 약 1시간 건조한다)로 찻잎의 ascorbinase를 파괴시켜 vitamin C의 손실을 방지하였기 때문이고, 홍차는 생찻잎을 그대로 발효시키므로 vitamin C가 분해된 것이다.

4) vitamin C의 생리적 기능

vitamin C의 결핍증은 괴혈병(scurvy)으로 collagen 형성의 저하로 잇몸·치근·피하 내출혈, 빈혈, 세균감염에 대한 저항력 감퇴, 해독기능 저하, 창상 치유의 지연, 피부 색소침착, 골격 형성에 지장을 초래한다.

vitamin C의 생리작용은 체내에서 산화·환원 조절작용의 기능을 하는 중요한 성질이 있다.

vitamin C는 전자전달계에서 물을 형성하도록 수소를 주기 때문에 산소류의 산화 능력을 비활성화시켜 다른 물질의 산화를 방지한다. 따라서 비타민 E, 비타민 A, 필수지방산 등의 산화를 방지해 주는 항산화제 역할을 한다.

Collagen은 세포와 세포 사이를 결합시키며 주로 glycine, alanine, proline, hydroxyproline 등으로 구성되어 있고, 그중 hydroxyproline이 collagen의 구조를 안정화하며 proline이 hydroxyproline으로 전환되는 hydroxyl화(-OH기가 결합되는 반응)에 ascorbic acid가 작용한다.

방향족 아미노산(tyrosine, phenylalanine)의 정상적인 대사 과정에 ascorbic acid가 절대적으로 필요하며 특히 tyrosine 대사에서 비타민 C는 ρ-hydroxyphenyl pyruvate oxidase를 보호하는 환원제로 작용한다. vitamin C가 부족하면 이 효소의 양이 적어져 소변 중에 ρ-hydroxyphenyl pyruvate가 나타난다.

비타민 C가 histamine을 비효소적으로 파괴하여 aspartate로 전환시켜 histamine의 해독작용을 하며, 백혈구의 면역활동에 영향을 주어 vitamin C가 부족할 경우에는 항체 생성량이 감소되어 면역성이 감소된다.

철분의 흡수를 돕고 칼슘이 불용성염을 형성하여 침체되는 것을 방지하며 칼슘의 흡수를 증진시키며, 불활성 형태의 folic acid가 folinic acid로 활성화되는 과정에 vitamin C가 필요하다.

5) vitamin C의 분포

vitamin C는 소장의 상부에서 흡수되어 부신과 뇌하수체, 뇌, 간, 췌장, 안구 등에 1,500mg

정도가 저장되나 나이가 듦에 따라 감소한다.

vitamin C의 요구량은 추운 온도, 운동량 증가, 폐결핵, 폐렴, 열성질환, 흡연량이 증가하면 vitamin C의 요구량이 증가된다. vitamin C가 부족되면 상처의 회복이 지연되고 감염에 대한 저항력이 약화되며 vitamin C를 과량 섭취하면 감기, 암, 정신분열증, 고콜레스테롤증의 예방 및 치료에 효과가 있다고 한다.

vitamin C는 고추, 삶은 완두콩, 다래, 파슬리, 케일, 보리순, 피망, 김 등의 식물성 식품과 구운 전갱이, 바지락 등이 좋은 급원 식품이며 신선한 채소와 과일에 그 함유량이 높다. 저장시간이 길어지면서 감소한다. 식품 중 vitamin C의 함량은 표 7-17과 같다.

【표 7-17】 식품 중 vitamin C의 함량

식물성 식품	함량(mg/100g)	식물성 식품	함량(mg/100g)	동물성 식품	함량(mg/100g)
귤농축주스	229	딸 기	77~99	구운 전갱이	777
고추(건)	220	풋고추	84~92	바지락(건)	100
삶은완두콩	180	고춧잎	80	베이컨	50
다 래	176	현미차	75	조제분유	45
청각(건)	165	레몬 · 갓	70	쇠허파	33
파슬리	150	시금치 · 파파야	65	쇠 간	30
케 일	146	무 청	62	메뚜기 · 바지락	20
보리순	111~121	들깻잎 · 배추	46	닭 간	14
피 망	101	솔 잎	29	대 합	5
김(건)	93	녹 차	23	홍합 · 새꼬막	4

제7장 연습문제

1. Vitamin의 화학명과 관용명에 대해서 설명하시오.
2. carotene 중에서 provitamin A로 전환될 수 있는 것은 분자 중에 무엇을 가져야 하는가?
3. provitamin A에 속하는 식품을 쓰시오.
4. provitamin A 중에서 영양 효과가 가장 큰 것은?
5. 비타민 A의 산화를 방지할 수 있는 비타민은 무엇인가?
6. 말린 생선이나 버섯에 특히 많은 비타민은?
7. Ca과 P의 대사에 필요한 비타민을 쓰시오.
8. vitamin D_2의 전구체는?
9. 유도지질로서 자외선에 의해 vitamin D_3로 되고 체내에서 지질대사, 해독 등에 관계하며 과량 축적으로 동맥경화, 세포활력 감소 등에 관계하는 것은?
10. xanthophyll 중 provitamin A인 것은?
11. 비타민 중 알칼리보다 산에서 더 불안정한 것은?
12. 가장 높은 비타민 E 효과를 나타내는 것은?
13. 비타민 중 천연 항산화작용이 있는 것은?
14. 보통 조리할 때 열에 대한 안정성이 가장 큰 비타민은?
15. 지방산(fatty acid)으로 구성된 비타민은?
16. 혈액의 응고성과 관계 있는 비타민은?
17. 다음 사항과 관계되는 비타민은?

- 결핍되면 출혈 및 빈혈이 생긴다.
- 체내 흡수에 담즙이 필요하다.
- 혈액의 응고작용에 관계된다.
- 녹황색 채소와 해조에 포함되어 있다.

18. 유황(S)을 함유하고 있는 비타민은?
19. 탄수화물 대사와 관계 있는 비타민을 쓰시오.
20. vitamin B_1을 많이 갖고 있는 육류는?
21. 비타민 B_1과 allicin이 결합한 유도체로 흡수와 안정도가 높은 것은?
22. vitamin과 조효소(coenzyme)와의 관계를 예를 들어서 설명하시오.
23. vitamin B_1의 조리에 의한 변화를 설명하시오.
24. vitamin B_2를 알칼리성에서 광분해시킬 때에 생성되는 물질은?
25. vitamin B_2의 광분해를 억제하는 비타민은?
26. 빛을 쬐면 가장 잘 변질되고 품질이 저하되는 아미노산과 비타민은?
27. 어린이의 입언저리에 구순구각염을 일으키는 비타민은?
28. 빈혈, 출혈, 혈액응고와 관계가 있는 비타민은?
29. 악성빈혈에 유효한 비타민은?
30. 어느 성분의 결핍으로 인하여 pellagra가 일어나는가?
31. 난백을 다량 섭취함으로 인하여 결핍이 되기 쉬운 영양소는?
32. 비타민 중 코발트를 함유하는 것은?
33. folic acid의 구성 성분에 대하여 설명하시오.
34. 중성(pH 7)에서 가장 불완전한 비타민은?
35. 산화되기 쉬운 비타민은?
36. vitamin C의 안정성이 큰 조건을 쓰시오.
37. 무즙에 당근즙을 가하면 vitamin C의 파괴가 현저하게 일어나는 이유를 쓰시오.
38. 비타민 중 carboxylase의 구성 성분이 되는 것은?

제8장 식품과 효소(Enzyme of Foods)

가공조리하지 않은 상태의 식품에 존재하는 효소는 극미량으로 분해 및 합성 등의 화학반응을 촉진시키는데, 효소가 식품에 작용하는 예를 보면 다음과 같다.

첫째, 육류, 치즈, 된장의 숙성과 같이 식품 중의 효소작용을 적극적으로 이용하는 경우가 있다.

둘째, 일반적인 식품의 선도 유지 및 식품의 변색 방지는 식품 중의 효소작용을 억제하는 경우이다.

셋째, 과즙, 포도주에 pectinase를 첨가하여 혼탁을 방지하거나, 육류에 protease를 첨가하여 연화를 하는 것은 외부로부터 효소를 넣어 식품의 질적 향상을 도모하는 경우이다.

넷째, 전분에서 포도당을 제조하거나 glutamate, aspartate의 제조에 효소를 이용하는 경우이다.

이와 같이 식품을 가공하거나 저장 중에 효소반응이 유리할 때는 효소작용을 촉진하도록 하거나 효소를 첨가하여야 하고 반대로 효소반응이 좋지 않은 방향으로 진행될 때는 효소반응을 억제하여 식품의 선도유지를 하여야 하므로 효소의 일반적인 성질과 특성을 아는 것이 중요하다.

8-1 • 효소의 성질

효소는 세포조직 내에서 생성, 분포되어 생체 내의 반응을 촉진하거나 억제하는 고분자의 유기화합물로 생체 촉매의 성질이 있다. 효소는 생물의 종류, 생체기관의 종류, 대사기구 및 환경의 차이 등에 따라서 각기 다른 효소가 존재하며 분자량은 약 만 ~ 수십만으로 알려졌다.

세포에서 생성된 효소는 복합단백질로 전기, 물리, 화학적 성질은 일반 단백질과 비슷하며 protease에 의해서 분해되고 가열, pH 등에 의해서 변성되어 활성을 잃어버린다.

대부분의 효소는 복합단백질로 비단백질 물질인 보결분자족(prosthetic group), 즉 보조효소(coenzyme)와 복합체를 형성하여 효소작용을 나타내는데 이때 단백질 부분을 apoenzyme이라 하며, apoenzyme과 coenzyme이 결합한 상태를 holoenzyme이라 한다. 이때에 비로소 효소활성을 갖게 된다. 효소의 특이성은 apoenzyme에 의해서 결정되며 apoenzyme은 단백질로 열변성을 일으킨다.

보결분자족은 catalase, peroxidase의 Fe-porphyrin 같은 단백질과 강하게 결합된 경우와 hexokinase의 Mg^{++}, amylase의 Ca^{++}, carboxypeptidase의 Zn^{++}, leucine aminopeptidase의 Mn^{++} 같이 단백질과 해리되기 쉽고 투석에 의해서 분리되는 금속이온(cofactor)이 있고, 또한 단백질과 해리되기 쉽고 투석성이며 내열성 유기화합물인 경우도 있다.

보효소(coenzyme)로는 NAD, NADP, FAD, ATP, CoA, biotin 등이 알려져 있다.

8-2 • 효소의 특이성

효소의 특이성(specificity)은 기질 특이성(substrate specificity, 절대적 특이성), 상대적 특이성, 촉매적 특이성, 광학적 특이성, 기하학적 특이성, 생성물 특이성 등이 있다.

1. 기질 특이성

효소는 어느 한 종류의 기질이나 반응에만 작용할 때에 절대적 특이성 또는 기질 특이성이라 한다. urease는 요소에 작용하고 pepsin은 단백질을 분해하며 dipeptidase는 dipeptide를 가수분해한다.

2. 상대적 특이성

췌장의 lipase는 지방질을 먼저 가수분해하고 저급의 ester에는 서서히 분해하는 예와 같이 효소가 어느 화합물에 주로 작용하고 다른 화합물에는 서서히 미약하게 반응하는 경우를 상대적 특이성이라 한다.

3. 촉매적 특이성

효소가 반응물로서 기질을 선택하는데 이때에 효소는 각기 촉매할 수 있는 반응이 정해져서 amylase는 전분에 작용하여 가수분해 반응을 촉매하나, 산화환원 반응을 촉매하지 않는 경우를 촉매적 특이성이라 한다.

4. 광학적 특이성

효소가 광학적 구조의 차이에 따라 특이성을 나타내는데, D형이나 L형에 각각 특이적으로 작용하는 효소로 *Penicillium* 속의 glucose oxidase는 β-D-glucose를 산화하고 α-D-glucose는 산화하지 않는 경우를 광학적 특이성, 구조 특이성, 입체적 특이성이라 한다.

5. 기하학적 특이성

효소는 기하이성체(cis-trans)에 대해 선택성을 나타내는 경우를 기하학적 특이성이라 한다. 즉 trans 형의 fumaric acid를 기질로 하여 그의 이중결합에 물을 부가하는 fumarase는 cis형의 maleic acid에는 작용하지 않는데 이러한 경우를 기하학적 특이성이라 한다.

6. 생성물 특이성

glucoamylase는 glucose의 잔기의 수가 다른 maltose, maltotriose, maltotetrose, amylose, amylopectin, starch, isomaltose 등 각종 당질을 기질로 한다. 그러나 이들은 α-glucoside 결합으로 연결된 중합체인 점은 같으나 기질인 당질은 다양하여 기질에 대한 특이성은 적고 생성물은 모두 β-glucose이다.

또한, carboxypeptidase A는 각종 펩티드나 단백질을 기질로 하나 반응 생성물은 L-amino acid로 기질 종류나 반응 속도에 관계없이 생성물이 하나로 정해져 있는 효소로 생성물에 관한 특이성이 매우 높은 경우를 생성물 특이성을 갖는다고 할 수 있다.

8-3 • 효소반응에 영향을 주는 요인

1. 온 도

효소반응도 화학반응처럼 온도상승에 따라 빨라지나 효소는 그 본체가 단백질로 되어 있기 때문에 변성이 시작되는 온도를 경과하면 효소반응 속도가 급감하며, 계속 온도가 올라가면 응고되어 활성을 상실하게 된다(그림 8-1).

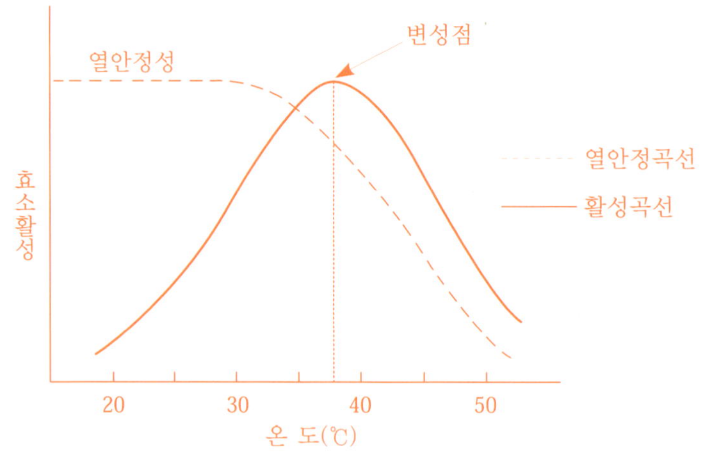

【그림 8-1】 온도와 효소활성

일반적으로 효소는 30~40℃의 범위에서 최고의 활성을 갖게 되며, 일반적으로 10℃의 온도상승으로 반응 속도는 2배 정도 빨라진다. 효소는 45~50℃에서 변성이 일어나기 시작하여 60℃ 이상에서 열변성이 일어나 효소로서의 활성을 잃어버린다.

효소가 최대 반응 속도를 갖는 온도를 최적온도라 하며 미생물과 식물이 생산하는 효소는 40~60℃, 동물에서 생산되는 효소는 그 동물의 체온이 최적온도이다. 그러나 최적온도는 효소의 반응 시간, 효소 농도, 기질 농도, pH, 공존 염류 등에 따라서 많은 영향을 받는다.

효소에 대한 온도의 영향은 식품에 있어서 중요하며 효소의 열에 대한 불안정한 성질을 이용하여 식품을 가공 저장하고 있는데, 그 예로 녹차는 찻잎을 가열하여 볶아서 phenolase, lipoxidase, ascorbate oxidase, chlorophyllase 등의 효소를 불활성화하고, catechin의 산화를 막아서 갈변을 예방하고 vitamin C의 파괴를 방지한다. 그러나 홍차는 찻잎을 발효하여 산화효소류의 작용을 활성화한다.

【표 8-1】 효소별 최적온도

효 소	기 질	최적온도(℃)
catalase	H_2O_2	0~10
malt amylase	starch	20~30
pancreatic amylase	starch	30~40
maltase	maltose	20~30
pancreatic lipase	ethylbutyrate	20~30
emulsin	salicin	20~30

2. pH

효소 반응 속도는 pH에 따라서 영향을 받아 좌우가 대칭되는 봉상의 형태를 이루며 강산성이나 강알칼리성에서는 그 활성을 상실하는데 일반적으로 효소는 일정한 pH 부분에서 활성을 나타낸다(그림 8-2).

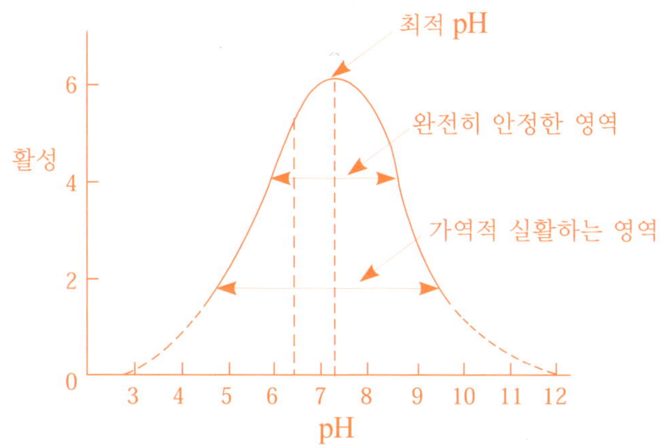

【그림 8-2】 pH와 효소활성

효소활성이 가장 좋은 부분, 즉 최대 반응 속도를 나타내는 pH를 최적 pH라 하는데 protease인 pepsin은 pH 1~2, trypsin은 pH 7~8이며, 사상균의 α-amylase는 pH 4.5~4.8, 세균 및 동물성 α-amylase는 6.0~7.0의 최적 pH를 가지며 그 외는 표 8-2와 같다. 최적 pH는 완충액의 종류, 기질 및 효소의 농도, 작용 온도 등에 따라서 다르게 나타난다.

가수분해효소는 활성 부위(active site)에 존재하는 아미노산 잔기의 해리기가 산이나 염기로서 촉매작용에 관여한다. 또한, pH 곡선은 촉매작용에 관여하는 두 해리기의 해리 상태 변화를 나타내는 것으로 볼 수 있다.

【표 8-2】 효소별 최적 pH

효 소	기 질	최적 pH
catalase	H_2O_2	6.8~7.6
malt amylase	starch	4.4~4.5
pancreatic amylase	starch	6.7~7.2
maltase	maltose	6.1
pancreatic lipase	ethylbutyrate	7.0
papain	gelatin	5.9
dipeptidase	dipeptide	7.3~8.1
pepsin	egg albumin	1.5
	hemoglobin	2.2
trypsin	benzoylargin amide	7.7
	benzoylargin ethyl ester	7.0
pyruvate carboxylase	pyruvate	4.8
fumarase	fumarate	6.5
	malate	8.0
arginase	arginine	9.7

3. 효소의 농도

효소반응에서 pH, 온도, 기질의 농도가 주어졌을 때 효소농도 증가에 따른 효소활성은 그림 8-3과 같다.

반응의 처음 단계는 효소농도 증가에 따라서 반응 속도가 직선을 나타내는데 이때 효소농도는 제한 인자가 되고, 기질은 충분하여 제한 인자가 아니다. 반응 말기에는 효소농도의 증가에 따라 반응 속도가 완만하며, 이때 기질농도는 제한 인자가 되며 기질을 더욱 첨가하지 않으면 반응 속도는 증가하지 않는다.

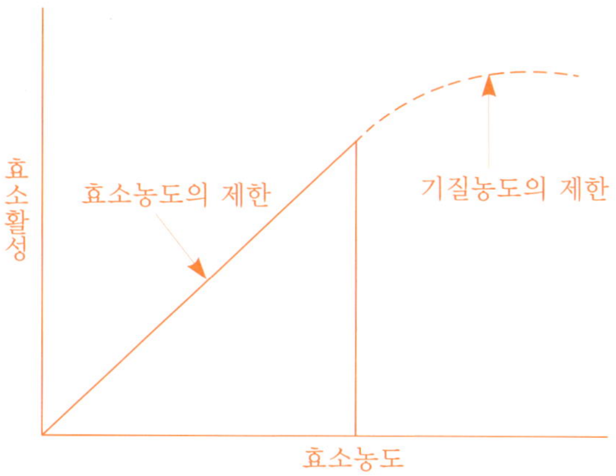

【그림 8-3】 효소농도에 따른 반응 속도

즉 효소의 반응계수는 동일 조건에서는 효소농도에 비례한다. 반응 물질(기질)의 농도 변화에 의한 속도는 다음과 같다.

$$\text{velocity} = \frac{dC}{dt} = kC \quad \cdots\cdots (8-1)$$

C = 기질의 농도, k = 비례상수, t = 시간

즉 기질의 농도에 비례한다. 기질이 시간에 따라 변화한 양을 x 라 하고 처음에 있는 기질의 양을 a 라 하면 다음과 같다.

$$(t = 0\text{일 때})\ v = \frac{dC}{dt} = k(a - x) \quad \cdots\cdots (8-2)$$

즉 기질의 변화에 따라 v가 달라진다.

$$k = \frac{1}{t}\ln\frac{a}{a-x} = \frac{2.303}{t}\log\frac{a}{a-x} \quad \cdots\cdots (8-3)$$

이때 반응 속도는 효소의 농도에 직접 비례한다. 효소반응 중 과량의 기질이 존재할 때 속도는 효소농도에 비례하며 다음과 같다.

$$v = \frac{dS}{dt} = k \cdot E \cdot S \quad \cdots\cdots (8-4)$$

aminolevulinic acid에 aminolevulate dehydrase를 작용시켜 생성된 porphobilinogen은 효소 농도에 비례한다.

4. 기질의 농도

효소량을 일정하게 하고 기질량을 증가시키면 그림 8-4와 같이 어느 지점까지는 기질의 증가에 따라 반응 속도가 증가하나 그 이상은 반응 속도에 변화가 없다.

이는 기질이 효소의 활성 중심을 포화할 때까지는 효소기질 복합체가 증가하여 반응 속도가 증가하나 포화되면 그 이상은 증가되지 않는 것은 주로 생성물이 효소와 결합하여 저해를 나타내거나, 효소의 표면이 기질로 포화되어 충돌 빈도가 반응 속도에 영향을 주지 않는 것으로 생각되어진다.

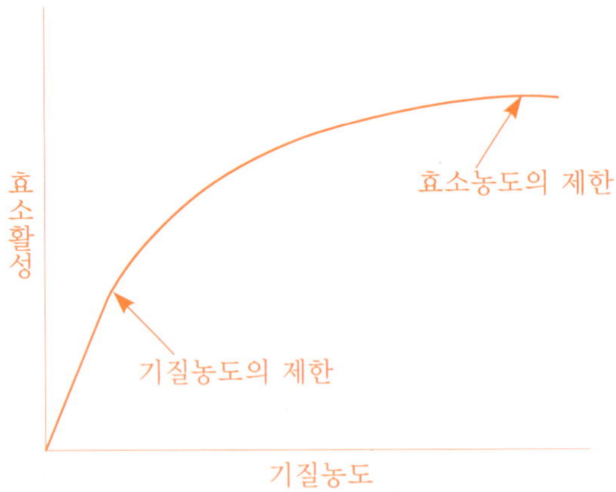

[그림 8-4] 기질농도에 따른 반응 속도

L. Michaelis와 M. L. Menten(1913년)의 효소반응 이론을 보면 다음과 같다.

$$E + S \rightleftharpoons ES \longrightarrow E + P$$

(E=효소, S=기질, ES=효소기질 복합체, P=생성물)

즉 기질의 농도가 낮을 때는 모든 효소가 기질과 결합하고 있지 않으므로 효소의 농도에 대하여 가장 빠른 속도에 도달할 수 없다.

기질농도가 높아지면 모든 효소가 효소기질 복합체로서 존재하고 그 때문에 더욱 기질농도를 증가하여도 반응 속도에 영향을 주지 않는다. 이는 효소와 기질이 가역적으로 결합하여 효소와 기질의 복합체가 생성되는 관계에서 다음 식을 제안하였다.

$$v = \frac{V_{max}[S]}{K_m + [S]}, \quad K_m = [S] \cdot \left[\frac{V}{v} - 1\right] \qquad \text{(8-5)}$$

v = 반응 속도, V_{max} = 최대 반응 속도, [S] = 기질농도, K_m= Michaelis 상수

효소가 기질을 모두 포화할 때는 반응량이 최대이며, 이때의 최대속도를 V_{max}로 표시한다. K_m은 효소와 기질과의 친화력을 표시한 것으로 K_m이 낮으면 기질에 대한 효소의 친화력이 크고, K_m이 높을수록 기질에 대한 효소의 친화력이 작다. 즉 경쟁적 저해작용이 커진다. K_m은 또한 효소의 활성 부위의 존재 여부에도 응용할 수 있다.

최대 반응 속도 V_{max}는 사용한 효소농도에서 도달할 수 있는 최대의 반응 속도을 뜻하며 경쟁적 저해작용에는 변함이 없다. 이때는 반응계의 대부분의 효소가 기질에 포화되어 효소와 기질 복합체(ES-complex)의 해리정수로 표시하는데, ES-complex의 생성과 분해 속도가 동일할 때는 [E]/[ES]=K_m/[S]로 표시한다. Michaelis 상수 K_m은 반응 속도가 1/2V_{max}를 나타낼 때의 기질농도이며 효소의 1/2이 기질에 의해서 포화되어 있다(그림 8-5a). 효소반응의 K_m 값은 보통 10^{-2} ~ 10^{-5} M 범위 이내에 있다.

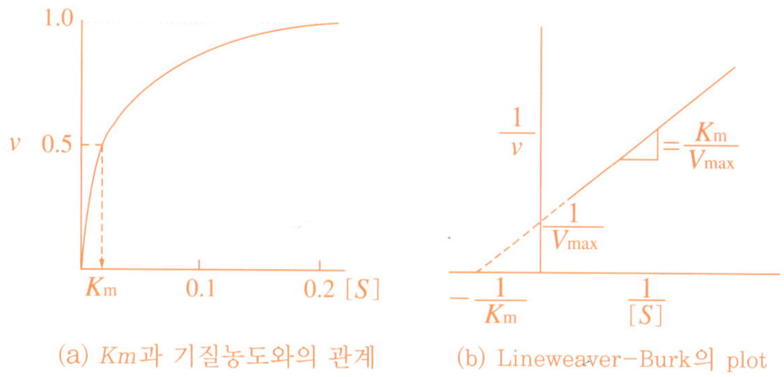

【그림 8-5】 효소반응 속도와 Michaelis 상수

실제로 K_m을 구할 때는 다음의 식으로 변형하여 사용한다.

$$\frac{1}{v} = \frac{1}{V} + \frac{K_m}{V} \cdot \frac{1}{[S]} \qquad \text{(8-6)}$$

$1/v$ 을 1/[S] 에 대하여 plot하면 그림 8-5의 b와 같이 직선 식을 얻을 수 있고, 여기서

K_m을 구할 수 있는데 이를 Lineweaver-Burk의 plot라 한다. 여러 효소의 K_m 값은 표 8-3과 같다.

【표 8-3】 여러 효소의 K_m

효 소	기 질	K_m(mole)
maltase	maltose	2.1×10^{-1}
invertase	sucrose	2.8×10^{-2}
phosphotase	phosphoglyceric acid	3.0×10^{-3}
lactate dehydrolase	pyruvic acid	3.5×10^{-5}

5. 그 외의 요인

효소작용에 영향을 주는 요인으로는 온도, pH, 효소의 농도, 기질의 농도 외에 광선, 방사선, 금속이온, 반응 생성물, 압력 등이 있다.

광선은 효소작용을 촉진시키기도 하고 저해하기도 하는데 적색 광선과 청색 광선은 타액의 amylase와 그 외의 효소작용을 촉진시키고 자외선과 Ra조사는 효소작용을 저해하며 X선, $\alpha \cdot \beta$선은 파괴성을 가지므로 인체 내의 효소를 파괴한다.

금속이온도 효소작용에 영향을 미치는데 lipase를 예로 설명하면 lipase를 낙산 에틸에 작용할 때에 Ba, Ca, Mg 등의 염화물과 질산염은 저해하지만 Na, Mg, Mn 등의 황산염은 효소작용을 촉진시킨다. 그외 중금속이온은 효소단백질을 변성시키거나 침전시켜 효소작용을 억제한다.

반응 생성물을 즉시 제거하면 반응의 속도는 잘 진행되지만, 반응 생성물이 축적되면 가역반응이 일어나며 또한 소화산물(消化産物)의 작용이 반응의 진행을 지연시키는 원인은 그 구조가 비슷한 반응 생성물의 일부는 기질이 결합하는 정도의 효소와 결합하여 효소 일부분을 불활성화시키기 때문이다.

또한, 효소 용액을 강하게 교반하면 효소단백질이 변성하여 효소작용이 저해된다.

8-4 • 효소의 저해와 활성화

1. 저 해

효소는 여러 조건에 의해서 효소반응 속도를 느려지게 하여 그 작용을 억제시키거나 효소 작용을 실활시키는 물질을 효소의 저해제(inhibitor)라 하며 불가역적 저해와 가역적 저해로 나눌 수 있다.

1) 불가역적 저해

불가역적 저해는 저해제, 극단적인 pH, 알코올 등의 유기용매, 가열로 변성이 일어나 효소가 불활성화되는 현상으로 효소단백질의 고차적 구조의 불가역적인 파괴나 효소활성기의 공유결합에 의한 불가역적 수식 등으로 일어난다.

DFP(diisopropylfluorophosphate)는 trypsin, chymotrypsin 등의 가수분해효소를 불가역적으로 효소 활성을 저해하고, 시안 화합물(CN^-)은 호흡효소나 금속효소를 저해한다. 불가역적 저해는 중금속(Pb, Hg, W), tannin, trichloroacetate 등의 단백질 침전제에 의해서도 일어난다.

2) 가역적 저해

기질의 첨가 등으로 가역적으로 저해가 일어나며 효소로부터 저해제를 제거할 수 있는 저해로 경쟁적 저해와 비경쟁적 저해로 구분할 수 있다.

(1) 경쟁적 저해(competitive inhibition)

저해제의 구조가 기질과 유사하여 효소의 활성 부위(active site)에 기질과 경쟁적으로 결합하여 기질과 효소의 결합을 불가능하게 하는 것을 경쟁적 저해 또는 길항적 저해라 한다. 그 예로 succinate dehydrogenase는 succinate를 fumarate로 산화시키는 효소인데 succinate와 구조가 비슷한 malonate와 결합하여 succinate dehydrogenase의 활성을 저하시킨다. 이때 다시 succinate를 가하면 자연적으로 저해가 해제되며 저해의 정도는 기질과 저해제의 농도와 효소에 대한 친화력에 따라 결정된다.

K_m이 높을수록 경쟁적 저해작용이 커진다. 최대 반응 속도 V_{max}는 사용한 효소농도에서 도달할 수 있는 최대의 반응 속도를 뜻하며 경쟁적 저해작용에는 변함이 없다.

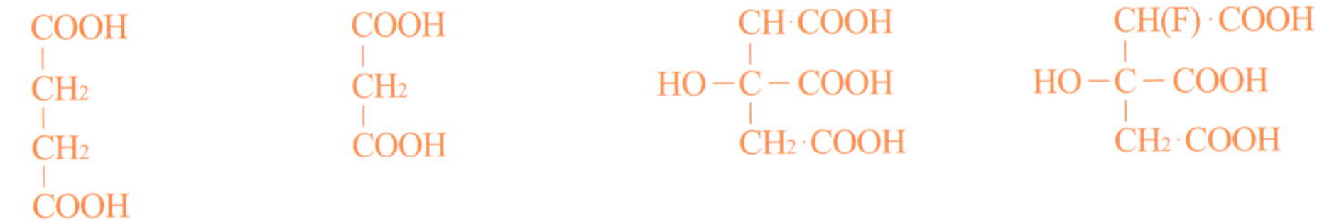

succinate (기질) | malonate (저해제) | citrate (기질) | fluorocitrate (저해제)

효소=succinate dehydrogenase | 효소=asconitate hydratase

(2) 비경쟁적 저해(noncompetitive inhibition)

저해제가 효소의 활성 중심의 결합 부위가 아닌 다른 부위에 결합하여 효소반응을 저해하는 경우를 비경쟁적 저해 또는 비길항적 저해라 한다. 이때 저해제는 효소와 효소 복합체에 다같이 결합하며, 저해 정도는 저해제의 농도에 따라 결정되며 기질농도를 증가시켜도 활성은 회복되지 않는다.

trypsin의 작용을 저해하는 trypsin inhibitor는 대두와 평지(유채)씨에 존재하는 비경쟁적 저해제이다.

(3) Feedback 저해

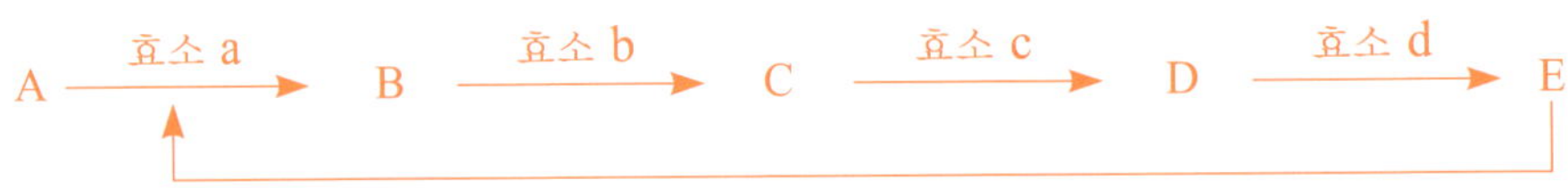

feedback inhibition

feedback regulation(조절)은 효소반응에서 최종 생성물(E)이 과잉이 되어 이 대사계의 최초의 효소반응(A $\xrightarrow{\text{효소 a}}$ B)에서 allosteric site에 관여하는 allosteric enzyme(효소 a)을 억제하는 경우를 negative feedback, feedback inhibition이라 한다. 그 반대의 경우는 positive feedback, feedback effect 라 한다.

2. 효소의 활성화

효소반응의 저해와는 반대로 효소의 활성 부위(active site)를 덮고 있는 저해제를 제거하거나 조효소를 더 첨가하여 효소를 원래의 형태로 되돌아가게 하는 것을 효소 활성화라 하고, 그러한 물질을 활성제 (activator)라 한다.

그 예로 -SH 기를 활성 중심으로 하는 bromelin, papain 등의 효소는 산화제인 요오드산염과 공기 중의 산소에 의해서 불활성화하지만 이때에 -SH 기를 갖는 cystine, glutathione을 첨가하면 본래의 활성을 갖는다. 또한, 중금속이 저해하는 경우는 EDTA 등의 chelate 화합물을 첨가하는 것이 효과적이다.

feedback effect를 받는 allosteric 효소는 기질과 결합하는 활성 부위가 아닌 allosteric 부위에 활성화제가 결합하여 효소의 입체 구조가 변하여 기질이 활성 중심에 결합하기 쉬워 효소활성이 좋아지는 경우를 allosteric effect라 한다. 그 예로 고추, 겨자의 myrosinase에 대한 ascorbate의 활성이 있다.

8-5 • 보조효소(Coenzyme)

효소가 복합단백질로 되어 있을 때에 단백질 부분인 apoenzyme과 여기에 보조효소(coenzyme)가 결합하여 활성을 갖는 완전한 효소를 holoenzyme이라 한다.

【표 8-4】 보조효소의 종류

보 조 효 소	기 호	전달 원자단	비타민
• 수소를 전달하는 보조효소			
nicotinamide adenine dinucleotide	NAD^+	수소	niacinamide
nicotinamide adenine dinucleotide phosphate	$NADP^+$	수소	niacinamide
flavin adenine dinucleotide	FAD	수소	rivoflavin
flavin mononucleotide	FMN	수소	riboflavin
lipoic acid	Lip(S_2)	수소 · 아실기	
• 원자단을 전달하는 효소			
adenosine triphosphate	ATP	인산기	
uridine diphosphate	UDP	당 · 우론산	
cytidine diphosphate	CDP	phosphocholine	
coenzyme A	CoA	아실기	pantothenate
biotin		carboxyl기	biotin
thiamine pyrophosphate	TPP	C_2-aldehyde 성분	thiamine
pyridoxal phosphate	PAL	아미노기	pyridoxine
tetrahydrofolic acid		C_1-전이	folacin
CDP-choline		methyl기 전이	choline
			myo-inositol
• 그 외 보조효소			
B_{12}-coenzyme		수소 이동 methyl 기의 전이	cyanocobalamin

보조효소는 그 촉매작용의 반응 형식에 따라서 분류되며 대부분의 보조효소는 인산기를 함유한다. 보조효소가 전달하는 원자단과 관계하는 비타민과 비타민의 유도체는 표 8-4와 같다.

8-6 • 효소의 분류

효소는 1961년 국제생화학연합회(International Union of Biochemistry, IUB)의 효소위원회에서 표 8-5와 같이 산화환원을 촉매하는 산화환원효소(oxidoreductase), 기질의 methyl기, amino기를 다른 기질로 바꾸는 전달효소(전이효소, transferase), 가수분해를 촉진하는 가수분해효소(hydrolase), 기질이나 기질의 특정한 기를 가수분해하지 않고 분해하거나 절단하는 분해효소(기제거효소, lyase), aldose를 ketose로 기질의 원자 배열을 변경하거나 이중결합의 분자 내의 위치를 이동시키는 이성화효소(isomerase), C-O, C-S, C-N, C-C의 결합을 형성하여 2개의 기질을 결합시키는 연결효소(합성효소, ligase 와 synthetase) 등 6종류로 분류하였다.

【표 8-5】 효소의 분류

계통번호	계 통 명	반 응 형 식
1	산화환원효소 (oxidoreductase)	산화반응, 탈수소반응, 수소첨가반응, 환원반응 catalase(oxidase) : $H_2O_2 + H_2O_2 \rightleftarrows O_2 + 2H_2O$ dehydrogenase : $AH_2 + B \rightarrow A + BH_2$
2	전달효소 (transferase)	methyl기, acetyl기, glucose기, amino기, 인산기 등의 원자단을 전이하는 반응
3	가수분해효소 (hydrolase)	ester 결합, glucoside 결합, peptide 결합, amide 결합 등의 가수분해하는 반응
4	기제거효소 (lyase)	비가수분해적으로 기의 이탈반응으로 탈탄산, 탈카르복시, 탈수, 탈암모니아반응
5	이성화효소 (isomerase)	입체이성화반응, cis-trans 전환반응, 분자 내의 산화환원 및 분자 내 전이반응
6	연결효소 (ligase, synthetase)	ATP → AMP + PP 반응과 합성반응 X + Y + ATP → X−Y + AMP + PP

효소명은 pepsin, trypsin과 같은 관용명과 maltase 같이 기질인 maltose에 -ase를 붙이는 기질명과 oxidase같이 반응명 뒤에 -ase를 붙이는 반응명이 있고, 또한 succinic dehydrogenase와 같이 기질명과 반응명을 함께 쓰는 경우가 있다.

효소작용은 효소 자체의 농도와 기질의 농도, 온도, pH, 공존하는 염류의 종류 및 농도에 따라서 변화하므로 효소단위(enzyme unit)는 1964년판의 《Enzyme Nomenclature》에 의하면 "특정된 조건에서 1분 동안에 1 μmole의 기질, 또는 1μ당량에 결합하는 효소량"을 1 unit로 제안하였다. 이때에 기질이 단백질이나 pectin과 같은 고분자 물질일 때는 1μ당량을 사용하는데, 그 예로 protease는 생성된 유리 아미노기 또는 카르복실기의 당량으로 계산한다.

8-7 • 식품에 관계되는 효소

1. 산화환원효소

1) Glucose oxidase

당류 중의 포도당만을 산화하여 gluconic acid와 H_2O를 생성하는 효소로 pH 5.6 ~ 5.8, 최적온도 30 ~ 40℃의 성질을 이용하여 식품 중의 glucose와 산소를 제거하여 식품의 변질을 방지하는데 주로 전지분유, 커피, 코코아, 육류, 유제품 등에 이용한다.

2) Polyphenol oxidase

polyphenol oxidase는 catechol oxidase, catecholase, diphenol oxidase, polyphenolase 등으로 불리는 효소로 사과, 복숭아, 버섯, 바나나, 홍차 등에 존재하는 catechol, tyrosine 등의 phenol 화합물에 작용하여 quinone 및 산화물을 생성하여 식품을 갈색화 하는 효소로 최적 pH는 5~6이며, Cu^{2+}와 Fe^{2+}에 의해 활성화되고 Cl 이온에 의해서 저해된다.

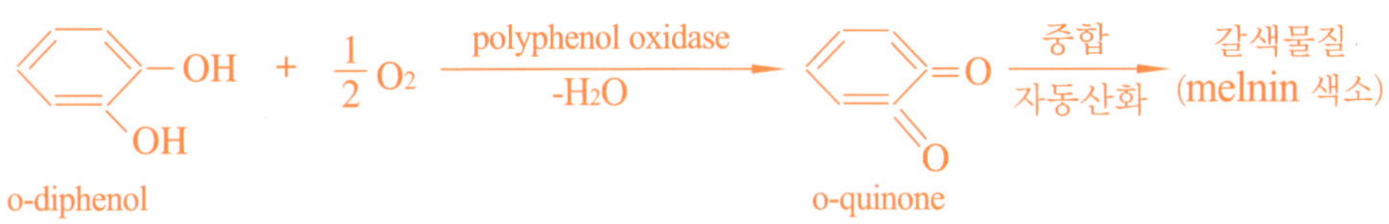

3) Tyrosinase

tyrosine을 분자상 산소가 존재할 때에 산화하여 melanin을 형성하는 효소로, Cu를 함유하는 산화효소로 monophenol oxidase라고도 불리며 버섯류, 채소, 과일, 특히 감자류에 많이 존재한다. 감자류의 갈변에는 tyrosinase에 의한 경우가 많다.

4) Catalase

과산화수소에 작용하여 물과 산소로 분해시키는 효소인데 최적 pH는 6.8 내외로 치즈 제조할 때 사용한 과잉의 보존제로 혼입된 H_2O_2를 제거한다.

$$2H_2O_2 \xrightarrow{\text{catalase}} H_2O + O_2$$

5) Ascorbate oxidase

ascorbic acid에 작용하여 dehydroascorbic acid와 물로 분해하는 작용을 갖는 효소로 식품에 널리 분포하여 있다.

$$\text{ascorbic acid} + \frac{1}{2}O_2 \xrightarrow[-H_2O]{\text{ascobate oxidase}} \text{dehydroascorbic acid}$$

6) Lipoxidase

linoleic acid와 같은 불포화지방산과 산소에 작용하여 불포화지방산의 peroxide를 생성하는 효소로 최적 pH는 6.5 정도로 유지의 산패와 carotene의 파괴에 관여하는 효소이다.

2. 가수분해효소

1) α-Amylase

amylose와 amylopectin의 α-1,4 glucan을 내부에서 불규칙하게 가수분해하는 endo type의 액화형 amylase로서 최종 생성물은 dextrin, maltose, glucose를 생성한다.

생성한 환원당은 α-type이므로 α-amylase라 하며 타액, 췌액, 맥아, *B. subtilis* 등의 세균, *Aspergillus*속 등의 곰팡이에 존재한다. 세균의 α-amylase의 최적 pH는 5.8~6.4로 주류, 물엿, glucose 등에서 고온 액화에 이용된다.

2) β-Amylase

amylose와 amylopectin의 α-1,4 결합을 비환원성 말단에서 maltose 단위로 규칙적으로 절단하여 dextrin이나 maltose를 생성하는 exo type의 당화형 효소로 고구마, 맥아, 소맥, 대두 등 주로 식물성 조직에 존재하는 효소이다. 이 효소는 최적 pH는 5.0 ~ 7.0이며, 활성 중심은 -SH 기가 관여하고 Cu, Hg에 의해 저해가 된다.

3) Glucoamylase

starch의 비환원성 말단에서 glucose을 하나하나 절단하는 당화형 amylase로 최적 pH는 4 ~ 5이다. 이 효소는 β-amylase가 절단할 수 없는 α-1,6 결합도 절단하여 starch를 100% glucose로 분해하므로 glucose 제조에 사용한다.

4) Pectinase

불용성의 천연 pectin을 가용화하는 protopectinase, pectin의 methyl ester를 가수분해하여 pectinic acid를 생성하는 pectin esterase, pectinic acid의 α-1, 4 glucoside 결합을 가수분해하는 endo type, exo type의 polygalacturonase가 있다.

*Asp. niger*에서 얻어진 pectinase는 최적 pH가 4.5이며 Cu, Al 등의 양이온에 의해서 촉진된다. 당 농도가 낮은 잼, 젤리 제조나 과채류의 연화 또는 과즙이나 과실주의 청징에 이용한다.

5) Hesperidinase

*Asp. niger*에서 얻어지는 hesperidinase는 최적 pH가 3.5 ~4이며, 최적온도가 60℃인 효소로서 rhamnose, glucose의 α-1, 6 결합을 가수분해하여 rhamnose와 용해도가 높은 hesperidin-7-glucoside를 생성하여 밀감통조림의 백탁을 방지한다.

6) Naringinase

*Asp. niger*에서 얻어지는 naringinase는 최적 pH 4.5이며 최적온도는 50℃인 효소로 하귤의 쓴맛 성분인 naringin을 rhamnose와 glucose의 α-1, 2 결합을 가수분해하여 naringenin-7-glucoside와 rhamnose를 생성하고 쓴맛이 없는 naringenin-7-glucoside를 β-glucosidase에 의해 glucose와 naringenin을 생성한다.

$$\text{naringin} \xrightarrow{\text{naringinase}} \text{naringenin-7-glucoside} + \text{rhamnose} \xrightarrow{\beta\text{-glucosidase}} \text{naringenin} + \text{rhamnose} + \text{glucose}$$

7) Cellulase

cellulose의 β-1,4 glucoside 결합을 가수분해하여 cellobiose와 glucose를 생성하는 효소로 주로 *Asp. niger*에서 얻고 있으며 전분 제조, 대두 단백 추출, 한천 제조, 두류의 탈피 등에 이용되는 효소이다.

8) Invertase

sucrose를 α-D-glucose와 β-D-fructose로 가수분해하는 효소로 최적 pH는 4.5~5.0이다. 이때 생성된 α-D-glucose와 β-D-fructose의 등량 혼합물을 전화당(invert sugar)이라 한다.

invertase에 의한 sucrose로부터 생성된 전화당은 sucrose보다 용해도가 높고 결정이 석출되지 않고 흡습성이 높아서 인공 벌꿀 제조, 초콜릿, 양갱, 아이스크림 생산에 사용된다.

9) Lactase

lactose의 β-galactoside 결합을 가수분해하여 α-D-glucose, β-D-galactose로 가수분해하는 효소로 복숭아, 사과, 아몬드 등의 식물과 젖산균, 대장균에 존재하며 아이스크림, 농축유 등에서 용해도가 낮은 젖당의 결정이 석출되는 것을 방지하며 감미 증가에 이용된다.

10) Lipase

유지를 가수분해하여 glycerol과 지방산으로 분해하는 효소로 최적 pH는 5.5~8.6으로 소화제나 유제품의 방향제, 세제, 지방산 제조에 사용된다.

11) Protease

protease는 단백질의 펩티드 결합을 절단하는 효소로 큰 분자 사슬의 내부를 절단하는 endopeptidase로 pepsin, trypsin, chymotrypsin, rennin 등이 있고, 유리 α-amino기, α-carboxyl기를 가지는 펩티드에 작용하여 가장 바깥쪽의 펩티드 사슬을 차례로 절단하여 아미노산을 생성하는 exopeptidase가 있다. exopeptidase에는 유리 carboxyl기에 인접한 펩티드 사슬을 절단하는 carboxy peptidase와 유리 amino기에 인접한 펩티드 사슬을 절단하는 amino peptidase가 있다.

- protease
  - endopeptidase
  - exopeptidase
    - carboxy peptidase
    - amino peptidase

protease는 그 종류에 따라서 작용하는 pH가 다르고 펩티드 결합의 절단 부위가 다르다. 즉 방향족 아미노산을 절단하는 pepsin, 염기성 아미노산을 절단하는 trypsin, 기질 특이성이 좁은 한정 분해를 하는 rennin이 있다.

protease는 특이성을 고려하여 이용해야 하는데 우유 casein을 trypsin으로 분해하면 쓴맛이 강해지는 것은 proline과 phenylalanine 같은 소수성 아미노산이 많이 함유된 peptide가 생성되기 때문이다. 이때에 carboxy peptidase로 아미노산까지 분해하면 이들의 쓴맛이 없어진다.

rennin은 치즈 제조에 있어서 우유를 응고시켜 curd를 형성하는데, rennin이 casein 분자의 특정 부분을 한정 분해하는 점을 이용한다. 식물성 protease인 배, 양다래의 protease와 파인애플의 bromelin과 무화과의 ficin 및 papaya의 papain은 육류의 연화와 맥주의 혼탁 방지에 이용하며, 곰팡이 protease는 빵 제조할 때에 gluten 성질 개량에 이용한다.

protease는 치즈와 육류의 숙성, 간장, 된장 등의 양조식품의 제조에 널리 사용되는 효소이다. 또한, 경단백질(screloprotein)을 분해하는 keratinase, collagenase, elastase 등은 식품산업에 이바지할 좋은 protease라고 볼 수 있다.

제8장 연습문제

1. 효소의 성질에 대해서 설명하시오.
2. 효소와 기질 및 분해 생성물에 대해서 설명하시오.
3. 효소와 기질 및 최적 pH에 대해서 설명하시오.
4. 효소의 특이성을 설명하시오.
5. 효소와 전구체에 대해서 설명하시오.
6. 효소의 경쟁적 저해작용을 설명하시오.
7. K_m 을 설명하시오.
8. pH 증가에 따른 효소 촉매반응의 속도를 설명하시오.
9. 효소단백질의 변성시험에 적당한 조건을 쓰시오.
10. feedback 효과를 설명하시오.
11. trypsinogen에 작용하여 hexapeptide를 유리시켜 활성형의 trypsin으로 만드는 물질은?
12. $2H_2O \rightleftarrows O_2 + 2H_2O$에 관여하는 catalase에 존재하는 금속이온은?
13. 효소가 활성을 갖기 위해 필요한 비단백질 부분을 무엇이라고 하는가?
14. 효소 반응속도에 영향을 주는 인자를 쓰시오.
15. 효소 저해제가 효소의 활성 중심 부위에만 결합하고 효소 - 기질 복합체에는 결합하지 않는 경우를 무엇이라고 하는가?
16. 같은 반응에서 촉매작용도 하고 성질도 비슷하나 단백질 구조 차이로 구별되는 효소를 무엇이라고 하는가?
17. 효소의 기질 특이성이 아닌 것은?
18. 입체성 조절효소(allosteric enzyme, noncovalently regulated enzyme)에 대해서 설명하시오.
19. isoenzyme에 대해서 설명하시오.
20. 효소와 기질 및 최적 pH와 분해 생성물에 대해서 설명하시오.

21. 동물 체내의 효소의 최적 온도는 얼마인가?
22. 귤 종류의 쓴맛 제거에 사용하는 효소을 쓰시오.
23. β-amylase가 작용하는 결합은?
24. 식물성에 존재하는 단백질 분해효소를 쓰시오.
25. 효소에 의한 식품의 갈변을 설명하시오.
26. rennin의 작용을 설명하시오.
27. glucose로부터 fructose를 생산하는 효소를 쓰시오.
28. polyphenol oxidase의 활성을 저해하는 금속이온을 쓰시오.

제9장 식품의 색(Color of Foods)

식품은 각기 고유의 빛깔을 갖고 있으며 그 선도에 따라서 빛깔이 다르게 변하므로 식품의 색은 기호적인 요인으로 식욕과 밀접한 관계가 있으며, 또한 식품의 신선도, 즉 식품의 품질을 결정하는 하나의 척도가 된다.

천연색소의 변화는 색소 이외의 다른 성분(비타민, 아미노산, 단백질, 당, 향기 성분, 정미 성분)의 변화를 초래한다. 이처럼 중요한 식품의 색소는 식품의 운반, 가공, 저장 과정에서 산소, 광선, 열 등의 여러 요인에 의해서 쉽게 변화하므로 이에 관한 성질을 이해하여 조리, 가공할 때에 천연의 빛깔을 유지하도록 하여야 한다.

색소원설에 의하면 식품의 색을 나타내는 발색단(chromphore)으로는 azo기(-N=N-), carbonyl기(=C=O), ethylene기(-C=C-), nitro기(-NO_2), nitroso기(-NO), thiocarbonyl기(=C=S) 등이 있으며, 조색단(auxochrome)으로는 -OH기, -NH_2기가 있다.

식품 중 식욕을 촉진하는 색으로는 첫째로 오렌지색 - 적색 - 황색 - 청록색, 둘째로 적색 - 오렌지색 - 황색 - 청록색, 셋째로 적색 - 오렌지색 - 복숭아색 - 황갈색 - 갈색 - 버터색 - 엷은 녹색 - 밝은 녹색으로 구별할 수 있다.

또한, 식품 중 식욕을 저해하는 색으로는 첫째 황록색 - 자색 - 청자색 - 회색, 둘째로 청자색 - 자색 - 황록색 - 오렌지색 섞인 황색 - 회색 - 올리브색으로 구별할 수 있다.

9-1 • 식품 색소의 분류

1. 식품 재료에 의한 분류

식물성 색소는 다음과 같이 분류할 수 있다.

1) 식물성 색소

(1) chlorophylls

녹색 채소류, 해조류에 존재하며 알칼리에서는 안정하고 산성에서는 갈색으로 변색한다. 금속이온(구리, 철)과는 반응하여 안정한 청록색을 유지한다.

(2) carotenoids

곡류, 녹황색 채소류, 과실류, 해조류에 존재하며 특히 감귤류, 고추, 토마토, 옥수수 등의 색소로 비타민 A의 전구체이다.

(3) flavonoids

곡류, 녹황색 채소류, 과실류에 존재하며 알칼리성에서 가수분해하면 황색을 생성하고 산성에서는 색깔이 더욱 선명해진다.

(4) anthocyanins

과실류, 근채류에 존재하는 색소로 일반적으로 산성에서는 적색, 중성에서는 보라색, 알칼리성에서는 청색을 띤다.

(5) tannins

무색 투명한 교질 상태로 존재하며 쉽게 산화하여 갈색이나 흑갈색의 불용성 물질로 변한다.

2) 동물성 색소

(1) 수육의 색

hemoglobin(혈색소), myoglobin(근육색소)으로 나눌 수 있다.

(2) 어패류의 색

hemoglobin(혈색소), carotenoid색소(연어, 송어의 육색), xanthophyll(도미의 홍색 표피세포), astaxanthin(새우, 게의 껍질 색소) 등으로 분류할 수 있다.

2. 용해성에 의한 분류

1) 지용성 색소

chlorophylls(녹황색), carotenoids(황, 오렌지색, 적색) 등이 있다.

2) 수용성 색소

anthocyanins(적색, 자색, 청색), anthoxanthins(무색, 담황색), tannins(갈색, 흑갈색) 등이 있다.

3. 화학구조에 의한 분류

1) tetrapyrrole 유도체

chlorophyll, hemoglobin, myoglobin(4개의 pyrrole핵이 서로 methine 기(-CH=)에 의해 결합하고 이중결합이 모두 공액 구조인 porphyrin 환을 갖는 물질) 등이 있다.

2) isoprenoids 유도체

carotenoid(isoprenoid의 중합체의 골격을 갖으며 다수의 공액 이중결합을 갖는 물질)가 있다.

3) benzo-γ-pyrane 유도체

anthocyanin, flavonoid 가 있다.

4) 가공 색소

caramel, melanoidin, tannin(식품 갈변의 원인물질) 등이 있다.

9-2 • 식물성 색소

1. chlorophyll

chlorophyll은 식물의 엽록체(chloroplast) 속에 carotenoids와 3.5 : 1(어린잎, 홍엽은 carotenoids나 anthocyan을 chlorophyll 보다 많이 함유하므로 황색이나 등적색을 갖는다)의 비율로 존재하는 색소로 광합성을 하며 vitamin C를 함유하므로 영양적으로 중요하다. 또한, chlorophyll 특유의 녹색은 채소류나 과실류의 신선함을 나타내고 식욕을 촉진한다.

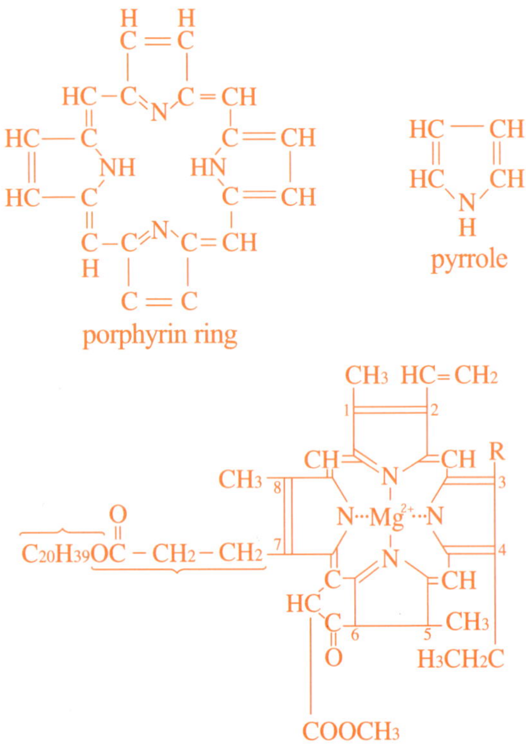

chlorophyl1
R이 CH_3면 chlorophyl1 a(bluish green)
R이 CHO면 chlorophyl1 b(yellowish green)

【그림 9-1】 chlorophyll의 구조

1) chlorophyll의 구조와 분포

pyrrole핵 4개가 서로 methine기(-CH=) 의해 결합한 tetrapyrrole환(porphyrin환)의 질소에 Mg이 결합한 착화합물로 C_7에 propionic acid의 잔기가 phytol과 ester 결합을 하며 C_6에는 산이 CH_3OH과 ester 결합을 하고 있다. chlorophyll의 구조는 그림 9-1과 같다.

chlorophyll은 C_3의 R에 $-CH_3$가 결합하면 chlorophyll a라 하고, -CHO가 결합하면 chlorophyll b라 한다. 또한, chlorophyll과 구조가 비슷한 혈색소인 hemoglobin, 육색소인 myoglobin, vitamin B_{12}, 세포 내의 호흡에 관여하는 cytochrome도 다 같이 porphyrin 구조를 갖는다.

chlorophyll은 식물의 녹엽에 청록색의 chlorophyll a와 황록색의 chlorophyll b가 3 : 1, 해

조류인 녹조류에 1.3 : 1, 갈조류에 19 : 1의 비율로 존재하는데 일반적으로 양지에서 생장한 잎은 chlorophyll a가 많고 음지에서 생장한 잎에는 chlorophyll b가 많다.

2) chlorophyll의 변색

(1) chlorophyllase에 의한 변색

chlorophyllase는 chlorophyll에 존재하는데 식물 조직이 손상되면 chlorophyllase가 유리되어 chlorophyll에 작용하여 phytol기를 분리시켜 선명한 녹색의 chlorophyllide를 생성한다. 이때에 alkali가 존재하면 초록색의 chlorophylline이 생성되고 산에 의해서는 갈색의 pheophorbide가 된다.

$$C_{32}H_{30}ON_4(Mg^{2+})\begin{cases}COOCH_3\\COOC_{20}H_{39}\end{cases} \xrightarrow[\text{alkali}]{\text{chlorophyllase}} C_{32}H_{30}ON_4(Mg^{2+})\begin{cases}COOCH_3\\COOH\end{cases} + C_{20}H_{39}OH$$

chlorophyll (녹색) → chlorophyllide (선록색) + phytol

$$C_{32}H_{30}ON_4(Mg^{2+})\begin{cases}COOCH_3\\COOH\end{cases} \xrightarrow[\text{conc alkali}]{} C_{32}H_{30}ON_4(Mg^{2+})\begin{cases}COONa\\COONa\end{cases} + CH_3OH$$

chlorophyllide → chlorophylline (진한 초록색, 수용성) (chlorlphyllide의 Na 염, K 염) + methanol

chlorophyllase는 불용성의 chlorophyll을 수용성인 chlorophyllide로 변화시킨다.

(2) 산에 의한 변색

chlorophyll을 가열하면 chlorophyll이 유리되어 식물 체내의 유기산의 작용을 받아 porphyrin에 결합하여 있는 Mg^{2+}과 H^+ 이온이 치환되어 갈색의 pheophytin으로 변한다.

chlorophyll a는 chlorophyll b보다 pheophytin으로 쉽게 변한다. pheophytin에 산이 계속 작용하거나 강산이 작용하면 phytol이 떨어져 갈색의 pheophorbide가 생성되는데 그 예로 배추김치나 오이김치의 묽은 갈색은 발효 중 생성된 lactate, acetate에 의한 변색이다.

$$C_{32}H_{30}ON_4(Mg^{2+})(COOCH_3)(COOC_{20}H_{39}) + 2H^+ \longrightarrow C_{32}H_{30}ON_4(2H^+)(COOCH_3)(COOC_{20}H_{39}) + Mg^{2+}$$

chlorophyll (녹색) → pheophytin (녹갈색)

$$C_{32}H_{30}ON_4(2H^+)(COOCH_3)(COOC_{20}H_{39}) \xrightarrow{\text{강산}} C_{32}H_{30}ON_4(2H^+)(COOCH_3)(COOH) + C_{20}H_{39}OH$$

pheophytin → pheophorbide(갈색) + phytol

채소류를 삶을 때에 가열한 후 수분 동안에 가장 많은 유기산이 발생하여 chlorophyll이 pheophytin으로 되므로 채소류를 데치기할 때는 냄비 뚜껑을 열고 유리되는 유기산을 휘산시키면 어느 정도 갈변을 방지할 수 있다.

데치기할 때에 60~80℃에서 가장 많이 chlorophyll이 pheophytin으로 변화되고 오히려 100℃에서는 적게 생성된다. 또한, 소량의 열탕보다도 다량의 열탕을 사용하는 것이 chlorophyll의 분해가 적으며, 급히 고온으로 가열하는 것이 서서히 가열하는 것보다 chlorophyll의 분해가 적다.

녹색 채소류의 김치가 갈변하는 것은 발효 중 생성되는 acetic acid, lactic acid에 의해서 chlorophyll이 pheophytin이나 pheophorbide로 되기 때문이다.

(3) alkali에 의한 변색

chlorophyll은 alkali($NaHCO_3$, 초목회)와 가열하면 Mg은 유리되지 않고 phytol ester 결합이 가수분해되어 분리되고 선록색의 chlorophyllide가 생성되는데 이때에 alkali 농도와 가열 온도를 높이면 methyl ester group이 가수분해되어 짙은 청록색의 chlorophylline(수용성 chlorophyll, chlorophyllide a의 Na 염, K 염)이 된다.

$$C_{32}H_{30}ON_4(Mg^{2+})(COOCH_3)(COOC_{20}H_{39}) \xrightarrow{\text{alkali}} C_{32}H_{30}ON_4(Mg^{2+})(COOCH_3)(COOH) + C_{20}H_{39}OH$$

chlorophyll (녹색) → chlorophyllide (선록색) + phytol

$$C_{32}H_{30}ON_4(Mg^{2+})(COOCH_3)(COOH) \xrightarrow{\text{conc alkali}} C_{32}H_{30}ON_4(Mg^{2+})(COONa)(COONa) + CH_3OH$$

chlorophyllide → chlorophylline(수용성, 진록색)

chlorophyllide는 산성에서 Mg가 분리되고 갈색의 pheophorbide가 생성된다.

(4) chlorophyll과 금속의 반응

chlorophyll은 Cu, Fe 등의 금속이온이나 그들의 염과 함께 가열하면 chlorophyll 분자 중의 Mg 이온은 금속이온과 치환되어 불용성의 안정한 선록색의 Cu-chlorophyll, 선명한 갈색의 Fe-chlorophyll 등을 형성한다. 이들을 진한 알칼리(NaOH)로 가수분해하여 수용성의 Cu-chlorophylline의 Na 염으로 만들어 식품 착색제로 이용한다.

$$C_{32}H_{30}ON_4(Mg^{2+})\begin{cases}COOCH_3\\COOC_{20}H_{39}\end{cases}\xrightarrow{Cu^{2+}}C_{32}H_{30}ON_4(Cu^{2+})\begin{cases}COOCH_3\\COOC_{20}H_{39}\end{cases}$$

chlorophyll (녹색) → Cu-chlorophyll(선록색)

$$C_{32}H_{30}ON_4(Cu^{2+})\begin{cases}COOCH_3\\COOC_{20}H_{39}\end{cases}\xrightarrow{\text{conc NaOH}}C_{32}H_{30}ON_4(Cu^{2+})\begin{cases}COONa\\COONa\end{cases}$$

Cu-chlorophyll(불용성) → Cu-chlorophylline(수용성)

녹색 채소류의 가공·조리 과정 중 생성되는 산에 의해서 녹갈색의 pheophytin에 Cu가 첨가되면 pheophytin의 H^+가 Cu^{2+}로 치환되어 선록색의 Cu-chlorophyll로 된다. 이 원리를 이용하여 green peas 통조림이나 오이김치의 녹색을 보존한다.

$$C_{32}H_{30}ON_4(2H^+)\begin{cases}COOCH_3\\COOC_{20}H_{39}\end{cases}\xrightarrow{Cu^{2+}}C_{32}H_{30}ON_4(Cu^{2+})\begin{cases}COOCH_3\\COOC_{20}H_{39}\end{cases}+\ 2H^+$$

pheophytin (녹갈색) → Cu-chlorophyll (녹색)

(5) 기타 chlorophyll의 변화

lipoxigenase에 의한 변색 : 두류 중 완두의 엽록소 탈색은 lipoxidase와 이로 인하여 생성된 리놀레산, hydroxide의 공동작용으로 chlorophyll이 분해되어 무색의 생성물로 된다.

과일은 숙성됨에 따라서 녹색이 감소하고 특유의 과일색을 나타낸다.

서양배는 0~1.5℃의 저온에서는 약 2개월까지 녹색을 유지하나 20℃에서는 7~8일 만에 황색으로 변한다. 그러나 열대성 과일인 바나나는 0~2℃에서는 1일 만에, 4~8℃에서는 4일 정도에서 바나나의 과피가 갈변한다.

CO_2 나 방사선 조사로 과일의 녹색을 유지할 수 있다.

2. carotenoids

carotenoid계 색소는 동식물에 널리 존재하는 황색, 오렌지색, 등색, 적색의 지용성 색소로 열에는 비교적 안정하나 강산, 강한 열에는 불안정한 색소이다.

carotenoid-단백질 복합체는 유리 상태의 carotenoid보다 안정하며, 또한 carotenoids는 고도로 불포화된 물질로 산소와 빛이 carotenoids를 분해하는 원인이 된다.

동물성 carotenoids는 사료에서 유래된다.

1) carotenoids의 구조와 분류

자연에 존재하는 carotenoids는 8개의 isoprene($CH_2=CCH_3-CH=CH_2$) 단위가 결합한 tetraterpene의 기본 구조를 갖고 있으며 그 분자 내에 7개 이상의 짝 이중결합(공액 이중결합)으로 인해 불포화의 성질을 나타내며 cis형과 trans형의 이성체가 존재하는데 식품은 대체적으로 trans형이고 mono-cis, di-cis 화합물은 아주 드물게 존재한다.

식품의 색을 나타내는 원인 물질은 바로 공액 이중결합이다. trans형의 화합물은 빛깔이 짙고 cis형이 증가하면 밝은 빛깔이 된다. cis형을 광선, 가열, 산에 의해 trans형으로 전환될 수 있다.

carotenoids는 -OH를 갖는 xanthophyll과 -OH가 없는 carotene으로 분류된다.

2) carotenes

carotene은 선홍색, 심홍색으로 당근, 차, 고추, 토마토, 감, 밤, 수박 등에 존재하며 화학구조상 α, β, γ-carotene과 lycopene으로 나누어 지는데 그중 α, β, γ-carotene은 β-ionone 핵을 갖고 있어 체내에서 vitamin A가 될 수 있으므로 provitamin A라 한다.

① α-carotene

β-ionone 핵과 α-ionone 핵으로 구성되어 있어 1분자의 vitamin A를 생성하는데 당근, 차, 고추, 살구, 고구마, 차엽, 수박 등의 녹색 채소에 함유되어 있다.

② β-carotene

β-ionone핵을 2개 갖는 구조로 2분자의 vitamin A를 생성하는데 당근, 고추, 토마토, 시금치, 오렌지, 콩 등의 녹색 식물과 동물성지방 등에 함유되어 있다.

③ γ-carotene

β-ionone핵과 pseudo-ionone 핵를 갖고 있으므로 1분자의 vitamin A를 생성하는데 당근, 호박, 살구, 감자, 야자유, 감귤류, 채소류 등에 함유되어 있다.

④ lycopene

pseudo-ionone 핵을 2개 갖고 있으므로 vitamin A 효과가 없고 토마토, 감, 수박, 감자, 앵두 등의 붉은 색소로 널리 존재한다.

그중 β-ionene핵을 2개 갖는 β-carotene이 다른 carotene보다 두배의 vitamin A 효과가 있으며 provitamin A의 생물학적 활성을 보면 β-carotene은 100 %, α-carotene은 53 %, γ-carotene은 43 %, cryptoxanthin이 57 %를 나타낸다.

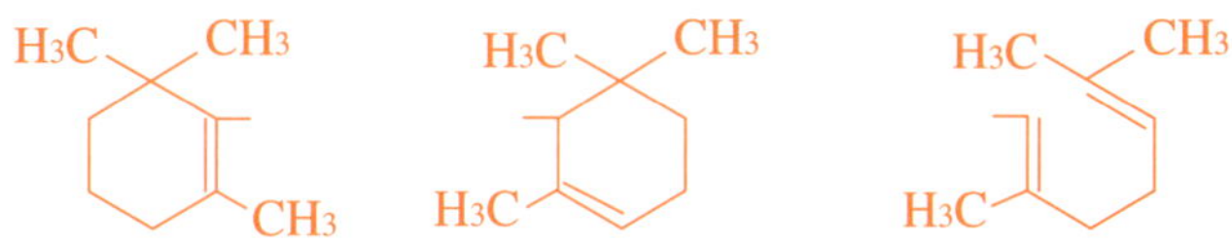

β-ionone 핵　　α-ionone 핵　　pseudo-ionone 핵

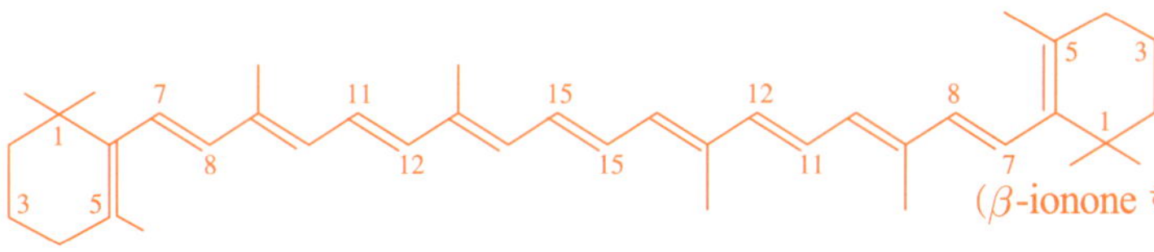

(β-ionone 핵)　　β-carotene (암자색)　　(β-ionone 핵)

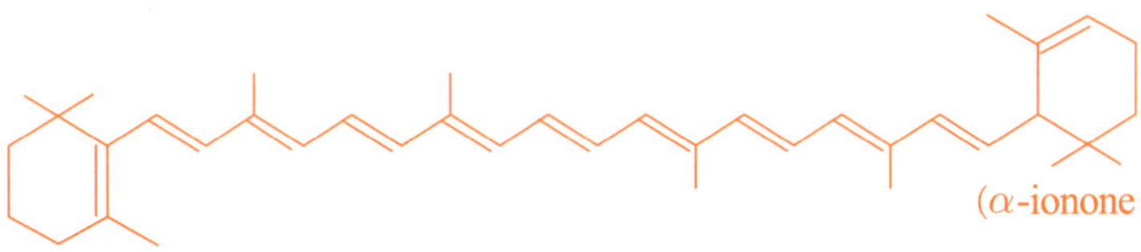

(β-ionone 핵)　　α-carotene (자색)　　(α-ionone 핵)

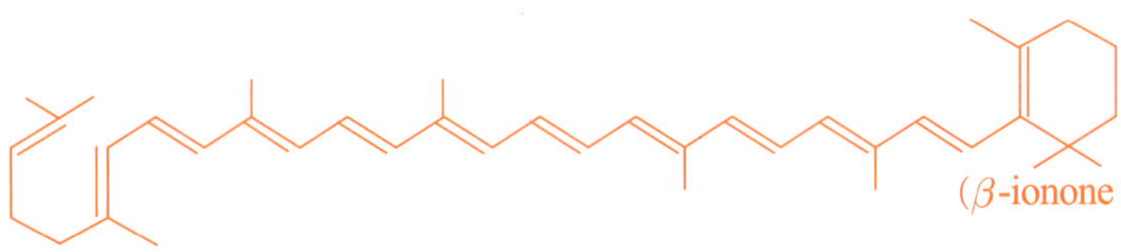

(pseudo-ionone 핵)　　γ-carotene (적색)　　(β-ionone 핵)

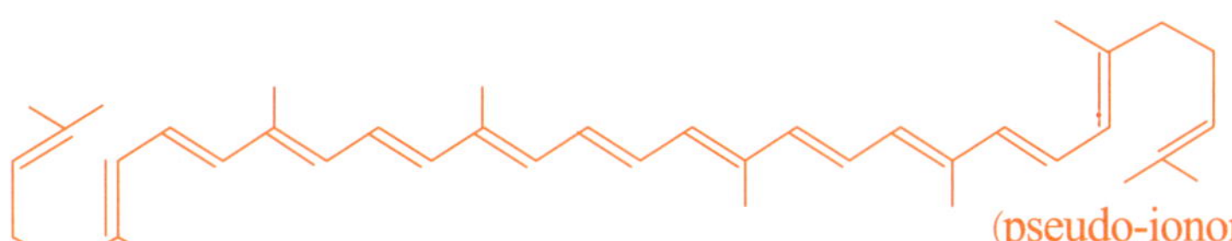

(pseudo-ionone 핵)　　lycopene (적색)　　(pseudo-ionone 핵)

3) xanthophylls

carotene의 산화유도체로 carotene과 구조, 색, 분포가 유사하다.

(1) cryptoxanthin

β-ionone 핵과 3-hydroxy-β-ionone 핵으로 구성되어 1분자의 vitamin A 효과가 있으며 감, 감귤, 호박, 딸기, 앵두, 난황, 버터, 황옥수수 등의 황색을 갖는다.

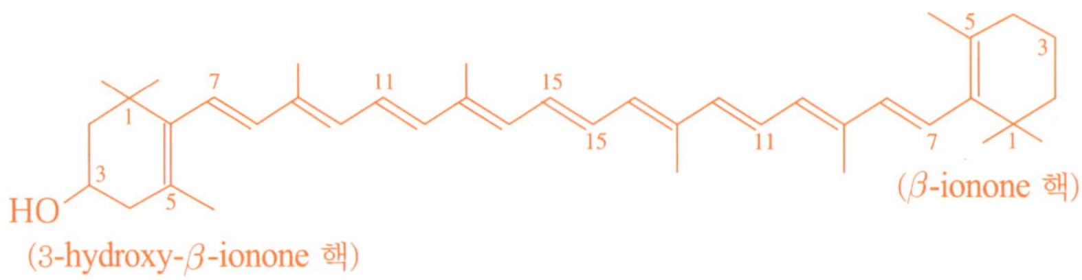

cryptoxanthin (황색)

(2) lutein

β-ionone 핵이 없으므로 vitamin A의 효력이 없고 옥수수, 녹엽, 밀, 달걀, 오이, 난황, 피조개 등에 분포하는 황색 색소이다.

(3) zeaxanthin

β-ionone 핵이 없으므로 vitamin A 효력이 없고 녹엽, 난황, 간장, 옥수수, 오렌지 등에 분포하는 황색 색소이다.

(4) canthaxanthin

β-ionone 핵이 없으므로 vitamin A의 효력이 없고 버섯류, 새우, 송어, 해조류 등에 분포하는 적색 색소이다.

(5) astaxanthin

astaxanthin은 새우, 게 등의 갑각류와 연어, 송어 등에 존재하는 단백질과 결합한 청록색 또는 흑갈색의 물질인데 가열하거나 부패하면 단백질의 변성으로 결합이 절단되고 astaxanthin은 계속 가열하는 동안 산화되어 적색의 astacin으로 된다. astacin은 조류, 연어, 송어, protozoa 등에서 발견되며 또한 포유동물의 지방에서도 소량 유리된다.

(6) fucoxanthin

패류의 간장, 다시마, 미역에 존재하는 적색계의 색소이다.

(7) capsanthin, capsorubin

고추에 존재하는 적색계 색소이다.

(8) β-apo-8-carotinal

오렌지에 존재하는 황등색 색소이다.

4) 식품에 함유된 carotenoid계 색소

위와 같이 식품에는 1가지의 carotenoid계 색소만을 함유하지 않고 많은 색을 갖는데 일부 식물성 식품의 carotenoid계 색소의 종류는 표 9-1과 같다.

【표 9-1】 일부 식물성 식품의 carotenoid계 색소의 종류

식품의 종류	carotenoid계 색소의 종류
당근	α-carotene, β-carotene, γ-carotene xanthophylls
밀배유	xanthophylls, carotene
옥수수	zeaxanthin, cryptoxanthin, α, β, γ-carotene, neo-cryptoxanthin, κ-carotene, hydroxy-α-carotene
살구	β-carotene, γ-carotene, lycopene
복숭아	β-carotene, cryptoxanthin, zeaxanthin
콩	α-carotene, β-carotene
오렌지	β-carotene, lycopene, cryptoxanthin, violaxanthin, β-citraurin, citraxanthin
포도	β-carotene, lycopene
고추	capsanthin, α-carotene, β-carotene

동물성 식품에도 carotenoid계 색소가 존재하는데 우유지방에 carotene류가 0.5~6.0 ppm, xanthophyll류가 0.1~0.7 ppm 정도를 함유하며, 난황에는 lutein, zeaxanthin, cryptoxanthin 등을 3~89 ppm 정도를 함유하며, 갑각류인 새우나 게 등에 astaxanthin을 함유하여 붉은색을 갖지만 동물 체내에서 단백질과 결합하고 있으므로 청록색을 나타낸다. 그러나 가열하면 단백질이 변성하여 분리되면 astaxanthin이 유리되고 공기 중에서 산화되어 짙은 붉은색을 갖는 astacin으로 변한다.

5) carotenoid계 색소의 변색

carotenoid계 색소는 신선한 동식물 체내 저장이나 운반 과정에서 조직이 손상되지 않은 상태에서는 carotenoid계 색소의 손실에 의한 변색은 거의 없으며 가열에도 비교적 안정하다. 그러나 식품 저장의 환경, 처리 조건에 따라 많은 영향을 받는다.

(1) 이성화에 의한 변색

trans형의 색소는 낮은 pH, 낮은 수분, 가열, 산, 광선조사에 의해 cis형으로 이성화되기 쉽다. 이성화는 비타민 기능의 저하와 퇴색에 관계한다.

epoxide 이성화는 산성 조건에서 통조림 제조, 과일의 성숙에 따라서 일어난다.

(2) 산화에 의한 변화

ⓐ 효소적 산화

식물조직이 손상될 때에 lipoxidase, lipoperoxidase, peroxidase 등의 효소에 의한 산화로 식물조직 내에서 변색의 원인이 된다. lipoxidase는 불포화지방산에서 유리기를 생성하고 lipoperoxidase는 불포화지방산의 과산화물을 이용하여 carotenoid를 분해한다. peroxidase는 H_2O_2가 존재하면 carotenoid에 작용하여 5, 6-epoxide를 생성하는데 저온에서는 효소적 산화가 억제된다.

ⓑ 비효소적 산화

효소를 불활성화한 식품의 carotenoid계 색소는 O_2의 존재 시 산화되기 쉬운데 이때에 불포화지방산, 금속이온의 공존으로 산화가 더욱 촉진되어 변색의 원인이 된다. 비효소적 산화는 vitamin E, capsaicine이 항산화 역할을 한다.

(3) 산, 알칼리, 광선에 의한 변색

식품 중의 carotenoid계 색소는 약산이나 알칼리에 의해서 변색되지 않으나 광선에 의해서는 변색을 촉매하는 작용이 있다. 이때에 산소가 없으면 광선을 조사하여도 변색이 되지 않는다.

(4) carotenoid계 색소의 변색 방지법

ⓐ 효소의 불활성화 : blanching 등 가열처리

ⓑ 산소와의 접촉 방지 : 탈기, gas 치환, coating(고분자 물질로 표면을 코팅)

ⓒ 산화 방지 : 항산화제, 상승제

ⓓ 광선의 차단 : 용기, 포장재료

3. flavonoids

flavonoid계 색소를 넓은 의미로 볼 때에 황색의 anthoxanthins, 적색~자색의 anthocyanins, 무색의 tannins(catechin, leucoxanthin) 등이 포함된다. catechin과 leucoxanthin은 산화되면 흑갈색으로 변색한다. 이들은 모두 2개의 benzene 핵이 탄소로 연결된 C_6-C_3-C_6의 기본 구조를 갖는 flavone이 기본으로 되어 있으며 좁은 의미의 flavonoid계 색소, 즉 일반적인 flavonoid는

anthoxanthin을 말한다.

C_6-C_3-C_6의 기본구조

anthoxanthin, anthocyanin은 수용성의 식물성 색소로 세포의 액포에 존재한다.

- flavonoids
  - anthoxanthin(common flavonoid)
  - anthocyanin
  - tannin
    - catechin
    - leucoanthocyanin

    } 저분자의 tannin

flavonoids계 색소는 그림 9-2와 같이 flavane의 기본 구조를 갖는 flavone, flavonol, flavanone, flavanonol, isoflavone의 5종으로 분류한다.

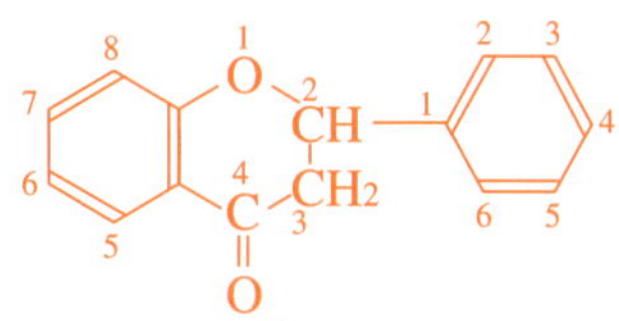

flavane

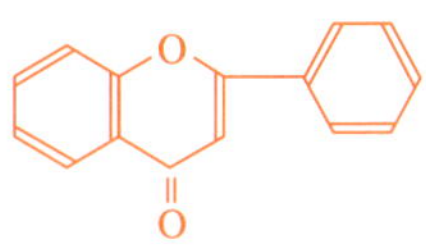

flavone (2-phenyl-chromone, 2-pheny1-benzopyrone)

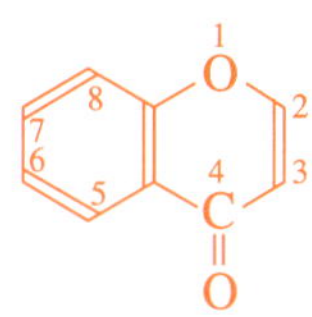

benzopyrone (chromone)

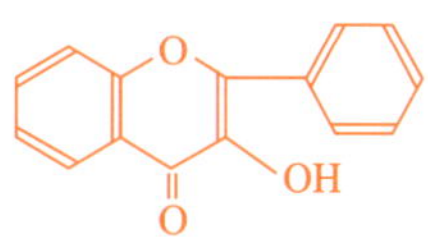

flavonol (무색)

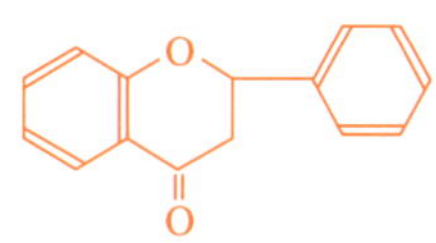

flavanone (무색)

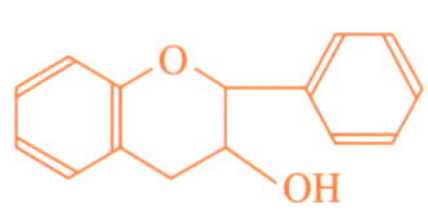

flavanonol (무색)

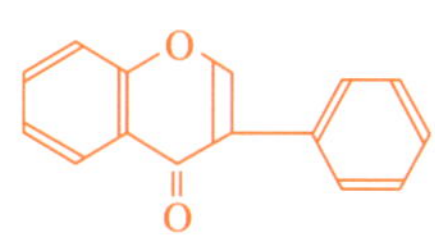

isoflavone (황색)

【그림 9-2】 flavonoids의 분류

1) anthoxanthins

anthoxanthin, 즉 flavonoid계 색소는 녹엽, 과피, 꽃 등에 존재하는 담황색~황색을 나타내는 색소이며 화황소라고도 부른다.

(1) anthoxanthin의 구조와 분포

anthoxanthin, 즉 flavonoid계 색소의 구조는 그림 9-2와 같이 isoflavone을 제외하면 모두 benzopyrone의 탄소 2의 위치에 phenyl 기를 갖는 2-benzopyrone인 즉 flavone이다.

flavonoid계 색소는 감귤류의 과피나 담색 채소에 많이 존재하며 알칼리성에서 담황색, 산성에서 무색을 나타낸다. 구조상 탄소 3과 7의 -OH기가 rhamnose, glucose, galactose, rutinose 및 이들의 이당류가 배당체로 존재한다. 이들 색소 중에는 이뇨작용, 항산화작용, vitamin P의 작용을 갖기도 하고, 이들의 유도체는 강한 단맛을 갖기도 한다. 식품 중 anthoxanthin(flavonoid)계 색소는 표 9-2와 같다.

【표 9-2】 anthoxanthin 색소의 종류

색소	flavonoid	색	함유 식품	기타
flavone	apigenin apiin tritin	담황색 무색 담황색	옥수수 파슬리 소맥, 아스파라거스	Al로 황색, Fe로 갈색 Al로 황색, Fe로 갈색
flavonol	quercetin rutin	황갈색 무색 (알칼리에서 황색)	양파 토마토, 메밀 아스파라거스	flavonol색소는 Al으로 황갈색, Sn으로 등색, Fe로 암갈색을 띠고 vitamin P 기능
flavanone	hesperidin naringin eriodictin	무색($FeCl_3$로 홍자색) 무색(알칼리로 황색) 무색	감귤류 감귤류 감귤류	밀감통조림의 백탁 성분 vitamin P 기능 과피에 존재, 쓴맛 성분
flavanonol	dihydroxy-quercetin	황색	단풍잎	
isoflavone	daizein daizin	황색 무색(알칼리로 황색)	콩 콩, 칡	

(2) anthoxanthin계 색소의 변색과 성질

ⓐ 산, 알칼리와의 반응

anthoxanthin계 색소는 산에는 안정하나 알칼리에서는 불안정하다. 예를 들면, hesperidin은 강알칼리인 pH 11~12에서 그 aglycone의 고리 구조가 개열되어 chalcone이 되며 이때의 chalcone은 황색이나 갈색을 나타내며 단맛을 갖는다. 또한, 소맥분에 중조($NaHCO_3$)를 넣어 만든 비스킷이나 빵이 황색으로 변한다든가 또 양파나 양배추에 중탄산염을 넣어 blanching할 때에 담황색으로 변하는 것도 알칼리에 의한 변색이다.

flavone의 chalcone은 pH를 다시 산성으로 바꾸어 주면 개환된 chalcone의 일부는 다시 고리를 형성하여 원래의 고리 구조로 변하며 이때의 색은 무색이다.

ⓑ 조리 과정에서의 변화

일반적으로 anthoxanthin을 함유한 식품을 가열 조리하면 그 배당체는 가수분해를 일으켜 짙은 황색을 나타낸다. 그 예로 감자, 고구마, 양파, 양배추, 쌀 등을 경수로 가열 조리할 때 황색이 더욱 선명해지는 것을 들 수 있다.

ⓒ 금속에 의한 변색

flavonoid계 색소는 다수의 phenol성 -OH기를 가지고 있으므로 금속이온과 결합하여 독특한 색깔을 가진 불용성의 복합체를 형성한다. $AlCl_2$로는 황색, lead acetate에 의해서는 백색이나 황색, Cr이온에 의해 적갈색을 나타낸다. 또한, anthoxanthin은 $FeCl_3$과 반응하면 -OH 기의 수와 위치에 따라 표 9-3과 같은 변색을 나타낸다.

【표 9-3】 $FeCl_3$에 의한 anthoxanthin의 색

-OH기의 위치	정 색	-OH기의 위치	정 색
3번 탄소	자갈색	5, 6번 탄소	녹 색
5번 탄소	자 색	3′, 4′번 탄소	녹 색
5, 7번 탄소	자갈색	3′, 4′, 5′번 탄소	암청색

그 예로 감자를 철제 칼로 썰 때의 적색이나 적갈색, 양파를 Al제의 냄비에서 삶을 때의 황색 등은 바로 이러한 이유 때문이다.

ⓓ 산화에 의한 변색

anthoxanthin 색소는 polyphenol 화합물과 같이 쉽게 산화되며 산화 과정도 비슷하다.

ⓔ 그 외의 성질

이뇨작용이 있고 vitamin C와 유지에 항산화제로 작용한다. 또한, anthoxanthin 색소 중 hesperidin은 vitamin C와 함께 존재할 때 생체 혈관의 지나친 투과성을 억제시켜 주는 약리작용을 가진다. 이와 같이 생체 반응에 중요한 역할을 하는 anthoxanthin을 bioflavonoid라고도 한다.

vitamin P는 레몬, 오렌지의 껍질에 많고 rutin, quercetin도 vitamin P의 작용을 한다.

2) anthocyanins

anthocyanin계의 색소는 딸기, 포도, 가지 등의 과채류와 꽃, 단풍의 빨강색이나 청색 또는 보라색의 수용성 색소로 가공, 저장 중에 쉽게 퇴색되어 식품의 품질을 저하시킨다.

anthocyanin은 배당체로 산, 알칼리, 효소 등에 의해서 가수분해하면 당류(sugars, glucose, galactose, rhamnose)와 aglycone(비당질)인 anthocyanidin으로 분리되는데 이때 양자를 합한 것을 anthocyan(화청소)이라 한다.

$$\text{anthocyanins(glycosides)} \xrightarrow{\text{산, 알칼리, 효소}} \text{anthocyanidin(aglycone)} + \text{sugars}$$

$$\text{anthocyanins} + \text{anthocyanidin} \longrightarrow \text{anthocyan(화청소)}$$

(1) anthocyanidin의 구조

anthocyanidin은 benzopyrylium핵과 phenyl 기가 결합한 2 - phenyl - 3, 5, 7-trihydroxy-benzopyrylium의 기본 구조로 anthoxanthin과 차이는 1번 위치의 산소가 갖는 2개의 비공유

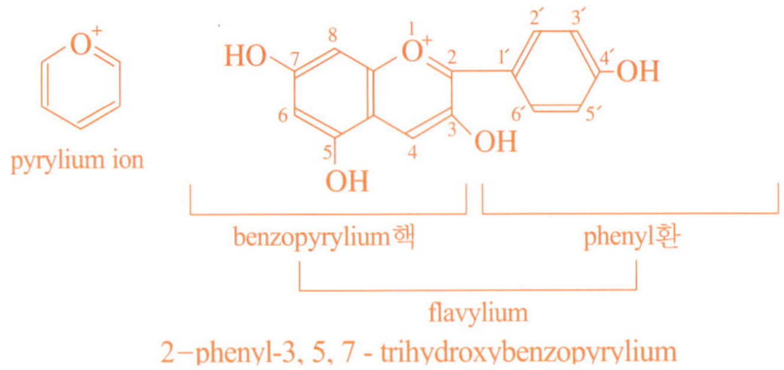

【그림 9-3】 anthocyanidin의 기본 구조

전자쌍에서 전자 1개가 2위치의 탄소와 공유결합을 하고 (+)로 하전되어 있는 점이다. 이 물질을 oxonium 화합물이라 하며, 이러한 oxonium의 구조는 anthocyanidin의 색이 불안정한 원인이 된다. anthocyanidin의 구조는 9-3과 같다.

(2) anthocyanidin의 분류와 분포

anthocyanin(배당체)계 색소는 그림 9-4와 같이 bezopyrylium 핵의 탄소 2번에 결합한 phenyl환에 결합한 -OH기가 1개 있는 경우 pelargonidin, 2개 있는 경우 cyanidin, 3개 있는 경우를 delphinidin으로 분류하며, cyanidin의 3′의 -OH기가 methoxyl기(-OCH_3)로 전환된 경우 peonidin, delphinidin의 3′ 위치의 1개의 -OH기가 methoxyl기로 전환된 경우 petu-nidin, 3′·5′ 위치의 2개의 -OH가 methoxyl기로 전환될 때 malvidin이라고 한다. -OH기가 증가하면 청색이 진해지고 methoxyl기가 증가할수록 적색이 강해진다.

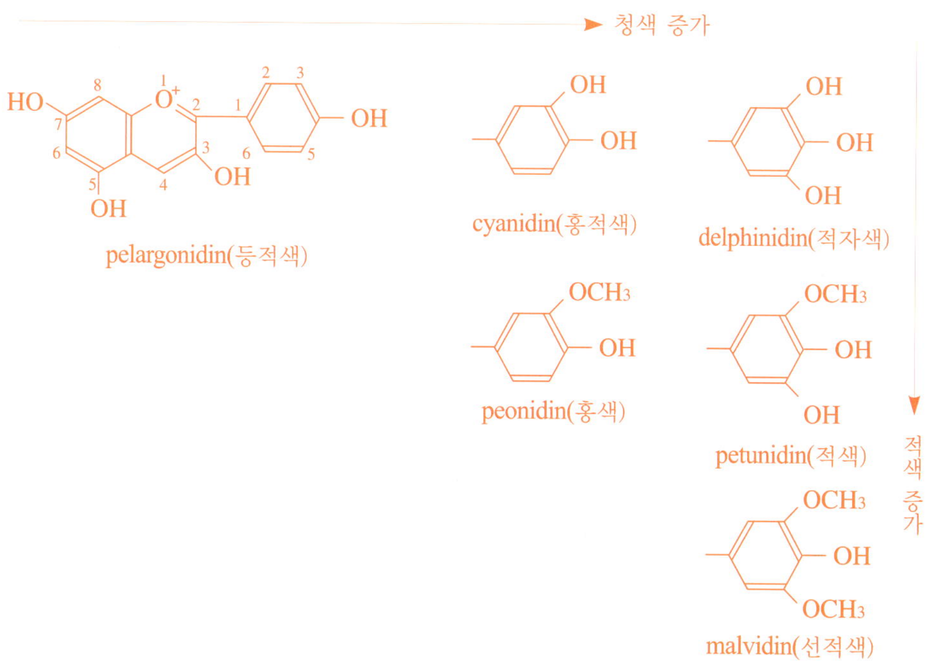

【그림 9-4】 anthocyanidin계 색소의 분류와 구조

anthocyanidin계 색소는 benzopyrylium 핵의 3 위치 다음으로 5 위치에 당이 결합한 glycoside 형태로 존재하는데 결합하는 당은 glucose > galactose > rhamnose의 순서로 결합한다. anthocyanidin계 색소의 분포는 표 9-4와 같다.

【표 9-4】 anthocyanidin계 색소의 분포

anthocyanidin(agylcone)	anthocyanin(glycoside)	소 재
pelargonidin 계	callistephin(적색)	딸 기
	fragarin(적색)	산딸기
	pelargonin(적색)	석 류, 나팔꽃
cyanidin 계	idein(홍적색)	사 과
	chrysanthemin(농적색)	검정콩, 오디
	cyanin(적색)	당근, 소엽
	keracyanin(농적색)	버 찌
	shisonin, perillanin(적자색)	소 엽
cyanidin 계의 peonidin	peonin(홍색)	포도, 작약
delphinidin 계	nasunin(청자색)	가 지
	hyacin(청색)	가 지
delphinindin 계의 petunidin	petunin(적자색)	포 도
delphinidin 계의 malvidin	oenin(적자색)	포 도
	malvin(농적색)	포 도

(3) anthocyanin의 성질

ⓐ anthocyanin 색소는 양이온 상태에서는 불안정하여 무색으로 변한다. 또한, -OH기가 많을수록 짙은 색으로 되며 pelargonidin계는 등적색, cyanidin계는 홍적색, delphinidin계는 적자색을 나타낸다.

ⓑ 당이 benzopyrylium 핵의 탄소 5번 위치에 결합하면 짙은 색이 된다. 그러나 -OH 기가 $-OCH_3$기 치환되면 옅은 색으로 변한다.

ⓒ anthocyanin 색소는 pH가 낮을수록 안정성이 큰 음이온 상태를 유지하나 지나치게 낮은 경우는 산에 의해 분해되어 안정성이 감소한다.

anthocyanin계의 색소 용액을 알칼리로 중화하여 pH가 상승함에 따라서 옅은 색으로 되는 것은 적색의 oxonium 염이 무색의 불안정한 pseudo 염기로 변하며, 가열하거나 방치하면 서서히 분해한다. 이때에 더욱 알칼리를 가하면 청색을 거쳐서 녹색까지 변한다.

즉 산성에서는 적색, 중성에서는 무색, 약알칼리성에서는 자색, 알칼리성에서는 청색을 나타낸다. 이와 같이 anthocyanin은 pH에 따라서 색이 변하는 매우 불안정한 색소로 pH에 따른 anthocyanin의 구조 변화와 변색은 그림 9-5와 같다.

ⓓ anthocyanin 색소는 유기용매인 ether, ethyl acetate, acetone에 녹지 않고 물과 알코올에 잘 녹는 수용성 색소이다.

ⓔ anthocyanin계 색소는 금속이온과 chelate 화합물을 형성하여 특유의 색을 띤다(pelargonidin계는 제외). cyanidin은 Fe과 결합하여 청색의 침전을 형성하고 Sn은 회색~자색, Zn은 녹색을 띤다. Al은 다른 금속에 비하여 anthoyanin의 파괴를 덜 가져오며 복합체의 색깔도 연하다.

ⓕ anthocyanin계의 색소는 당류로 sucrose, glucose, fructose, xylose와 이들 당류의 가열 분해에 의해서 생성된 당류 분해물이 색소의 분해를 촉진한다.

ⓖ anthocyanin계의 색소는 산소가 없을 때는 안정하나, 산소가 존재하면 갈변한다.

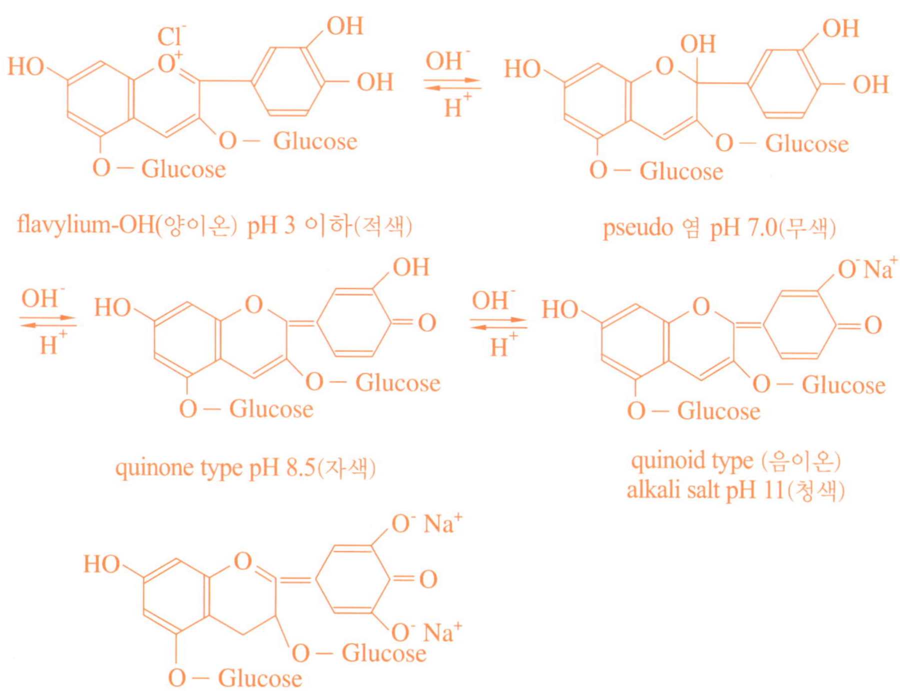

flavylium-OH(양이온) pH 3 이하(적색)

pseudo 염 pH 7.0(무색)

quinone type pH 8.5(자색)

quinoid type (음이온)
alkali salt pH 11(청색)

quinone type (음이온), alkali salt pH 14 이상(녹색)

【그림 9-5】 pH에 따른 anthocyanin의 구조 변화와 변색

3) tannins

탄닌은 식물의 줄기, 잎, 뿌리 차 등에 널리 분포되어 있으며, 특히 미숙한 과일과 식물의 종자 등에도 상당량 함유되어 있다. 탄닌은 그 자체로서도 식품의 수렴성 떫은맛과 쓴맛을 형성하는 원인 물질이 되고 있으며, 또한 그의 산화 생성물들은 짙은 갈색, 흑색 또는 홍색을 가지고 있어서 탄닌을 함유한 식품의 품질에 중요한 영향을 미친다.

(1) tannin의 구조와 분류

과채류의 상처 부위 갈변과 철제칼로 절단할 때의 흑갈색은 tannin에 의한 변색으로 tannin은 그림 9-6과 같이 catechins, leucoanthocyanins, chlorogenic acids로 대별할 수 있고 catechins, leucoanthocyanins이 중합한 형태로 존재하기도 한다.

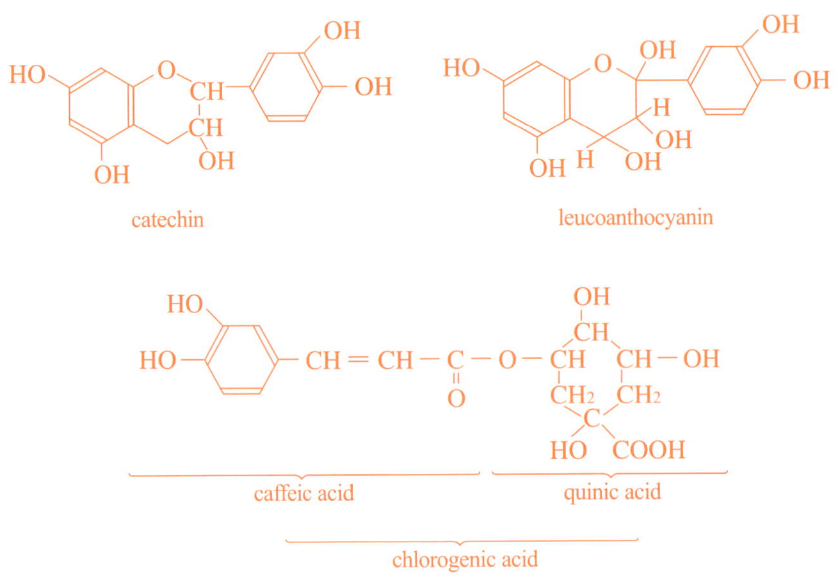

【그림 9-6】 tannins의 구조

(2) tannin의 분포

ⓐ catechin

catechin은 tannin의 일종이나 떫은맛은 없고 쓴맛을 나타내는 성분으로 식물성 식품에 존재하는데 주로 감, 차엽, 사과, 배, 복숭아, 포도, 카카오콩, 연뿌리 등에 분포한다. catechins은 polyphenolase로 빠르게 산화되어 갈변하며 물, 알코올, 아세톤, 에틸아세테이트에 잘 녹고 ether에 녹는 성질이 있어 tannin과 구별할 수 있다.

차엽에는 catechin, gallocatechin의 gallate로 존재하는데 gallate는 떫은맛이 있다. 감의 tannin은 diospyrin에 leucocyanidin과 이들의 gallate가 함유된 회합형 tannin이다.

ⓑ leucoanthocyanin

leucoanthocyanin은 차엽, 콩, 포도, 배, 사과, 복숭아, 살구, 버찌 등에 분포한다.

ⓒ chlorogenic acid

chlorogenic acid는 그림 9-6과 같이 caffeic acid와 quinic acid가 결합한 형태로 존재하며 물, 알코올, 아세톤에 녹으며 쓴맛을 나타낸다. 자외선에서는 청색 형광을 나타내고 암모니아에서는 강한 황록색을 갖는다.

(1) tannins의 변색

ⓐ 산 화

습기가 있는 장소에 녹차를 보관하면 서서히 갈변하는데 이것은 catechin이 수분을 함유한 상태에서 산소에 의해 자동산화되어 갈변하는 것이다. 또한, vitamin C의 산화로 flavor의 악변과 chlorophyll의 분해가 일어난다.

ⓑ 녹 변

chlorogenic acid가 함유된 고구마로 만든 팥소, 우엉근 튀김의 녹변은 알칼리(팽창제)와 반응하여 생성되며 pH에 따라 황록색~청색으로 변색한다.

ⓒ 홍 변

서양배, 사과나 밤의 당절임, 양파 puree, 연근 초절임 등의 leucoanthocyan을 함유하는 가공품에서 일어나는 홍변은 leucoanthocyan을 산성에서 가열할 때 oxonium 구조를 갖는 phlobaphen이 생성되므로 일어나는 변화로 가열 온도와 가열 시간을 낮추고 pH를 높이면 어느 정도 방지할 수 있다.

ⓓ 금속에 의한 변색

tannin은 Sn^{2+}, Zn^{2+} 과는 엷은 회색, Ca^{2+}, Mg^{2+} 와는 적갈색의 침전, Fe^{2+}와는 엷은 갈색이나 엷은 청색, Fe^{3+} 와는 암갈색이나 짙은 청색을 나타낸다.

녹차를 우릴 때 경수 중의 Ca^{2+}, Mg^{2+}와 tannin의 결합으로 적갈색의 침전물이 생성되어 차맛이 변하므로 연수를 이용하면 좋다.

철제칼로 감을 깎으면 암갈색이나 암청색으로 변색된다. 과채류 철제통조림에서 용출되는 Fe는 leucoanthocyan이나 chlorogenic acid 같은 tannin과 결합하여 갈색이나 청색으로 변색하는데 혐기적인 경우는 Fe^{2+}로, 호기적인 상태에서는 Fe^{3+}로 되어 tannin과 결합한다.

철에 의한 변색을 방지하는 방법은 다음과 같다.

㉮ 철이온의 용출이나 tannin과의 결합을 방지한다.

㉯ 철이온의 산화를 방지하기 위해서 pH를 저하시키거나 vitamin C, 킬레이트제를 첨가한다.

4. 기타 식물성 색소

1) 해조류의 색소

미역에는 carotene, lutein, fucoxanthin 같은 carotenoid, 김에는 carotenoid 및 chlorophyll이 단백질인 phycoerithin과 결합하고 있다.

김은 저장 중에 습도와 광선에 의해 흑자색이 적자색으로 변색되는 것은 chlorophyll의 분해이며 구이김의 청록색은 가열할 때 phycoerithin의 분해로 녹색의 phycocyanin으로 변한다.

2) 홍당무의 색소

절임용 홍당무의 색은 betacyanin(적색)과 betaxanthin(황색)으로 되어 있다.

3) 면실유의 색소

면실유의 흑자색은 gossypopurpulin이 산으로 분해되어 생성한 gossypol이다. 또한, 콩기름의 적색으로 변색은 인지질의 산화로 생성한 산화 생성물이 원인이다.

9-3 • 동물성 색소

1. hemoglobin

동물혈액의 색소로 체내 철 함량의 90%를 차지하며 그 구조는 porphyrin과 Fe^{2+}의 착염인 heme 4개와 단백질인 globin이 결합한 복합단백질이다. heme의 구조는 그림 9-7과 같다.

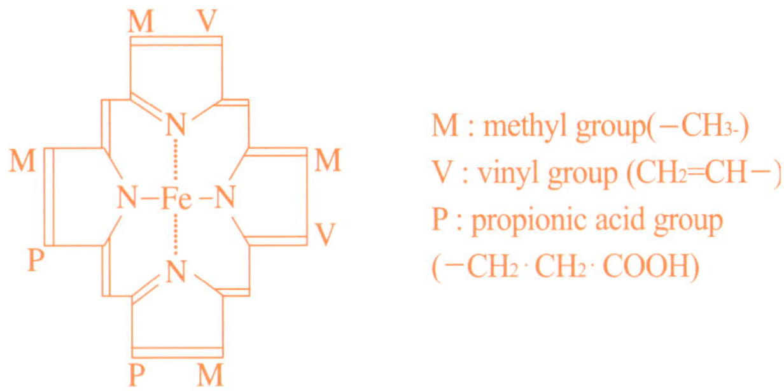

【그림 9-7】 Heme [ferroprotoporphyrin(Fe^{2+})]의 구조

2. myoglobin

1) myoglobin의 구조

myoglobin은 동물의 육색소로 heme 1분자와 globin 1분자가 결합한 색소로 ferroprotoporphyrin의 중심부의 철이온(Fe^{2+})이 단백질인 globin의 histidine 잔기 내의 질소 원자와 결합하여 킬레이트 화합물을 형성한다.

heme은 4개의 pyrrole환의 질소 원자가 공여체(donor)로서 4배위자의 킬레이트제가 된다. Fe^{2+} 는 배위자 수가 6이므로 나머지 2개의 배위자는 imidazole환의 질소 원자와 물의 산소 원자이다. myoglobin 등 heme 색소는 Fe^{2+}를 중심 원자로 한 정팔면체 구조의 착화합물을 이루는 구조로 그림 9-8과 같다.

2) myoglobin의 변색

(1) 산소화와 산화

신선한 육류의 색인 myoglobin(Mb, Fe^{2+})은 적자색을 나타내나 공기와 접촉되면 분자상의 산소와 결합하여 선명한 적색의 oxymyoglobin(O_2-Mb)으로 되는데 이때는 myoglobin의 중심 원자의 Fe^{2+}가 그대로 있는 단순한 배위자 교환으로 산소화라 한다.

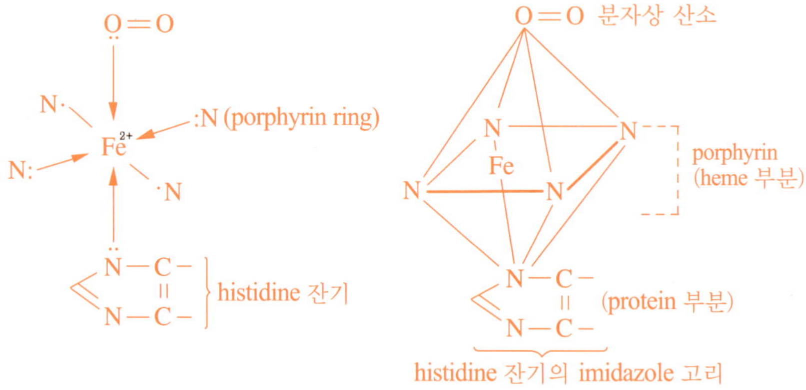

【그림 9-8】 myoglobin의 구조

oxymyoglobin을 공기 중에 보관하면 육류의 내부에서 중심 원자의 Fe^{2+}가 Fe^{3+}로 서서히 산화되어 갈색의 metmyoglobin(Met-Mb)으로 된다. 이 반응은 가역적으로 갈색의 metmyoglobin을 혐기적인 상태로 보관하면 육류 자체의 환원작용에 의해서 다시 myoglobin으로 되돌아간다.

myoglobin (암적색) ⇌(산소화/환원) oxymyoglobin (선홍색) ⇌(산화/환원) metmyoglobin (갈색) ⇌(환원/산화) myoglobin (암적색)

(2) 가열에 의한 변색

육류를 가열하면 myoglobin은 oxymyoglobin을 거쳐서 metmyoglobin으로 되고 가열을 계속하면 metmyoglobin의 단백질 부분인 globin이 변성을 일으켜 분리되므로 ferriprotoporphyrin(hematin, Fe^{3+}, 갈색~회색)이 유리된다.

유리 상태의 hematin이 염소이온(Cl^-)과 결합하여 ferriprotoporphyrin chloride(hemin)가 되며, hematin과 hemin이 계속 산화되면 무색의 porphyrin 유도체로 된다. myoglobin의 가열에 의한 변색은 그림 9-9와 같다.

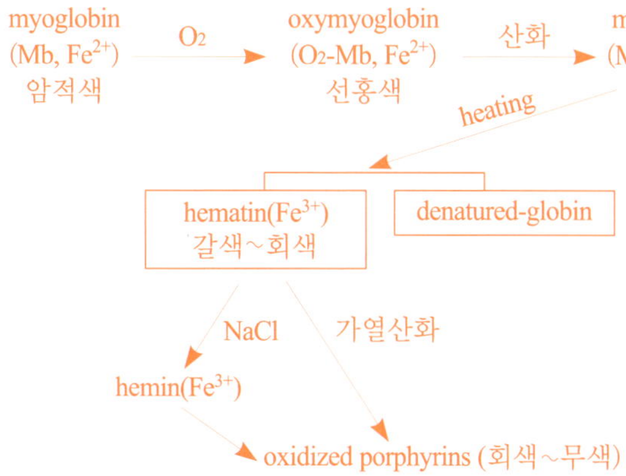

【그림 9-9】 myoglobin의 가열에 따른 변색

(3) 육류의 적색 발색

육류를 소금절이할 때 사용하는 발색제는 질산염(KNO_3, $NaNO_3$)과 아질산염(KNO_2, $NaNO_2$)이다. 질산염은 육류 중에 존재하는 질산환원균(*Achromobacter dentricum, Micrococcus epidermis, Micrococcus nitrificans*)에 의하여 아질산염으로 환원된다. 다시 육류 중의 gylcogen의 분해로 생성되는 젖산에 의해 유리의 아질산(NO_2)으로 되어 발색 촉진제로 첨가한 ascorbic acid에 의해서 다시 환원되면 산화질소(-NO)가 만들어져 myoglobin의 Fe^{2+}에 nitroso기(-NO)가 결합하여 가열에도 안정한 선홍색의 nitrosomyoglobin(NO-Mb)이 생성된다. 또한, nitroso기가 hemoglobin에 결합하면 선홍색의 nitrosohemoglobin(NO-Hb)이 생성된다.

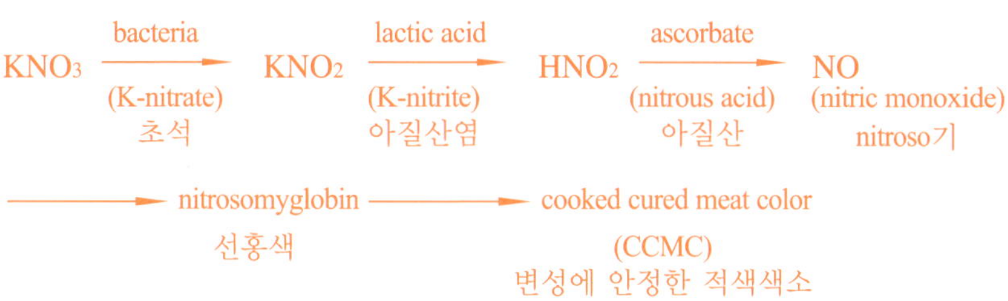

아질산염이 Met-Mb와 O_2-Mb을 myoglobin으로 환원하기도 하며, 육류 중에 함유되는 환원형-Mb, O_2-Mb을 산화하여 Met-Mb으로 만들기도 한다.

nitrosomyoglobin은 가열을 하면 단백질 부분의 globin이 열 변성하여 변성 globin nitrosyl hemochrome으로 되지만 선홍색을 보존한다. 열에 안정한 적색 색소를 cooked cured meat color(CCMC)라 부르는데 이 반응은 산성도가 높을수록 빨리 진행된다.

(4) 저장 중의 변색

동물을 도살 후 방냉이 불충분한 육류를 저장하면 혐기적인 환경으로 육류의 냉각이 불충분 하여 이상 발효에 의해 보수성, 결착성이 나쁘고 이취를 갖게 되어 식미가 저하되는 적동색의 질식육이 있는데 이는 충분한 공간의 냉장고에서 15℃로 예냉한 후 0~2℃로 냉장하면 방지할 수 있다.

소시지의 녹변은 ascorbate 첨가, 아질산염의 부족, *Lactobacillus* 등의 세균에 의해서 일어나며 heme의 porphyrin 핵의 산화에 의해 생성되는 녹색 색소에는 choleglobin과 verdoglobin(verdoheme)이 있다.

생다랑어를 증자할 때 담록색~회록색으로 변색되는 청변(청육, off-color, green color)은 egg albumin의 cysteine, TMAO(trimethylamine oxide, 8㎎% 이상), Met-Mb의 세 가지 성분에 의해서 청변한다.

게 통조림의 청육(blue meat)은 선도가 저하한 원료나 혈액 제거가 불충분한 경우 발생되기 쉽다. hemocyanin의 Cu와 육질을 증숙할 때 발생되는 황화수소(H_2S)에 의해서 황화동(CuS)이 생성되어 일어나는 것으로 사료된다. 이는 신선한 원료를 충분히 방혈하면 막을 수 있다.

3. 그 외의 동물의 색소

1) carotenoids

황, 등, 적색을 나타내는 동물성 식품의 색소는 carotenoids에 의한 것으로 난황은 carotenoid의 산화형인 lutein, 이의 이성체인 zeaxanthin, cryptoxanthin에 의해 황색을 나타내며 vitamin A의 효과가 있다. 우유의 황색, 버터의 황색은 섭취하는 사료에서 이행되는 것으로 사료된다.

갑각류인 새우, 게 등은 astaxanthin으로 원래 붉은색이나 단백질과 결합되어 청록~청갈색을 나타내며 가열하면 단백질이 변성되어 분리되면 astaxanthin이 유리되고 공기 중에서 더 가열하면 산화되어 짙은 붉은색의 astacin으로 된다. 연어, 송어의 육과 알의 적등색은 carotenoid계 색소인 salmenic acid, astacin에 의한다.

2) 형광 물질

어류의 눈, 우유, 알류의 형광을 갖는 황록색은 riboflavin으로 vitamin B_2의 효과가 있다. 연어나 송어의 육색은 salmenic acid로 인하고, 생선의 어피에는 guanine이 존재한다.

3) 담즙 색소

hemoglobin이 산화·환원되어 porphyrin환이 열리면 pyrrole환 4개를 갖는 쇄상배열로 되어 있는 bilirubin(황색)과 bilirubin이 담낭 내에서 탈수소된 biliverdin(녹색)으로 장내세균에 의해서 환원되면 urobilinogen, stercobilinogen으로 되고 다시 산화되면 urobilin, stercobilin이 되어 분변으로 배출된다. 어류 중 꽁치비늘의 청색은 biliverdin에 의한다.

4) 그 외의 색소

hemocyanin은 구리를 함유하는 청색의 혈색소로 새우, 게, 조개류에 존재하며 어피의 흑색은 melanin, 홍색은 xanthophyll, 청색은 담즙 색소에 의하고 패류 껍질의 청, 녹, 흑색은 hematoporphyrin과 protoporphyrin이 존재한다.

어육의 선도 저하 또는 황화수소 생성균이 번식하여 황화수소가 생성되어 myoglobin, hemoglobin과 결합하여 sulfmyoglobin, sulfhemoglobin이 생성되어 어육의 녹변을 일으킨다.

제9장 연습문제

1. 식물의 녹엽에 존재하는 금속이온은?
2. 발색단을 설명하시오.
3. 지용성 색소를 쓰시오.
4. benzopyrene 유도체에 속하는 색소를 쓰시오.
5. 동물성 색소를 쓰시오.
6. 녹엽 중 chlorophyll a와 b의 비율은?
7. chlorophyll 변화에 대하여 설명하시오.
8. chlorophyll이 pheophytin으로의 전환이 가장 촉진되는 온도를 쓰시오.
9. chlorophyll에 산이 작용되어 일어나는 변화를 설명하시오.
10. chlorophyll에 알칼리가 작용하여 일어나는 변화를 설명하시오.
11. chlorophyll에 chlorophyllase가 작용하여 일어나는 변화를 설명하시오.
12. 오이김치의 녹색이 갈색으로 되는 이유를 설명하시오.
13. 녹황색 채소를 삶을 때에 더욱 녹색을 띠도록 하는 금속이온은?
14. carotenoid 중 provitamin A효력을 갖는 물질은?
15. 갑각류를 가열하여 일어나는 색 변화를 설명하시오.
16. 갑각류, 연어, 도미 표피의 astaxanthin은 무엇과 결합하여 청록색~청회색을 띠는가?
17. 우유의 황색, 난백의 녹황색은?
18. flavonoid 색소를 설명하시오.
19. 버터의 황색은 무엇에 기인하는가?
20. anthoxanthin이 chalcone을 생성할 때 pH는?
21. anthocyanin계 색소가 pH에 의해서 변색되는 과정을 설명하시오.
22. anthocyanin은 주석과의 반응으로 어떤 색을 띠나?
23. anthoxanthins 색소가 chalcone으로 되는 과정을 설명하시오.
24. anthocyanin계 색소가 -OH기가 증가되므로 일어나는 변색을 설명하시오.

25. 헤모시아닌을 구성하는 금속이온을 쓰시오.
26. 사과, 딸기, 포도 등에 주로 존재하는 색소를 쓰시오.
27. hemoglobin과 myoglobin의 구조적 차이를 설명하시오.
28. myoglobin을 가열하므로 일어나는 변화를 설명하시오.
29. 육류 저장에 질산염을 첨가하는 이유와 그 과정의 색 변화를 설명하시오.
30. 찐빵 제조에 식용 소다를 넣으면 황색으로 변하는 이유를 설명하시오.
31. 완숙 달걀의 난백과 난황 사이의 회록색을 나타내는 성분은?
32. hemoglobin의 heme과 globin의 비율은?
33. 초석 용액에 육류를 침지할 때 선홍색을 갖게 하는 것은?

제10장 식품의 갈변(Browning of Foods)

식품의 가공, 저장, 조리 과정 중에 고유의 빛깔이 빛이나 열 등에 의해 산화하여 퇴색하거나 변색을 일으키는 경우와 유지의 중합, 당의 캐러멜화와 같이 무색의 식품 성분이나 성분 사이에 화학반응을 일으켜 유색 물질을 형성하고 더욱 반응이 진행되면서 엷은 황색이나 붉은색을 띠다가 갈변한다.

식품의 갈변은 사과, 배, 청주, 분유, 식초, 건조어, 식용유, 양송이 등의 외관과 풍미를 나쁘게 하고 비타민, 아미노산 등을 변화시켜 품질을 저하하는 경우가 있다. 그리고 홍차, 홍삼, 비스킷, 빵, 커피, 간장, 된장, 맥주, 위스키와 같이 빛깔과 향미에 영향을 주어 식품의 품질을 향상할 수도 있고 또한 사과주스나 감자칩과 같이 약간의 착색이 바람직한 경우도 있다.

식품의 갈변화를 크게 나누어 보면 효소적 갈변(enzymatic browing)과 비효소적 갈변(non-enzymatic browning)으로 나눌 수 있다.

10-1 • 효소적 갈변

효소적 갈변은 사과 · 배 · 복숭아 · 바나나 · 밤 · 감자 · 가지 · 양송이 등을 박피하거나 파쇄할 때 일어나는데 과실이나 채소 중에 함유된 catechin, gallate, chlorogenate, pyrocatechin, tyrosine 등의 polyphenol 화합물을 갖는데 식물체가 손상되면 식물체 내에 존재하는 이들을 산화하는 polyphenol oxidase 에 의해 polyphenol 화합물이 반응하여 갈색 색소인 melanin을 생성하는 갈변과 tyrosinase에 의한 갈변 및 ascorbate oxidase에 의한 갈변이 있다.

일반적으로 효소적 갈변은 가열처리한 가공식품과 저장식품에서는 효소가 가열로 불활성되기 때문에 일어나지 않고 가열처리하기 전의 과정에서 일어난다.

1. polyphenol oxidase에 의한 갈변

polyphenol oxidase는 polyphenolase, catecholase, diphenol oxidase라 불리는 Cu를 함유하는 산화 효소로 Cu나 Fe에 의해서 활성화되며 반대로 Cl 이온에 의해서 억제되는 효소로 catechol이나 그 유도체인 chlorogenic acid 등이 공기 중의 산소에 의해 quinone이나 그 유도체로 산화하는 반응을 촉진하여 주는데 이때 생성되는 quinone과 그의 유도체가 비효소적으로 산화되고 중합(축합)하여 흑갈색의 melanin 색소를 형성하는 것은 그림 10-1과 같다.

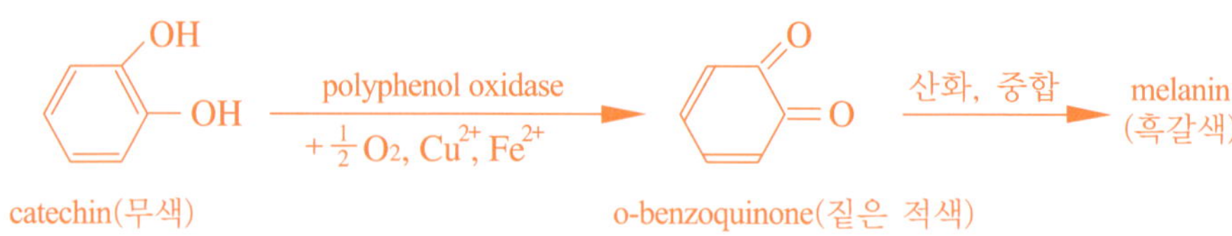

【그림 10-1】 melanin의 생성 과정

polyphenol oxidase의 최적 pH는 원료 식품의 pH에 가까운 pH 5~6이다.

polyphenol oxidase는 3, 4-dihydroxyphenylalanine(DOPA), pyrogallol, catechol, p-hydroxybenzene 등에 잘 적용되는데 -OH기에 대해서 ortho, para 위치의 -OH기 대신 $-NH_2$기가 치환된 화합물에도 작용한다. 오렌지에서 추출한 polyphenol oxidase는 하나의 -OH기가 $-NH_2$기로 치환된 화합물에는 작용치 않는다. 또한, -OH기가 methoxyl기($-OCH_3$)로 치환된 화합물은 phenolase의 기질이 될 수 없다.

홍차 발효에 polyphenol oxidase를 사용하는 예를 보면 다음과 같다. 차엽을 15~20시간 그늘에서 위조(시들시들하게 말림)한 후 유념(부드럽게 문지름)하여 성분을 압출·혼합시켜 20~25℃의 고습도의 발효실에서 차엽의 tannin을 산화시킨다. 차엽의 발효가 진행됨에 따라서 catechin류는 감소되고 theaflavin(등적색)과 thealubitin(적색~갈색)이 홍차물의 색을 형성한다.

차엽을 말리는 동안에 vitamin C는 대부분이 산화되고 polyphenol oxidase(catechin, gallocatechin을 잘 산화)는 활성이 증가한다.

2. tyrosinase에 의한 갈변

tyrosinase도 Cu를 갖는 산화효소로 polyphenol과 monophenol에도 작용하므로 monophenol oxidase라 불린다. 과채류 중 특히 감자의 갈변에 tyrosinase에 의한 갈변이 매우 크게 작용한다.

감자를 절단하였을 때 갈변은 감자에 존재하는 tyrosine이 tyrosinase에 의해 산화되어 DOPA를 거쳐 DOPA-quinone이 되고 DOPA-quinone이 적색의 5, 6-quinone-indole-2-carboxylic acid를 생성하고 이것이 산화, 중합(축합)하여 갈색의 melanin 색소를 형성하는 과정은 그림 10-2와 같다.

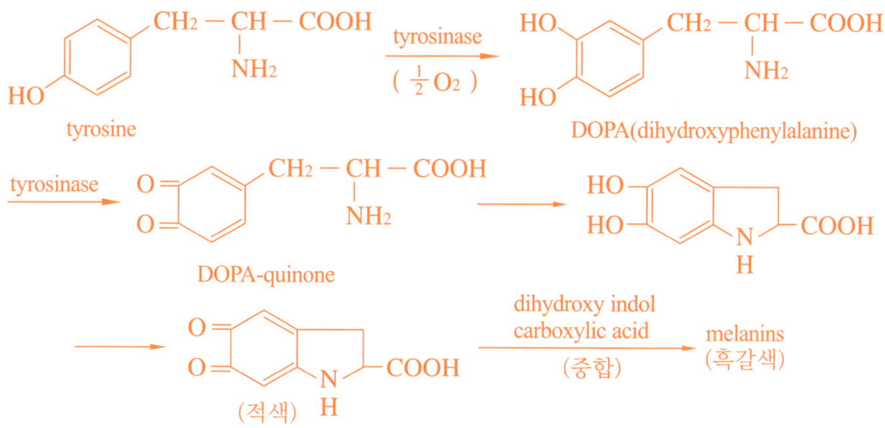

[그림 10-2] tyrosine의 효소산화에 의한 melanin 생성 과정

tyrosinase는 Cu^{2+}에 의해 활성을 갖고, Cl^-에 의해 억제되므로 소금물에 담그거나, 수용성이므로 감자를 깎아서 물에 담그면 갈변이 일어나지 않는다.

3. 효소적 갈변의 억제법

1) 가열 처리

효소는 단백질로 구성되어 있으므로 가열에 의해서 쉽게 불활성화된다. 과채류 가공 전처리로 예비 가열처리(blanching)를 하여 효소를 불활성화한다. 이때 texture의 연화, 이취의 발생이 같이 일어나는 단점이 있다.

2) 최적 조건의 변동

polyphenol oxidase의 최적 pH는 5.7~6.8이므로 구연산, 아스코르브산, 염산으로 pH를 2.5~2.7 이하의 산성으로 조정하면 효소의 활성을 억제하여 갈변을 방지할 수 있다.

효소작용은 -10℃ 이하에서는 활성이 저하하므로 식품을 -10℃ 이하로 저장하면 갈변을 막을 수 있다. 그러나 동결 저장은 효소가 완전히 불활성되지 않고 동결 저장 중 변성으로 해동 후에 갈변이 촉진되므로 해동 후의 조작에 주의를 하여야 한다.

3) 산소의 제거

효소적 갈변이나 비효소적 갈변 모두 산소가 없으면 일어나지 않는다. 그러므로 식품을 용기에 넣고 공기 대신에 CO_2 가스, N_2 가스 등 불활성 기체로 충전하면 갈변을 억제할 수 있다. 이 방법은 동식물 조직의 용존 산소를 제거하여야 완전한 갈변 방지가 가능하나 생체조직은 분자 간 호흡을 하므로 aldehyde 등이 생성되고 세포의 파괴가 일어나는 생리장애로 조직이 연화되므로 생체 식품이 아닌 가공식품의 갈변 방지에 적당하다.

L-ascorbate, erythrobate 등을 첨가하면 산소를 제거할 수 있으며 소금물, 설탕물 등에 담그면 산소와 접촉을 막아서 갈변을 방지할 수 있다.

4) 효소의 제거

감자의 tyrosinase는 수용성이므로 잘게 절단하거나 갈아서 0.2% NaCl 용액에 담가 두면 갈변을 방지할 수 있다.

5) 기질의 제거

고구마는 껍질에 기질이 존재하므로 가공할 때 박피 후 0.2% NaCl 용액에 담그면 polyphenol 화합물에 의한 갈변을 막을 수 있다.

6) 환원제

(1) ascorbic acid의 첨가

아스코르브산과 같은 환원제는 polyphenol의 산화에 의해 형성된 quinone을 환원하므로 ascorbate가 산화되어 dehydroascorbate(DHA)로 전환될 때까지는 갈변을 방지할 수 있다.

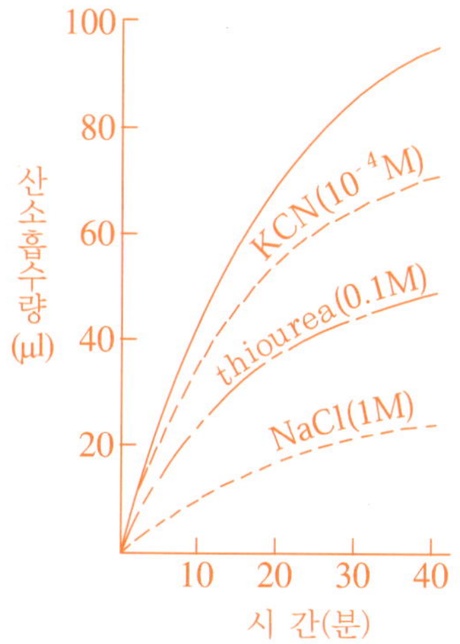

【그림 10-3】 사과의 polyphenolase 활성에 미치는 저해제의 영향 (pH 4.8, catechol, 30℃)

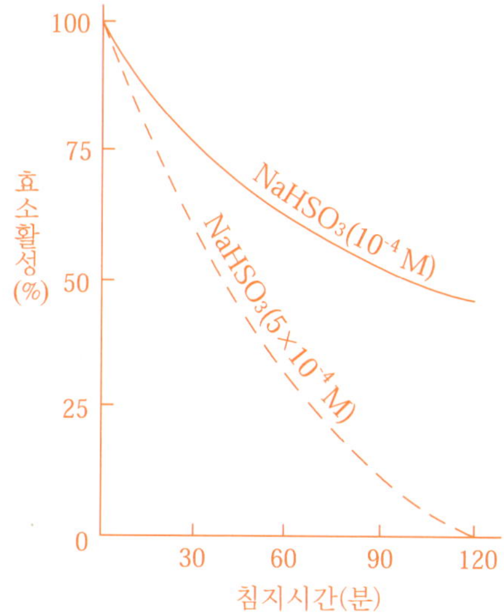

【그림 10-4】 아황산 전처리에 의한 polyphenolase의 활성 저하

(2) SO_2 가스, 아황산염의 이용

polyphenolase에 강한 저해작용을 하는 아황산염(아황산소다, 산성 아황산소다, 메타 아황산소다)이 감자, 사과, 복숭아 등을 가공할 때에 갈변 방지제로 이용한다.

SO_2 가스는 아황산염보다 과채류에 침투가 쉬우나 농도 조절이 어렵고 부식성이 있어 아황산염을 많이 사용한다. 이들은 vitamin C의 보존 효과는 있으나 vitamin B_1, B_2를 파괴한다.

(3) -SH 화합물

cysteine, glutathione 등이 갈변을 방지한다.

(4) 주석산염

통조림의 벽에서 용출되어 통조림 식품의 갈변을 억제한다.

7) 금속이온의 제거

Fe, Cu 등 금속이온을 제거하고 이들 금속이온이 존재하는 용기나 기구를 사용하지 않음으로써 갈변을 막을 수 있다.

8) 붕산 및 붕산염

polyphenol oxidase는 기질의 ortho-dihydroxy기에 작용하므로 붕산이나 붕산염과 같이

ortho-dihydroxy기와 ester 결합을 형성하는 물질들은 이 두 개의 -OH기를 효소들이 이용할 수 없게 함으로써 효소작용을 억제한다.

9) 당질의 첨가

당 용액이 과일 표면을 덮어 공기의 접촉을 방지하며 농축한 당 용액은 산화효소의 활성을 억제한다.

10-2 • 비효소적 갈변

비효소적 갈변은 효소의 작용 없이 식품 중의 어떤 성분이나 성분 상호 간의 화학적 반응에 의하여 갈색 물질이 형성되는 현상이다.

비효소적 갈변은 Maillard 반응, 캐러멜화 반응, ascorbic acid 산화반응으로 나누는데 식품에는 이들 3가지 반응에 관여하는 성분을 모두 갖고 있으므로 갈변이 발생할 가능성이 있으며 1가지 반응보다는 대부분 혼합하여 일어난다.

1. amino carbonyl 반응(Maillard 반응)

1912년 Maillard가 glycine의 amino기(-NH_2)와 glucose의 carbonyl기(=C=O)를 가열하면 갈색 색소의 melanoidine이 생성됨을 보고한 이래 이 반응의 이름을 주로 amino carbonyl 반응이라고 부른다. 또한, 발견자의 이름을 붙여 Maillard 반응이라고도 부르며, 반응의 최종 산물에 의해 melanoidine 반응이라고도 한다.

amino기로는 유리아미노산, 펩티드, 단백질, 아민과 같은 질소 화합물이 반응에 관여하고, carbonyl기로는 aldehyde, ketone, 당분해나 지방산화로 생성된 carbonyl 화합물이 결합하여 amino carbonyl 반응이 일어난다.

amino carbonyl 반응은 색, 향, 맛에 커다란 영향을 주며 당과 아미노산의 상호작용에 의해서 반응성이 큰 ε-아미노산인 lysine(제한 아미노산), arginine과 같은 아미노산이 파괴되어 영양가의 손실이 크다.

이 반응으로 coffee, black tea, caramel, oatmeal, cookie, 식빵, 된장, 간장 등은 특유의 빛깔, 풍미, 방향을 얻는다. 그러나 지나친 갈변은 불쾌한 변화를 일으킨다.

이 반응은 캐러멜화 반응과 달리 상온에서 자연 발생적으로 일어나는 점이 다르다.

1) amino carbonyl 반응의 초기 단계

(1) 당과 아미노 화합물과의 축합반응

환원당 중 aldose인 glucose와 아미노 화합물인 glycine이 중성~산성에서 축합반응을 하여 질소 배당체인 glucosylglycine을 형성한다. 이때 pentose가 hexose보다 10배나 더 갈변이 잘되며 우론산도 갈변하기 쉽다.

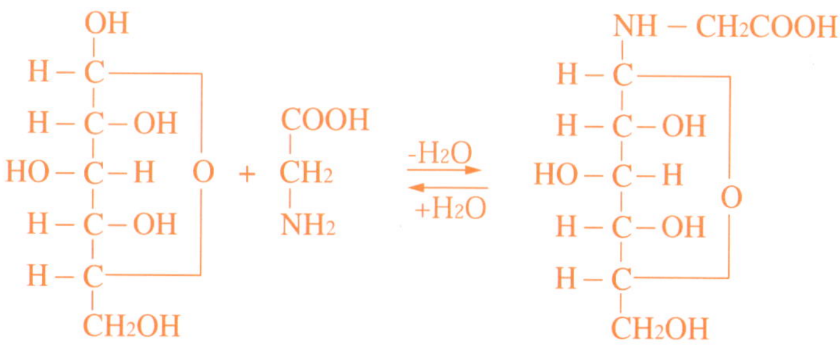

D-glucose glycine D-glucosyl glycine

(2) amadori 전위

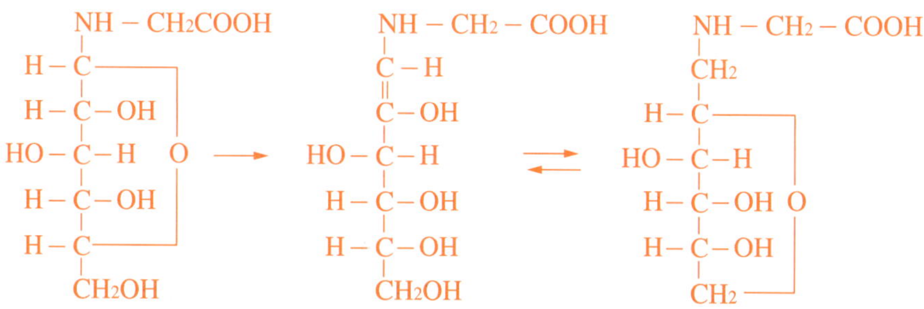

D-glucosyl glycine amino reductone (불안정) D-fructosyl glycine (amadori 전위생성물)

이 과정은 질소 배당체인 glucosylglycine이 산의 작용을 받아 amino reductone으로 되고 다시 amadori 전위에 의하여 D-fructosylglycine으로 되는 과정이다. 아미노산은 carboxyl기가 산으로 작용하므로 산을 첨가하지 않아도 된다.

(3) difructosylglycine의 생성

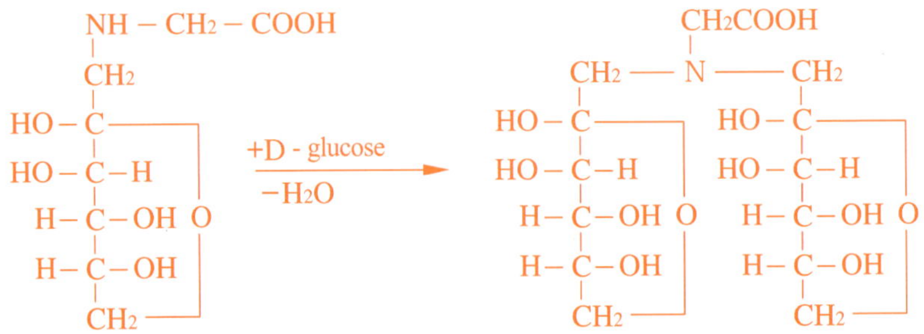

D-fructosyl glycine
(amadori 전위생성물)

di-D-fructosyl glycine (무색의 중간체)

fructosylglycine(monofructose-monoamine)에 다시 한 분자의 당(glucose)이 결합하여 difructosylglycine이 된다. 이를 중간체라 하나 무색으로 아직 갈변은 일어나지 않는다.

2) 중간 단계

(1) osone의 생성

amadori 전위에서 생성된 amino reductone이 자동 산화하여 glucosone이 되고 탈수하여 3-deoxy-D-glucosone이 된다. 3-deoxy-D-glucosone은 간장, 된장, 청주, 농축 오렌지주스에서 분리된다.

(2) unsaturated 3,4-di-deoxyosone의 생성

3-deoxy-D-glucosone이 탈수되면 반응성이 강한 갈색 중간체인 unsaturated 3, 4-di-deoxyosone이 생성된다.

(3) hydroxy methyl furfural의 생성

unsaturated 3,4-di-deoxyosone이 다시 탈수하면 환상의 furfural의 유도체인 HMF (hydroxy methyl furfural)가 산성이 강할수록 다량 생성된다.

중간 단계의 생성물은 무색~담황색을 가지며 그림 10-5와 같다.

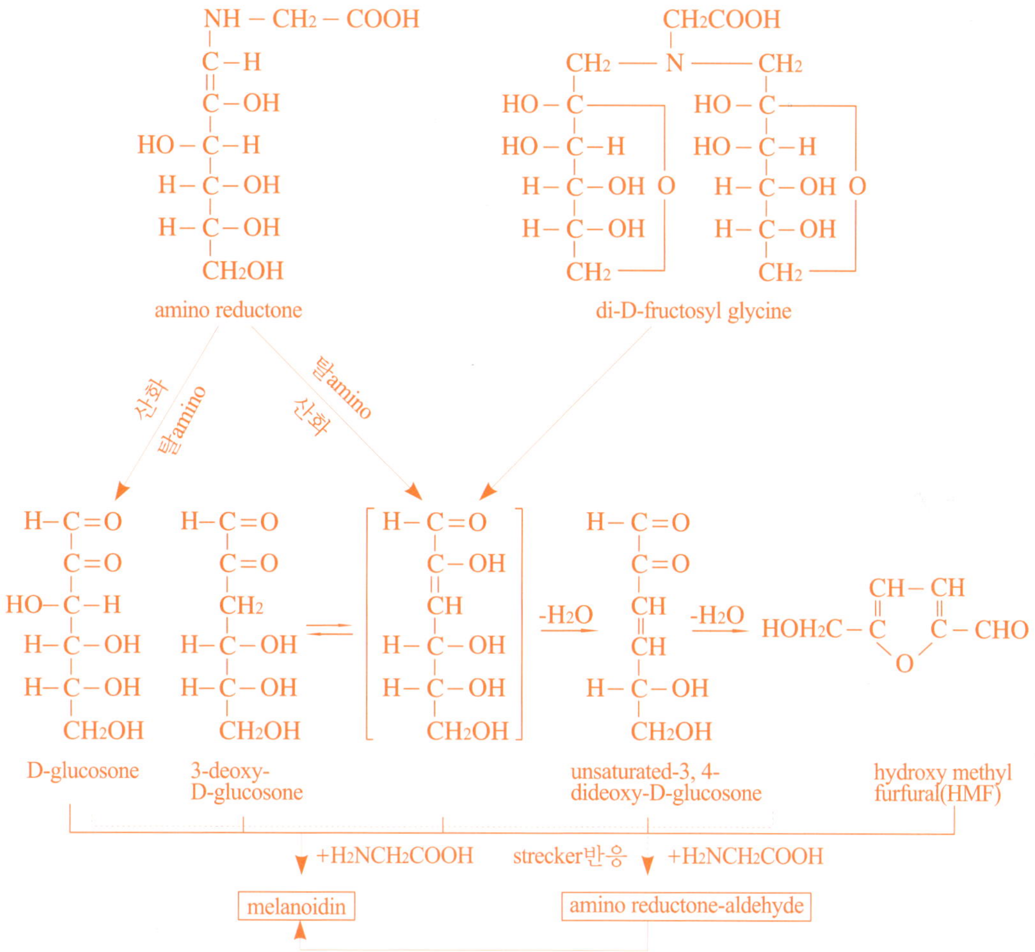

[그림 10-5] Maillard reaction 과정

3) 최종 단계

중간 단계에서 생성된 여러 가지의 osones, furfurals, reductones, carbonyl 화합물 등이 서로 중합반응, 축합반응을 하거나 다시 amino 화합물과 중합, 축합반응을 하여 불포화도가 큰 갈색 물질인 melanoidine 색소를 형성하는데 그 구성은 C, H, O, N으로 되어 있는 고분자 물질이나 그 구조가 확인되지 않고 있다.

최종 단계의 반응은 다음과 같다.

(1) aldol 축합반응

중간 단계에서 형성된 활성이 강한 carbonyl 화합물 중 α-위치에 수소가 있는 화합물은 aldol형의 축합반응을 일으켜 분자량이 큰 불포화 화합물을 생성한다. 이들이 다시 amino 화합물과 축합반응을 계속하므로 점차 분자량이 큰 물질을 생성한다.

$$\underset{\text{acetaldehyde}}{CH_3 \cdot CH=O} + \overset{\alpha}{H}CH_3 \cdot CHO \longrightarrow \underset{\text{aldol }(\beta\text{-hydroxybutanol})}{CH_3 \cdot CH \left\langle \begin{matrix} OH \\ CH_2CHO \end{matrix} \right.}$$

(2) strecker 분해

당(α-dicarbonyl 화합물)과 α-아미노산의 가열반응에서 $-CO_2$, -CHO가 생성되는 반응으로 아미노산은 산화를 받아 탈아미노되고, 동시에 carbonyl기에서 탈탄산도 일어나 원래의 아미노산보다 탄소 수가 1개 적은 aldehyde가 생성되는 반응을 strecker 분해라 한다.

$$\underset{\text{amino acid}}{R-\underset{NH_2}{\underset{|}{CH}}-COOH} \xrightarrow{\frac{1}{2}O_2} \underset{\text{aldehyde}}{RCHO} + NH_3 + CO_2$$

$$\underset{\text{alanine}}{H_2N-\overset{CH_3}{\overset{|}{CH}}-COOH} \xrightarrow{\frac{1}{2}O_2} \underset{\text{acetaldehyde}}{CH_3CHO} + CO_2 + NH_3$$

아미노산에 dicarbonyl 화합물이 산소를 공급하며 amino-carbonyl 반응의 중간 단계 생성물인 osone, 3-deoxyosone, 3, 4-di-deoxyosone 등의 dicarbonyl 화합물은 아미노산과 반응하여 amino reductone(enaminol)과 aldehyde를 생성하는데, amino reductone은 갈변 활성이 강하여 중간체 같이 갈색화반응에 연결되고 또 aldehyde와 amino reductone의 일부는 식품의 냄새 성분을 형성한다.

고온에서는 색소 형성보다는 CO_2 발생이 많다. strecker 반응은 그림 10-6과 같다.

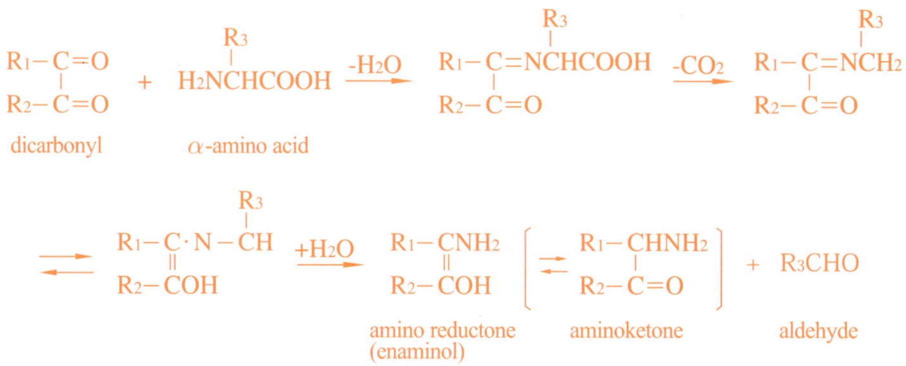

【그림 10-6】 strecker 반응

(3) melanoidine 색소의 형성

HMF 등의 furfurals, reductone, strecker 반응 생성물, aldol형 축합 생성물, 이들의 아미노 화합물과 결합 상태에 있는 화합물은 큰 활성물질로 쉽게 상호반응을 하여 중합체를 형성한다. 이들 중합체는 질소를 갖는 불포화도가 큰 melanoidine 색소이다.

melanoidine은 270~320 ㎚의 peak를 갖는 갈색의 무정형 분말로 pH 2.8~4.0에서 나타내는 색소 물질이다.

4) amino-carbonyl 반응을 촉진하는 인자

(1) 온도의 영향

Maillard 반응에 가장 영향을 많이 주는 요인은 온도이며, 저온에서는 갈변이 많이 억제되나, 실온에서도 산소가 존재하면 갈변이 촉진된다. 온도를 10℃ 올리면 갈변은 3~5배 촉진되고, 80℃ 이상에서는 산소가 없어도 갈변한다.

(2) pH의 영향

pH 3 이하에서는 갈변 속도가 매우 느리나, pH 3 이상에서는 pH가 높을수록 갈변 속도가 빨라진다. 그러나 ketose는 pH 3 이하에서도 불안정하여 갈변이 일어난다. 수분이 많으면 대체로 캐러멜화에 의해서 갈변이 일어나고, 수분이 적고 pH 6 이상일 때는 Maillard 반응에 의해서 갈변이 일어난다.

(3) 당의 종류에 의한 영향

구조적인 안정성, 용액 중에 개환형의 존재량에 의해 반응성이 다른데 환원당은 pyranose 환이 열려 aldehyde형이 되어 amino-carbonyl 반응을 일으킨다.

환원당의 melanoidine 생성량은 개환형의 존재량과 병행하므로 carbonyl 형의 존재 비율이 높은 pentose가 hexose보다 반응성이 크고 10배 정도 갈변 속도가 빠르다.

aldose 형의 당류에 존재하는 개환형 구조의 비율과 melanoidine 생성량 비율은 ribose > arabinose > xylose > galactose > mannose > glucose 순이 된다.

(4) amino 화합물

아미노산, 펩티드, 단백질, 아민이 갈변에 관여하는데 아민 > 염기성인 lysine의 ε- 아미노산 > 그외 아미노산 > 펩티드 > 단백질 순으로 갈변한다.

(5) carbonyl 화합물

carbonyl 화합물의 종류별 갈변은 α, β-unsaturated aldehyde와 furfural은 갈변되기 쉽고, ketones은 갈변이 어렵다. carbonyl 화합물과 glycine을 50℃에서 11일간 반응한 결과는 표 10-1과 같다.

(6) 반응 물질의 농도

amino-carbonyl 반응에서 생성되는 갈색 색소인 melanoidine 양은 환원당의 농도에 비례하고 유리 아미노기를 갖는 질소 화합물의 농도와 반응 경과 시간의 제곱에 각각 비례한다.

【표 10-1】 carbonyl 화합물과 glycine에 의한 착색

carbonyl 화합물	구 조 식	변 색
crotonaldehyde	$CH_3CH=CHCHO$	암 갈 색
butylaldehyde	$CH_3CH_2CH_2CHO$	엷은 황갈색
furfural	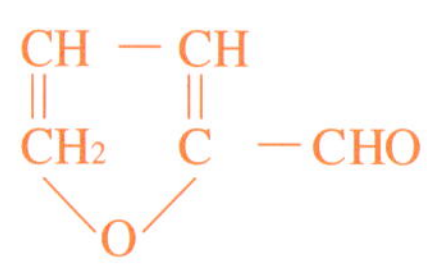	갈 색
hydroxymethylfurfural (HMF)	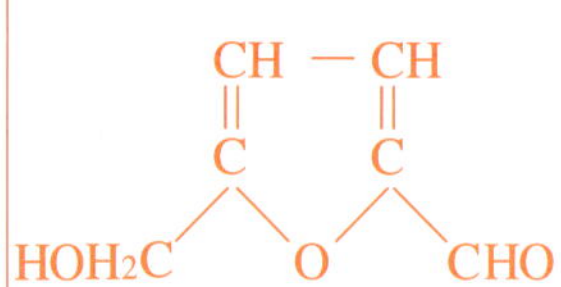	황금색
methylvinylketone	$CH_3COCH=CH_2$	더욱 엷은 황갈색
methylethylketone	$CH_3COCH_2CH_3$	무 색
glucose	–	엷은 황갈색

$Y = k \times [S][A]^2 T^2$

Y : melanoidine의 양, k : 속도 상수, [S] : 환원당의 농도

[A] : 질소 화합물의 농도, T : 반응 경과 시간

(7) 수분, 금속, 빛에 의한 영향

amino-carbonyl 반응은 수분이 10~15%일 경우 잘 일어나며 풍건 상태나 완전히 건조하면 반응이 일어나지 않는다. Fe, Cu는 reductone류의 산화를 촉매함으로 갈변을 촉진하고 자외선도 갈변을 촉진한다.

5) amino-carbonyl 반응의 방지법

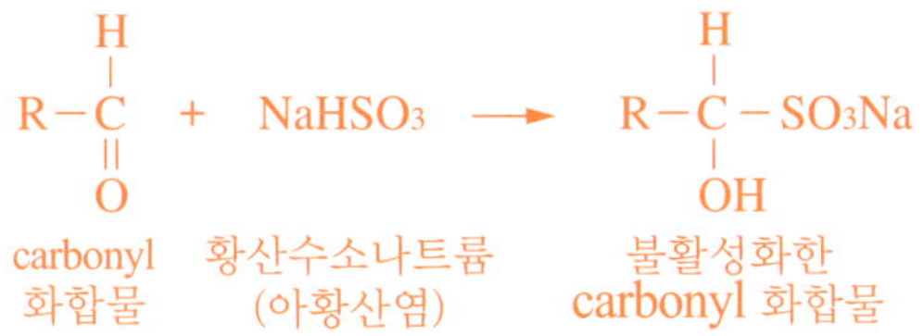

【그림 10-7】 아황산염에 의한 amino-carbonyl 반응의 방지

amino-carbonyl 반응을 억제하려면 산소 제거, 수분 감소, 저온 저장, pH 감소(3 이하), 반응 물질 희석, 반응 물질의 제거(glucose 대신 sucrose를 사용), 반응 활성물질의 제거(Fe, Cu), 갈변방지제인 아황산염을 첨가한다. 아황산염이 aldehyde기와 부가 화합물을 형성하여 갈변반응이 방지된다.

2. 캐러멜화(caramelization) 반응

캐러멜화 반응은 amino-carbonyl 반응과 달리, 아미노 화합물이나 유기산이 존재하지 않는 상태에서 당을 융점(180~200℃) 이상으로 가열하면 산화와 분해에 의한 중합, 축합으로 갈변 물질을 형성하는 반응을 말한다.

캐러멜은 간장, 된장, 합성청주, 양주, 청량음료, 과자류 등의 갈색 착색료로 이용되며, 캐러멜화는 식품의 색과 풍미에 중요하다.

이 반응에 적절한 pH는 6.5~8.2이며, 자연 발생적으로 일어나지 않는다. 또한, 산성 또는 알칼리성에 따라서 반응 형식이 다르다.

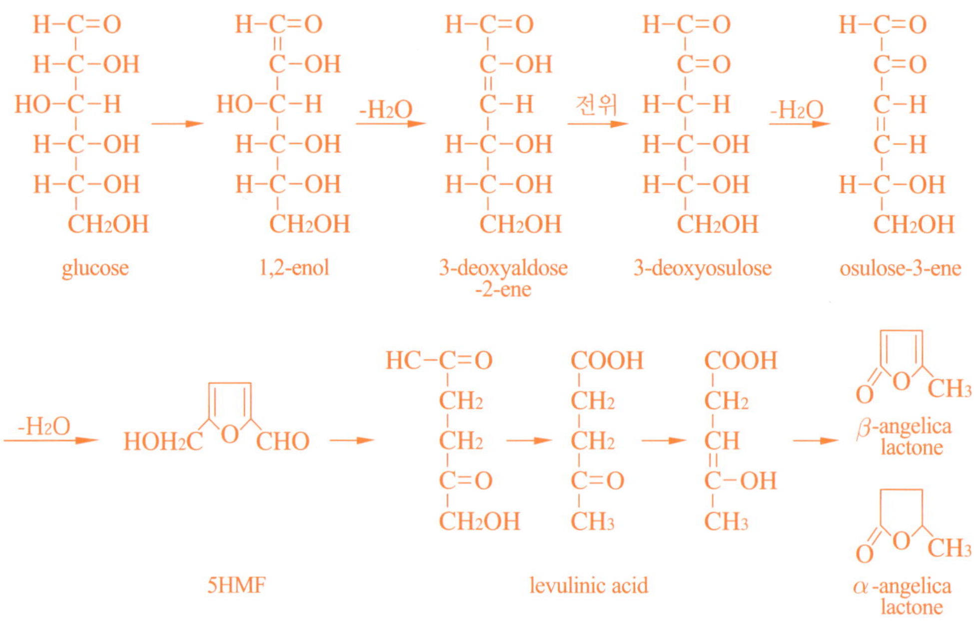

【그림 10-8】 캐러멜화 반응

1) 산성 분해

aldose(glucose, mannose) 또는 ketose(fructose)가 1, 2-enol을 생성한 후 탈수반응을 거쳐 3-deoxyaldose-2-ene, 3-deoxyosulose을 거쳐 osulose-3-ene 등의 중간 반응 단계를 거쳐 5-hydroxymethyl-2-furfural(5-HMF)이 되고, furfural 유도체는 ketose의 산화 생성물과 함께 산화되어 reductones, furan 유도체, levulinic acid, lactones 등을 형성한다.

furfural 유도체, reductones, lactones, ketose의 산화 생성물 등은 반응성이 큰 물질로 산화, 중합, 축합에 의해 흑색이나 흑갈색의 humin을 형성하는데 이 humin 물질을 캐러멜이라 한다. pentose는 2-furaldehyde를 생성하며 그 과정은 그림 10-8과 같다.

2) 알칼리 분해

1, 2-enol이 형성된 후 탄소 3개를 갖는 glyceraldehyde, triose endiol 화합물로 분해되는데, 반응 기구는 그림 10-9와 같다.

위 반응에서 생성된 aldehyde와 ketone의 중간체는 서로 중합, 축합반응을 하여 흑갈색이나 흑색의 humin 물질을 생성하는 것으로 추정하나 형성된 색소의 유사성에 의해 amino-carbonyl 반응과 비슷한 반응 기구를 가진다.

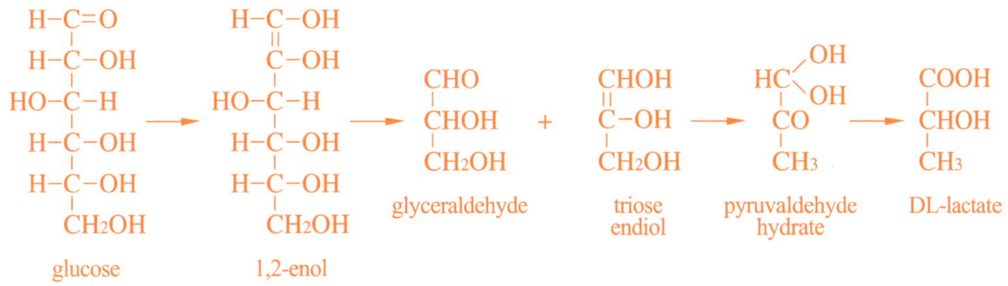

【그림 10-9】 알칼리성에서 캐러멜화 반응

3. ascorbic acid의 산화 갈변

ascorbate는 강한 환원력으로 항산화제, 항갈변제로 이용하나 전체적으로 산화된 후에는 비가역적으로 산화방지제, 갈변방지제의 기능을 상실하고 갈변반응에 관여한다.

ascorbate에 의한 산화 갈변은 오렌지, 포도의 과즙이나 분말에서 갈변의 원인이 된다. ascorbate의 산화에 의한 갈변은 두 가지 경로로 산소가 존재할 때와 산소가 없을 때 일어나는 경로로 나눈다.

1) 산소가 존재할 때의 산화

ascorbate(AsA)는 산소가 존재할 때에 산화하여 dehydroascorbate(DHA, vitamin C의 1/2의 생리적 활성을 갖는다)가 되고 lactone 고리가 열려 2, 3-diketogulonic acid(DKG)가 형성된다. 탈탄산하여 L-xylosone을 거쳐 2, 3, 4-trihydroxypent-2-enoic acid를 거쳐 furan 유도체인 5-methyl-3,4-dihydroxy-tetron를 형성한다.

산소 존재에서 ascorbate의 산화 과정은 그림 10-10과 같다.

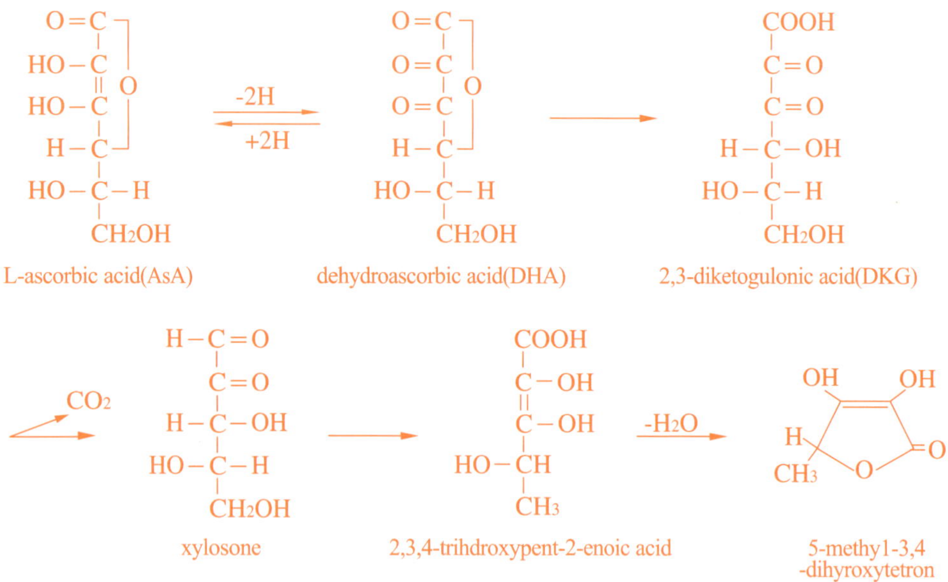

【그림 10-10】 산소 존재 시 일어나는 ascorbate의 산화

2) 무산소 조건에서 AsA의 산화 과정

ascorbate는 산소가 없으면 DHA를 거치지 않고 AsA의 lactone환이 열려 2-ketogulonic acid의 enol형이 되고 다시 탈수하면 2,3-diketo-4-deoxyhexonic acid를 형성하여 탈탄산반응을 하여 3-deoxy-L-pentosone이 생성되고, 다시 탈수되어 반응성이 큰 furfural 유도체가 된다. 다시 이들 유도체가 중합, 축합하거나 또는 아미노 화합물의 존재하에서 중합, 축합하여 갈색 색소를 형성한다.

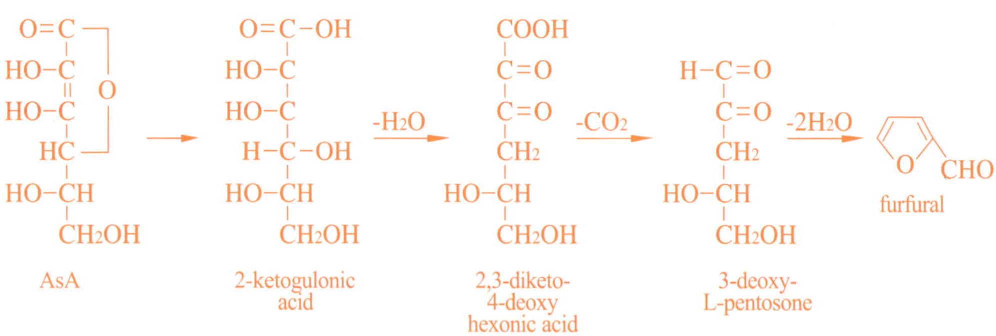

【그림 10-11】 무산소에서 일어나는 ascorbate의 산화 과정

무산소 조건에서 ascorbate의 산화 과정은 그림 10-11과 같다. ascorbate는 pH 2~3.5에서 산화반응이 잘 일어나 갈변한다.

위에서 기술한 내용과 같이 ascorbate는 산소가 존재하는 상태에서 생성된 xylosone과 무산소에서 형성된 3-deoxy-L-pentosone 같은 dicarbonyl 화합물은 아미노산과 strecker 분해반응을 일으켜 갈변화하며 냄새를 생성한다.

제10장 연습문제

1. melanine의 생성 과정을 설명하시오.
2. 캐러멜화를 설명하시오.
3. Maillard 반응을 촉진시키는 물질은?
4. 효소적 갈변과 관계가 있는 요인을 설명하시오.
5. monophenol을 산화하는 효소는?
6. 효소적 갈변 방지법을 설명하시오.
7. aldehyde가 생성되는 단계는?
8. 감자의 갈변은 어느 성분에 의해서 일어나는가?
9. 사과, 감자, 홍차, 바나나 등이 갈변되어 생성하는 물질은 무엇인가?
10. 갈변으로 인하여 품질이 향상되는 식품을 쓰시오.
11. polyphenol oxidase 의 활성화를 촉진하는 무기질은?
12. polyphenol oxidase 의 최적 pH는 얼마인가?
13. amadori 전위를 설명하시오.
14. amino-carbonyl 반응에 의해서 특유의 빛깔, 풍미 등을 얻는 식품은?
15. strecker 분해반응에서 생성되는 물질을 쓰시오.
16. amino-carbonyl 반응은 온도 10℃를 상승시켜 갈변을 얼마나 촉진시키나?
17. amino-carbonyl 반응은 hexose보다 pentose가 얼마나 갈변 속도가 큰가?
18. 아미노 화합물 중 어느 물질이 amino-carbonyl 반응에서 갈변 속도가 큰지 설명하시오.
19. 캐러멜화 반응에 적절한 pH의 조건은?
20. ascorbic acid의 갈변에 대해 설명하시오.
21. chlorogenic acid에 의한 녹변을 설명하시오.
22. leucoanthocyanin에 의한 갈변을 설명하시오.
23. tannin이 금속인 철분에 의한 갈변을 설명하시오.

제11장

식품의 냄새(Smell of Foods)

식품은 각 식품별로 특유의 냄새를 갖고 있으며 색이나 맛과 함께 식품의 기호적, 경제적 품질을 결정하는데 매우 중요한 요소이다. 식품의 기호적인 가치는 식품의 영양가에 비례하는 것보다 냄새와 맛에 의한 경우가 많아서 식품의 냄새(smell)와 맛(taste)이 혼연일체가 된 감각을 풍미(flavor)라고 하며, 쾌감을 주는 냄새를 향(oder, aroma)이라 하며, 불쾌함을 줄 때 취(stink)라고 한다.

식품의 냄새를 느끼는 감각을 취각(sense of smell)이라 하며, 식품의 냄새는 코나 구강을 통해 비공 상층부에 존재하는 취세포의 lipoid 층의 취각신경에 유향물질 중 휘발성 성분의 화학적 자극을 받아 중추신경에 전달되어 일어난다.

11-1 • 냄새의 종류와 분류

1. 냄새와 화학구조

식품에 냄새를 갖게 하는 물질에는 다음과 같은 구조를 함유할 때에 냄새를 갖는다.

탄소사슬이 짧은 저급지방산 ester는 강력한 악취을 나타낸다. 그러나 탄소사슬이 길어지면, 즉 C_{16} 이상의 지방산은 냄새가 약하다.

방향족화합물은 냄새가 강하고 지방족화합물은 약하다. 이중결합은 냄새가 강하고, 삼중결합의 지방족화합물은 냄새가 좋지 않고, 방향족화합물은 냄새가 좋다.

이성체 중 측쇄가 2개일 때 ortho > para 순서로 냄새가 저하하고, meta는 냄새가 없다. 또한, 측쇄가 3개일 때는 1, 3, 5 화합물이 방향을 가지고 있다. 측쇄가 alkyl기일 때는 CH_3, C_2H_5, C_3H_7, C_4H_9, C_5H_{11} 까지는 방향을 가지고 C_6H_{13} 이상은 무취이며, naphthalene 핵은 β-유도체만 방향을 가지고, α-유도체는 무취이거나 냄새가 적다.

저분자 지방족알코올은 C_{10}까지는 냄새가 좋고 $C_{8\sim9}$은 특히 방향을 나타낸다. 3급알코올은 장뇌 냄새를 나타낸다. 입체이성체 중 menthol은 박하향을 나타내고 iso, neo, neoiso-menthol은 불쾌한 곰팡이 냄새를 가지며, 3-hexenol의 cis-이성체는 신선한 풋내를 나타내고 trans-이성체는 국화향을 갖는다.

그 외 발향기로는 수산기(-OH), ether기(R-O-R), 알데히드기(-CHO), 카르보닐기(=CO), ester기(-COOR), nitro기(-NO_2), 아미노기(-NH_2), 카르복실기(-COOH), 에틸기(-C_2H_5), lactones기(CH----CO)가 있다.

\\O/

냄새와 화학구조의 관계를 밝히는 유력한 설은 3가지가 있다.

① Amoore의 입체 화학설 : lock and key relationship의 개념에 의해 관능기, 분자 전체의 구조가 비슷할 때에 신경신호가 전달된다는 설로, 즉 분자 크기와 형태로 냄새의 질이 결정된다는 설이다.

② Wright의 진동설 : 냄새가 분자의 일부 또는 전체가 고유의 진동수를 가지면 동일한 냄새를 갖는 화합물로 보는 설이다.

③ Davis의 흡착설 : 냄새의 강약 또는 역치는 냄새를 갖는 분자의 단면적과 기름/물의 계면에서 흡수계수의 관계라고 하는 설로 전자 수수능(授受能)이 높을수록 강한 냄새를 갖는다.

2. 냄새의 역치와 피로 및 조화

1) 냄새의 역치

냄새의 역치(閾値, threshold value)는 맛의 역치보다 1만 배 이상 예민하다. 취각세포는 ppm, ppb의 미량도 감지하며 현재는 gas liquid chromatography, mass spectrophotometer(질량분석기), infla red and ultra violet spectrophotometer(적외선 및 자외선 분광분석기) 등을 이용하여 향기 성분을 연구하고 있다.

식용유지는 1 ppm 정도에서 산패취를 나타내며 식품 중 향기 성분과 그 역치는 표 11-1과 같다.

【표 11-1】 식품별 향기 성분과 역치

식 품	향기 농축 물량(ppm)	향 기 성 분	수용액(ppm)	1 ℓ 공기 중($\times 10^{-6}$ g)
딸 기	1~8	acetone	500	4
포 도	1.5	*n*-butanol	-	1
바나나	40~100	methyl salicylate	0.1	0.5
녹 차	150	dimethyl sulfide	0.012	0.002
쇠고기	18	methyl mercaptan	0.002	0.00004

2) 냄새의 피로와 소멸

동일한 냄새 성분을 장시간 맡으면 취각신경의 피로 또는 소멸에 의해서 그 냄새를 느끼지 못하는 현상으로 냄새를 느낀 후 1~10분 동안 일어나며 다시 그 냄새를 느끼려면 1~10분이 지나야 느낄 수 있다.

3) 냄새의 조화

냄새 성분을 섞을 때 따로 냄새가 느껴지지 않고 잘 조화되어 느껴지는 냄새를 말한다. 냄새가 조화되지 않은 예는 홍차와 화장품 냄새가 있고, 냄새가 조화되는 예로는 홍차와 레몬, 고기와 후추가 있다.

3. 식품 냄새의 종류

식품 이외의 물질도 각기 특유의 냄새를 가진 것이 많은데 Henning은 냄새를 6가지로 분류하였다. 즉 향신료 향(spicy odor : 마늘, 생강), 꽃 향(flowery odor : 장미, 매화), 과실 향(fruity odor : 사과, 배), 수지 향(resinous odor : 송정유, terpene유), 썩은 냄새(putrid stink : 썩은 고기 냄새), 탄 냄새(burnt stink : coffee, caramel)로 분류하였다. 이 향(냄새)들은 식품을 구성하는 중요한 요소 중의 하나로 외형적인 품질, 즉 기호적인 가치를 결정하는데 기여한다.

11-2 • 식물성 식품의 냄새 성분

1. ester

과실류의 주된 냄새 성분으로 탄소 수 10 이하인 화합물은 대부분 과실향이며 분자량이 커지면 향기가 진해져 꽃 향으로 되며, benzene 핵을 함유하여도 꽃 향이 강해진다. 중요한 식품의 ester 향은 표 11-2와 같다.

【표 11-2】 중요한 식품의 ester 향

ester	구조식	함유식품
amyl formate	$HCO \cdot O \cdot CH_2(CH_2)CH_3$	사과, 복숭아
isoamyl formate	$HCO \cdot O \cdot CH_2CH_2CH(CH_3)_2$	배
ethyl acetate	$CH_3CO \cdot O \cdot CH_2CH_3$	파인애플
isoamyl acetate	$CH_3CO \cdot O \cdot CH_2CH_2CH(CH_3)_2$	사과, 배
methyl butyrate	$CH_3CH_2CH_2CO \cdot O \cdot CH_3$	배
methyl valerate	$CH_3CH_2CH_2CH_2CO \cdot O \cdot CH_2CH_3$	청주
isoamyl isovalerate	$(CH_3)_2CHCH_2CO \cdot O \cdot CH_2CH_2CH(CH_3)_2$	바나나
methyl cinnamate		송이버섯
sedanolid	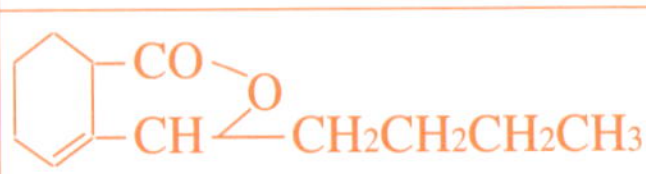	샐러리
apiol	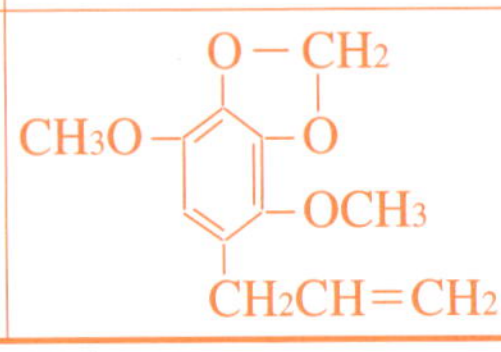	파슬리

2. alcohol

과실과 채소의 풋내는 청엽 alcohol(aba alcohol, kyuri alcohol)이며 탄소 수 5 이하의 alcohol은 과채류의 향기 성분이다. 중요 식품의 alcohol 향은 표 11-3과 같다.

【표 11-3】 중요한 식품의 alcohol 향

alcohol	구조식	함유식품
ethyl alcohol	CH_3CH_2OH	주류
propanol	$CH_3CH_2CH_2OH$	양파
amyl alcohol (pantanol)	$CH_3CH_2CH_2CH_2CH_2OH$	감자
β, γ-hexenol	$CH_3CH_2CH{=}CHCH_2CH_2OH$	채소의 푸른잎, 찻잎
1-octen-3-ol	$CH_3(CH_2)_4CHOHCH{=}CH_2$	송이버섯
2,6-nonadienol	$CH_3CH_2CH{=}CH(CH_2)_2CH{=}CHCH_2OH$	오이
furfuryl alcohol		커피
eugenol	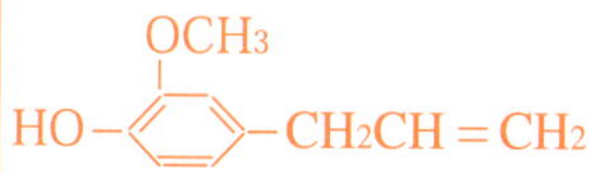	커피

3. carbonyl 화합물

지방족 aldehyde는 유제품, 육류의 냄새와 관계가 있다. C_6~C_9의 aldehyde는 유지산화로 형성되는 산패취의 원인 물질이고, 방향족 aldehyde는 진한 향을 가지며, 지방족 ketone은 과일 향을 나타내나 ketone기를 2개 갖는 diacetyl은 발효유 제품의 향기 성분이다. 중요 식품의 carbonyl 화합물은 표 11-4와 같다.

【표 11-4】 중요한 식품의 carbonyl 화합물

carbonyl	구조식	함유식품
aba aldehyde (α, β-2-hexenal)	$CH_3CH_2CH_2CH{=}CHCHO$	차엽, 녹엽
benzaldehyde	C_6H_5CHO	almond
cinnamic aldehyde	$C_6H_5CH{=}CHCHO$	육계향
vanillin	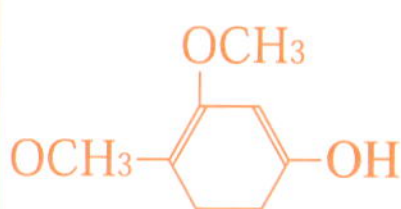	vanilla

4. terpene(정유류)

정유류는 꽃, 잎 등 식물체를 수증기 증류할 때 얻어지는 방향 성분으로 isoprene ($CH_2=C(CH_3)-CH=CH_2$)의 2분자 또는 그 이상이 중합한 형태로 terpene류 및 그 유도체(alcohol, ester, aldehyde, ketone 등)를 주성분으로한 화합물을 정유라 한다. 일반적으로 향기와 매운맛을 갖는다.

1) monoterpene

(1) 탄화수소

myrcene($C_{10}H_{16}$) : 미나리
limonene($C_{10}H_{16}$) : 오렌지(레몬)
phellandrene($C_{10}H_{16}$) : 후추
α-pinene($C_{10}H_{16}$) : 감귤류
α-thujene($C_{10}H_{16}$) : 쑥
camphene($C_{10}H_{16}$) : 레몬

(2) alcohol

linalool($C_{10}H_{18}OH$) : 등화유
geraniol($C_{10}H_{18}OH$) : 장미유, 오렌지
citronellol($C_{10}H_{20}OH$) : 오렌지, 장미유
α-menthol($C_{10}H_{20}OH$) : 박하유
1,4-cineol($C_{10}H_{18}OH$) : cardamom(생강류)

(3) aldehyde

citral($C_{10}H_{16}O$) : 레몬, 감귤류
citronellal($C_{13}H_{18}O$) : 감귤류

(4) ketone

menthone($C_{10}H_{14}O$) : 박하유
thujone($C_{10}H_{16}O$) : 쑥

2) sesquiterpene

zingiberene($C_{15}H_{24}$) : 생강정유
β-selinene($C_{15}H_{24}$) : 셀러리
humulene($C_{15}H_{24}$) : hop, 정향유
farnesol($C_{15}H_{26}OH$) : 보리수 꽃향, 사향초향

5. 유황 화합물

채소류 중 엽채류와 근채류에 함유된 유황 화합물은 향기 성분으로 중요한데, 휘발성 유황 화합물은 악취와 특유의 매운맛을 나타낸다. 그러나 미량 존재하면 식품의 향기를 크게 상승시키는데 그 예로 H_2S는 밥의 구수한 냄새의 요인으로 품질 향상에 도움이 되며 식품의 향기 성분으로 알려진 유황 화합물은 표 11-5와 같다.

【표 11-5】 유황 화합물의 향기 성분

종류	구조식	함유식품
methylmercaptan	CH_3SH	무
propylmercaptan	$CH_3CH_2CH_2SH$	양파
dimethylmercaptal	$CH_3CH\begin{matrix} / SCH_3 \\ \backslash SCH_3 \end{matrix}$	단무지
S-methylcysteine sulfoxide	$CH_3 - \underset{\underset{O}{\Vert}}{S} - CH_2 - \underset{\underset{NH_2}{\vert}}{CH} - COOH$	양배추 순무
methy1-β-methylmercaptopropionate	$CH_3SCH_2CH_2COCH_3$	파인애플
β-methylmercaptopropylaldehyde	$CH_3SCH_2CH_2CH_2CHO$	간장
β-methylmercaptopropylalcohol	$CH_3SCH_2CH_2CH_2OH$	된장
furfuryl mercaptan	 $-CH_2SH$	커피
alkylisothiocyanate	$R-N=C=S$	겨자, 무 고추냉이
dimethyl sulfide	CH_3SCH_3	구운 김

6. phenols

훈증식품의 제조 중 사용되는 목재에서 유래되는 특유의 향과 살균작용이 있어 이를 식품 가공에 이용한다.

11-3 • 채소류의 향기 성분

채소류의 향기 성분은 에스테르, 알데히드, 케톤, 산 등의 향기 성분 외에 휘발 성분인 유황 화합물 및 H_2S 등과 같은 분해 생성물들에 의한 것으로 특유한 향과 신선한 냄새를 주어 식욕을 촉진한다.

1. 무의 향기 성분

무의 매운맛을 갖는 향기 성분은 trans-4-methylthio-3-butenyl-isothiocyanate가 90%를 차지하고 butylcrotonyl isothiocyanate sulfide, butyl-butyl isothiocyanatesulfide, allyl isothiocyanate, dimethyl disulfide 등으로 형성되어 있다.

2. 양배추의 향기 성분

무, 배추, 양배추 등의 *Brassia* 속(屬) 식물의 냄새는 휘발성 S-화합물인 isothiocyanate류를 함유하여 특유 향을 갖는데 이는 thioglucoside에서 유래된다.

isothiocyanate가 가수분해하면 carbonyl sulfide(COS), H_2S, CS_2 등이 생성된다. sulfide류는 수많은 유황 화합물(sulfoxide, thioglucoside, sulfonium, 함황 아미노산)에서 유래된다(양배추 가열할 때 생성됨).

sinigrin(thioglycoside)

$$RCNS + H_2O \longrightarrow RNH_2 + COS$$
$$COS + H_2O \longrightarrow H_2S + CO_2$$
$$2RCNS + 2H_2O \longrightarrow 2RNH_2 + CO_2 + CS_2$$
$$RCNS + H_2S \longrightarrow RNHSSH \longrightarrow RNH_2 + CS_2$$

3. 오이의 향기 성분

오이의 향기 성분은 2, 6-nonadienal과 그 외 hexenal, 2-hexenal, ethanal, 2-nonenal, propanal이 있다.

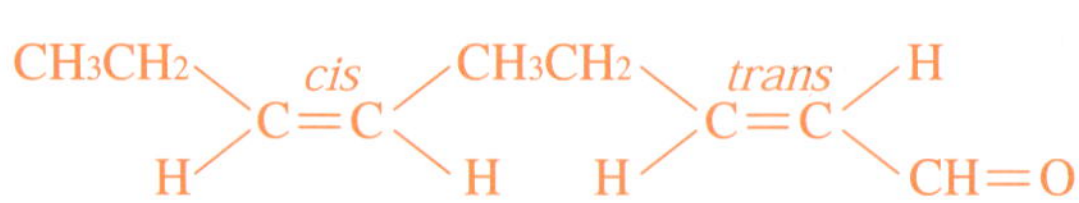

2,6-nonadienal

4. 토마토의 향기 성분

토마토의 향기 성분은 주로 휘발성 산류와 메틸알코올로 형성되고 그 외는 acetaldehyde,

ethyl acetate, pentanol, isovaleraldehyde, isoamyl alcohol, eugenol, 2-heptenal, 3-hexenol 등의 휘발성 성분으로 이루어져 있다.

5. 당근의 향기 성분

당근의 향기 성분은 주로 aldehyde류인 heptanal, octanal, 2-nonenal, 2-decanal 등이 있고, terpenoid 화합물인 α-terpineol, myristicin, bornyl acetate, terpinene4-ol, carotol, sabinene, myrcene 등이 있다.

6. 버섯류의 향기 성분

버섯류는 독특한 향기 성분을 갖는데 표고버섯의 주성분은 lenthionine이며, 송이버섯은 1-octen-3-ol이다.

7. 마늘과 양파의 향기 성분

Allium 속(屬)의 마늘 정유에는 60%가 diallyl disulfide이며 그 외는 diallyl sulfide, diallyl trisulfide, divinyl sulfide 등의 휘발성 유황 화합물이다.

*Allium*속의 양파는 특유의 휘발성 향기 성분으로 Semmler(1892)가 allyl n-propyl disulfide를 보고한 이래 Bernhard(1965)는 휘발성 S-화합물이라 주장하고 있다.

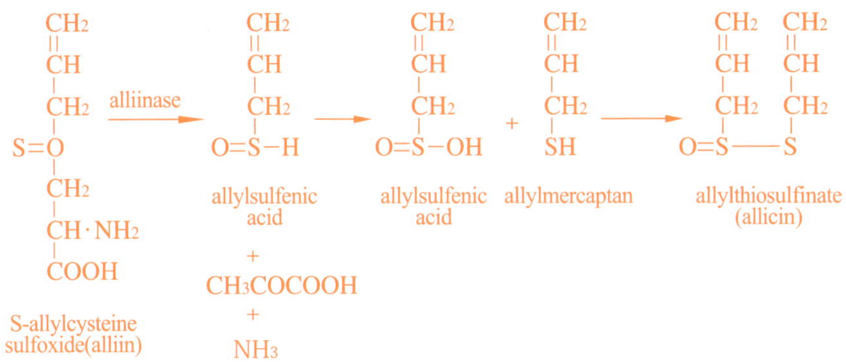

【그림 11-1】 alliin 으로부터 allicin의 생성 과정

마늘과 양파는 S-allylcysteine sulfoxide(alliin)가 alliinase의 작용을 받아서 생성된 allyl-sulfenic acid는 불안정하여 allylsulfinic acid와 allylmercaptan으로 된다.

allylsulfinic acid의 축합물인 allicin(allylthiosulfinate)이 생성되는 과정은 그림 11-1과 같다.

8. 겨자의 향기 성분

겨자는 배추, 양배추, 순무와 함께 겨자과에 속하는 식물로 흑겨자(*Brassica nigra*)와 백겨자(*Brassica alba boiss*)로 나누는데 겨자에는 glucosinolate와 thioglucoside가 향기 성분의 전구체로 작용한다.

흑겨자씨에 존재하는 glucosinolate인 allyl glucosinolate(sinigrin)가 마쇄할 때에 조직 내에 존재하는 thioglucosidase(myrosinase)에 의해 가수분해되어 자극성의 향기 성분인 allylisothiocyanate나 allylnitrile을 생성하는 과정은 그림 11-2와 같다.

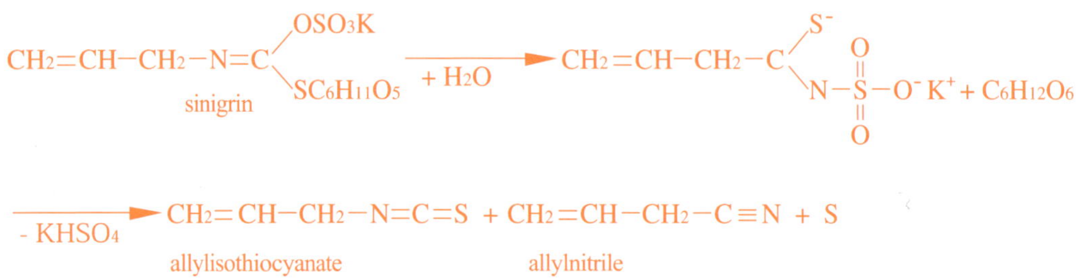

【그림 11-2】 allylisothiocyanate와 allylnitrile을 생성하는 과정

백겨자는 glucosinolate(sinalbineol)가 myrosinase의 작용으로 p-hydroxybenzyl isothiocyanate를 생성한다.

또한, 겨자씨 중에 존재하는 glucosinolate의 일종인 progoitrin이 가수분해하여 갑상선종을 유발하는 goitrin(goitrogen)을 생성한다.

9. 셀러리의 향기 성분

샐러리의 향기 성분은 주로 phthalide류이며 그 외 알데히드류, 알코올류, 에스테르류, 산류 등이 있다.

10. 참깨의 향기 성분

참깨의 향기 성분은 볶는 온도에 따라서 매우 좋은 향기 성분으로 형성되는데 주로 carbonyl

화합물, acetaldehyde, propionaldehyde, iso-valeraldehyde, diacetyl, furfural 등이 있다.

11. 차의 향기 성분

차는 발효차인 홍차, 비발효차인 녹차, 반발효차인 오룡차나 포종차로 구별하는데 차의 향기 성분은 280여 종으로 알코올류 17종, carbonyl 화합물 15종, 산류 14종, 에스테르류 14종, 황화합물 8종, 기타 8종 등이 주로 차향을 이룬다.

1) 녹 차

찻잎에서 얻어지는 정유량은 생엽에서 0.005~0.02%, 녹차에서 0.02% 존재하며, 생엽에 cis-3-hexenol, benzyl alcohol, linalool, linalooloxide, methyl salicylate, geraniol, phenylethyl alcohol 등이 존재하며, 가열로 methyl salicylate, benzyl alcohol, linalool은 감소하나 benzyl acetate는 증가한다.

신선한 녹차(1번차)에는 황화수소, dimethyl sulfide, cis-3-hexenol, trans-2-hexenal, n-hexyl alcohol 등의 풋내 성분이 많으며 고급 녹차는 cis-jasmone, ionone류, sesquiterpene류가 다량 존재하여 꽃 향을 진하게 나타낸다. 볶은 녹차의 고소한 향기는 2, 5-dimethlpyrazine에 의한다.

2) 홍 차

홍차의 향기 성분은 약 0.01~0.03% 존재하며 발효 및 위조 과정에서 carbonyl, trans-2-hexenal, phenyl acetaldehyde, caproic acid, trans-3-hexenic acid가 증가하고 methyl salicylate는 감소한다.

12. 커피의 향기 성분

커피의 향기 성분은 150여 종이나 주로 산 5종, 알코올 2종, 알데히드 8종, 케톤 6종, 에스테르 3종, heterocyclic 화합물 15종, 황 화합물 7종, 페놀 5종, 질소 화합물 3종, nitrils 2종으로 되어 있다.

13. 코코아의 향기 성분

코코아의 향기 성분은 코코아콩을 볶는 과정 중 코코아에 함유된 아미노산과 당류의 Maillard 반응에 의해서 형성되는데 aecetaldehyde, n-propanol, iso-propanol, n-amyl acetate, furfuryl alcohol, diacetyl, ethanol, geraniol 등 20여 종이 보고되었다.

11-4 • 동물성 식품의 냄새 성분

1. 어육의 냄새 성분

어류에 존재하는 무취의 trimethylamine oxide(TMAO)가 사후 선도 저하와 함께 세균의 환원작용으로 trimethylamine(TMA)이 되어 바닷물고기의 자극적인 비린내를 갖게 된다.

TMAO(단맛)　　　TMA(비린내)

어류의 TMAO 함량은 표 11-6과 같이 민물고기에는 TMAO가 적으나 바닷물고기에는 많고 특히 연골어에 그 함유량이 많다.

【표 11-6】 어류의 trimethylamine oxide 함량(mg/100g)

어　종	TMAO 함량
담수어	4~6
해수경골어	40~100
해수연골어	700~900

TMA는 선도가 저하할수록 증가하므로 어류의 선도를 판별할 수 있는데 1 μg에서 맛이 저하되고, 2~3 μg 정도이면 부패 어류이다. TMA와 같이 초기 부패 측정에 이용되는 휘발성 염기질소(VBN)는 표 11-7과 같다.

【표 11-7】 휘발성 염기질소(VBN)에 따른 선도 판정

휘발성 염기질소(VBN) 양 (mg / 100g)	선도 판정
5~10	신선 어육
10~20	시판 어육
30~40	초기 부패
50 이상	부패 생선

민물고기는 TMAO가 거의 존재하지 않으므로 비린내는 어체의 lysine에 세균이 작용하여 생성된 piperidine이나 lysine과 arginine에서 형성된 δ-aminovaleraldehyde, δ- aminovaleric acid에 의한 냄새며 그 과정은 그림 11-3과 같다.

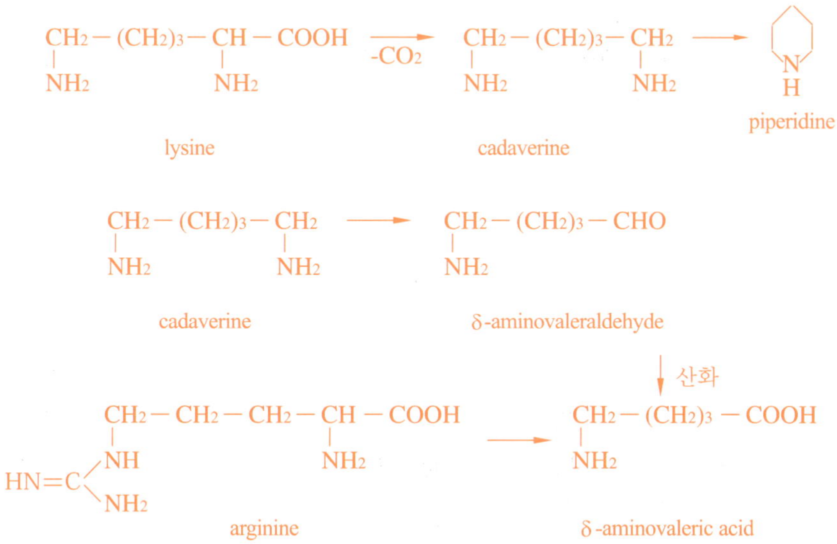

【그림 11-3】 민물고기의 비린내 생성 과정

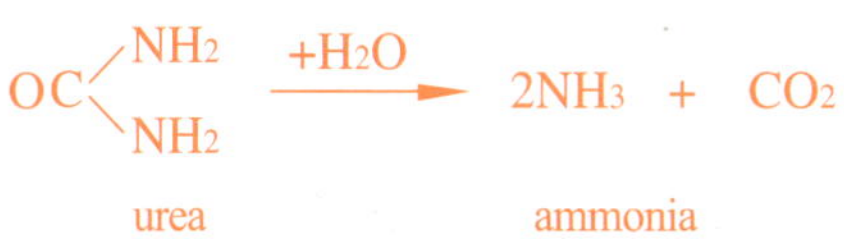

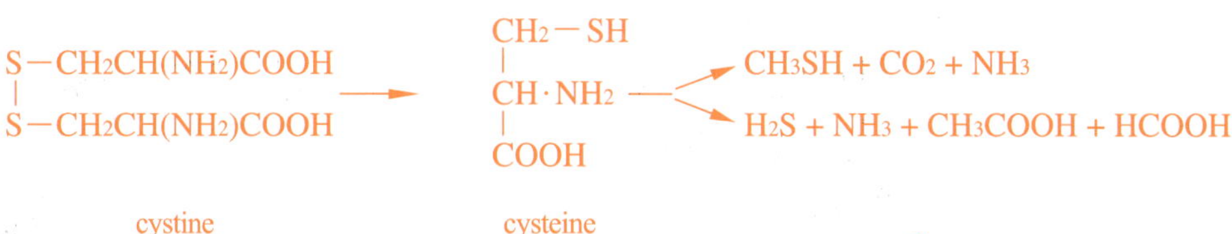

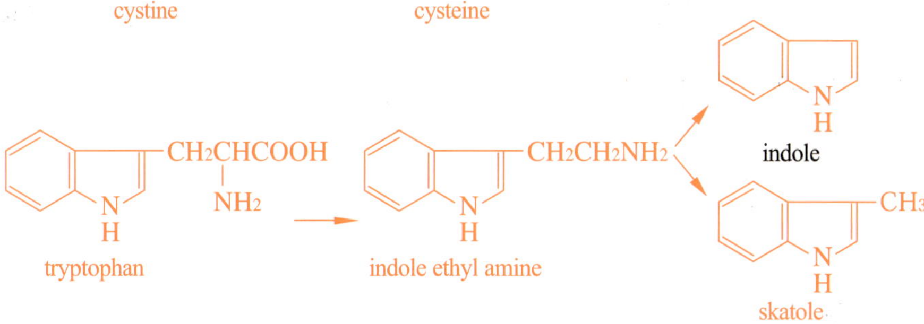

【그림 11-4】 indole과 skatole의 생성

어류나 육류의 암모니아 자극취는 육류나 연골어인 상어나 홍어에 2% 정도 함유된 요소가 세균의 작용에 의해서 분해되어 ammonia가 발생하여 선도 저하취를 형성한다.

어육이나 수육이 부패하면 methyl mercaptan(CH_3SH), H_2S, indole, skatole 등이 생성되는데 그 과정은 그림 11-4와 같다.

아미노산이 세균에 의해 형성된 methyl mercaptan, H_2S, indole, skatole 등은 염기성이므로 산으로 처리하면 약한 냄새는 제거할 수 있다. 그러므로 생선회에 식초를 사용하며, 어류를 가열할 때는 생강, 파 등이 어취를 탈취하는 데 사용된다.

2. 수육의 냄새 성분

신선한 쇠고기의 냄새는 주로 acetaldehyde에 의해서 선도가 저하되면서 역겨운 냄새를 갖게 되는데 육류의 냄새 성분은 단백질, 아미노산, 질소 화합물에서 유래되는 휘발성 아민류와 지방에서 유래되는 휘발성 지방산, 아민과 휘발성 지방산에서 유래되는 carbonyl 화합물, 단백질·아미노산에 세균이 작용하여 생성되는 H_2S, ammonia, mercaptane과 단백질 식품을 조리가공할 때 당과 아미노산이 반응하여 Maillard 반응의 최종 단계인 strecker 분해에 의해 aldehyde를 생성하며 leucine에서 달콤한 향인 iso-valeraldehyde가 생성된다.

가열한 쇠고기와 돼지고기는 ammonia, H_2S, acetaldehyde, diacetyl이 검출되며, 쇠고기와 돼지고기는 지방의 차이에 의해 냄새가 다르다. 닭고기는 황화물과 지방산에 의하며 황화물은 방치하면 H_2S가 생성된다.

위와 같이 각기 종류에 따라 냄새 성분이 다르나 육류를 가열하면 일반적으로 다음과 같은 성분이 검출된다.

① aldehydes : acetaldehyde, methanal, ethanal, propanal, butanal, n-hexanal, 2-methyl propanal, 2-methyl butanal
② ketones : diacetyl, acetone, acetoin, propanone, butanone, butanone-2, 3-dione
③ amine 화합물 : ammonia, methylamine
④ S 화합물 : mercaptanes, H_2S, dimethyl sulfide, methanethiol, ethanethiol
⑤ alcohols : methanol, ethanol
⑥ organic acids : formic acid, acetic acid, propionic acid, isobutyric acid, butyric acid

3. 우유 및 유제품의 냄새 성분

신선한 우유는 부드러우며 달콤한 특유의 향을 갖는데 그 향기 성분은 carbonyl 화합물인 acetone, acetaldehyde와 저급지방산인 propionic acid, butyric acid 및 methyl sulfide로 구

성되어 있다.

병우유에 태양광선을 오랫동안 쪼이면 vitamin C, vitamin B_2의 손실과 methionine이 riboflavin의 존재로 일광취가 생성된다.

Keeny(1956)는 우유를 가열 및 저장 중에 생성되는 향기 성분을 다음과 같이 검출하였다.

① 산 : formate, acetate, propionate, pyruvate, lactate

② carbonyl 화합물 : acetal, furfural, acetaldehyde, hydroxymethyl furfural, methyl-glyoxal

③ 황화합물 : hydrogensulfide, SH-componds, δ-decalactone

④ 알코올 : maltol, furfuryl alcohol

버터의 향기 성분은 주로 acetoin, diacetyl에 의하며 그외 휘발성지방산, isovaleral 등이 있다.

$$\underset{\text{acetoin}}{CH_3CHOHCOCH_3} \underset{+H_2}{\overset{-H_2}{\rightleftharpoons}} \underset{\text{diacetyl}}{CH_3CO \cdot CO \cdot CH_3}$$

치즈는 종류에 따라서 다르나 고유의 향기 성분은 ethyl-β-methylmercaptopropionate로 된장에도 존재하며 그림 11-5와 같이 methionine으로부터 생성된다.

$$\underset{\text{methionine}}{CH_3S-CH_2-CH_2-\underset{\displaystyle NH_2}{\underset{|}{CH}}-COOH} \xrightarrow{\frac{1}{2}O_2} \underset{\substack{\text{methional} \\ (\beta\text{-methylmercaptopropylaldehyde})}}{CH_3S-CH_2-CH_2-CHO} + NH_2 + CO_2$$

$$\longrightarrow \underset{\beta\text{-methylmercaptopropionic acid}}{CH_3S-CH_2-CH_2-COOH} \xrightarrow{+C_2H_5OH} \underset{\text{ethyl-}\beta\text{-methylmercaptopropionate}}{CH_3S-CH_2-CH_2COO-C_2H_5}$$

【그림 11-5】 ethyl-β-methylmercaptopropionate의 생성

11-5 • 냄새 성분의 변화

1. 효소에 의한 냄새의 생성

엽채류나 근채류는 향기의 전구체들이 flavor enzyme에 의해 휘발성 향기 성분을 생성하며

가열 가공으로 향이 손실되나 남아 있는 향기 전구물질에 flavor enzyme이 작용하여 향기의 재생이나 강화를 하여 향이 있는 가공식품이 되게 한다. 그 예로 그림 11-2와 같이 겨자의 sinigrin에 myrosinase가 작용하여 매운맛을 갖는 향인 allylisothiocyanate를 생성한다. 또한, 아스파라거스는 dimethyl-β-propiothetin에 효소가 작용하면 dimethyl sulfide가 생성된다.

$$\underset{\text{dimethyl-}\beta\text{-propiothetin}}{(CH_3)_2S^+CH_2CH_2COOH} \xrightarrow{\text{효소}} \underset{\text{dimethyl sulfide}}{(CH_3)_2S} + \underset{\text{acrylic acid}}{CH_2{=}CHCOOH} + H^+$$

바나나, 서양배를 후숙하면 향기가 진해지는 것도 효소에 의한 향기 성분의 증가로 볼 수 있다.

2. 가열에 의한 냄새의 생성

1) 우유의 가열취

우유를 가열하면 단백질의 열 변성으로 활성화된 -SH기에 의해 유리되는 H_2S, SH 화합물, strecker 분해로 생성되는 carbonyl 화합물, 지방의 가수분해로 생성되는 ketone, lactone 류의 혼합취가 우유를 가열할 때 나타나는 냄새이다.

2) Maillard 반응에 의한 냄새

아미노산과 당을 가열하면 $-CO_2$, -CHO가 생성되는 strecker 분해에 의해 aldehyde와 amino reductone(enaminol)이 생성되는데 amino reductone 두 분자가 환상을 형성하여 pyrazine류를 생성한다. pyrazine은 냄새의 역치가 낮아 미량에서도 가열 향을 느낄 수 있다. 보리차, 커피, 땅콩, 볶은 참깨 등의 주된 향기 성분이다.

3) 아미노산의 종류에 의한 향기

제빵할 때에 leucine, valine, lysine을 첨가하면 빵의 향을 향상시킬 수 있으며 아미노산의 종류에 의한 향기의 차이는 표 11-8과 같다.

【표 11-8】 아미노산의 종류에 의한 향기

아미노산의 종류	향기의 정도
leucine, valine, lysine, proline	좋은 향기
cystine, tryptophan	특이취
glutamic acid	약간 불쾌한 냄새

4) 수조육의 가열에 의한 향기

무지방육은 strecker 분해 생성물이 향기 성분을 이루며, 지방질의 소·돼지고기의 가열취는 4, 5-hydroxy 지방산에서 γ, δ-lactone이 생성되고, 가열 닭고기는 H_2S, sulfide, mercaptan, disulfide와 carbonyl 화합물에 의한 특이취로 볼 수 있다.

5) 어육의 구이 냄새

어육의 구이 냄새는 piperidine, 지방, TMA, 조미료의 반응으로 생성되며 특히 오징어는 taurine과 혼합되어 나타난다. 생선을 지나치게 구울 때 glycerol이 분해하여 자극적인 냄새를 갖는 acrolein을 생성한다.

6) 채소 및 해조류의 가열에 의한 냄새

양배추나 아스파라거스를 삶을 때와 해조류를 끓일 때 또는 김을 구울 때에 발생하는 dimethyl sulfide의 향은 S-methylmethionine sulfonium salt, dimethyl propiothetin의 분해로 생성된다.

7) 밥의 향기

갓 지은 밥의 구수하고 식욕을 돋우는 향은 ammonia, acetaldehyde, acetone, $C_3 \cdot C_4 \cdot C_6$의 aldehyde가 주성분이고 미량의 H_2S가 존재한다.

8) 빵의 향기 성분

빵은 발효와 굽기 과정에서 향기 성분을 생성하는데 효모는 아미노 화합물을 탈아미노화하여 알코올과 유기산을 생성하나 발효가 지나치면 향기가 감소한다. 발효과정에서는 acetoin이 산화된 diacetyl이 중요하며, 빵굽는 과정에 aminocarbonyl 반응으로 각종 carbonyl 화합물이 생성되어 향기와 빵의 외피 색을 만들어 flavor에 영향을 준다(off flavor).

빵의 향기 성분은 다음과 같다.

① acids : acetate, propionate, n-butyrate, iso-butyrate, valerate, iso-valerate, caproate, iso-caproate, hexanoate, octanoate, nonanoate

② esters : ethyl lactate, ethyl pyruvate, ethyl levulinate, ethyl succinate, ethyl hydrocinnamate, ethyl benzilate, ethylitaconate

③ alcohols : amylalcohol, iso-amylalcohol

④ ketones : acetone, methyl ethyl ketone, methyl n-butyl ketone, ethyl n-butyl ketone, diacetyl, acetoin

⑤ aldehydes : formaldehyde, acetaldehyde, propionaldehyde, iso-butanal, n-valeral, iso-valeral, 2-methyl butanal, n-hexanal, 2-ethyl hexanal, crotonaldehyde, pyruvicaldehyde, furfural, methional

⑥ miscellaneous : matal, iso-maltol, methan thiol

* off flavor : 식품 또는 그 원료가 가지는 특유의 향기가 없어지고 다른 이취로 변화하였을 때를 off flavor라 한다. 일반적으로 호감이 가지 않는 냄새를 말하는 것으로 냄새가 아주 없어진다는 것은 아니다.

3. 발효식품의 향기

식품을 발효하면 미생물이 갖는 효소에 의해 특유의 향을 갖는데 그 예로 청주, 맥주, 포도주, 간장, 된장, 김치 등은 그 재료 중의 당질, 단백질, 아미노산 등이 효소에 의해 유기산, 알코올, 에스테르, 케톤류의 혼합된 향이다.

간장의 특이 향은 methionol인 γ-methylmercaptopropyl alcohol은 간장에 존재하는 L-methionine이 탈아미노화, 탈탄산화하여 생성한다. 순수한 methionol은 간장의 냄새와 다르나 희석하면 간장의 향과 비슷하다.

$$\underset{\text{L-methionine}}{CH_3SCH_2CH_2\underset{|\atop NH_2}{CH}-COOH} \xrightarrow[-CO_2]{-NH_2} \underset{\text{methionol}}{CH_3SCH_2CH_2CH_2OH}$$

간장의 furfural, maltol은 당질을 불에 구워서 생기는 구운 냄새로 식빵의 굽는 냄새와 공통되는 것이다.

4. 훈연에 의한 냄새

훈연에 사용하는 목재나 톱밥의 성분이 열분해하여 생성한 methanol, formaldehyde, acetate, phenols, pyridine 유도체에 의해 강렬한 특유향이 식품 성분과 결합하여 살균력이 강한 특유의 향을 형성한다.

5. 부패에 의한 냄새

단백질 식품의 부패취는 δ-aminovaleraldehyde, δ-aminovaleric acid, H_2S, indole, methyl mercaptan, skatole, ammonia 등에 의한다. 식용유지는 불포화된 aldehyde가 불쾌한 비린내를 생성하며, 쉰밥은 starch의 분해로 생성된 butyric acid 등의 유기산에 의한 냄새이다.

오징어의 구수한 맛난맛인 betaine도 세균에 의해 ammonia를 생성하고 부패되면 trimethylamine oxide가 trimethylamine로 환원되어 비린내가 증가한다.

제11장 연습문제

1. 냄새의 역치를 설명하시오.
2. methyl mercaptan은 어느 식품의 냄새 성분인가?
3. 냄새의 조화를 설명하시오.
4. 냄새 성분을 분류한 학자는 누구인가?
5. 탄소 수 5개 이하의 저급 알코올이 냄새 성분인 식품을 쓰시오.
6. 어린잎의 풋내 성분은 무엇인가?
7. 유지의 산화에 의한 산패취의 원인 물질인 aldehyde의 탄소 수를 쓰시오.
8. 지방취를 나타내는 산의 탄소 수는 얼마인가?
9. lactone을 냄새 성분으로 갖는 식품을 쓰시오.
10. dimetylmercaptal은 어느 식품의 냄새 성분이며, 그 생성 과정을 설명하시오.
11. trimethylamine에 대해 설명하시오.
12. 담수어의 비린내인 piperidine을 생성하는 아미노산과 그 과정을 설명하시오.
13. 육류, 어육의 부패취 생성 과정을 설명하시오.
14. 된장, 치즈의 냄새 성분을 쓰시오.
15. aminocarbonyl 반응에 의해 생성되는 향기 성분을 쓰시오.
16. 좋은 향기를 나타내는 아미노산을 쓰시오.
17. 쌀밥의 향기 성분을 쓰시오.
18. 식빵의 향기 성분을 쓰시오.
19. 채소를 삶을 때의 향기 성분을 쓰시오.
20. 우유의 가열취를 설명하시오.
21. 수산물의 가열 향에 대해서 설명하시오.
22. 발효식품의 향기 성분을 설명하시오.

제12장

식품의 맛(Taste of Foods)

12-1 • 식품의 맛

식품의 맛은 동식물체에 함유되는 아미노산, 아미드, 저급 펩티드, IMP, GMP, 당, 유기산, 무기염 등의 정미 성분(맛의 성분)이 타액에 녹아서 혀 표면의 미각신경을 화학적, 물리적, 정신적인 자극을 일으켜 비로소 맛을 느끼게 된다. 맛 성분은 서로 복합적으로 느껴지며 감각(시각, 취각, 청각, 촉각 등)과 식습관, 기호, 기후, 건강 상태에 따라서 느껴짐이 다르다.

음식물의 맛 성분, 향기, texture를 합하여 풍미(flavor)라 하며 각 개인의 차가 있으며 이를 관능검사(organoleptic test)로 판단한다.

맛의 분류는 1916년 Henning이 단맛(甘味, sweet) · 신맛(酸味, sour) · 쓴맛(苦味, bitter) · 짠맛(鹽味, saline)을 4기본미(4원미), 진미(眞味) 또는 기본 맛이라 한다. 이 4가지 맛에 매운맛(hot taste)을 합한 5원미를 동양의 기본 맛으로 분류한다.

1926년 Von Skramilk는 Henning의 4기본미에 상당하는 대표적인 정미 화학물질로서 설탕(단맛), 소금(짠맛), quinine sulfate(쓴맛), sodium tartrate(신맛)를 선택하여 모든 맛은 이 네 물질에 의하여 합성된다고 하였다.

혼합 또는 보조적인 맛으로 매운맛, 감칠맛(palatable), 떫은맛(astringent), 아린맛(acrid), 알칼리맛(alkali taste), 금속맛(metallic taste) 등으로 분류할 수 있다. 이들은 생리적으로 감각을 받는 양상이 기본 미와 다르다. 이를테면 매운맛은 통감과 온도감각의 복합 감각이고, 떫은맛은 혀 점막 면의 수렴감이 혼합된 것이라고 설명하고 있다.

국가별 통속적인 맛의 분류를 표시하면 다음과 같다.

- 중국 : 단맛(감미 : 甘味), 신맛(산미 : 酸味), 짠맛(함미 : 鹹味), 쓴맛(고미 : 苦味), 매운맛(랄미 : 辣味)의 5가지의 맛
- 일본 : 짠맛, 신맛, 단맛, 쓴맛, 감칠맛의 5가지 맛

- 인도 : 짠맛, 신맛, 단맛, 쓴맛, 매운맛, 담백한 맛, 떫은 맛, 불쾌한 맛의 8가지의 맛
- 구미 : 짠맛, 신맛, 단맛, 쓴맛, alkali미, 금속맛의 6가지의 맛

1. 미각의 생리

1) 미각기관과 맛의 감수성

미각은 혀의 표면에 존재하는 미각 수용기가 다양한 설유두의 고랑벽 상피의 미공 안에 폭이 30~40μ, 길이가 70μ의 미뢰가 있다. 미공의 수가 800개 정도로 구성된 윤상 유두(역V자형 유두), 15~16개의 미뢰로 되어 있는 버섯상 유두와 엽상 유두, 사상 유두의 4종류가 있다.

가용성 정미물질이 미공을 통하여 미뢰에 들어가서 맛세포를 자극하여 전기적으로 미각신경에 전해지는 것은 정미물질이 맛세포와 미각신경의 접합부를 자극하여, 마침내 미각신경에 전도성의 충격전유를 일으켜 미각의 흥분이 일어나서 맛에 대한 보고를 뇌에 보낸다. 그러나 물에 녹지 않는 것은 모두 무미라 할 수 있다.

단맛은 혀의 끝 부분(설단부)의 버섯상유두, 쓴맛은 혀의 깊은 곳(설근부)의 윤상유두, 신맛은 양엽둘레(설록부)의 엽상유두와 사상유두, 짠맛은 혀의 끝 부분의 양엽둘레(설록부)의 버섯상유두, 엽상유두, 사상유두에서 짠맛을 주로 느끼고 혀 중앙 부위도 짠맛을 느낀다.

유아나 소아는 혀의 표면뿐만 아니라 구개, 인두, 혀의 하부나 표면 중앙부 등에도 미뢰가 있으나, 성인에서는 이들이 퇴화하여 노인이 되면 극단적으로 감소하여 미각이 쇠퇴한다.

혀 부위에 따른 맛의 감수성은 그림 12-1과 같다.

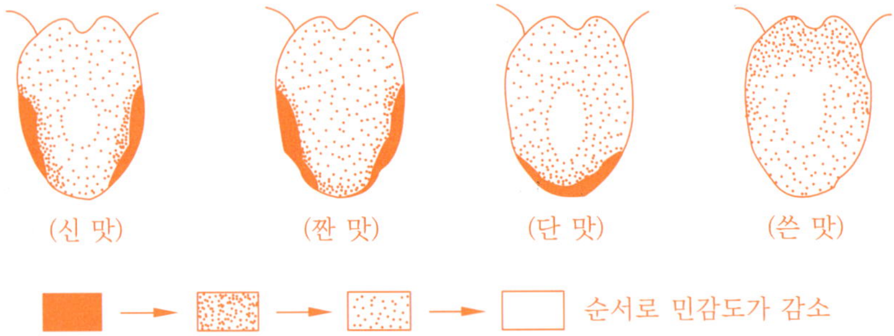

【그림 12-1】 혀 부위에 따른 맛의 감수성

정미 성분은 혀의 부위에 따라서 느끼는 맛이 다르다. 그 예로 $MgSO_4$는 혀끝에서는 짜게 느껴지나 혀뿌리 쪽에서는 쓰게 느껴지므로 관능검사할 때는 혀 전면에 검사 재료를 흘려

혀를 움직이면서 검사를 하여야 한다.

정미 성분이 혀에 닿을 때부터 맛 성분을 느낄 때까지의 시간을 미각의 발현이라 하며 NaCl은 0.3초, 설탕 0.4초, HCl은 0.5초, quininesulfate는 1.0초 만에 미각이 발현된다.

물에 녹기 쉬운 설탕 같은 물질은 미각의 발현이 빠르고 미각을 계속 느끼는 지속 시간은 짧다. 그러나 물에 녹기 어려운 감초 같은 물질은 미각의 발현이 느리고 미각의 지속 시간은 길다.

2) 맛과 화학구조

정미 성분의 화학적인 구조가 맛을 느끼게 한다고 주장하는 지배적인 학설로는 Cohn 설(1914)이 있다. 이 이론에 의하면 단맛을 나타내려면 -OH, α형의 $-NH_2$, $-SO_2NH_2$ 같은 감미기가 있어야 되며, 쓴맛은 $-SO_2(OH)$, $-SO_2H_3$, N≡, =N=, $-NO_2$ 같은 고미기가 있어야 되며, 신맛은 H^+기의 산미기가 존재할 때에 신맛을 느낀다고 하였다.

Oerstheyl, Meyer(1919)는 Cohn theory의 발미단과 조미단이 있어야 정상적인 맛을 느낀다고 주장하는데, Cohn theory의 감미기인 -OH, α형의 $-NH_2$, $-SO_2NH_2$와 glycol, keto-alcohol, amino acids, $-ONO_2$을 포함하여 감미 발현단으로 하였으며, -H, $-CH_3$, C_2H_5, C_3H_7, CH_2OH, CH_2CH_2OH 등을 조미단으로 발표하였다.

화학구조를 변화시키면 단맛을 쓴맛이나 무미로 변화시킬 수 있다. 그 예로 Beidler(1966)에 의하면 saccharin은 para 위치에 methyl기나 염화물을 첨가시키면 단맛이 반감하고, para 위치에 amino기를 부가하면 단맛이 유지되고, meta 위치에 nitro기를 넣으면 쓴맛이 생성된다. 또한, imino기에 $-CH_3$, $-C_2H_5$, $-C_2H_4Br$기로 치환하면 무미로 되고, imino기에 Na을 부가하면 sodium saccharin이 되어 단맛을 강하게 나타낸다.

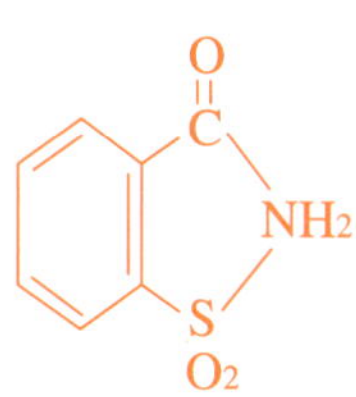

Saccharin (불용성)

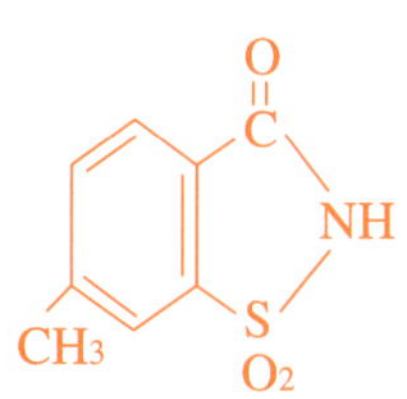

(단맛 감소)

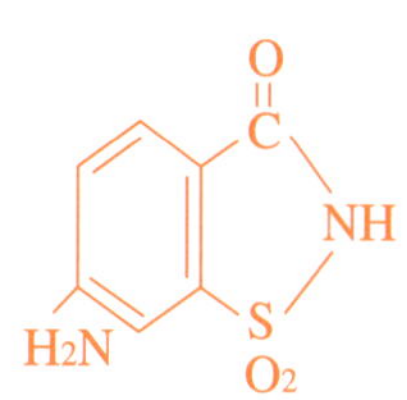

(단맛)

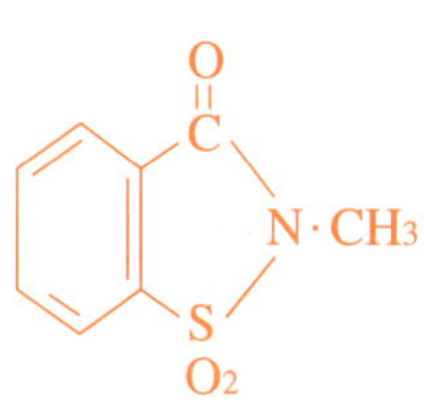

(무미)

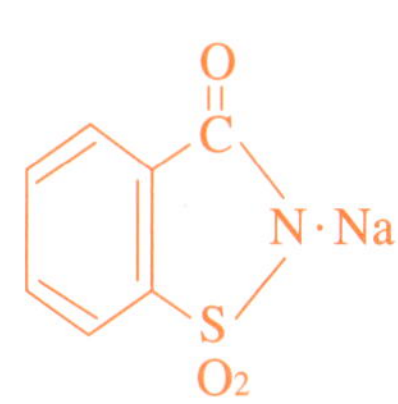

Sodium Saccharin (단맛)

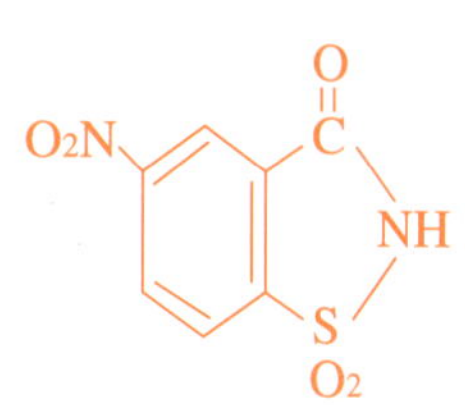

(쓴맛)

3) 맛의 역가

맛의 민감도를 수량적으로 나타낼 수 없으나 정미 성분을 느낄 수 있는 최저 농도를 그 정미 성분의 역치(threshold value)라 하는데 일반적으로 쓴맛은 민감도가 높고 단맛은 가장 낮다. 남자보다는 여자가 정미 성분에 대해서 예민하다.

【표 12-1】 정미 성분의 역치(%)

정미 성분	남 자	여 자	정미 성분	남 자	여 자
소 금	0.297	0.288	초 산	0.0181	0.0133
설 탕	0.496	0.418	quinine chloride	0.00104	0.00088

정미 성분별 역치는 표 12-1과 표 12-2와 같이 쓴맛>신맛>짠맛>단맛의 순서로 예민하다. 쓴맛 성분인 quinine chloride의 민감도가 가장 높고 단맛 성분인 설탕이 가장 낮음을 볼 수 있다.

【표 12-2】 정미 성분별 역치

정미 성분	농 도(g/100㎖)	정미 성분	농 도(g/100㎖)
saccharin	0.01~0.005	quininechloride	0.00005~0.00029
fructose	0.15	caffeine	0.03
sucrose	0.30~0.49	morphine	0.15~0.02
glucose	0.48	citric acid	0.0025
sodiumchloride	0.25~0.75	lactic acid	0.004
hydrochloric acid	0.01	acetic acid	0.004~0.009

역치는 기계를 사용하는 객관적인 방법에 의하여 결정되는 것이 아니라, 주로 사람의 미각 수용기에 의하여 결정되므로 주관적인 방법이라 하겠다. 따라서 역치는 통계학적 처리를 거쳐서 정해져야 한다.

정미 성분의 맛을 느끼는 혀의 부위를 보면 표 12-3과 같이 쓴맛인 quininesulfate는 혀둘레나 혀끝보다 혀뿌리에서 쓴맛의 감수성이 약 5배나 되게 가장 예민하게 느낀다.

신맛인 HCl은 혀뿌리나 혀끝보다 혀 둘레에서 예민하게 느끼고, 짠맛인 NaCl은 혀뿌리보다 혀끝이나 혀 둘레에서 잘 느껴지고, 단맛인 설탕은 혀뿌리나 혀 둘레보다 혀끝에서 예민하게 단맛을 느낀다.

【표 12-3】 혀의 각 부위와 화학적 미각의 역치(%)

화학적 미각	정 미 물 질	혀 부 위		
		혀 끝	혀 둘 레	혀 뿌 리
짠 맛	sodiumchloride	0.25	0.24~0.25	0.28
단 맛	sucrose	0.49	0.72~0.76	0.79
신 맛	hydrochloric acid	0.01	0.006~0.007	0.016
쓴 맛	quinine sulfate	0.0029	0.00020	0.00005

동일한 물질이라도 맛을 보는 혀의 부위에 따라 다른데 혀끝에서 맛보는 경우와 혀뿌리로 맛보는 경우 다른 종류의 맛으로 느껴지는 일이 있다. $MgSO_4$는 혀끝에서는 짜지만, 혀뿌리에서는 쓰다. 따라서 음식물의 맛을 조사하려면 혀의 전면에 재료를 흘리고 또한 움직이면서 검사해야 한다.

4) 미각의 변화

(1) 온도에 의한 변화

혀의 미각은 일반적으로 10 ~ 40℃에서 가장 잘 느끼고 특히 30℃일 때에 가장 예민하며 그보다 온도가 낮거나 높으면 미각이 둔해진다.

일반적으로 표 12-4와 같이 매운맛은 50 ~ 60℃, 쓴맛은 40 ~ 50℃, 짠맛은 30 ~ 40℃, 신맛은 25 ~ 50℃, 단맛은 20 ~ 50℃에서 가장 그 맛이 예민하게 느껴지는데 온도의 저하에 따라 쓴맛의 감소가 특히 심하다.

【표 12-4】 맛의 종류와 온도

정미 물질	맛의 종류	역치 (%)		상온의 맛이 100일 때 0℃의 맛	적온(℃)
		상온	0℃		
quininehydrochloride	쓴 맛	0.0001	0.003	3	40~50
sodium chloride	짠 맛	0.05	0.25	20	30~40
citric acid	신 맛	0.0025	0.003	83	25~50
sucrose	단 맛	0.1	0.4	25	20~50

Bekesy(1964)에 의하면 쓴맛과 단맛은 따뜻할 때 잘 융합하고 짠맛과 신맛은 융합되지 않고 독립적으로 느껴지며, 온도가 낮은 상태에서는 신맛과 짠맛은 잘 융합되지만 쓴맛과 단맛은 융합되지 않고 독립적으로 느껴진다고 보고하였다.

【표 12-5】 식생활에 적당한 온도

적 온	종 류	적 온	종 류	적 온	종 류
0~5℃	cider, soda water	30℃	빵발효	70℃	soup, 된장국
10℃ 이하	전기냉장고	50~60℃	청 주	95℃	전골
12℃	맥 주	60℃	식 혜	180℃	도넛, 튀김
14℃	냉 수	65℃	커피, 홍차	200℃	빵굽기

중국요리나 서양요리에서 적당한 시간적 간격을 두고 하나씩 나오는 것은 맛과 온도의 관계에 의한다. 따라서 식탁의 음식물의 온도를 환경(특히 실온)이나 요리에 따라서 조절하여 맛을 좋게 할 것이 요망된다. 적온으로 먹는 것이 요리를 가장 맛있게 먹는 요령이며 식생활에 적당한 온도는 표 12-5와 같다.

(2) 맛의 혼합에 따른 변화

ⓐ 맛의 대비 효과(맛의 강화 효과)

맛 성분의 물질(주정미 성분, 강한 쪽의 맛)에 소량의 다른 맛 성분을 넣으면 강한 쪽의 맛이 더욱 강해지는 현상으로 단맛과 감칠맛 성분에는 짠맛이나 쓴맛이, 짠맛에는 신맛이, 감칠맛 성분에 소량의 짠맛 성분이 혼합되면 주정미 성분의 맛이 강해지는 대비 효과(contrast effect)를 나타낸다. 그 예로 20 %의 진한 설탕 용액에 0.05 %의 소금이나 0.001 % quinine sulfate를 넣으면 설탕만 있는 경우보다도 설탕 액의 단맛이 더욱 강해진다. 검은 설탕이 흰 설탕보다 단맛이 강하게 느껴지는 것은 검은 설탕 속의 소량의 불순물이 단맛 감각을 강하게 하기 때문이다. 소금에 구연산 같은 유기산을 넣으면 짠맛이 강해지며, 단팥죽을 만들 때 설탕에 소량의 소금을 넣어 주면 단맛이 더욱 강하게 느껴진다.

ⓑ 맛의 상승 효과

같은 맛 성분 2종류를 혼합하면 각각 가지고 있는 맛보다 더욱 강하게 느껴지는 상태를 맛의 상승(synergistic effect)이라 한다. 그 예로 10 %의 설탕 용액에 상당하는 단맛의 용액을 만들려면 1*l* 당 saccharin으로는 525 mg, dulcin은 1,430 mg이 필요하지만, 2가지를 혼합하면 saccharin 280 mg과 dulcin 120 mg으로 10 %의 설탕 용액에 상당하는 단맛의 용액을 만들 수 있다.

ⓒ 맛의 상쇄 효과(억제효과)

정미 성분이 다른 소금, 설탕, quinine, 염산 등의 맛 성분을 적당한 농도로 2종류씩 섞어주면 각각의 맛은 느껴지지 않고 조화된 맛으로 느껴지는 현상을 맛의 상쇄 효과(compensation effect)라 한다. 그 예로 쓴맛의 커피에 설탕을 넣으면 쓴맛이 약해지고, 신맛의 과일에 설탕을 넣으면 신맛이 약해지며 김치, 간장, 된장에 생성된 신맛이나 감칠맛과 소금이 결합하여 짠맛이 약해진다.

(3) 맛의 순응(피로)

모든 감각은 동일한 맛 성분의 장시간 계속적으로 자극을 받으면 감각이 차츰 약해져 그 맛 성분을 잘 느끼지 못해서 그 역치가 높아지는 경우를 순응(adaptation) 또는 피로(fatigue)라 한다. 특정한 정미 성분을 혀에 장시간 접촉시켰을 때도 마찬가지로 미각이 차츰 약해져서 역치가 상승한다. 정미 물질의 농도가 낮은 음식을 계속 먹고 있으면 맛을 아주 느끼지 않게 되는 순응이 빨리 일어나고, 정미 물질의 농도가 높아지면 순응에 의하여 미각이 소멸하는 시간이 길어진다. 그러므로 주식은 거의 무미한 것을 택하는 것은 이 때문이고 청수를 언제든지 맛있게 마실 수 있는 것도 이 때문이다.

(4) 맛의 변조

한 종류의 정미 성분을 먹은 후 다른 종류의 정미 성분을 입 안에 넣고 있으면 정상적인 맛이 느껴지지 않거나 다른 종류의 맛이 느껴지는 경우를 맛의 변조(modulation)라 한다. 그 예로 짠맛, 쓴맛, 신맛의 식품을 맛본 직후 맹물을 마셔도 단맛을 느끼고 설탕을 맛본 직후는 순수일지라도 신맛이나 쓴맛을 나타낸다. 오징어를 먹은 직후에 식초나 밀감을 먹으면 쓴맛을 느끼고, 쓴 약을 먹은 직후에 물을 마시면 달게 느껴진다.

어떤 정미 물질을 맛본 직후 그보다 농도가 높거나 낮은 같은 물질을 입 속에 넣으면 다른 종류의 맛이 느껴지는 경우도 맛의 변조라 한다. 그 예로 어떤 농도의 소금물을 혀에 넣어 준 후 계속 이보다 낮은 농도의 소금물을 주면 신맛 또는 쓴맛이 느껴지고, 보다 높은 농도의 소금물을 주면 단맛 또는 짠맛을 느끼게 된다.

설탕 용액으로 순응시킨 후에 보다 낮은 설탕 용액을 주면 쓴맛이 나며, 염산이나 quinine chloride로 순응시킨 다음에 보다 저농도의 용액을 주면 단맛을 느끼게 된다.

(5) 미각의 이상현상

ⓐ 미맹

색을 정상적으로 못 느낄 때에 색맹, 식품의 맛을 정상인과 다르게 느낄 때에 미맹(taste blind)이라 한다. 그 예로 phenylthiocarbamide(PTC)는 쓴맛을 갖는데 이 쓴맛을 못 느끼는 사람을 미맹이라 한다. 문화인일수록 미맹자 수가 많아서 미맹의 수는 백인은 약 30%, 황색인은 15%, 흑인은 2~3%이다.

ⓑ 단맛 억제 물질

Gymnema sylvestre 라는 열대성 식물의 잎을 씹은 후 일시적으로 1~2시간 동안 단맛과 쓴맛을 느낄 수 없게 되는 것은 gymnemic acid에 의한다. 이 식물의 잎을 씹은 뒤에 설탕은 모래알과 같은 감촉을 줄 뿐이고, 오렌지주스에서는 신맛만을 느끼게 된다. 한편, quinine sulfide의 쓴맛도 느끼지 않게 된다.

gymnemic acid의 특수한 미각상의 기작에 대해서는 아직 알려진 바 없으나 단맛 또는 쓴맛을 느끼는 신경 부위를 길항적으로 억제하기 때문이라고 본다.

ⓒ miracle fruit

synsepalum dulcificum의 종실을 마쇄한 점질물이 입안에 존재하는 동안은 모든 신맛 성분을 먹어도 단맛으로 느끼는데 그 작용은 열수, 0.1 N HCl, 0.1 N K_2CO_3에 의해 불활성화하며 그 활성물질은 glycoprotein으로 추정한다.

2. 단맛 성분

단맛(sweet taste)은 식품을 선택하는데, 즉 기호적인 면에서 매우 중요한 요소 중 하나로 단맛 성분을 갖는 물질은 유기화합물로서 sugars, polyhydric alcohols, amino acids, aromatic amines, aromatic nitro compounds, 인공감미료로 saccharin sodium, aspartame 등이 있다.

단맛과 화학구조의 관계는 앞으로 더욱 연구되어야 하나 Oerstheyl & Meyer(1919)는 hydroxyl기($-OH$), amino기(α-type의 $-NH_2$), aldehyde기($-CHO$), nitro기($-NO_2$), sulfon acid기($-SO_3H$), sulfonamide기($-SO_2NH_2$), nitrile기($-CN$), oxime기($-CH=NOH$) 등의 감미기와 $-H$, $-CH_3$, $-C_2H_5$, $-C_3H_7$, $-CH_2OH$, $-CH_2CH_2OH$ 등의 조미단이 있어야 단맛을 나타낸다고 보고하였다.

【표 12-6】 단맛 성분의 감미도

종 류	감 미 도	종 류	감 미 도	종 류	감 미 도
•당 류		•당 알 콜		•질소화합물	
rhamnose	60	xylitol	75	D-tryptophan	100~150
xylose	40	sorbitol	48~70	L-alanine	73
fructose	100~173	gylcol	49	glycine	64
glucose	50~74	glycerol	48	D-glucosamine	40~50
mannose	32~60	inositol	45	•인공감미료	
galactose	27~32	mannitol	45	neohesperidin-	100,000
sucrose	100(기준)	•방향족화합물		dihydrochalcone	
maltose	50~60	perillartin	200,000~	saccharin	20,000~70,000
lactose	16~28	stevioside	500,000	aspartame	15,000~20,000
raffinose	23	glycyrrhizin	300,000	dulcin	7,000~35,000
glucosamine	50	phyllodulcin	15,000	Na-cyclohexyl	3,000~4,000
invert sugar	110		40,000~50,000	-sulfamate	

sucrose를 단맛의 기준으로 삼는 이유는 α-D-glucose와 β-D-fructose가 결합하여 단맛이 강한 α-glucosido-β-fructoside이며, 유리 상태의 carbonyl기가 없는 비환원당으로 변선광을 일으키지 않아 물에 녹이거나 가열하여도 또한 시간이 흘러도 단맛의 변화가 없으므로 설탕을 감미도의 기준으로 한다. 단맛 성분의 감미도는 sucrose의 감미도를 100으로 할 때 표 12-6과 같다.

1) 당 류

(1) 단당류

단맛을 갖는 당의 구조 중 -OH기의 위치가 다르면 단맛도 다르게 나타나는데 그 예로 5탄당은 xylose, arabinose가 비교적 강한 단맛을 내고, 대개 α형의 것이 단맛이 강하나 사람은 칼로리원이 되지 않는다.

㉮ glucose

α-D-glucose가 β-D-glucose보다 달고(α : β=3:2) 포도당의 결정은 보통 α형이나, 수용액의 상태로 하면 일부가 β형이 되고, 온도가 상승하면 β형이 더욱 증가하여 단맛이 약해지므로 glocose는 분말당으로 쓰거나 냉수에 녹여서 사용하면 감미가 강하다.

일반적으로 glycoside-OH기와 인접한 -OH기가 같은 방향에 있는 cis형이 trans형보다 더 단맛을 갖는다.

㈏ fructose

천연의 당류 가운데 가장 단맛이 강하고, 이것의 단맛은 상쾌한 맛으로 표현된다. 단맛은 β-D-fructose가 α-D-fructose보다 3배의 단맛을 갖는다($\alpha : \beta = 1 : 3$). 수용액 상태에서는 일부가 α형으로 변화하여 평형관계를 이룬다. fructose를 80℃의 더운물에 녹이면 $\alpha : \beta = 7 : 3$의 비율로 α-D-fructose가 되어 단맛이 적고 0℃의 냉수에 녹이면 $\alpha : \beta = 3 : 7$의 비율로 β-D-fructose가 되어 단맛이 좋다. 일반적으로 50℃ 이상 온도가 높은 물에서는 설탕보다 단맛이 약해진다.

glucose도 α형이 β형으로 되어 단맛이 약해진다. 또 액의 농도가 높을수록 β형이 많아진다. 벌꿀은 가열하지 않고 또한 물에 풀지 않고 그대로 먹는 것이 가장 달다. 과일도 냉각하여 먹는 것이 달다.

㈐ mannose

일반적으로 α형이 단맛을 가지나, β형은 쓴맛을 띤다.

(2) 이당류

일반적으로 α형이 달고, β형은 단맛이 적거나 쓴맛을 띠며 또 무미의 것도 있다. lactose는 반대로 β형이 오히려 달다.

㉮ maltose

일반적으로 β-maltose(α-glucosido-β-glucose)로 단맛이 적으나 수용액에서는 α-maltose로 되어 단맛이 강해진다(식혜).

㈏ lactose

β-lactose가 α-lactose보다 달며 결합수를 가지지 않아서 비결합성이며, α-lactose는 결합수 1분자를 가져서 결합성이다. α-lactose를 60℃ 이상으로 가열하면 결정수가 제거되어 β-lactose가 되어 단맛이 강해지나 lactose가 흡습하면 β-lactose가 α-lactose로 되어 단맛이 줄어 들고 유아에 설사를 유발하며 덩어리를 형성하여 결정이 되므로 분유는 7~8% 이하의 수분을 갖도록 해야 한다.

㈐ sucrose

α-glucose와 β-fructose가 결합하여 glycoside성 -OH기가 없어졌기 때문에 수

용액 중에서 변선광의 현상을 나타내지 않고 α, β의 이성체가 존재하지 않는다. sucrose는 가열하거나 결정이거나 수용액의 상태에서도 온도에 의한 단맛의 변화가 없이 항상 일정한 단맛을 가지므로 단맛의 표준물질로서 적당하며 설탕의 단맛을 100 또는 1로 삼고 다른 단맛을 표현하는 것이 보통이다.

2) 당알코올

단당류의 carbonyl기에 -H를 첨가하면 당알코올이 생성되는데 D-xylose를 환원하여 생성된 xylitol과 D-glucose를 환원한 D-sorbitol은 혈당의 상승이 없는 비열량 식품의 감미료로, insulin에 영향이 적어 당뇨병 환자의 감미료로 사용된다. 그외 xylitol은 충치 예방에 이용되고 sorbitol은 보습, 보향제로 사용된다. maltose를 환원한 mannitol은 체내에서 이용되지 않으므로 비열량 식품의 감미료로 쓰인다.

① D-sorbitol

D-glucose를 니켈, 그 외의 중금속을 촉매로 하여 접촉 환원할 때에 aldehyde 기가 환원되어 D-sorbitol을 생성한다. 원료가 천연당이기 때문에 반합성 감미료라 한다. 화학적으로 안정하며 물에 매우 잘 녹고 흡습성이 있고 수분의 보유량을 일정하게 지니는 특성이 있기 때문에 단맛 성분인 동시에 보습제(humectant 또는 moisture agent)로서 이용된다. 단맛은 설탕의 0.5배 정도로 맛이 좋고 과자에 사용하면 결이 좋고, 유연성을 지니며 향료의 보유 효과도 있고 미생물에 의하여 쉽게 발효되지 않으므로 음료에도 첨가된다.

② xylitol

D-xylose를 환원하여 생성된 당알코올로 설탕과 거의 같은 정도의 단맛을 갖는 물질로 저칼로리 식품의 단맛 성분으로 사용한다.

③ mannitol(mannit)

mannose를 환원하여 생성된 당알코올로 바늘 모양 또는 낱알 상태의 결정으로서 물에 잘 녹고 설탕의 50~60% 정도의 단맛을 갖고 있으며 그 분포는 갈조류, 버섯류, 균류, 그 밖의 미생물에 함유된다. 대체로 식물체가 부패할 때 생기는 점질물에는 다같이 mannitol을 함유하고 있다.

3) 함질소 화합물

아미노산은 특유의 맛이 있으며 glycine을 제외한 모든 아미노산은 광학적 활성이 있기 때문에 L-, D-, DL형에 따라서 맛이 다른데 D-형의 아미노산은 단맛이 있고 L형은 쓴맛이 있으며 L-glutamate는 강한 감칠맛을 갖는다. 분자량이 증가하면 용해도가 감소하여 마침내 무미가 된다. 단맛을 갖는 아미노산은 감칠맛을 동반하는 경우가 많다.

L-leucinic acid : L-leucine에 아질산(HNO_2)을 작용하여 생성한 L-leucinic acid는 온화한 단맛를 가지며, 당뇨병환자의 단맛 성분으로 사용한다.

Thaumatococcus denielli(식물)에서 추출한 thaumatin과 아프리카에 분포하는 포도와 비슷한 *Discareophyllum cumminissi* 라는 과실에서 분리한 monellin은 단맛을 갖는 단백질이다.

육류 추출물에는 glycine, alanine, serine, threonine이 감태에는 alanine이 감미성 아미노산으로 존재하며 새우, 게, 낙지, 조개류에는 glycine이 trimethyl화한 betaine과 glycine, alanine이 존재한다. 오징어, 문어의 단맛도 1.6% 함유된 betaine에 의한다. 어육의 비린내의 전구물질인 trimethylamine oxide도 약한 단맛이 있다.

녹차의 감칠맛이 곁들인 약한 단맛은 glutamate의 ethylamide인 theanine에 기인한다.

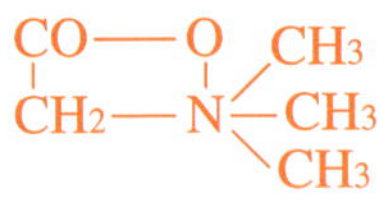

Betain

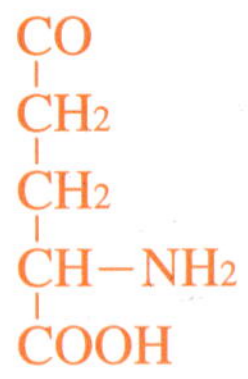

Theanine

4) 방향족 천연감미료

① glycyrrhizin : 약용 및 간장 등의 감미료와 착색료로 사용되는 감초의 뿌리로 glycyrrhizinic acid에 disodium glucuronate 2분자가 결합한 물질로 0.5 ppm의 저농도에서 단맛을 나타내고 열수에 녹고 열에 안정하나 뒷맛이 오래 지속되는 점이 단점이다.

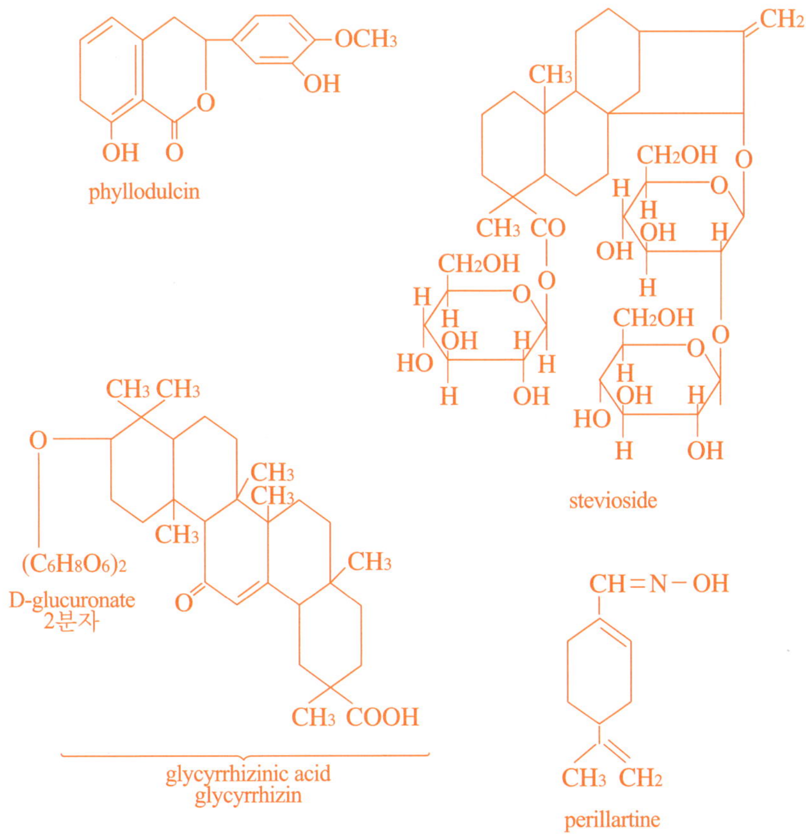

【그림 12-2】 방향족 화합물의 구조

② perillartin : 소엽(차조기)에 존재하며 설탕보다 2,000배 단맛을 가지며 방부력이 있고, 독성이 강해 식품에 부적당하나 청소엽의 perillaldehyde는 담배의 향료로 사용한다.

③ phylodulcin : 감차는 한국 등 온대지방의 낙엽소관목의 일종으로 잎을 따서 시들어질 무렵 잘 문질러서 건조시켜 차를 끓이면 단맛이 잘 용출된다. 감차는 한방에서 약용, 당뇨병환자의 단맛 성분으로 이용한다.

④ stevioside : 남미의 Paraguay에 자생하는 소관목의 국화과 식물인 *Stevia revaudiana Bartioni*의 잎, 줄기를 건조 분말하거나 추출 분리한 steviol 1분자와 glucose 3분자로 이루어지는 일종의 배당체로 설탕의 200~300배 단맛이 있고 쓴맛이나 뒷맛이 없으며 소금이나 산미료와 섞어도 감미가 저하하지 않으므로 음료에 널리 사용할 수 있으나 가격이 비싸고 만성중독의 우려가 있다.

5) 황화합물

무, 양파, 마늘 등의 자극적인 매운맛이 가열하면 없어지고 단맛이 나타나는 것은 황화합물이 methylmercaptan(무), propylmercaptan(양파, 마늘)으로 생성되며 propylmercaptan은 sucrose의 약 50~70배의 단맛을 갖는다.

$$\underset{\text{dipropyl disulfide}}{(CH_3CH_2CH_2)_2S_2} \xrightarrow{+2H} \underset{\text{propyl mercaptan}}{2CH_3CH_2CH_2SH}$$

6) 인공감미료

인공감미료는 처음 설탕과 그 밖의 천연당의 대용품으로서 발달하였으나, 요즘에는 탄수화물 과잉 섭취에 의한 장애로 저칼로리를 요하는 사람이나 설탕의 섭취가 금지되어 있는 환자용으로 적극 개발되고 있는데 saccharin의 Na염, glycyrrhizin의 Na염, D-sorbitol 등의 합성 감미료가 개발 중에 있다.

① saccharin

1878년 Remensen과 Fahlberg에 의하여 방향족 화합물의 산화물을 연구하는 과정에서 발견된 것으로, saccharin 자체는 o-carboxybenzene sulfamide의 무수물로 -NH의 수소가 해리하여 산성을 나타낸다. 이것은 물에 녹기 어려운데, 나트륨·칼륨염으로 하면 물에 쉽게 녹기 때문에 보통 나트륨염을 이용하고 있다.

saccharin의 단맛의 본체는 음이온으로, Na염으로 해리도를 높여 단맛이 강해 sucrose의 250~500배의 단맛을 갖는다. 그러나 0.03% 이상일 때는 해리되지 않는 부분이 많아서 쓴맛이 있다.

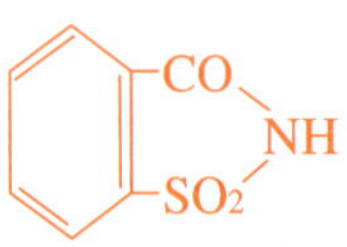

saccharin

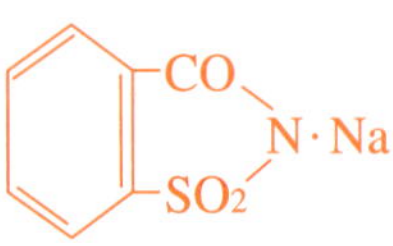

sodium saccharin

sodium saccharin액은 100℃로 2시간 가열에도 안정하나 pH 3.8 이하의 산성에서는 Na가 이탈하여 saccharin으로 분해되어 단맛을 잃고 쓴맛이 생성되므로 조리할 때는 마지막에 넣는 것이 좋다.

saccharin은 체내에서 분해되지 않고 배설되므로 영양이 없어 당뇨병 환자의 감미료로 쓰이며 1일 3g까지는 별로 해가 없다. 그러나 다량 섭취하면 소화효소 작용이 방해되며 신장장애를 유발한다.

② dihydrochalcone

감귤의 과피에 존재하고 naringin(쓴맛)을 알칼리로 작용하여 개환시키면 naringin chalcone(단맛)이 되고, neohesperidin 도 알칼리에 의하여 neohesperidin chalcone이 된다.

naringin chalcone, neohesperidin chalcone에 수소를 부가하여 생성한 naringin dihydrochalcone, neohesperidin dihydrochalcone은 단맛이 각각 설탕의 100배, 1,000배에 이른다고 한다. 또 이들의 유도체도 단맛이 있다.

③ aspartame

aspartic acid(신맛)와 phenylalanine(쓴맛)을 결합시킨 것으로 상쾌한 단맛을 주며 설탕의 150배의 단맛을 갖는다. phenylalanine 대신 tyrosine을 사용해도 좋지만 aspartic acid를 다른 아미노산으로 바꾸면 쓴맛이 생성되는데 앞으로 촉망되는 합성 단맛 성분이다.

7) 전화당과 이성화당

sucrose를 가수분해하여 형성된 glucose와 fructose의 혼합물을 전화당(invert sugar)이라 한다. glucose : fructose : 분해되지 않은 sucrose의 혼합 비율은 중도 전화당은 29 : 28 : 39, 고도 전화당은 47 : 44 : 6이다. 보통 다량의 설탕을 함유한 산성식품인 잼, 젤리, 과일당 조림 등에 존재하는 유기산에 의하여 일부 설탕은 가수분해되어 전화당과 설탕의 혼합물로 존재한다.

invert sugar는 fructose를 갖고 있기 때문에 설탕보다 단맛이 강하며 흡습성이 있기 때문에 설탕 결합에 전화당 액을 넣어 습기를 갖는 정제당을 제조한다.

glucose isomerase를 이용하여 glucose와 fructose 혼합물을 만들어 이성화당이라 한다.

8) 전분당

전분을 수산, 염산, 황산 등의 산으로 분해하여 얻은 당류를 주체로 삼는 제품을 통틀어 전분당(starch sugar)이라 한다.

물엿, 고형 glucose, 분말 glucose, 결합 glucose, 가루엿 등이 여기에 속한다. 전분을 맥아로 분해한 맥아엿은 전분당이 아니다. 전분당에는 결정 포도당, 호정, 올리고당을 품는 물엿 등 그 성상도 일정하지 않다.

그러므로 전분당의 기준은 전분의 분해도로서 DE(dextrose equivalent)로 표시되며 목적에 따라 알맞은 DE의 것이 선택되어 사용한다.

3. 짠 맛

짠맛(saline taste)은 4원미 가운데 가장 생리적인 욕구가 강한 맛 성분으로 무기 및 유기의 알칼리염이 해리되어 생성되는 이온의 맛으로 짠맛은 음이온의 맛이고, 양이온은 짠맛을 강하게 하거나 오히려 쓴맛을 나타낸다.

1) 무기염

가장 순수하고 좋은 짠맛은 NaCl로 짠맛의 기본이 되며 소금의 짠맛을 100으로 한다. 소금이 가장 순수한 짠맛을 나타내는 것은 Cl^-의 짠맛에 비하여 Na^+의 쓴맛이 매우 약하기 때문이다. 조리할 때에 적당한 소금의 농도는 1%이며, 단맛에 0.1%의 소금을 넣으면 단맛이 강해진다.

무기염이 해리하여 생성된 음이온의 짠맛의 세기는 $SO_4^{2-} > Cl^- > Br^- > I^- > HCO_3^- > NO_3^-$의 순서이다. 양이온은 Na^+, Li^+, K^+, NH_4^+ 등은 짠맛을 갖고 있으며 Ca^{2+}와 Mg^{2+} 등은 쓴맛이 있는 짠맛이고 K^+와 NH_4^+는 떫은맛을 갖는 짠맛으로 불쾌하나 Na^+은 쓴맛이 적어 NaCl이 짠맛을 가장 순수하게 나타낸다.

1/10 N의 농도에서 염류의 정미시험의 결과는 다음과 같다.

- 주로 짠맛을 강하게 나타내는 것 : NaCl, KCl, NH_4Cl, NaBr, NaI
- 짠맛과 쓴맛을 동일하게 나타내는 것 : KBr, NH_4I
- 주로 쓴맛을 강하게 나타내는 것 : KI, $MgCl_2$, $MgSO_4$
- 불쾌한 맛을 나타내는 것 : $CaCl_2$

무기염류의 짠맛의 세기(소금을 100으로 할 때)와 역가(mol 농도)는 표 12-7과 같다.

【표 12-7】 무기염류의 짠맛의 세기와 역가

종 류	분자량	짠맛의 세기	역 가
NH_4Cl	53.5	283	0.004
KCl	74.6	136	0.017
$CaCl_2$	110.99	123	0.01
NaCl	58.5	100	0.01
NaBr	102.91	91	0.024
$MgCl_2$	95.23	20	0.015

2) 유기염

유기산의 알칼리염 중에 소금과 비슷한 짠맛을 갖는 것은 disodium malate, sodium gluconate, sodium malate, ammonium malonate가 있으며, disodium malate, sodium gluconate가 예전에는 무염간장, 감염식, 무염식에 이용되었다. 그러나 요즘은 신장, 간장장애, 고혈압으로 Na의 섭취가 제한되는 사람에게는 KCl, NH_4Cl과 diammonium malonate, diammonium sebacate가 사용되고 있다.

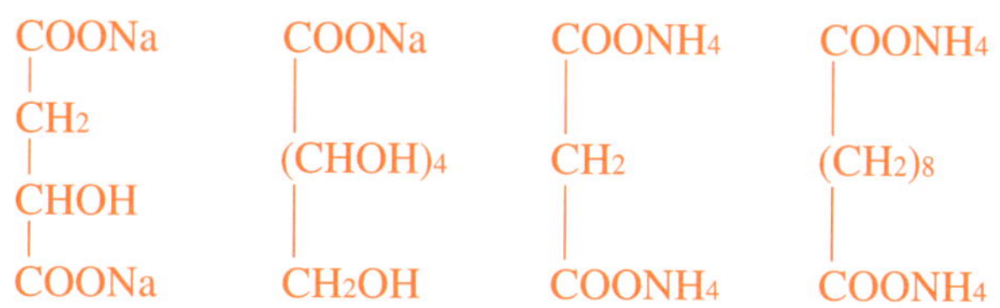

disodium malate　　sodium gluconate　　diammonium malonate　　diammonium sebacate

4. 쓴 맛

쓴맛(bitter taste)은 대체적으로 싫어하는 맛 성분이나 맛에 긴장감을 주며 미량으로도 느껴지며 맥주, 차류, 커피 등은 쓴맛 때문에 기호적인 가치가 인정되고 약리작용, 식품의 자극성, 흥분성과 관련이 있다. 일반적으로 쓴맛을 갖도록 하는 물질은 분자 내에 N≡, =N=, $-NO_2$, -SH, -S-, -S-S-, =CS, $-SO_2$, $-SO_2(OH)$, $-SO_2H_3$ 같은 고미기를 가지며 또한 Ca^{2+}, Mg^{2+}, NH_4^+ 등의 무기이온은 쓴맛을 갖는다. 쓴맛의 가장 대표적인 물질은 quinine이며 쓴맛 성분의 역가는 표 12-8과 같다.

【표 12-8】 쓴맛 성분의 역가

종　류	분자식	분자량	역 가
stryquinine-HCl	$C_{21}H_{22}N_2O_2 \cdot HCl$	370.75	0.0000016
quinine-sulfate	$(C_{20}H_{24}N_2O_2)_2 \cdot H_2SO_4$	746.90	0.000008
nicotine	$C_5H_4NC_4H_7NCH_3$	162.2	0.000019
phenylthio urea	$C_6H_5NHCSNH_2$	152.21	0.00002
quinine-HCl	$C_{20}H_{24}N_2O_2 \cdot HCl$	360.88	0.00003
caffeine	$C_8H_{10}N_4O_2$	194.1	0.0007
magnecium sulfate	$MgSO_4 \cdot 7H_2O$	246.49	0.0046

식품 중 쓴맛을 갖는 물질은 alkaloids, 배당체, ketones, 단백질의 분해물, 무기염류로 분류된다.

1) alkaloid

alkaloid는 식물체의 염기성 함질소 화합물로 쓴맛과 약리적인 작용을 갖는 물질로 차(작설차에는 theine)에 3%, 커피에 1%로 존재하는 caffeine은 심장, 신장, 중추신경계에 흥분작용을 주며 코코아, 초콜릿에는 theobromine이 존재하는데 이뇨작용을 한다.

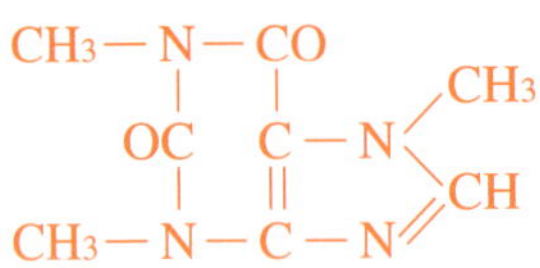

caffeine
(1,37-trimethylxanthine)

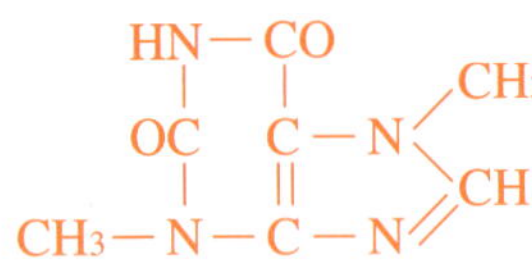

theobromine
(3,7-dimethylxanthine)

고미질은 alkaloid와 같이 쓴맛을 가지나 질소를 갖지 않고 alkaloid 시약에 의하여 침전하지 않으며, 생리작용이 없는 것을 고미질이라 한다.

2) 배당체

배당체는 식물계에 분포하는 성분으로 과일, 채소의 쓴맛 성분으로 존재한다. 양파, 녹차의 quercetin, 감귤류 외피의 naringin과 hesperidin, 오이 꼭지의 cucurbitacin, rutin(메밀꽃 등)의 고미는 매우 약하다.

naringin은 naringinase로 가수분해하면 rhamnose가 분리되고 쓴맛이 없는 배당체인 prunin을 형성하고 prunin에 결합한 glucose가 가수분해되어 쓴맛이 없는 naringenin을 생성한다.

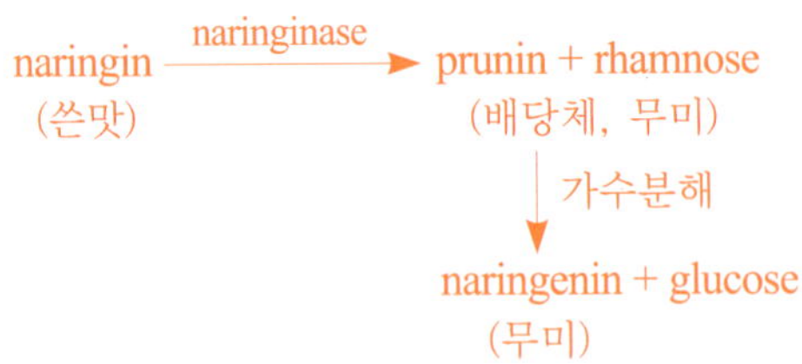

포도 과즙 속의 naringin 함량이 0.07% 이상인 경우에는 그 맛이 나쁘나, 0.05% 이하일 때는 오히려 좋아진다.

3) ketone

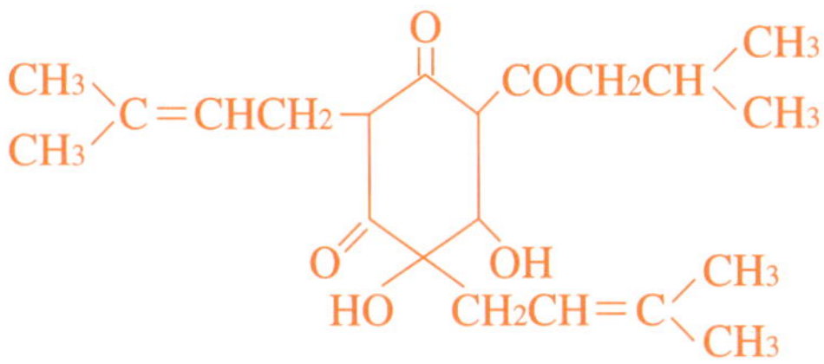

humulone

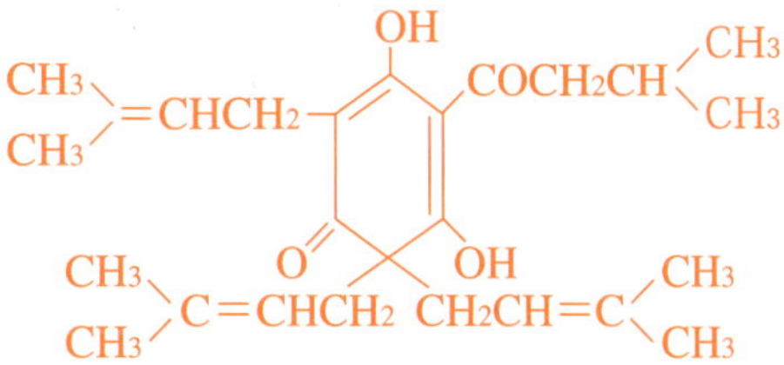

lupulone

ketone류는 맥주를 양조할 때에 단백질에 의한 혼탁을 예방하기 위해서 사용하는 hop의 건조한 암꽃의 쓴맛 성분으로 humulone, lupulone이 있는데 주로 humulone이 맥주에 이행되어 기호적인 쓴맛을 갖도록 한다. 이들의 강한 항균력이 맥주의 변패을 방지하는 역할을 하며 인체에서 장내세균을 억제한다.

흑반병으로 인한 고구마의 쓴맛은 자낭균에서 생성된 ipomeamarone에 의하며 유독 성분을 갖는다.

4) 단백질의 분해물

L-tryptophan, L-leucine, L-phenylalanine, L-tyrosine, L-valine, L-isoleucine, L-methionine, L-arginine, L-histidine 등의 L-amino acid는 쓴맛을 갖는다.

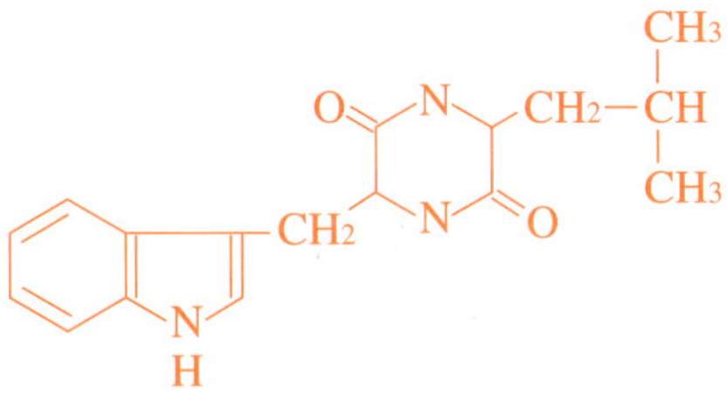

cyclo-dipeptide(L-tryptophan-L-leucine)

단백질을 pepsin으로 가수분해할 때 생성되는 leucine이 존재하는 dipeptide(arginine-leucine, glycine-leucine)는 쓴맛이 있다. peptide와 tyrosine에서 생성되는 tyramine, 변질된 치즈나 건어물의 복부의 쓴맛도 peptide에 기인한다. 그외 청주나 카카오의 쓴맛은 cyclo-dipeptide(proline-leucine, valine-phenylalanine, alanine-glycine, phenylalanine-glycine)에 의한다.

5) 그 외의 쓴맛 성분

① 무기염류 : 두부 응고제인 간수에 존재하는 $CaCl_2$, $MgCl_2$ 에 의하므로 두부 제조 후에 3~4시간 물에 담가 쓴맛을 제거한다.
② saponin : 콩, 팥 같은 두류와 도토리에 존재하는 쓴맛 성분으로 약한 독성이 있으므로 묽은 알칼리로 세척하여 쓴맛과 독성을 제거한다.
③ octacetyl saccharose : 당류의 유도체로서 쓴맛이 강해, 설탕 속에 0.05% 함유되어도 매우 강한 쓴맛을 나타낸다.
④ gentiobiose : 정제 포도당 중의 쓴맛 성분으로 glucose 2분자가 결합하여 있다.
⑤ limonin : 감귤류의 내벽에 존재하나 신선한 감귤류는 쓴맛을 나타내지 않으나, 오래 저장한 과즙이나 가공처리 과정에서 쓴맛을 나타낸다.
⑥ thuzone : 쑥에 함유된 쓴맛

5. 신맛 성분

신맛(sour taste) 성분은 유기산과 무기산으로 나눌 수 있고 신맛을 나타내나 붕산은 거의 신맛이 없고, picric acid는 쓴맛이고, salicylic acid는 감칠맛을 내거나 향상시킨다.

신맛을 나타내는 화학적 원인은 용액 중에 해리되어 있는 H^+ 에 의해서 신맛을 나타낸다는 이온설로 볼 수 있다.

$$\text{acetic acid : } CH_3COOH \rightleftharpoons CH_3COO^- + H^+$$
$$\text{hydrochloric acid : } HCl \rightleftharpoons Cl^- + H^+$$

신맛의 세기는 H^+ 농도인 pH와 정비례하지 않으며 같은 pH에서는 무기산보다 유기산이 신맛이 더 강하게 느껴진다. 즉 해리상수가 적은 초산이 염산보다 강한 신맛을 나타낸다. 그러나 동일한 농도에서는 강산인 염산이 더 강한 신맛을 갖는 것은 전기생리적으로도 증명되고 있다.

무기산은 대부분 해리되어 있기 때문에 H^+ 의 농도가 높지만 혀에 접촉되면 곧 중화되어 산미가 없어지는 반면, 유기산은 해리도가 낮으므로 H^+ 농도는 낮으나, 혀의 점막에 접촉된 H^+ 이 상실되면 점차적으로 해리되지 않았던 H^+ 의 해리가 계속되기 때문에 전체적으로 유기산의 산미가 강하게 느껴지게 된다.

신맛 성분인 acetate, lactate, succinate, tartarate, citrate 등의 유기산과 hydrochloric acid, nitric acid, sulfuric acid 등의 무기산의 농도를 동일하게 하여 신맛을 비교하면 HCl >

HNO_3 > H_2SO_4 > formic acid > citric acid > malic acid > lactic acid > acetic acid > butyric acid의 순서이고, HCl의 신맛의 세기를 100으로 할 때 유기산의 신맛의 정도는 formic acid 84, citric acid 65, acetic acid 45, butyric acid 35 정도이다.

[표 12-9] 신맛 성분의 역가

신맛의 종류	분 자 식	분자량	역 가
hydrochloric acid	HCl	36.5	0.0009
tartaric acid	$HOOC(CHOH)_2COOH \cdot 2H_2O$	168.1	0.0012
malic acid	$HOOCCHOHCH_2COOH$	134.1	0.0016
lactic acid	$CH_3CHOHCOOH$	90.1	0.0016
acetic acid	CH_3COOH	60.1	0.0018
citric acid	$HOOCCH_2CHOHCOCHCH_2COOH$	192.1	0.0023
succinic acid	$HOOC-CH(CH_2)_2-COOH$	118.1	0.0032

무기산의 음이온은 쓴맛이나 떫은맛을 나타내어 불쾌한 신맛을 가지나 탄산은 식용으로 사용된다. 그러나 유기산은 일반적으로 상쾌한 신맛을 갖고 있으며 특히 succinate, glutamate, inosinic acid는 신맛 외에 특유의 감칠맛을 갖는다. 신맛 성분의 역가는 표 12-9와 같다.

입안에서 느끼는 신맛의 세기는 산기의 특성, pH, 적정 산도, 완충능, 당 같은 다른 맛 성분에 의해서 달라진다. 신맛을 낼 때는 혼합하면 신맛이 좋아지므로 청량음료의 미묘한 풍미를 갖는 신맛은 유기산의 공존과 알맞은 당분과의 배합비를 이룰 때에 생성된다. 즉 당산비(sugar-acid ratio)를 중시한다. 일반적으로 pH 3 이하의 산도에서의 신맛은 기호에 적당하지 않다.

신맛은 H^+, ROO^-, -OH, -COOH의 수, $-NH_2$의 존재에 의해 영향을 받는데 -OH기가 있으면 온화한 신맛이 되고 $-NH_2$가 있으면 쓴맛이 강한 신맛이 된다.

과일의 당과 산의 함량 및 pH는 표 12-10과 같다.

[표 12-10] 과일의 당과 산의 함량 및 pH

과일명	당	산	pH	과일명	당	산	pH
사 과	10.5	0.52	2.9 ~3.3	포 도	8.5~16.8	0.8~1.6	3.5~4.5
앵 두	9.1	0.19	3.2~4.1	딸 기	3.63~6.0	1.0~1.6	3.2~3.6
orange	9.0	1.0	3.0~4.0	lemon	2.0	5.0	2.2~2.4

수용액 중에서 해리하여 H^+ 이 생기는 동시에 음이온도 생긴다. 이때 H^+ 의 맛이 강하므로 음이온의 맛 자체가 정확하게 느껴지지 않으나 이것이 부수적인 맛으로 느껴진다. 무기염이 떫은맛, 쓴맛을 띠는 것은 이러한 이유 때문이다.

신맛이 너무 강할 때는 단맛 성분을 첨가하면 상쇄작용에 의하여 신맛이 감퇴하여 맛좋은 신맛이 된다. 또 소량의 소금을 더해도 신맛이 감소한다.

쓴맛 성분인 naringin과 같은 고미 배당체를 첨가하면 신맛에 풍미를 더하여 lemonade 등의 맛좋은 신맛이 되며 사과주나 브랜디를 제조할 때에 떫은맛인 tannin 함량이 많은 품종의 과일로 만든 술의 맛이 좋고 오랫동안 저장하여 통에서 황갈색의 색소와 탄닌의 용출이 많을 때에 맛좋은 사과주나 브랜디를 제조할 수 있다. 이와 같이 음식물의 독특한 신맛은 다른 정미 물질과의 배합 비율에 의하여 지배되는 경우가 많다.

식품의 신맛 성분은 다음과 같다.

1) 무기산

무기산의 신맛은 탄산, 염산 외에는 일반적으로 불쾌하다. 특히 탄산은 CO_2 를 물에 녹여서 평형을 이룬 후 탄산은 약한 산으로 해리되는데, 자극성의 약한 신맛이 상쾌한 감을 주기 때문에 탄산음료로 널리 쓰인다.

$$H_2O + CO_2 \rightleftharpoons H_2CO_3$$

$$H_2CO_3 \rightleftharpoons H^+ + HCO_3^- \rightleftharpoons 2H^+ + CO_3^{2}$$

2) 유기산

(1) 초산(acetic acid)

초산은 탄수화물에 초산균의 작용에 의해서 생성되는 산미료로 식초(vinegar)의 주성분으로서 4% 정도 함유되며 식초에는 succinic acid, gluconic acid, lactic acid 등이 소량 들어 있다. 98% 이상의 순도가 높은 진한 초산은 얼리면 얼음처럼 고체화하기 때문에 빙초산이라고 하지만 초산과 같은 것이다.

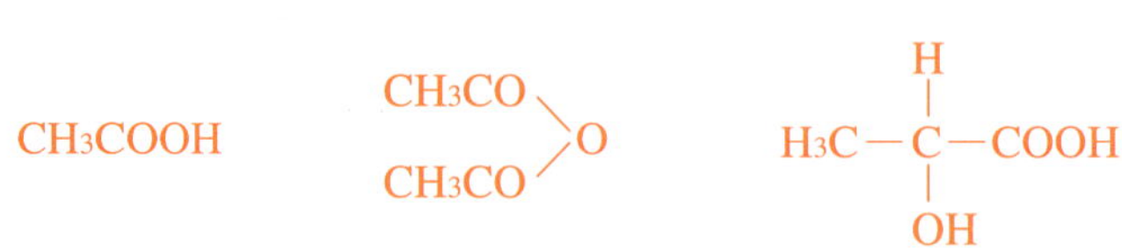

acetic acid　　acetic anhydride　　lactic acid

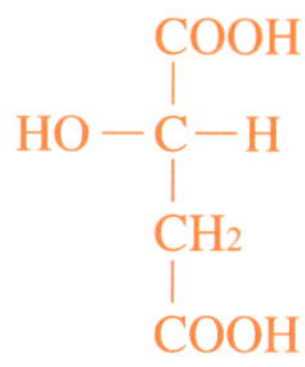

malic acid

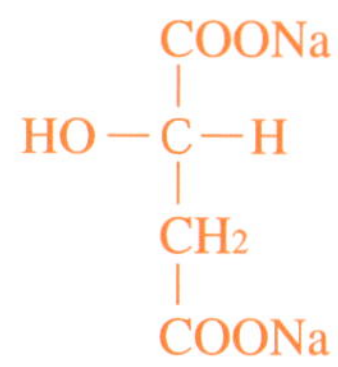

disodium malate

(2) 젖산(lactic acid)

젖산은 당류에 젖산균이 작용하여 생성되며 요구르트(0.4~1.5%), 김치, 간장, 청주 등에서 품위 있는 신맛을 갖으며 장 내에서 정장작용을 한다. 생후 3개월 이하의 신생아는 D-lactic acid를 이용하지 못하므로 FAO와 WHO 합동전문위원회에서는 유아용 식품에 합성 젖산을 사용하지 말라고 경고하였다.

(3) 사과산(malic acid)

천연에 존재하는 사과산은 L-malic acid로서 사과, 복숭아, 포도, 토마토, 시금치, 양배추, 상추, 아스파라거스 등에 들어 있는 citric acid와 같이 상쾌한 신맛 성분으로 청량음료에 사용하며 disodium malate는 소금과 비슷한 짠맛을 가진다.

과일별 산함량에 대한 사과산의 함량은 표 12-11과 같다.

【표 12-11】 과일별 산함량에 대한 사과산의 함량(%)

과 일	malate(%)	과 일	malate(%)	과 일	malate(%)
감	100.0	배	96.2	바나나	92.3
수 박	100.0	복숭아	96.2	살 구	69.8
사 과	97.2	앵 두	94.2	포 도	60.0

(4) 구연산(citric acid)

밀감, 매실, 살구, 레몬 등에 6~7% 함유하며 토마토, 딸기, 시금치, 양배추, 상추, 아스파라거스, 죽순 등에 존재하는 상쾌한 신맛 성분이다. 구연산은 carboxyl기 3개와 -OH기 1개를 갖는 물질로 금속과 킬레이트 화합물을 생성하므로 유지, vitamin 등의 산화를 방지하는 킬레이트로서 널리 사용되고 있다.

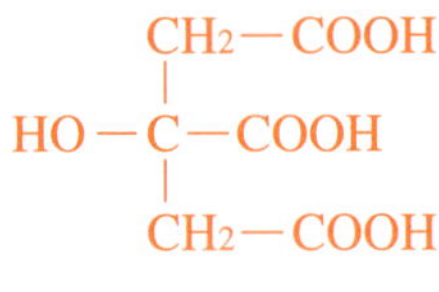

citric acid

tartaric acid

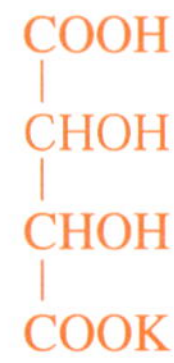

주석

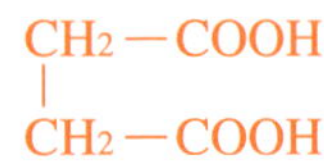

succinic acid

(5) ascorbic acid

레몬, 밀감, 녹차, 신선한 채소에 들어 있다. vitamin C라고 하며 상쾌한 신맛을 나타내고 산화방지력이 있다.

(6) 주석산(tartaric acid)

특히 포도 속에 많고 파인애플, 죽순 등의 식물계에 널리 존재하는 신맛 성분으로 물이나 alcohol 에 잘 녹으며 청량음료, 과자, syrup 등의 산미료로 사용한다.

포도 과즙 속에 주석(산성 주석산-K)의 형태로도 존재하며 포도주 제조 때 발효 중에 추출되어 나온다.

(7) 호박산(succinic acid)

양조품(청주), 패류, 사과, 딸기 등에 존재하는 신맛이며 또한 감칠맛도 있다.

(8) 글루콘산(gluconic acid)

소수의 양조품과 건시(곶감)에 들어 있으며 풍미가 좋다.

(9) 푸마르산(fumaric acid)

동식물체에 소량 들어 있으며 음료, 과자, 젤리 등에 사용한다.

(10) 인산(phosphoric acid)

청량음료, 양조용에 사용하는 신맛 성분이며 또한 떫은맛도 있다.

(11) 수산(oxalic acid)

매실, 시금치, 양배추, 상추, 죽순, 토란 등에 들어 있는 신맛 성분이나 Ca과 불용성염을 생성하여 Ca의 흡수를 방해하고 체내 결석의 원인 물질이 되므로 식품에는 첨가하지 않는다.

(12) 낙산(butyric acid)

당류에 낙산균이 작용하여 낙산이 생성된다. 김치의 산패, 장기간 방치된 버터의 불쾌한 취기를 발생하는 원인은 바로 낙산이다.

여러 식품의 pH는 표 12-12와 같다.

【표 12-12】 여러 식품의 pH

식 품	pH	식 품	pH	식 품	pH
채 소	8.0~8.4	시금치	5.1~5.7	잼	3.5~4.0
모 유	7.2	콩	5.0~6.0	앵 두	3.2~4.1
백미밥	6.7	당 근	4.9~5.2	딸 기	3.3~3.6
우 유	6.4~6.8	호 박	4,8~5.2	밀감류	3.0~4.0
밀가루	6.0~6.5	감 자	4.1~4.4	사 과	2.9~3.3
어 류	6.0	맥 주	4.0~5.0	식 초	2.4~3.4
고구마	5.3~5.6	포 도	3.5~4.5	레 몬	2.2~2.4
양배추	5.2~5.4	복숭아	3.4~4.6		

6. 매운맛

매운맛(hot taste)은 일반적인 미각이 아니고 자극적인 냄새와 더불어 입안 전체에서 통증을 느끼는 감각으로 분류할 수 있으므로 서양에서는 맛의 종류로 분류하지 않는다.

매운맛 성분을 다량 섭취할 때는 고통스럽고 유독하나 적당량을 음식물에 첨가할 때는 고유의 자극적인 향과 맛에 긴장감을 주며 식욕을 촉진하고 살균작용과 항산화작용을 갖는 향신료이다. 한국음식에 잘 융합되는 성분으로서 매운맛 성분은 화학적으로 산 amide, guaiacol 핵화합물, 함황화합물, 정유, 아민으로 분류한다.

1) 산 amide

고추의 매운맛은 capsaicine(isocapric vanillyl amide)과 측쇄에 이중결합이 없는 dihydrocapsaicine이 2 : 1로 함유되어 있다. capsaicine은 녹는점 65℃의 판상결정으로 냉수에 불용성이나 열수에는 잘 융합한다. capsaicine은 체내 항산화작용이 있어서 상용하면 고혈압에 좋은 효과가 있다.

chavicine은 후추에 약 1% 정도 함유되어 있는 매운맛 성분으로 육류의 조리에 잘 융합한다.

sanshool은 산초(조피나무, chinese pepper)에 존재하는 향기가 있는 약한 매운맛 성분이다.

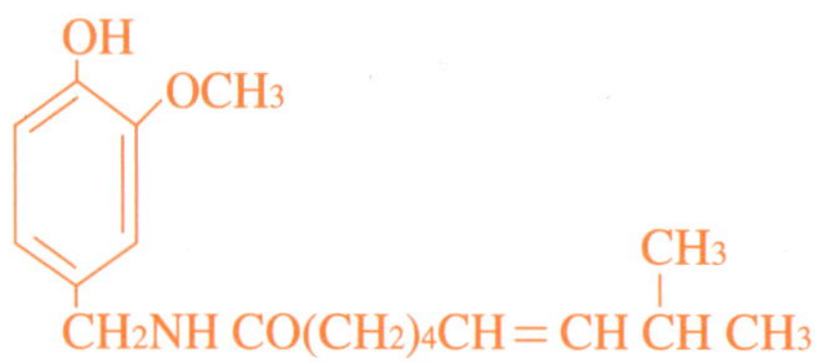
capsaicine (isocapric vanillyl amide)

sanshool

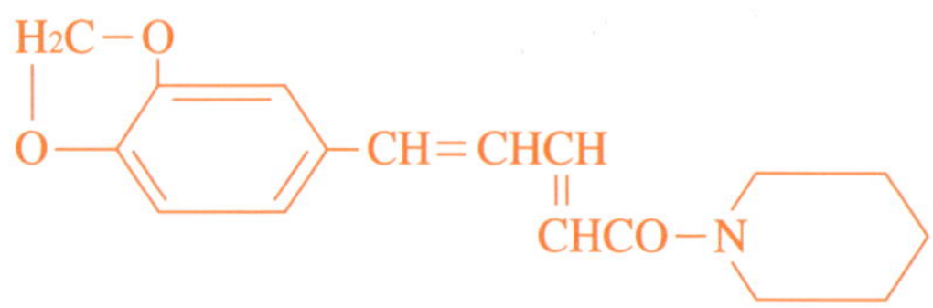
chavicine

2) guaiacol 핵화합물

zingerone, shogaol, gingerol은 생강의 매운맛 성분으로 guaiacol의 유도체이고 curcumin은 울금의 매운맛이고, vanillin은 vanilla콩의 방향성 매운맛 성분이고 cinnamic aldehyde는 계피의 향신료로 과자나 소스 등에 사용한다.

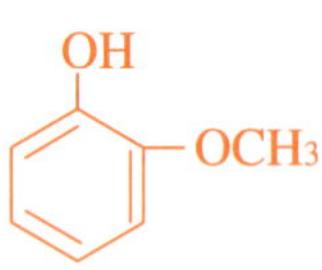
guaiacol

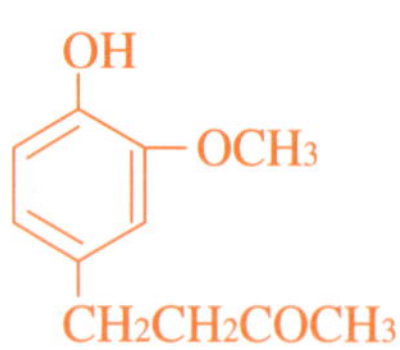
zingerone

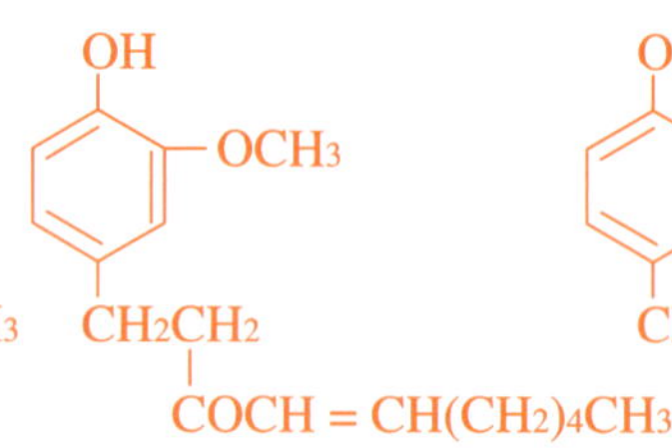
shogaol

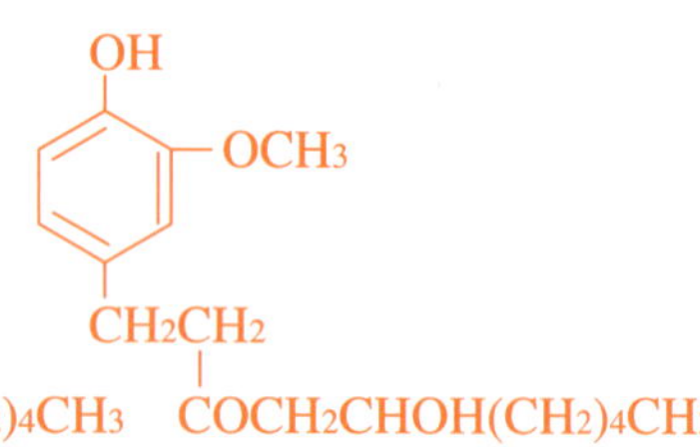
gingerol

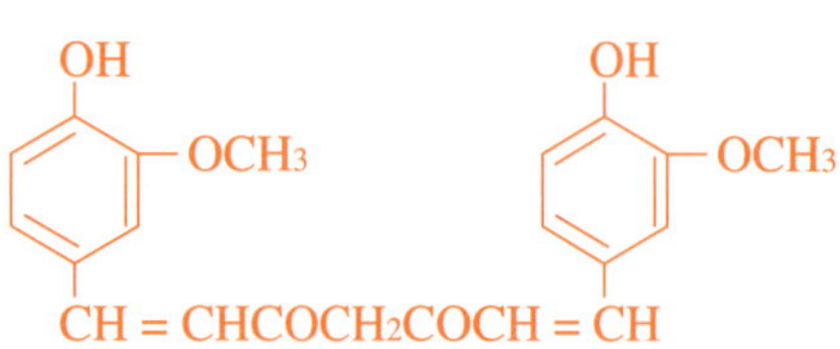
curcumin

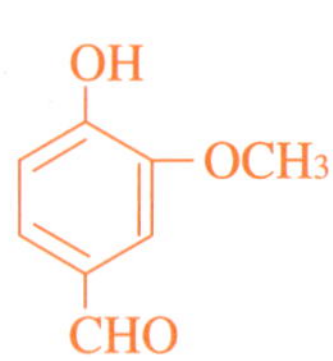
vanillin

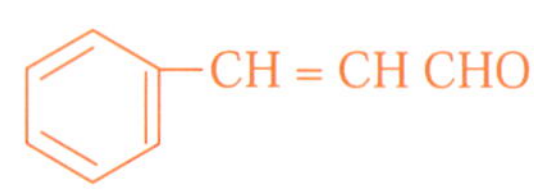
cinnamic aldehyde

3) 황화합물, 정유

(1) 겨자유

겨자유(mustard oil)는 십자과 식물에 배당체의 aglycone으로 분포하는데 흑겨자유(allyl

mustard oil)와 백겨자유(sinalbine mustard oil)로 나눈다.

흑겨자유(allyl mustard oil)는 배당체인 sinigrin이 myrosinase(sinigrinase)에 의해 가수분해되면 당과 겨자유로 분해되는데 겨자유는 allyl isothiocyanate(-N-C=C=S)를 생성하여 매운맛을 나타낸다.

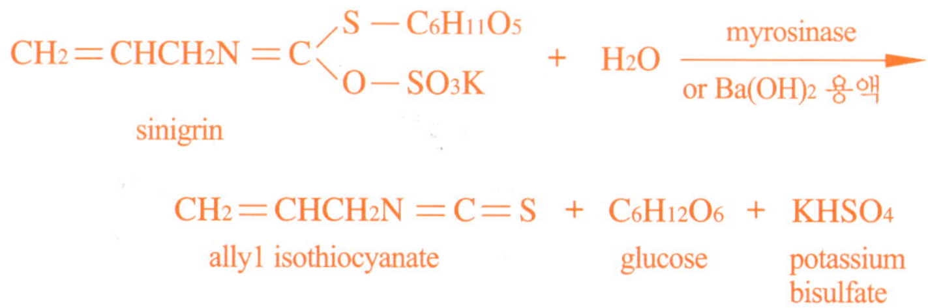

【그림 12-3】 흑겨자유의 생성

백겨자유(sinalbin mustard oil)는 배당체인 sinalbin이 myrosinase에 의해서 가수분해되어 매운맛을 갖는 백겨자유(ρ-hydroxybenzylisothiocyanate)가 생성되고, glucose, H_2SO_4, choline, sinapic acid로 분해한다.

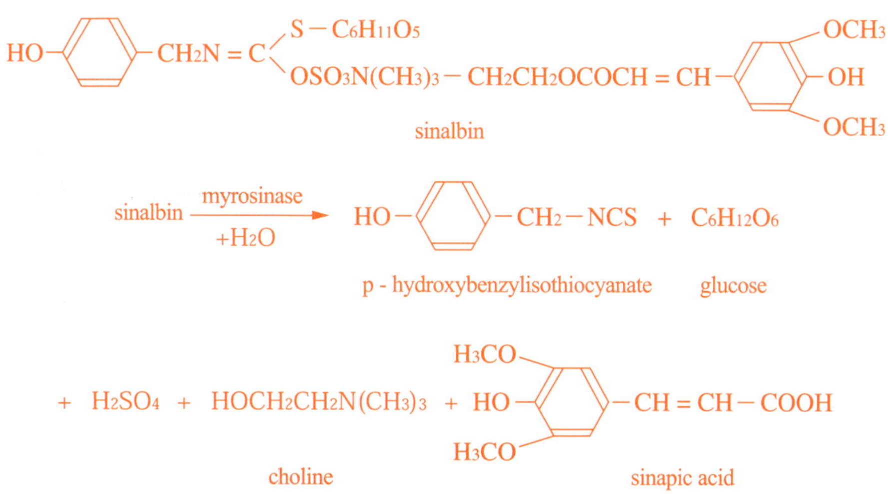

【그림 12-4】 백겨자유의 생성

(2) 부추유(leek oil)

마늘, 양파, 파, 부추 등의 파류의 정유(essential oil)를 부추유이라 하며 매운맛 성분은 겨자와 같이 S를 가지고 있으나 N은 함유하지 않는다.

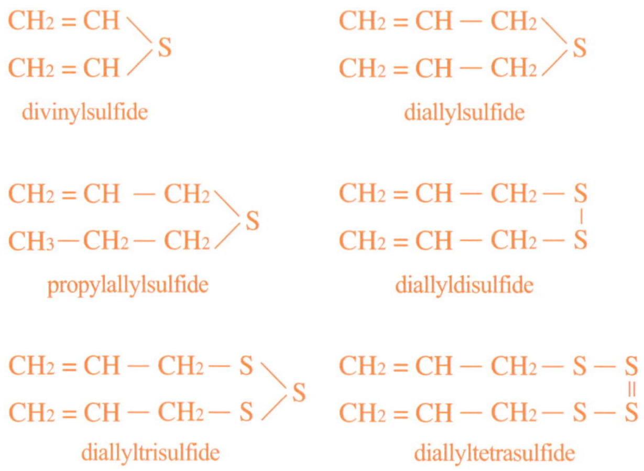

마늘, 양파, 파, 부추 등의 매운맛 성분은 diallyl sulfide, divinyl sulfide, dialkyl sulfide, propylallyl sulfide, diallyl disulfide, diallyl trisulfide, diallyl tetrasulfide 등이 있으나 악취성분이다. 그중에서도 diallyl disulfide, diallyl trisulfide, diallyl tetrasulfide 가 부추유의 대부분을 차지한다. dimethyl sulfide(CH_3SCH_3)는 파래, 고사리, 아스파라거스, 파슬리, 양배추의 온건한 매운맛 성분이다.

(3) 마늘유

마늘, 양파에 존재하는 정유의 방향과 약한 매운맛을 갖는 것은 allicin과 diallyl disulfide 이다. allicin의 생성은 마늘과 양파에 존재하는 alliin에 alliinase가 작용하여 allyl sulfonic acid가 생성된 후에 축합하여 allicin이 되고 vitamin B_1과 결합하여 allithiamine 또는 allonamine이 생성된다.

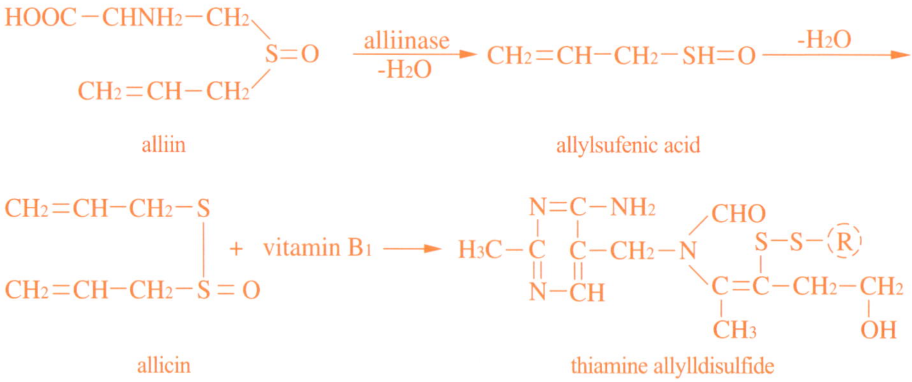

R=allyl radical ($-CH_2-CH=CH_2$)일 때 allithiamine
R=propyl radical ($-CH_2-CH_2-CH_2$)일 때 allonamine

【그림 12-5】 allithiamine의 생성

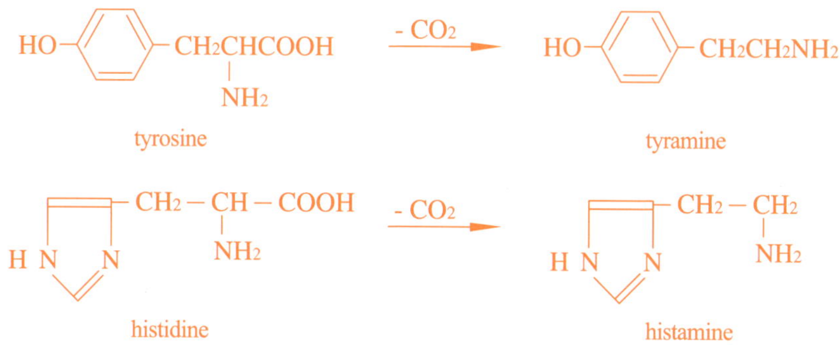

【그림 12-6】 tyramine과 histamine 의 생성

4) 아민(amines)

아미노산이 효소의 작용으로 탈탄산되어 생성된 아민은 불쾌하고 약한 매운맛을 나타낸다. 선도가 저하된 어류나 건어물, 변패한 간장이 나타내는 매운맛은 histidine과 tyrosine이 탈탄산화 되어 생성한 유독한 histamine, tyramine에 의한다.

7. 감칠맛 성분

기본맛인 단맛, 신맛, 쓴맛, 짠맛과 향, texture가 조화를 이룬 맛을 감칠맛이라고 하며 그 예로 단백질 식품인 육류의 열수 추출물, 간장과 된장, 조개류, 젓갈류, 해조류(다시마), 버섯, 죽순 등에서 느끼는 맛을 감칠맛(palatable taste)으로 분류할 수 있다.

감칠맛에는 아미노산, 펩티드, 콜린 및 그 유도체, nucleotide, 아미드, 유기 염기, 유기산 등이 관여한다.

또한, 공업적으로 제조되고 있는 monosodium glutamate, 5′-ribonucleotide-Na 등은 정미 성분 자체는 아니고 다른 식품의 맛을 조화, 강화시켜 주는 것으로 미각 강화제로 주장하는 경우도 있다.

1) 아미노산

(1) glycine

glycine은 겨울에 생산되는 새우, 게, 패류에 약 1% 정도 함유하는 독특한 풍미의 감칠맛을 주며, 여름에는 glycine이 methyl화한 betaine이 감칠맛에 관여한다. 또 glycine의 유도체라고 볼 수 있는 creatine, creatinine은 어류나 육류의 감칠맛 성분이다.

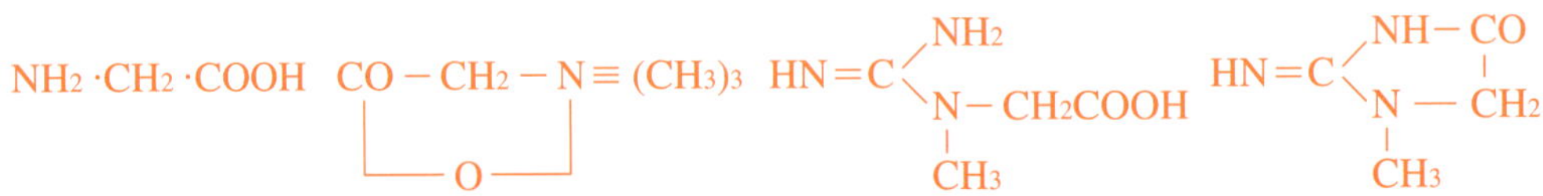

glycine　betaine (trimethyl glycine)　creatine (methylglycocyamine)　creatinine (1-methylglycocy diamine)

(2) theanine

glutamic acid의 ethyl amide인 theanine은 단맛을 곁들인 감칠맛을 갖고 있으며, 햇빛을 가리고 재배한 녹차(옥로차)에 1% 정도 함유한다.

(3) asparagine

어류, 육류, 채소에 함유되는 감칠맛 성분으로 aspartic acid의 아미드이다.

(4) tricholomic acid, ibotenic acid

파리버섯에 함유되는 감칠맛 성분으로 근래 분리된 아미노산이다. 이들의 감칠맛은 L-glutamic acid와 비슷하면서 맛의 강도가 훨씬 강하여 MSG의 5~30배의 감칠맛을 갖고 있으며 역치는 0.005로 맛의 상승작용이 있다.

(5) glutamine

glutamic acid의 γ위의 -COOH가 $-CONH_2$로 된 아미드가 glutamine으로 aspartic acid의 asparagine과 더불어 어류, 육류, 채소 속에 함유하는 감칠맛 성분이다.

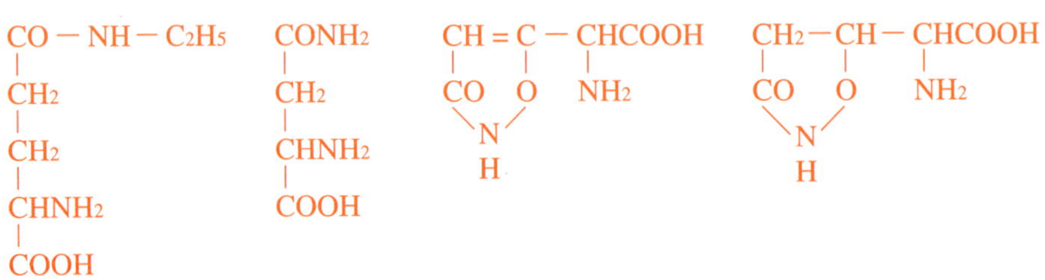

theanine　asparagine　ibotenic acid　tricholomic acid

glutamic acid　glutamine

(6) glutamic acid

glutamic acid는 aspartic acid와 더불어 carboxyl기 2개를 가지는 산성 아미노산으로서 신맛과 감칠맛의 뒷맛을 갖는데 식물 단백질(밀, 콩)에 존재한다.

2) monosodium glutamate(MSG)

L-glutamic acid의 α위치의 -COOH기에 Na가 결합한 monosodium glutamate (MSG)는 다시마와 미역의 감칠맛으로 D형은 맛이 없고, L형만이 감칠맛이 있다. 또한, disodium glutamate는 감칠맛이 없고, monosodium glutamate가 감칠맛을 갖는다.

MSG는 0.05 %의 저농도에서 동일한 설탕보다 단맛이 강하고 0.5 %에서는 0.25%의 NaCl에 해당하는 짠맛을 나타낸다. 소금 1%에 MSG 0.1 %의 비율일 때 가장 좋은 맛을 낸다.

monosodium glutamate의 감칠맛은 pH 6~8에서 감칠맛이 좋으나 식초, sauce 등 강산성 식품과 혼용하면 감칠맛이 저하된다. glutamic acid 수용액을 고온에서 가열하면 물 1분자를 잃고 환상의 pyroglutamic acid가 되는데 이때는 감칠맛이 없어진다.

MSG는 밀이나 콩을 가수분해하여 생산하였으나 현재 우리나라는 발효법에 의해 생산하며 glutamic acid 생산 균주는 *Brevibacterium lactofermentum*, *B. roseum*, *B. shcchrolytium*, *B. flavum* 등이 있다. 이들의 monosodium염은 화학조미료인 monosodium glutamate(MSG)이다.

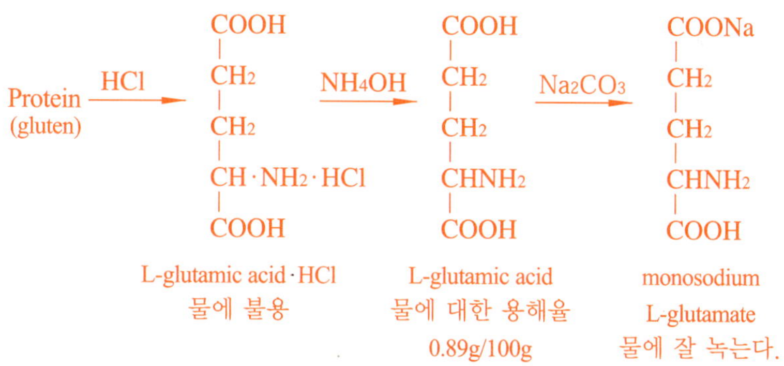

【그림 12-7】 monosodium glutamate의 생성

식품 중의 glutamic acid의 함량은 표 12-13과 같다.

3) peptides

dipeptide인 carnosine, anserine(N-methyl carnosine)은 육류, 어류의 감칠맛 성분으로서 알려져 있다.

【표 12-3】 식품 중에 glutamic acid의 함량(mg%)

식 품	glutamate	식 품	glutamate	식 품	glutamate
다시마	1,100	오징어	146	고구마	50
다시마 Ex	420	문 어	126	호 박	50
조개관자	340	송이 · 표고버섯	70	엽 차	30
정어리	280	학꽁치	58	육 류	20~30
성 게	192	멸 치	50	생 선	10~30

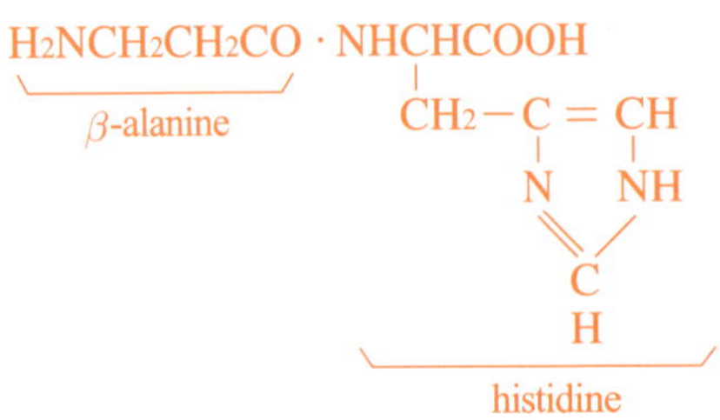

carnosine(N−β−alanyl−L−histidine)

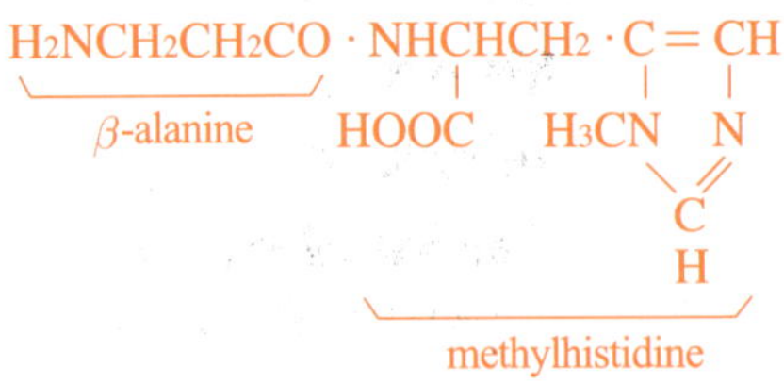

anserine(N−β−alanyl−3−methylhistidine)

tripeptide인 glutathione은 methylcarnosine(anserine), glutamate, cysteine, glycine이 결합한 감칠맛 성분으로 다랑어에 많이 존재한다.

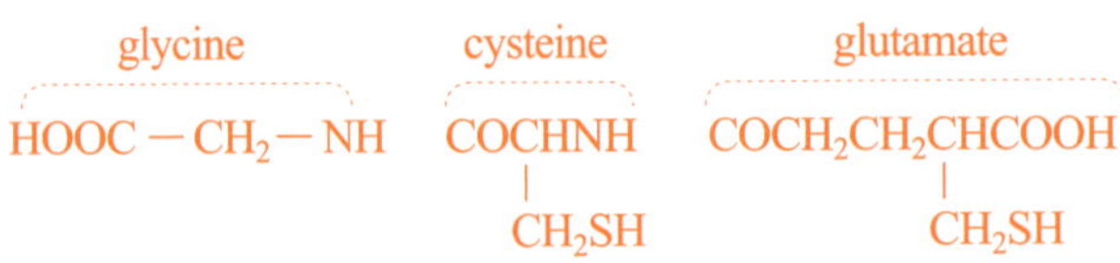

glutathione

4) choline류

choline, carnitine은 일반적으로 널리 분포하는 감칠맛 성분이며, trimethylamine oxide(TMAO)는 어류의 단맛을 내는 감칠맛 성분으로 세균에 의해서 환원하면 어류의 비린내인 trimethylamine(TMA)을 생성한다.

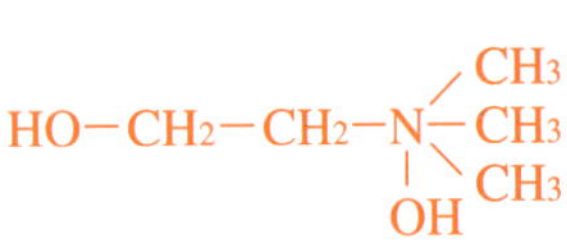
choline

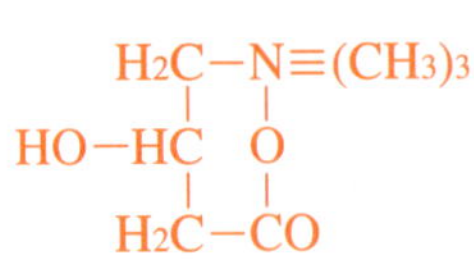
carnitine

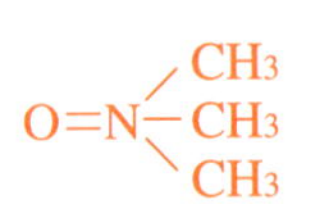
trimethylamine oxide

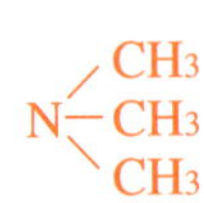
trimethylamine

5) Nucleotides

nucleotide는 purine과 pyrimidine 염기에 ribose와 deoxyribose가 결합한 nucleoside에 인산이 결합한 것을 nucleotide라 하며 nucleic acid(polynucleotide)의 구성분이 된다.

nucleotide는 염기 부위에 purine 염기로 6위가 -OH기이고, ribose의 5′ 위가 인산화될 때에 감칠맛이 있다.

nucleotide 중 5′-IMP (inosin산)는 육류와 어류의 감칠맛 성분이고, 5′- GMP(guanil산)는 표고버섯의 감칠맛 성분이다. 5′- AMP(adenyl산)는 고사리의 감칠맛 성분이다. 5′-mononucleotide류의 감칠맛의 세기는 5′-GMP > 5′-IMP > 5′- XMP > 5′- AMP의 순서지만 5′- GMP 는 5′- IMP보다 2~3배의 감칠맛을 갖는다. nucleotide 의 맛은 MSG의 맛과는 조금 다르고 양자를 혼합하면 감칠맛이 상승한다. nucleotide는 식품에 감칠맛 외에 부드러운 맛을 주며, 신맛과 쓴맛을 억제하는 맛의 완충작용도 있다.

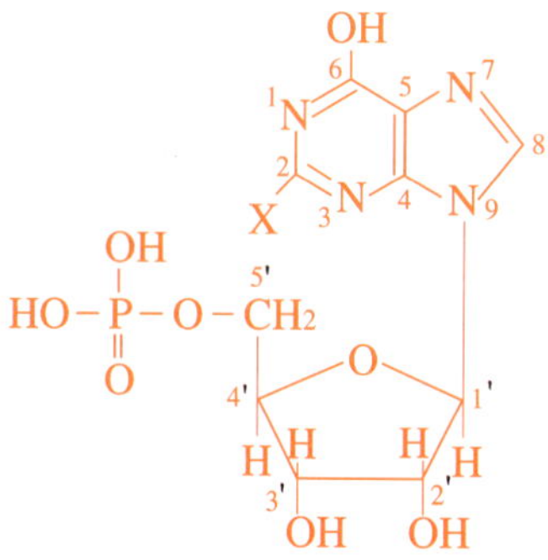

X : NH_2 5' - GMP(guanosine-5' - monophosphate ; 5' - guanylic acid)
: H 5' - IMP(inosine-5' - monophosphate ; 5' - inosinic acid)
: OH 5' - XMP(xanthosine - 5' - monophosphate ; 5' - xanthylic acid)

※ 5′-AMP는 X가 H이고 6위의 -OH가 $-NH_2$로 감칠맛이 없다.

【그림 12-8】 nucleotide의 구조

ATP (adenosine triphosphate)의 분해 경로를 보면 그림 12-9와 같이 육류 및 어류의 근육에 존재하는 ATP가 효소작용을 받아 생성되는 ribonucleotide는 ①의 경로를 거쳐 4℃의 저온에 저장하면 감칠맛이 없는 inosine이 생성되고, 다음에 쓴맛이 있는 hypoxanthine 으로 분해된다.

오징어, 문어, 조개류는 AMP-deaminase가 존재하지 않으므로 AMP를 다량 함유하여도 IMP가 생성되지 않으므로 ribonucleotide인 IMP가 존재하지 않고 ②의 경로로 분해한다.

그러므로 오징어, 문어, 조개류의 감칠맛은 아미노산, 펩티드, 아미드, betaine, taurine 등의 조화된 맛이며 특히 조개류는 sodium succinate의 맛이 추가되어 맛을 나타낸다.

새우, 게는 ①과 ②의 경로를 함께 갖는다.

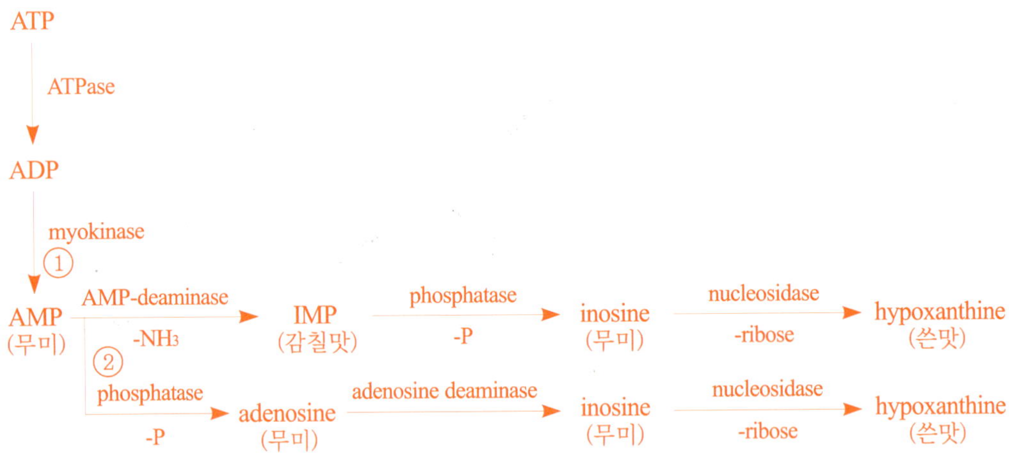

[그림 12-9] ATP(adenosine triphosphate)의 분해 경로

어육 조직에는 5´-IMP 함량이 phosphatase에 의해 탈인산화가 일어나 5´-IMP가 빨리 감소된다. phosphatase는 금속이온에 의해 촉진되므로 blanching하여 효소작용을 억제하면 5´-IMP가 어육에 많이 존재하게 할 수 있다.

AMP의 분해로 생성된 hypoxanthine량이 증가될 때는 다른 성분의 분해도 진행되었으므로 amine, indole, H_2S, 저급지방산 등이 생성된다.

[표 12-14] 식품 중의 5´-ribonucleotide 함량(mg%)

종 류	5´-IMP	5´-GMP	종 류	5´-IMP	5´-GMP
건 표고버섯	-	95.0	생 선	200	-
가다랑어	362	-	돼지고기	123	2.5
건 멸 치	304	-	쇠고기	107	2.1
고래고기	214	3.5	새고기	75	1.4

IMP는 전기 도살한 돈육을 4℃로 보존하면 3일 후에, 그릴에서는 8시간 후에 IMP 함량이 가장 높으며 그 후에 서서히 감소한다. 식품 중의 5´-nucleotide 함량은 표 12-14와 같다.

간장, 된장의 감칠맛 성분은 아미노산, MSG, 소금, 당, 유기산 등이 서로 조화된 맛이고, 5´-ribonucleotide는 phosphatase에 의해서 즉시 분해되어 존재하지 않는다. 그러나 간장을 가열처리하여 phosphatase를 불활성화한 후에 5′-ribonucleotide를 첨가하면 간장의 맛이 더욱 좋아진다.

표고버섯은 phosphatase에 의해서 ribonucleotide가 nucleoside를 거쳐 5′-GMP, 5′-AMP, 5′-UMP를 생성하므로 5′-GMP가 가장 많이 축적되는 시기에 가열하여 phosphatase를 불활성하여야 감칠맛이 좋은 상태로 표고버섯을 생산할 수 있다.

MSG와 5′-IMP를 9:1로 혼합하면 MSG의 5배의 감칠맛을 갖는다. 이와 같이 감칠맛 성분은 서로 혼합하므로서 맛의 상승작용이 있다. 감칠맛 성분의 역가는 표 12-15와 같다.

[표 12-15] 감칠맛 성분의 역가

종 류	역가(%)	종 류	역가(%)	종 류	역가(%)
tricholomic acid	0.005	5′-IMP	0.025	theanine	0.15
ibotenic acid	0.005	L-glutamate	0.03	L-aspartic acid	0.16
5′-GMP	0.0125	succinate	0.055		

6) 그 외의 감칠맛 성분

sodium succinate는 조개류, 고동, 청주에 함유된 감칠맛 성분이고, taurine은 오징어, 낙지, 문어의 감칠맛 성분이다.

$CH_2 — COOH$
|
$CH_2 — COONa$

sodium succinate

$CH_2 — NH_2$
|
$CH_2 — SO_3H$

taurine

8. 떫은맛

떫은맛(astringent taste)은 일시적으로 혀의 미각신경의 단백질이 변성 응고되어 마비가 일어나 생성되는 수렴성의 맛으로 불쾌감을 준다. 식품에서 떫은맛 성분은 tannin, 지방산, 알데히드, Fe와 Al의 금속류가 있다.

떫은맛은 강하면 불쾌하나 약할 때는 쓴맛과 비슷하게 느껴지며 다른 맛 성분과 혼합하면 독특한 풍미를 형성하는 예로 차는 떫은맛이 차의 풍미의 중요한 요인이 된다.

1) tannin

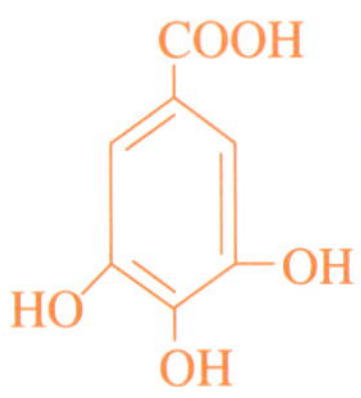

gallic acid

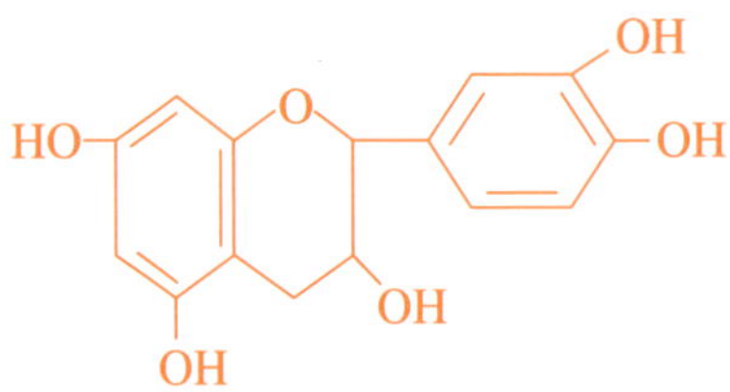

catechin

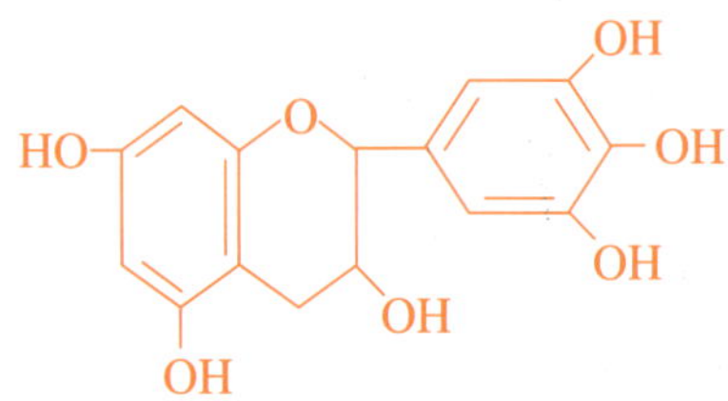

gallocatechin

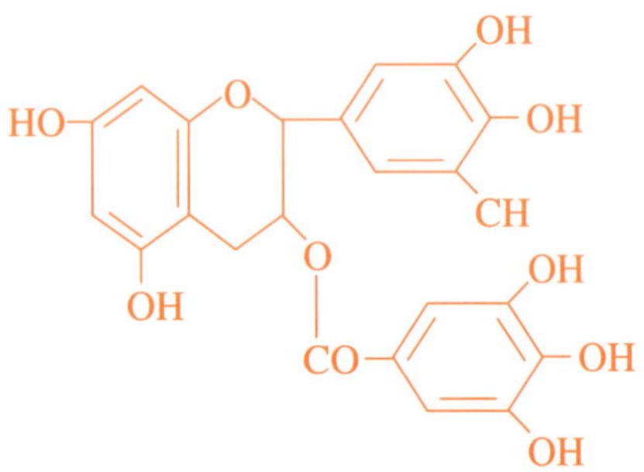

epigallocatechin gallate

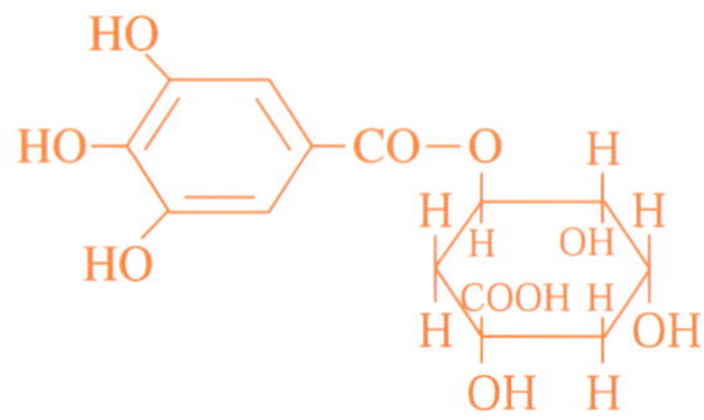

theogallin
(3-galloyl quinic acid)

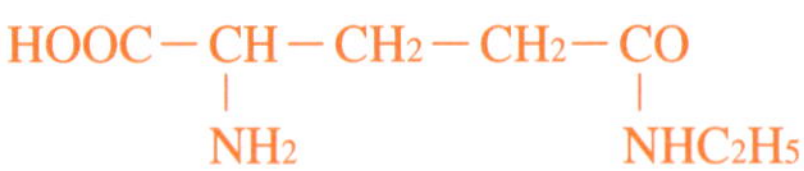

theaninn(N-ethyl gultamine)

tannin은 gallic acid와 그 유도체가 phenol류와 결합하여 고분자 물질을 형성하여 식품의 떫은맛 성분으로 존재한다. tannin은 단백질 같은 고분자 물질과 안정하게 결합하여 응고, 중합, 산화하여 물에 불용성이 되므로 수렴성이 생성되어 강한 떫은맛을 갖게 한다.

차엽의 tannin은 gallic acid와 catechin이 주성분이고 그외 epigallocatechin gallate, gallocatechin 등이 있다. tannin은 녹차에 10~15%, 홍차에 10% 정도 존재한다.

녹차는 catechins로 대부분 잔존하며, 홍차는 catechin, gallocatechin 등이 발효 과정에서 산화효소에 의해서 theaflavine이 생성되어 적색이 되면서 떫은맛이 적어진다. 각종 차는 phenolic acid의 일종인 theogallin을 함유하여 고유의 차맛을 내며, 녹차는 glutamate의 monoethyl amide의 theanine이 단맛을 갖는 감칠맛과 청량감을 갖는 떫은맛으로 존재한다.

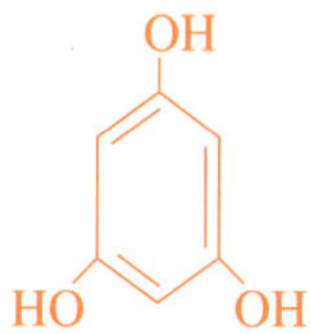

phloroglucine

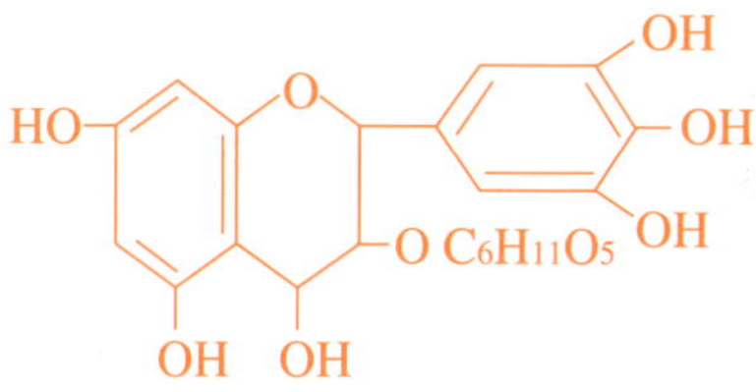

diospyrin

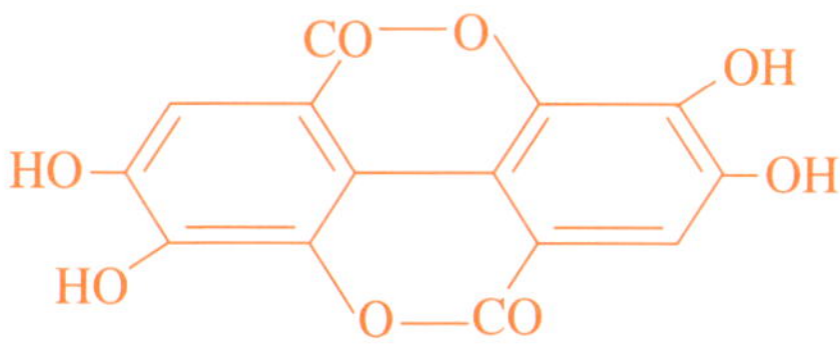

ellagic acid

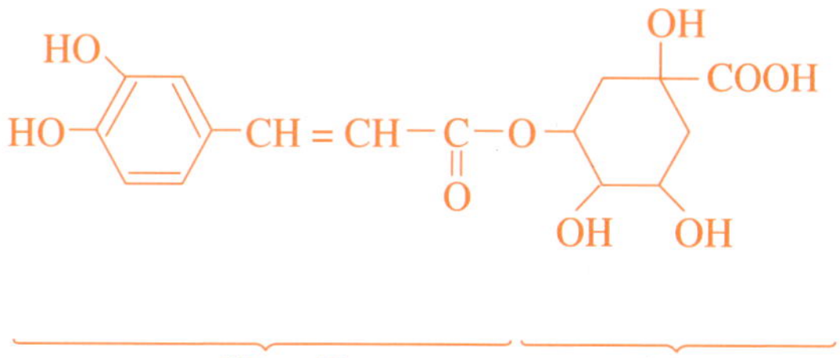

caffeic acid quinic acid

chlorogenic acid

감의 떫은맛을 shibuol이라 하며 이는 gallic acid, phloroglucine의 축합물인 leuco-anthocyan의 배당체의 일종인 diospyrin이다. diospyrin은 감의 탄닌 세포에 함유되어 세포가 파괴될 때 떫은맛을 나타내며 단감에 0.2%, 덜익은 단감에 0.9%, 떫은감에 1.5% 존재한다. 감이 성숙하면 알코올, 알데히드가 diospyrin과 중합하여 물에 불용성으로 변하여 떫은맛을 느끼지 못하기 때문이다.

밤 속껍질의 떫은맛은 gallic acid 2분자가 축합한 ellagic acid에 의하며, 커피의 떫은맛은 caffeic acid와 quinic acid가 축합한 chlorogenic acid에 의한다.

2) aldehyde

지방이 많은 말린 생선 등을 오래 저장하면 떫은맛이 생성되는 것은 지방의 자동산화로 형성된 이중결합 4개의 arachidonic acid, 5개의 clupanodonic acid 같은 불포화지방산과 알데히드에 의한다.

9. 그 외의 맛 성분

1) 아린맛

아린맛(acrid taste)은 떫은맛과 쓴맛이 혼합하여 나타나는 불쾌한 맛으로 죽순, 고사리, 우엉, 토란, 가지 등에서 볼 수 있는 맛으로 이 아린맛을 제거하기 위해서 물에 담그거나 데쳐서 물에 담근다. 아린맛 성분은 무기염류(Ca, K, Mg), 배당체, 유기산(oxalate), alkaloid(tannin) 등이다.

죽순, 토란, 우엉의 아린맛 성분은 그림 12-10과 같이 방향족 아미노산인 phenylalanine, tyrosine에 의해서 생성된 homogentisic acid에 의한다.

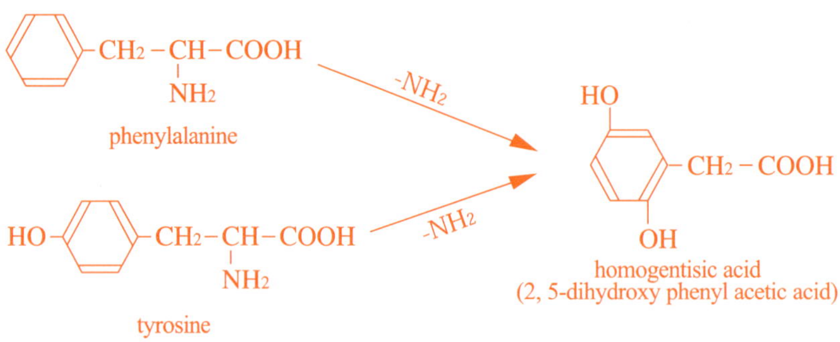

【그림 12-10】 Homogentisic acid의 생성

2) alkaline taste와 금속맛

알칼리맛은 초목회의 맛으로 OH^-에 의한 맛이며, 금속맛(metallic taste)은 spoon, fork, knife 등을 사용할 때에 느끼는 맛으로 주석, 철, 은 등의 금속이온에 의한다. 오래 저장된 통조림 식품은 용출된 금속이온에 의해서 맛이 좋지 않다.

3) 교질맛

교질맛(colloidal taste)은 점활미 또는 원활미라고도 하는데 입안에서 혀의 표면과 입안의 점막의 접촉에 의해 일어나는 감각에 가까운 맛을 교질맛이라 한다. 이 감각은 colloid로부터 유래하며 다당류나 단백질도 그 원인이 된다.

교질맛의 예로는 전분질인 밥이나 떡의 호화전분 또는 찰밥의 amylopectin에 의한 점활맛, 해초의 alginic acid나 한천의 galactan, jam의 pectin질, 육류국의 gelatin, 버터나 마요네즈의 유화된 맛, 밀가루의 gluten 등의 맛이 모두 식품에 원활미를 주는 성분이다.

제12장 연습문제

1. 쓴맛을 나타내는 고미기는?
2. 가장 예민한 맛 성분은?
3. 서로 다른 맛 성분을 몇 가지 혼합할 때 주정미 성분의 맛이 약화될 때 이것을 무엇이라 하는가?
4. 예민하게 맛을 느낄 수 있는 온도는?
5. phenylthiocarbamide를 먹은 후 맛을 느끼지 못하는 사람은?
6. 미각 발현이 가장 늦은 맛 성분은?
7. glucose의 감미도는 $\alpha : \beta$가 어느 비율인가?
8. 가장 단맛이 강한 단당류는?
9. 산미가 증가하는 경우를 쓰시오.
10. 짠맛과 쓴맛을 동일하게 갖는 물질을 쓰시오.
11. 짠맛보다도 쓴맛이 강한 맛 성분을 쓰시오.
12. 쓴맛 물질과 소재를 설명하시오.
13. 감칠맛 성분을 갖는 식품을 쓰시오.
14. 매운맛 성분을 갖는 식품을 나열하시오.
15. chlorogenic acid를 함유하는 식품은?
16. amine의 맛 성분은?
17. ellagic acid를 함유하는 식품은?
18. homogentisic acid를 갖는 음식은?
19. 대표적인 쓴맛 성분은?
20. alkaloid, 배당체, ketone류, 무기염류 등이 나타내는 맛은?
21. 맛의 대비 현상을 설명하시오.
22. 맛의 변조를 설명하시오.
23. 맛의 상쇄란?

24. 일반적으로 혀의 미각은 몇 ℃에서 잘 느껴지는가?
25. 차의 쓴맛 성분은?
26. naringin은 어느 식품의 쓴맛 성분인가?
27. rutin은 어느 식품의 쓴맛 성분인가?
28. thjujone은 어느 식품의 쓴맛 성분인가?
29. betaine은 어느 식품의 감칠맛 성분인가?
30. glutamic acid은 어느 식품의 감칠맛 성분인가?
31. carnosine, anserine은 어느 식품의 감칠맛 성분인가?
32. amino acid, peptide, amide, betaine, taurine은 어느 식품의 감칠맛 성분인가?
33. dimethylsulfide를 갖는 식품은?
34. shogaol, zingerone, gingerol은 어느 식품에 존재하는가?

제13장

식품의 물성(Physical properties of Foods)

13-1 • Texture의 개념

식품에서 맛이 있다는 것이 단순한 그 맛뿐만이 아니고, 혀에서 느끼는 느낌이나 씹는 촉감 등에 직접 관계되는 경우가 많다. 또한, 사람은 식품이 입안에서의 물리적 자극이나 촉감 등에 의하여 그 단단하기, 연하기, 점성, 탄력, 조밀성 및 알맹이의 크기 등을 알고 그것에 의하여 식품의 선도, 숙도 삶은 정도, 이물질의 유무, 성분 조성 등을 판단하여 그 품질을 평가할 수도 있다. 이처럼 식품의 조직 구조가 사람의 촉감에 미치는 물리적 성상을 식품의 texture라고 한다. 이 말의 어원은 라틴어의 textura(짜여진 베)로서 그때의 섬세함과 성상을 나타낸 말이다.

식품의 texture의 성상을 수량화하고 품질의 검정에 응용하기 위하여 각종의 측정 방법이 고안되었다. 즉 널리 사용되는 방법은 식품에 가해진 외력과 그것에 의하여 생기는 변형률과의 관계를 구하는 것으로 보통 표준품과 비교하여 실용적인 품질 평가에 응용되고 있다.

한편으로 미국의 Bringham(1929년)에 의하여 물질의 변형 유동의 연구가 새로운 점성, 탄성, 역성 등의 개념으로 체계화되어 rheology라 불리는 물리학의 새로운 분야가 확립되었지만, 그 후의 rheology는 합성 고분자 화합물과 천연섬유 기타 응용 영역에서도 급속한 발전을 이루고 있다.

식품의 rheology는 Scott Blair(1953년)에 의하여 시작되어 또 다시 종래의 인간심리가 관여하는 식품의 texture의 평가법에 대하여 psychorheology란 개념이 발표되었다. 그러나 식품과 같이 불균일한 많은 성분으로 된 물질 집합체에서는 순수한 이론적 해석 방법의 적용은 대단히 어렵고, 식품의 rheology는 아직 충분한 학문적 체계가 이루어 졌다고는 할 수 없다.

식품의 물리적 구조는 총체적으로 colloid 물질에 속하며, 다시 그 존재 상태에 의하여 sol(액체), gel(반고체와 고체), 유화액으로 나누어진다.

13-2 • 식품의 교질 상태

1. 교질 입자

설탕의 수용액은 투명하나 전분, 젤라틴 등을 물에 넣어 교반하면 흐리게 되고, 방치하면 밑에 불용성의 침전이 생긴다. 위층의 흐린 부분은 현미경으로는 볼 수 없으며 1~100μm의 입자가 물에 분산되어 있는 것이다. 이와 같은 입자를 교질(colloid)이라 부르고, 이 상태를 교질 상태(colloidal state)라 부른다.

2. colloid의 종류

교질 상태에 분산되어 있는 것을 분산질(분산상)이라 하고, 물과 같이 연속되어 있는 상을 분산매라 부른다. 분산상이 1개의 분자로 이루어지는 것을 colloid 분자라 하며, 분자가 회합하여 micell 상태를 이루고 colloid의 성질을 가지면 micell colloid라 한다.

colloid의 미립자가 어떤 분산매 중에 흩어진 상태로서 존재하는 것으로, 이때 미립자(분산질)와 분산매의 종류에 기체, 액체, 고체의 3종이 있고 이들의 조합 방법에 따라 많은 종류의 colloid가 표 13-1과 같이 존재한다. 단 식품에는 기체를 분산매로 한 colloid는 존재하지 않는다. colloid 중에서 유동성인 것을 sol이라 하고, 유동성을 잃고 일정한 모양을 유지하고 있는 것을 gel이라 한다.

【표 13-1】 colloid의 종류

분산매	분산질	분산계	예
기 체	액 체	연 무 질	안 개
	고 체	〃	연 기
액 체	기 체	포 말 질	맥주, 사이다의 거품(포말질)
	액 체	유 탁 질	우유, cream, 마요네즈
	고 체	현 탁 질	된장국, jelly, 풀, 전분액
고 체	기 체	고체 포말질	식빵, 냉동건조 식품
	액 체	〃	초콜릿, 버터, 마가린
	고 체	고체 colloid	비스킷, 드롭프스, 사탕과자

1) sol

분산매가 액체이고 분산질이 고체 또는 액체의 교질 입자가 분산되어 있어 전체가 액체 상태를 띠는 것을 sol이라 한다. sol의 예로는 우유, 전분액, 된장국, soup, 한천 및 젤라틴을 물에 넣고 가열한 액 등을 들 수 있다.

전분 및 젤라틴의 수용액은 분산상과 물의 친화성이 커서 강하게 결합하고 있어 전해질을 넣어도 교질 상태가 안정하게 유지되어 있다. 이와 같은 sol을 친수 sol이라 한다.

금, 염화은의 sol은 분산상과 물의 친화성이 적어 sol에 전해질을 넣으면 침전이 생기므로 소수 sol이라 한다.

전해질에 대한 sol의 안전성을 높일 목적으로 소수 sol에 친수 sol을 넣는 경우가 있는데 이때의 친수 sol을 보호교질이라 한다. 보호교질은 식품과 관계가 크다. 우유 중의 casein은 비교적 불안정한 소수 sol에 가까우나 lactalbumin이 보호교질로 작용하여 안전한 것이다.

2) gel

친수 sol을 가열하였다가 냉각시키거나 또는 물을 증발시키면 반고체의 상태가 되는데 이 상태를 gel이라 부른다. gel은 많은 분산상 입자 사이에 비교적 소량의 분산매만 있어 분산질 입자가 서로 접촉하여 전체적으로 유동성이 없게 된다. 이러한 식품으로는 한천 젤리, 젤라틴 젤리, 두부, 묵, 생선묵, 삶은 달걀 등이 있다.

gel에는 우유가 산패되어 단백질이 응고 침전되는 경우 같이 sol의 입자가 응집하여 분산매를 분리하면서 침전하는 침전 gel인 cogel과 한천이나 젤라틴 같이 많은 수분을 갖고서 서로 용해하여 망상구조를 이루며 응고하는 젤리는 가열하면 sol의 상태가 되고 냉각하면 다시 응고하여 젤리가 된다.

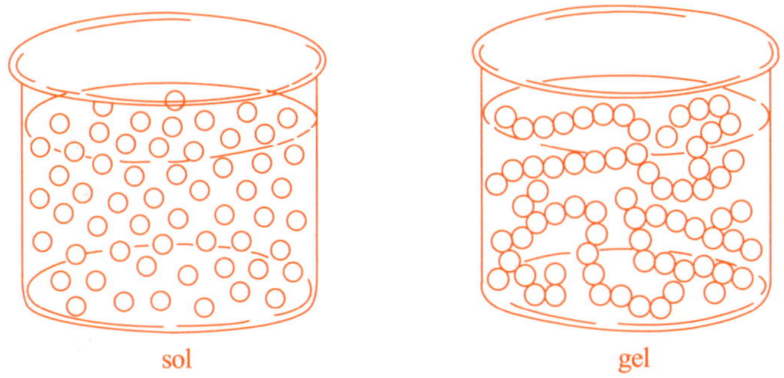

【그림 13-1】 sol과 gel의 입자 상태

젤리를 장시간 방치할 때에 망상구조가 수축되어 분산매를 분리되는 현상을 일반적으로 이액현상(synersis) 또는 용해작용이라 한다. 그리고 gel이 건조 상태로 된 것을 xerogel이라 부르는데, 그 예로는 분말한천, 판상 젤라틴을 들 수 있다.

sol과 gel을 그림으로 비교하면 그림 13-1과 같다.

3) 유화액

분산질과 분산매가 다같이 액체인 교질 상태를 유화액이라 하고, 유화액을 이루는 작용을 유화라 한다. 유화액에는 물속에 기름이 분산된 수중유적형(O/W oil in water)과 이와 반대로 기름 중에 물이 분산된 유중수적형(W/O water in oil)의 두 가지의 형이 있다. 예를 들면 우유, 마요네즈, 아이스크림 등은 수중유적형이고 버터와 마가린은 유중수적형이다.

유화제는 다음과 같은 조건에 따라 유화형이 달라진다

① 유화제의 성질
② 기름의 성질
③ 물과 기름의 비율
④ 물과 기름의 첨가 순서
⑤ 전해질의 유무와 그 종류 및 농도

물과 기름을 혼합하여 잘 흔들어 주면 일시적으로 emulsion이 되지만 곧 다시 두층으로 나누어진다. 이때 emulsion을 안정시켜 주는 물질을 유화제(emulsifier)라고 하며, 그 대부분은 한 분자 내에 -OH, -CHO, -COOH, $-NH_2$ 등의 친수기와 alkyl기와 같은 소수기의 양쪽을 가진다. lecithin, cholesterol, 고급 지방산의 금속염, 담즙산, monoglyceride, 단백질 등이 유화제에 속하며 표 13-2와 같다.

【표 13-2】 유화식품과 유화제

식품명	형	분산상	분산매	유화제
우유	O/W	지방	물, lactose	casein
마요네즈	O/W	salad oil	식초, 물, 소금	난황
아이스크림	O/W	얼음, 크림	물	Na-alginate
버터	W/O	물, 소금, 젖산	지방	-

유화제는 물과 기름의 계면에 피막을 형성하여 계면장력을 저하시키는 작용을 하여 유화액이 안정하게 되는 것이다. 우유 지질은 지름 0.1~10 μ의 지방구가 lipoprotein을 주성분으로 하는 막으로 안정한 상태에 있고, 15~30억/㎖의 지방구가 존재한다.

유화제는 세정력, 유화력, 분산력, 침투력, 기포력이 있다. 천연 유화제로는 단백질, sterol, lipoprotein, 담즙산 등이 있고 그 외 monoglyceride, sugar ester, sorbitan fatty acid ester, propylene glycol fatty acid ester, sodium chondroitin sulfate 등이 있다.

emulsion이 파괴되는 경우로 마요네즈는 난황의 lipoprotein이 유화제로 작용하여 식초 및 물속에서 salad oil이 분산된 emulsion으로 기름과 물의 비율이 80% : 20% 정도로 분산상의 비율이 커서 불안정한 emulsion으로 저온 저장 시 분리되기가 쉽다.

생우유에서 지방구가 떠오르는 creaming은 배액형이라 불리는 emulsion의 파괴이며, 기름 방울에 집합하는 것은 합일형이라 부르는 파괴가 있다.

4) 교질의 성질

진용액의 용질보다 분산질의 입자가 큰 교질은 여러 가지 점에서 진용액과 다른 성질을 가지고 있다. 다음과 같은 중요한 교질의 성질을 갖는다.

(1) 브라운 운동

sol의 상태에서 분산매인 물 분자가 항상 운동하고 있는데, 이 물 분자가 분산질인 교질 입자에 충돌하여 입자는 불균일한 힘의 작용을 받아 끊임없이 운동을 계속하게 되는 것을 Brown 운동이라 한다.

(2) 응 결

소수성 sol에 소량의 전해질을 넣으면 교질 입자가 침전되는데, 이 현상을 응결(coagulation)이라 한다. 소수 sol에는 주로 입자의 전하에 의하여 분산되어 있으므로 소량의 전해질을 넣어 전하를 증가시키면 불안정하던 입자는 서로 집합하여 크게 되어 쉽게 응집된다. 그러나 친수성 sol에서는 전해질을 넣어도 잘 침전되지 않는데, 이 경우에는 전하의 중화 외에 입자와 결합하고 있는 물의 분자를 유리시켜야 한다.

따라서 많은 양의 전해질을 가하면 친수성 sol을 침전시킬 수 있는데 이것을 염석(salting out)이라 한다

(3) 반투성

이온 또는 작은 분자는 셀로판막을 통과할 수 있으나, 단백질 같은 교질 입자가 큰 분자는 통과하지 못하는 막을 반투막이라 부른다. 단백질과 같은 교질 입자가 반투막을 통과하지 못하는 성질을 반투성이라 부르는데 조리가공에서 대단히 중요하다. 즉 날식품의 세포 원형질

은 반투성을 가지고 있으나 가열조리하면 이것이 터져서 반투성이 없어져 내용물이 녹아나온다.

(4) 흡 착

교질 입자가 표면적이 큰 까닭에 다른 물질을 흡착하는 성질이 있다. 이것은 methylene blue의 수용액에 목탄과 활성탄 같은 다공질의 물질을 넣으면 그 용액 중의 색소가 넓은 표면적에 흡착되어 용액의 색이 없어지는 현상과 같은 원리로서 설명된다.

5) 식품에 있어서 교질성의 변화

colloid 용액은 비교적 안정하다. 따라서 유탁액에서 보는 것처럼 방치 중에 입자와 분산매가 나누어지는 일은 없다. 그러나 참용액과는 달라서 여러 가지 조건에서 colloid성을 잃어버리는 일이 있다.

ⓐ 달걀 흰자의 수용액을 가열하면 응고하고, 우유나 두유를 가열하면 표면에 피막상의 불용성 물질이 생기는 것은 단백질 응고물이다.

ⓑ 생선묵에서 소금을 넣고 믹서로 마쇄한 어육는 성형할 수 있으나 방치하면 가열하지 않아도 응고하여 탄력 있는 gel이 된다.

【표 13-3】 colloid 입자의 성질

10^{-8}	10^{-7}	10^{-6}	10^{-5}	10^{-4}	10^{-3}	10^{-2}	10^{-1}
참용액	colloid 용액			잔잔히 흐린 액		거친 흐린 액	
맑 다.				흐리다.			
침전하지 않는다.				침전한다.			
보통 여과지를 통과한다.					여과지를 통과하지 않는다.		
반투막 통과	반투막을 통과하지 않는다.						
	한외 현미경으로 볼 수 있다.				육안 또는 현미경으로 볼 수 있다.		
	Brown운동이 보인다.				Brown운동이 보이지 않는다.		

ⓒ 잼이나 젤리를 방지하면 액체가 스며 나오는 이른 바 이액 현상은 gel의 망상구조가 응집한 것이다.

ⓓ 유탁액 중의 기름방울이 저절로 합쳐져 물과 분리되는 것도 colloid의 응집이다.

식품의 원료인 동식물의 조직은 gel로 조리, 가공법을 조금만 바꾸어도 그 성질이 아주 변하고, 같은 원료에서 형태와 맛이 달라진 식품을 만들 수 있다. 이를 테면 생선으로 생선회, 찜, 조림, 구이, 생선묵, 생선포 등처럼 형태가 바뀌고, 각각 특유한 맛을 가진 식품을 만들 수 있다. 이와 같이 식품의 colloid성은 저절로 또는 조리, 가공하여 크게 변화하는 것이다.

13-3 • 거품(foam)

1. 거품의 형성

분산질이 기체이고, 분산매가 액체인 교질, 즉 수중유적형의 emulsion의 기름방울이 공기압으로 바뀐 형을 거품(泡 : foam)이라고 한다. 공기는 기름보다 비중이 더욱 적으므로 용액 위에 떠오르며 이때 물과 공기만으로는 안정한 거품이 생성되지 않는다.

교질에서 물과 기름 사이의 계면에 유화제(수용성 단백질, saponin)가 첨가되어야만 안정되듯이 거품도 공기와 물 사이의 계면에 제3의 물질, 곧 기포제가 흡착되어 흡착막을 이루어야 안정된다.

【표 13-4】 소포제의 종류

종 류	상 품 명	사용농도(%)	용 도
alcohol (polyalkyleneglycol)	ucon	적당량	기름, 비누는 온탕
지방산 혼합물	Nopeo Vegifat Y	적당량	발효품, 효모의 제조
지방산 ester	Span 20	0.002~1	우유, 달걀 등
	Span 80	0.0005~0.01	효모, casein의 제조
	Tween 20	적당량	일 반
ether	Alkaterge	0.1	발효제품
금속비누	K-oleate	0.5	발효제품
	Nopco(AL-stealate)	0.5	protein, 아교 용액
silicon	Anitifoam 81066	0.01	효모, 설탕의 제조
	DC Antifoam A	0.001	효모, 설탕의 제조

거품이 일어나 유용한 예를 들면 과자 제조용으로 달걀 흰자위 또는 젤라틴을 넣어 거품을 일으키든가 또는 hop의 수지 성분 및 단백질 그 분해물이 기체와 액체의 계면에 흡착되어 안정화된 것이다.

탄산음료는 기포제가 함유되어 있지 않기 때문에 거품이 쉽게 소실된다. 거품이 나는 것을 피하여야 되는 경우로는 두부 제조에서 콩즙을 끓일 때 거품이 나는 것을 들 수 있다.

2. 거품 지우기

우유를 끓일 때나 발효 제품, 두부, 물엿 등 식품 제조에서 거품이 바람직스럽지 않을 때에 거품을 없애려면 거품의 일부의 표면장력이 감소되도록 변화시키면 된다.

즉 지방산 유지, 고급 알코올을 사용하고 있었으나 요즘은 여러 가지 소포제가 생산되므로 적당한 것을 선택하면 거의 완전히 방지된다.

13-4 • 식품의 팽윤과 삼투압

1. 팽 윤

일반적으로 한천과 같은 건조식품을 물에 담그면 물에 흡수하여 팽창하는데 이러한 현상을 팽윤(swelling)이라 한다. 팽윤할 때에 생기는 압력을 팽윤압이라 부르며, 이 압력이 생기는 기구에 대해서는 아직 확실히 규명되지 않았으나 흡수된 물이 식품의 분자속, 또는 분자 사이로 숨어 들어가서 교질을 형성하는 결과로 일어나는 것으로 생각하고 있다. 팽윤압은 식품의 종류에 따라 다르나 일반적으로 대단히 높아 다시마, 미역은 약 40기압이나 된다.

식품의 성분은 생물 체내에서 다량의 물과 결합하여 교질을 이루어 gel 조직을 형성하여 일정한 팽윤체를 이루고 있다. 식품이 일정한 형태를 유지하는 것도 팽윤에 기인하는 수가 많다.

2. 확 산

비커 속의 물에 압착한 설탕 덩어리를 넣어 두면 조금씩 뭉개지면서 녹아든다. 진한 부분이 차츰 퍼져서 마침내 균일한 설탕물이 된다. 이것은 설탕의 분자가 물속에서 항상 운동하여 묽은 곳으로 이동하기 때문이다. 이것을 확산(diffusion)이라 한다.

3. 삼투압

반투막(중량, 마찰이 없는 상태)을 사이에 두고 있는 물과 설탕 용액에서는 물은 반투막을 통과하여 설탕 용액 속으로 확산하지만 설탕 분자는 반투막을 통과하지 못하고 반투막을 밀어 올린다. 이때의 밀어 올리는 힘을 삼투압(osmotic pressure)이라 한다.

이때 삼투압(P)는 절대온도(T)에 비례하고, 설탕액의 농도(C)에 비례하며, K는 상수이다.

$$P = KCT \quad \cdots\cdots (13-1)$$

설탕액의 0℃에서 삼투압과 농도와의 관계는 표 13-5와 같고, 물 1ℓ에 0.2 mol의 설탕을 용해하였을 때의 온도와 삼투압과의 관계는 표 13-6과 같다.

【표 13-5】 설탕의 농도와 삼투압과의 관계

농도(g/ℓ)	삼투압	P/C
2.02	0.134	0.066
10.0	066	0.066
20.0	1.32	0.066
45.0	2.97	0.066
93.8	6.18	0.066

【표 13-6】 설탕의 온도와 삼투압과의 관계

온 도 (℃)	절대온도(T)	삼투압(P)	P/T
0	273	4.723	0.01730
10	283	4.893	0.01733
20	293	5.064	0.01728
25	298	5.148	0.01728

13-5 • 식품의 rheology

rheology란 물질의 변형과 유동에 관한 과학으로서 rheo(ρεω)는 유동을 가리키는 그리스어에서 유래하는 단어로 유동학이라고 해야겠으나, 복잡한 colloid계 고분자의 점탄성, 이상점성, 소성 유동 등이 다루어지고 물이나 gas의 유동 현상은 제외되므로 유동학이란 말이 알맞지 않아서 원어 그대로 rheology라 하고 있다.

식품의 기호성은 식품의 맛, 향기, 색 이외에 식품을 씹을 때 느끼는 감각도 중요하다. 즉 씹을 때 느끼는 경도, 점성, 탄성 등의 물리성이 식품의 기호성에 크게 영향을 주는 것이다.

이들의 물리적 성질은 rheology라는 과학의 분야에서 다루고 있다. 따라서 rheology는 물체의 변형과 운동성에 관하여 연구하는 학문이라 볼 수 있다. 액체 또는 고체에 힘을 가하면 흘러가든가 또는 모양이 달라지는데, 이들의 변형 방식은 그 물질이 가지는 성질과 구조에 따라 결정된다. 따라서 rheology는 물성론(物性論)의 한 분야로 볼 수 있다.

rheology의 취급 분야에 속하는 물질의 탄성 및 점성에 관하여서는 예전부터 여러 가지 법칙이 발견되고 연구되어 왔으나 본격적인 rhelogy의 발달은 1919년 미국의 Bringham이 소성 유동의 개념을 발표한 이후이며 이 학문이 화학공업, 섬유공업 및 식품공업 등에 공헌한 바가 크다.

화학공학 분야에서는 액체와 기체의 rheolegy에 관하여 많이 다루고 있으나 식품공업에서는 반고체, 고체, 분체 등을 많이 다루고 있다.

1. rheology의 개념

외부의 힘에 의하여 생기는 변형의 양은 시간적으로 보면 개념상으로 여러 가지 form으로 구별할 수 있다.

1) 점성(viscosity)

액체가 흐르기 쉬운가 어려운가를 가리키는 성질을 점성이라 한다. 점성이 높은 식품일수록 유동되기 어려운 것은 내부 마찰 저항이 크기 때문이다. 그리하여 힘이 주어진 순간의 변형은 zero이지만 시간이 경과함에 따라 변형이 차츰 증가하고 힘을 없애도 처음으로 되돌아가지 않는 것을 점성 유동이라 한다.

휘발유는 점성이 낮은 액체이며, 등유와 중유는 점성이 비교적 높고 아스팔트는 점성이 극히 높은 물질이다. 액체의 점성은 일반적으로 온도가 높아지면 점성은 줄어진다. 용액의 점성은 용매의 점성 외에 용질의 종류나 농도 등에 의해서도 변화한다.

2) 탄성(elasticity)

탄성이란 외부의 힘에 의하여 변형을 받고 있는 물체가 외부의 힘이 제거될 때 원래의 상태로 되돌아 가려는 성질을 말한다. 모든 물체는 약간의 탄성을 가지고 있으며, 일반적으로 탄성이 있는 물체라는 것은 탄성 한계 내에서 외부의 힘을 제거하면 원상태로 되돌아가는 탄성 변형을 하게 된다. 탄성 변형에는 늘어나기, 줄어들기, 층밀리기, 휨, 비틀림 등이 있다.

3) 소성(plasticity)

버터, 마가린, 생크림 등은 외부에서 작은 힘을 주어도 탄성 변형, 점성 유동이 일어나지 않으나 일정한 값 이상의 힘을 주면 비로소 유동을 일으키고, 힘을 없애도 처음으로 되돌아가지 않는 것을 소성이라 한다. 이와 같은 경우, 탄성에 소성으로 변화하는 한계점의 힘을 항복치라 하고 이때의 소성을 Bringham 소성이라고 한다.

단단한 물엿과 같은 고점체는 스푼으로 간단히 퍼낼 수 없으나, 접시에 놓으면 어느덧 흘러서 퍼지고 만다. 곧 점도가 매우 높아서 유동성이 나빠진 것뿐이다. 이와 같이 생크림과 물엿의 역학적 성질의 차이는 rheology의 개념으로 구별할 수 있다.

4) 점탄성(viscoelasticity)

밀가루에 물을 넣고 반죽한 것을 잡아당기면 늘어나기도 하고 그 모양이 바뀌기도 하는데, 이처럼 탄성 변형과 점성 유동이 동시에 일어 나는 복잡한 성질을 점탄성이라고 하며, 이러한 변형을 점탄성 변형이라고 한다.

이 성질은 제빵용 밀의 품질에 매우 중요한 것이다. 일반적으로 점탄성은 온도 및 그 변화, 시간 등에 영향을 받는다. 예를 들면 막대기 모양의 엿은 기온이 낮을 때는 구부리면 부러지나 온도가 높아지면 점탄성을 나타낸다. 그리고 구부리는 속도를 빨리하면 부러지나 천천히 구부리면 잘 구부려진다.

점탄성체에는 고체상 점탄성체(polyethylene film)와 유체상 점탄성체(공기 중에서 가열한 아마인유같은 건성유를 공기 중에서 가열하면 차츰 점도가 늘어나며 막대로 휘저어준 다음 막대를 끌어 올리면 고무줄처럼 길게 실이 뽑아지며 끊어지면 힘차게 되돌아온다)가 있는데 이들 점탄성체는 다음과 같은 여러 가지 성질을 가지고 있다.

① 예사성(spinability) : *Bacillus natto*로 만든 청국장이나 달걀 흰자위 등에 젓가락을 넣어 당겨올리면 실을 빼는 것과 같이 되는 성질을 예사성이라 한다.

② Weissenberg의 효과 : 연유 중에 젓가락을 세워서 회전시키면 연유가 젓가락을 따라 올라 가는 성질

③ 경점성(consistency) : 점탄성을 나타내는 식품의 경도를 말하며 반죽 또는 떡의 경점성은 farinograph를 이용하여 그림 13-3과 같이 각종 밀가루의 farinogram을 측정한다.

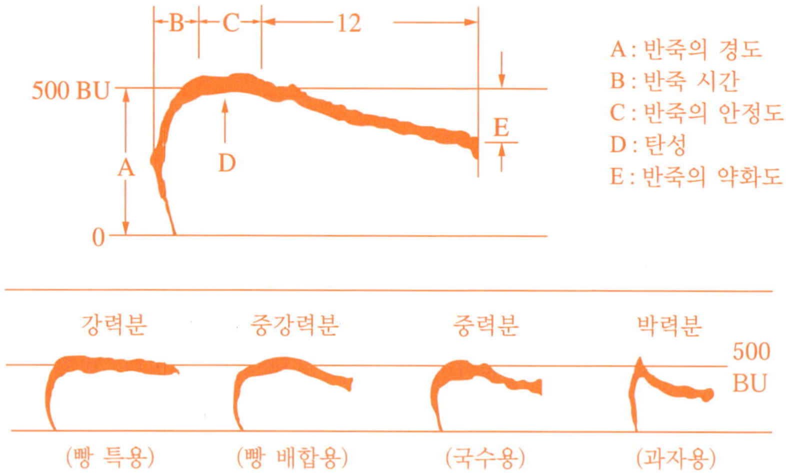

【그림 13-3】 각종 밀가루의 farinogram

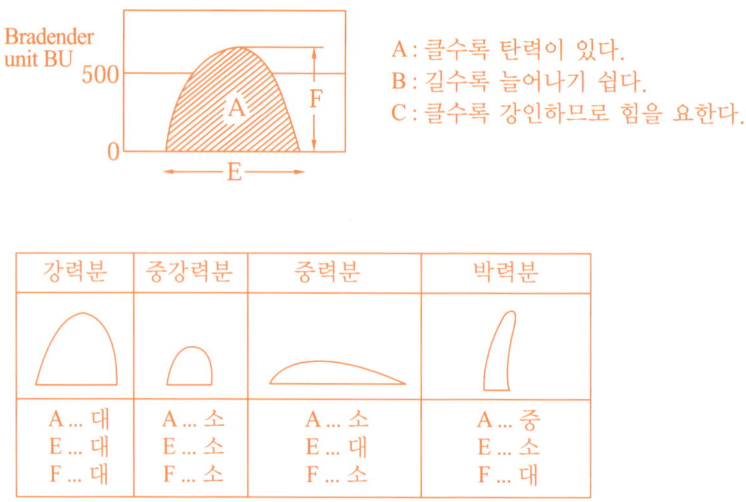

【그림 13-4】 각종 밀가루의 extensogram

④ 신전성(extensibility) : 국수처럼 늘어나는 성질을 말하며 신전성은 인장시험으로 측정하나, 실제로는 Brabender 의 extensograpy 등의 측정 장치를 사용하여 그림 13-4와 같이 각종 밀가루의 extensogram을 측정한다.

⑤ tenderness 및 texture : 이들 성질은 식품을 먹을 때 촉감에 관계가 있는 성질로 점탄성과 밀접한 관계가 있는 것으로 생각되나 앞에 설명한 여러 가지 성질보다 복잡한 성질이다. tendermeter 및 texturometer 등으로 측정한다.

2. rheology에 관한 측정법

① 곡류나 과일 등의 조직에 대한 단단함과 부드러움을 조사하자면 외부 압력의 내압 한계점을 측정할 수 있도록 만들어진 곡류 강도계(hardnessmeter)나 경도계(universal hardnessmeter)가 쓰인다.
② 버터 등 반고형물의 경도는 일정 시간 중에 일정한 무게를 걸은 바늘이 기어드는 길이를 잴 수 있도록 만들어진 penetrometer가 쓰인다.
③ curd 상의 치즈 등의 경도는 curdmeter가 쓰인다.
④ 식용유, 마요네즈 등 유동성 점질물로서 경점도의 것은 모세관 현상을 이용한 Ostwald viscometer, 중점도의 것은 시료 내에 회전하는 원통형의 것을 넣어 내부 마찰저항의 크기를 측정하는 점도계(rotation viscometer) 가 쓰인다.
⑤ 곡류식품에서 전분의 점도는 호화점도 변화를 조사하는 Amylograph, 밀가루 반죽의 점탄성은 Farinograph 등을 이용한다.

3. psychorheology

심리학자인 Sullivan(1923)이 눈을 가린 시험자에 여러 가지 온도가 다른 물을 주어 손끝을 담가 그것이 무엇인가를 알게 하여 인간의 역학적 감각과 온도 감각에 대한 흥미 있는 실험을 한 결과는 표 13-7과 같다.

저온의 물은 손끝에 조이는 것 같은 느낌을 주므로 눈이 녹는 액체, 또는 무거운 액체와 같은 느낌을 주는 것이 아닌가 생각된다. 또 온도가 높은 물은 점성이 높은 기름과 같은 느낌을 주는 것으로 생각된다.

rheology의 전문가가 아닌 보통 사람은 점성의 감각과 온도 감각이 혼동되므로 액체의 점성만을 정확하게 평가하기는 어렵다. 또한, 이 방면의 전문 분야에 종사하는 숙련자가 자기의 전문적인 분야의 현상에 대하여는 우수한 식별력을 가지고 있다.

【표 13-7】 온도에 따른 psychorheology

온 도	느 낌	온 도	느 낌
0℃	반쯤 녹은 눈과 같다.	25℃	물과 같다.
10℃	수은과 같다.	38℃	기름과 같다.
15℃	gelatin 과 같다.	40℃	grease와 같다.

그러나 이들은 조금이라도 직종이 다르면 식별이 어렵다.

예를 들면 치즈의 탄성을 평가할 수 있는 기술자라 하여도 생선묵의 탄성을 평가할 수는 없다.

전문가의 판단은 단지 역학적 성질만을 평가하는 것이 아니라 냄새, 색깔 등을 포함하는 종합적인 판단을 하게 되는 것이다. 이와 같이 사람의 역학적 감각을 실험 심리학의 입장에서 연구하는 rheology의 분야를 psychorheology라 한다.

제13장 연습문제

1. colloid 입자의 크기를 쓰시오.
2. 분산매가 액체, 분산질이 액체인 식품을 쓰시오.
3. 분산매가 액체, 분산질이 고체인 식품을 쓰시오.
4. colloid 용액의 성질을 설명하시오.
5. 강한 힘을 주면 유동이 일어나고 힘을 없애도 처음으로 되돌아가지 않는 성질은 무엇인가?
6. 친수 sol에 대해서 설명하시오.
7. gel을 설명하시오.
8. *Brown* 운동을 설명하시오.
9. 응석(coagulation)을 설명하시오.
10. 염석(salting out)을 설명하시오.
11. 팽윤압(swelling pressure)을 설명하시오.
12. 삼투압(osmotic pressure)을 설명하시오.
13. 탄성 변형(elastic deformation)을 설명하시오.
14. 점성 유동(viscous flow)을 설명하시오.
15. 점탄성 변형(elastviscous deformation)을 설명하시오.
16. 물이 물로 느껴지는 psychorheology적 온도는 얼마인가?
17. 15℃에서 느끼는 물의 psychorheology적인 감각은 무엇인가?

【참고문헌】

- 김광수 외, 식품화학, 학문사(2000)
- 김동연 외, 식품화학, 영지문화사(1990)
- 김동훈, 식품화학, 탐구당(1979)
- 김동훈, 식품화학, 탐구당(1990)
- 김상순 외, 식품학(2005)
- 김영수, 식품화학, 수학사(2004)
- 김재욱 외, 식품화학, 문운당(2001)
- 김준평, 생화학 집현사(1982)
- 농촌진흥청 국립농업과학원, 식품성분표, 제7개정판(2006)
- 농촌진흥청 농촌자원개발연구소, 제7개정판, 식품성분표, 도서출판 효일(2006)
- 박영호 외, 수산가공이용학, 형설출판사(1994)
- 박종철, 기능성 식품의 천연물과학, 효일(2002)
- 사단법인 한국식품과학회, 식품과학용어사전, 광일문화사(2006)
- 송재철 외, 건강기능성 식품학, 보문각(2006)
- 송재철 · 박현정, 식품물성학, 울산대학교 출판부(1995)
- 송태희, 식품화학, 효일(2003)
- 안명수, 식품화학, 신광출판사(2004)
- 안승요 외, 식품화학, 교문사(2005)
- 안승요, 식품화학, 교문사(2005)
- 안용근, 효소화학, 청문각(1994)
- 오훈일 외, 식품화학, 수학사(2008)
- 오훈일 외, 식품화학, 수학사(2010)
- 윤선 외, 기능성식품학, 라이프사이언스(2006)
- 이규한, 식품화학, 형설출판사(1999)
- 이기열, 이양자, 고급영양학, 신광출판사(1994)
- 이서래, 최신 식품화학, 신광출판사(2004)
- 이성우 외, 삼고식품화학, 수학사(1989)
- 이성우 외, 식품화학, 수학사(1995)
- 이철호 외, 식품공업품질관리론, 유림문화사(1989)
- 조경련 외, 실험조리과학, 교문사(2009)
- 조신호 외, 식품학 개정증보판, 교문사(2010)
- 조재선, 신고 식품재료학, 문운당(1984)

- 채수규 외, 표준식품화학, 효일(2001)
- 최혜미 외, 21세기 영양학원리, 교문사(2002)
- 최혜미 외, 개정판 21세기 영양학원리, 교문사(2006)
- 한국대학식품영양관련학과 교수협의회, 식품학, 문운당(2008)
- 한국식품조리과학회, 식품조리과학 용어사전, 교문사(2007)
- 한국영양학회, 제6차 개정 한국인영양권장량(1995)
- 한진숙, 최신 식품조리원리, 효일출판사(2008)
- 허석현 외 3인, 건강기능식품학 개론, 효일(2009)
- 현영희 외 3인, 식품재료학, 형설출판사(2007)
- 황인경 외, 기초가 탄탄한 식품학, 수학사(2010)

- 岩田久敬, 第3次改箸 食品化學, 養賢堂(1988)
- 高野克己，度部陵弘，パソコシ撃ぶ，食品化學，三共出版
- 加藤保子, 食品學總論, 南江堂(2008)
- 長谷川忠男, 食品化學實驗, 地人書館(1995)

- Amy Brown., Understanding Food Principles and Preparation 3rd edition, Thomson Wadsworth(2008)
- David L. Nelson and Michael M. Cox, Leninger Princlples of Biochemistry 3rd edition, Worth Publisher(2000)
- deMan, J. M., Principle of Food Chemistry(3rd ed). An Aspen Publication(1999)
- H. G. Kirschenbauer, Fats & Oils, Guinn(1960)
- Health H. B., & Reineccius G., Flavor Chemistry and Technology, MacMillan Publishers, United Kingdom(1986)
- John M. deMan, Principles of Food Chemistry 3rd edition, Sprinder(1999)
- John Mcmurry, Fundamentals of Organic Chemistry 4th edition, Brooks/Cole Publishing Company(1998)
- M. Rechcigl. Jr., Nutrition & Food, CRC Press(1978)
- McWilliams M., Foods, Experimental Perspectives(5th Ed). Upper Saddle River, Prentice Hall(2005)
- Mehas K. Y., & Rodgers, S. L., Food Science, The Biochemistry of Food and Nutrition(5th Ed), New York : McGraw Hill(2006)
- Owen R. Fennema, Food Chemistry 2nd Ed. Dekker(1985)
- Potter N. N. and Hotchkiss J. H., Food Science 5th Ed. Chapman & Hall(1995)
- Vickie A.Vaclvik and Elizabeth W. Christian, Essentials of Food Science 3rd edition, Springer(2008)
- Zobel, H, F., and Kulp, K., Staling mechanism, ln : Baked goods freshness. Edited by Ronald, E., Hebeda, H. F., Marcel Dekker, NY.(1996)

[ㄱ]

【ㅅ】

【ㅈ】

【ㅊ】

[ㅋ]

[ㅌ]

[ㅍ]

[ㅎ]

【A】

[B]

[C]

[D]

[E]

[F]

[G]

[H]

【M】

【Q】

【R】

【S】

【T】

식품화학

2011년 3월 7일 개정1판 1쇄 발 행
2011년 8월 23일 개정1판 2쇄 발 행

지은이 : 조 득 문 · 장 상 문 · 문 숙 희
강 옥 구 · 이 지 환 · 이 명 헌

펴낸이 : 박 정 태

펴낸곳 : **광 문 각**

413-756
경기도 파주시 교하읍 문발리 파주출판문화도시
500-8 광문각빌딩 4층
등 록 : 1991. 5. 31 제12-484호
전화(代) : 031) 955-8787
팩 스 : 031) 955-3730
E-mail : kwangmk@unitel.co.kr
홈페이지 : www.kwangmoonkag.co.kr

• ISBN : 978-89-7093-633-8 93590

값 24,000원

KSPA 한국과학기술출판협회회원